“十三五”
国家重点出版物
出版规划项目

地下水污染风险识别与修复治理关键技术丛书

垃圾填埋有机质
环境行为与污染地下水管控

何小松　席北斗　崔 骏　马 妍　等著

化学工业出版社
·北京·

内容简介

本书为“地下水污染风险识别与修复治理关键技术丛书”中的一个分册，主要介绍了填埋场中微生物、有机质、重金属、微量有毒有机物相互作用机制及污染地下水过程，阐明了微生物驱动下填埋有机质降解形成腐殖质的规律及原理，揭示了腐殖质的氧化-还原功能和吸附-络合特性及随填埋年限的演变规律，明确了腐殖质通过电子转移和吸附-络合导致重金属形态和微量有毒有机物降解的演变机制，揭示了渗滤液处理过程中腐殖酸、重金属及微量有毒有机物的转化和去除过程，构建了渗滤液污染物进入地下水的光谱识别方法，最后通过中国东部、中部和西部三个地区非正规垃圾堆场治理工程实例，给出了好氧稳定化、开挖筛分结合三维立体阻隔管控垃圾堆场地下水污染工程案例。

本书具有较强的技术性和针对性，可供从事垃圾填埋污染物分析研究、污染地下水管控等的工程技术人员、科研人员和管理人员参考，也可供高等学校环境科学与工程、生态工程及相关专业师生参阅。

图书在版编目（CIP）数据

垃圾填埋有机质环境行为与污染地下水管控/何小松等著. —北京：化学工业出版社，2021.7

（地下水污染风险识别与修复治理关键技术丛书）

ISBN 978-7-122-38965-7

Ⅰ.①垃… Ⅱ.①何… Ⅲ.①卫生填埋场-地下水污染-污染防治 Ⅳ.①X523

中国版本图书馆CIP数据核字（2021）第067554号

责任编辑：卢萌萌 刘兴春 汲永臻　　文字编辑：王云霞 陈小滔
责任校对：王 静　　装帧设计：王晓宇

出版发行：化学工业出版社（北京市东城区青年湖南街13号 邮政编码100011）
印 装：北京瑞禾彩色印刷有限公司
787mm×1092mm 1/16 印张$22^3/_4$ 字数502千字 2021年9月北京第1版第1次印刷

购书咨询：010-64518888　　售后服务：010-64518899
网 址：http://www.cip.com.cn
凡购买本书，如有缺损质量问题，本社销售中心负责调换。

定 价：186.00元

《垃圾填埋有机质环境行为与污染地下水管控》

著 者 人 员 名 单

何小松　席北斗　刘思佳　肖　骁　崔　骏　虞敏达　谢海建　杨　超
夏金华　张志鹏　张文涛　袁志业　孙　东　马　妍　李文进　张　鹏
孟繁华

前言

我国年产城乡生活垃圾2.3×10^8t，历史上主要通过堆填进行处置，根据2017年中华人民共和国住房和城乡建设部（以下简称“住房城乡建设部”）非正规堆放点排查整治系统可知，现存非正规垃圾堆场27276个，占地$5.5\times10^8m^2$。这些垃圾堆场恶臭熏天、渗滤液污染地下水，是周边环境的毒瘤，亟待开展整治。2011年住房城乡建设部等十六部委发布《关于进一步加强城市生活垃圾处理工作意见的通知》，对垃圾堆场提出了整治要求；2012年国务院发布《关于印发“‘十二五’全国城镇生活垃圾无害化处理设施建设规划”的通知》，提出开展存量垃圾治理；2016年国务院印发《土壤污染防治行动计划》，明确指出整治非正规垃圾堆场，住房城乡建设部2017年规划实施治理项目803个。

垃圾堆场属于污染地块，按照国家《污染地块土壤环境管理办法（试行）》要求，整治前需要基于《土壤环境质量　建设用地土壤污染风险管控标准（试行）》开展调查和风险评估，并根据风险评估结果进行管控和治理修复。《土壤环境质量　建设用地土壤污染风险管控标准（试行）》共列95种（类）污染物，其中11种是铅、铜、铬等重金属，36种（类）是五氯酚等有机氯化合物，这些重金属和微量有毒有机物在我国的填埋场中广泛被检出，但目前关于这些污染物在填埋场中的环境行为过程、作用机制及降解去除特征尚不清楚。

填埋垃圾除了含有少量重金属和有毒有机物外，含量最大的是蛋白质、糖类、脂类、木质纤维素等有机质，这些有机质在填埋过程中发生降解和腐殖化，形成大量的腐殖质物质。腐殖质物质具有多种环境功能，包括氧化-还原、吸附-络合，引起重金属形态和微量有毒有机物含量变化，导致后者毒性和生物有效性的改变。本书主要围绕填埋场有机质降解形成腐殖质过程、调控微量污染物转化机制及污染地下水防控等展开，旨在阐明填埋场腐殖质强化污染物降解和转化的微界面过程，明确渗滤液污染物组成、去除、污染地下水过程及控制关键步骤，为垃圾堆场生态治理和风险管控提供科学依据和参考。

本书分18章，第1章为中国生活垃圾产生及处理处置现状，第2章为垃圾填埋溶解性有机质降解与演变特征，第3章为垃圾填埋微生物群落演替规律及驱动溶解性有机质演化机制，第4章为垃圾填埋溶解性有机质络合重金属特征，第5章为垃圾填埋溶解性有机质还原重金属特征，第6章为垃圾填埋腐殖酸形成机制与演化规律，第7章为垃圾填埋腐殖酸还原重金属特征，第8章为垃圾填埋腐殖酸促进有机氯脱氯特征，第9章为垃圾填埋胡敏素演变特征与强化脱氯特征，第10章为填埋腐殖土演变特征及促进污染转化特征，第11章为垃圾渗滤液有机物组成与转化特征，第12章为垃圾渗滤液处理腐殖质去除与降解规律，第13章为垃圾渗滤液中有毒有机物降解和重金属去除特征，第14章为有机污染物在填埋场复合衬垫中的运移规律，第15章为填埋场有机质污染地下水特征及光谱识别，第16章为东部平原区非正规垃圾填埋场风险控制案例，第17章为西部丘陵区非正规垃圾填埋场风险管控案例，第18章为中部平原区非正规垃圾填埋场风险管控案例。其中，第1章和第11章由何小松完成；第2、第4、第6、第7章由肖骁、席北斗及何小松共同完成；第3、第8、第9、第10章由刘思佳、何小松及席北斗共同完成；第5章由杨超、席北斗共同完成；第12、第15章由虞敏达、何小松、张鹏共同完成；第13章由崔骏、席北斗完成；第14章由谢海建完成；第16章由夏金华、何小松、孟繁华共同完成；第17章由张志鹏、孙东共同完成；第18章由袁志业、张文涛、李文进共同完成；全书最后由马妍和何小松统稿并定稿。

本书编写和出版得到国家自然科学基金青年科学基金“生活垃圾填埋过程腐殖酸电子转移能力演变特征及其机制（51408573）”、北京市自然科学基金面上项目“生活垃圾填埋胡敏素形成与稳定化机制研究（8182057）”、科技部重点研发计划课题“存余垃圾无害化处置与二次污染防治技术及装备（2018YFC1901400）”、科技部水专项子课题“京津冀地下水污染特征识别与系统防治研究（2018ZX07109-001-004）”，以及浙江大学平衡建筑研究中心配套资金等资助。

限于著者水平及编写时间，书中不足和疏漏之处在所难免，敬请读者提出修改建议。

著者

2021年1月

目录

第 16 章 东部平原区非正规垃圾填埋场风险控制案例 / 259

第 17 章 西部丘陵区非正规垃圾填埋场风险管控案例 / 277

第1章 中国生活垃圾产生及处理处置现状

1.1 生活垃圾的产生现状

随着经济的增长、城市规模的扩大以及人民生活水平的不断提高，城市人口日益增多，城市生活垃圾排放量也随之与日俱增。据报道，当前我国城市生活垃圾产量正以10%左右的年速增长[1]。国家统计局数据显示，2018年我国城市生活垃圾清运量达2.2802×10^8t，较去年增长1.2809×10^7t，同比增长5.95%。其中，华北地区为2.8538×10^7t，东北地区为1.8677×10^7t，华东地区为7.6138×10^7t，华南地区为6.5226×10^7t，西南地区为2.3905×10^7t，西北地区为1.5531×10^7t，华北、东北、华东、华南、西南和西北各地区清运量所占比例分别为12.5%、8.2%、33.4%、28.6%、10.5%和6.8%。这些城市生命体所产生的代谢废弃物，按其组成物质特性可分为有机垃圾、无机垃圾及废品类垃圾三大类。其中有机垃圾主要是易腐的食品垃圾；无机垃圾实质上是惰性垃圾，由渣土和砖石等组成；废品类垃圾主要包括纸类、塑料和金属等可回收材料[2]。

1.2 生活垃圾危害及处理现状

城市生活垃圾若不能及时从市区清运或简单堆放在市郊，往往会造成垃圾遍布、污水横流、蚊蝇滋生、散发臭味，还会成为各种病原微生物的滋生地和繁殖场，影响周围环境卫生和危害人体健康。堆放的城市生活垃圾，经微生物分解作用，不但产生氨气、硫化氢等恶臭气体，还能产生大量的甲烷气体，引起火灾，发生爆炸事故。国内已发生多起垃圾堆着火和填埋场基地建筑物中甲烷气体引起的爆炸事故。此外，城市生活垃圾的不当处理也常引发诸多社会问题。

目前，国内外广泛采用的垃圾处理方式主要有卫生填埋、高温堆肥和焚烧等。这几种垃圾处理方式的比例，因地理环境、垃圾成分、经济发展水平等因素不同而有所区别。一个国家中各地区往往也采用不同的处理方式，很难有统一的模式，但最终都是以无害化、资源化、减量化为处理目标。

我国城市生活垃圾处理起步于20世纪80年代后期。在1990年以前，全国城市垃圾处理率还不足2%。目前，据国家统计局数据显示国内无害化处理的垃圾能够达到

90%以上，与欧美国家70% ～ 90%的处理率相比，我国城市生活垃圾处理的能力明显提高[2]。截至2018年年底，我国共有生活垃圾填埋无害化处理厂663座，年处理量为 1.1706×10^8t；生活垃圾堆肥厂97座，年处理量为 6.745×10^6t；生活垃圾焚烧厂331座，年处理量为 1.01849×10^8t。生活垃圾填埋、堆肥和焚烧的处理量所占比例分别为51.9%、3.0%和45.1%。

从处理技术上来看，2014—2018年，填埋处理能力从68.2%降至51.9%，堆肥处理能力从1.7%上升至3.0%，焚烧处理能力从30.1%上升至45.1%。总体上呈现出填埋处理能力稳中有降、堆肥处理能力上升幅度较小、焚烧处理能力上升较快的趋势。

1.3 渗滤液来源及水质特征

1.3.1 渗滤液的产生

生活垃圾填埋处理并非是一种完美的垃圾消纳途径，它也存在着许多环境问题，其中最主要的是占用大量土地和产生二次污染，其中又以后者最为严重。生活垃圾填埋处理后，一般会产生渗滤液和填埋气等二次污染物。填埋气的主要成分为甲烷，目前已有填埋场将填埋气用导管导出作为能源加以资源化利用。因此，在生活垃圾的二次污染中，目前关注的焦点主要集中在填埋场渗滤液上。

在垃圾堆放或填埋过程中，由于压实和微生物的降解，垃圾中原含有的水、垃圾降解产生的水、雨水、地表水、地下水等，会流经垃圾层形成重要的环境污染物质——垃圾渗滤液[3]。垃圾渗滤液的产生影响因素较多，垃圾含水率、垃圾堆放或填埋地气候及地形等均会影响渗滤液的产生。一般而言，我国南方地区多雨湿润，渗滤液产生量大；而北方地区，特别是西北等干旱、半干旱地区，雨水少，渗滤液产生量少，有的甚至不产生。

垃圾填埋场底部渗滤液现场见图1-1。

图1-1　垃圾填埋场底部渗滤液现场

1.3.2 渗滤液水质特征

填埋场垃圾渗滤液的产生机理较为复杂，影响因素较多，其水质主要受填埋场结构、填埋垃圾组分及填埋时间的影响，不同季节的气温、降雨量等因素不同，也会使填埋场渗滤液水质呈现出季节性差异。归结起来，其主要水质特征如下。

1.3.2.1 含有大量有毒有害物质

垃圾填埋场渗滤液中含有大量有毒有害物质，其中最重要的是重金属和有毒有机物。重金属在环境污染中多指Hg、Pb、Cr等生物毒性显著的元素，也包括Cu、Zn、Ni等在营养上所必需但摄入过量也会产生中毒效应的元素；有毒有机物是指那些能产生直接中毒效应或致癌、致畸、致突变效应的物质。

我国垃圾收集不规范，填埋垃圾中含有大量的工业废弃物，致使所产生的渗滤液中重金属含量较高。杨志泉等[4]的研究显示，广州大田山填埋场渗滤液所检出的46种金属元素中，10种属于毒性很大的优先控制污染物，其中包括Cr、Zn、Cu及Ni，它们的含量均较高，Cr和Zn的含量超过100μg/L。何若等[5]的研究表明，当废电器拆解产物与生活垃圾一起填埋时，渗滤液中的Ni、Pb、Cu、Zn和Hg等重金属的离子浓度可分别达到1.6mg/L、1.7mg/L、3.0mg/L、11.5mg/L和65.0μg/L。孙道玮等[6]对大连市某填埋场渗滤液中重金属的分析也显示，渗滤液中部分重金属浓度严重超标，Cd、Pb和Cu超标2～37倍。与国内填埋场相比，国外填埋场渗滤液中重金属含量普遍偏低。如Qygard等[7]对挪威4座填埋场渗滤液的分析显示，填埋场渗滤液中重金属含量很低，均不超过污水排放标准。Jensen等[8]对丹麦4座填埋场渗滤液重金属的存在形态及含量调查分析表明，渗滤液中大部分重金属以胶体形式存在，其含量较低，均不超过相应的排放标准。我国渗滤液中重金属含量普遍较高，这可能与我国未对工业垃圾、建筑垃圾和生活垃圾严格分类填埋，同时亦未对生活垃圾进行分类收集，致使生活垃圾中含有大量金属、废旧电池、灯管及煤渣等有关。

除了重金属外，渗滤液中另一类重要的有毒有害物质是有机化合物。刘田等[9]通过气相色谱-质谱（GC-MS）联用技术，在两个不同类型垃圾填埋场渗滤液中分别检出72种和57种主要有机污染物，包括美国环境保护署（EPA）优先控制污染物2种、我国优先控制污染物4种、环境内分泌干扰物3种。通过对人工模拟垃圾填埋柱渗滤液的分析，刘军等[10]发现：63种所检出的有机污染物中，已被确认为致癌物的有1种，致突变物1种，辅致癌物、促癌物4种，被列入我国环境优先污染物“黑名单”的有6种。周志洪等[11]对填埋场渗滤液有机物分析显示，渗滤液中含有大量有毒有机污染物，其中包括EPA优先控制污染物中的苯系物、多环芳烃及卤代烃类等。

1.3.2.2 水体水质随时间推移变化较大

生活垃圾进入填埋场后，在微生物的作用下不断发生着降解和腐殖化过程，再加上各种物理、化学作用，致使填埋场渗滤液水体水质随时间推移变化较大，概括起来，主要包括以下几个方面[12]：

① 有机质可生化性不断降低。生活垃圾填埋初期，渗滤液五日生化需氧量（BOD_5）、化学需氧量（COD）往往都较高，并在一段时间内呈上升的趋势。初期渗滤液中的有机物质主要来源于蛋白质、糖类、脂类等简单化合物，BOD_5/COD值高，可生化性好，随后随着垃圾的不断降解和结构稳定的腐殖质类物质的持续合成，BOD_5浓度开始下降，COD浓度也随之回落，但相对于前者，由于腐殖质等的不断合成，后者下降得相对缓慢，致使渗滤液BOD_5/COD值在后期很低，可生化性变差。

② 总溶解固体的量随填埋时间推移而变化。填埋初期，溶解性盐的浓度可达10000mg/L，同时存在一定量的钠、钙、铁、氯化物和硫酸盐等，填埋6～24个月达到峰值，随后这些无机物浓度逐渐降低。

③ pH值总体呈上升趋势。垃圾填埋初期，渗滤液pH值在6～7之间，呈弱酸性，但随着有机质的降解和腐殖质的合成，渗滤液pH值不断增大，后期可达7～8，呈弱碱性。

针对当前填埋场给生态环境污染和人类健康安全带来的威胁，迫切需要厘清其所产生的污染物化学组成特征，正确评价填埋场对土壤、地下水和人类健康的危害。在垃圾填埋过程中会产生复杂多样的污染物，对填埋场垃圾、渗滤液和地下水的污染物特征调查研究，特别是对重金属和有毒有机物的调查研究，已显得尤为重要。这种系统性报道对于正确表征非正规垃圾填埋场污染潜力以及对附近水资源进行长期管理至关重要，同时有助于后续对非正规垃圾填埋场周边土壤和地下水的调查及修复工作提供建议。

1.4 垃圾填埋场的整治和管理

垃圾堆场恶臭熏天，渗滤液污染地下水，是周边环境的毒瘤，亟待开展整治。2011年住房城乡建设部等十六部委发布《关于进一步加强城市生活垃圾处理工作意见的通知》，对垃圾堆场提出了整治要求；2012年国务院发布《关于印发“‘十二五’全国城镇生活垃圾无害化处理设施建设规划”的通知》，提出开展存量垃圾治理工作；2016年国务院印发《土壤污染防治行动计划》，明确指出整治非正规垃圾堆场，住房城乡建设部2017年规划实施治理项目803个。

我国在法律和标准方面也加强了对生活垃圾填埋的管理，加快了固废立法。2018年8月31日，十三届全国人大常委会第五次会议表决通过《中华人民共和国土壤污染防治法》，2019年1月1日正式实施；2020年4月29日修订通过《中华人民共和国固体废物污染环境防治法》，2020年9月1日正式实施。在标准和规范方面，我国先后出台了《生活垃圾卫生填埋场防渗系统工程技术规范》（CJJ 113—2007）、《生活垃圾卫生填埋场环境监测技术要求》（GB/T 18772—2008）、《生活垃圾填埋场污染控制标准》（GB 16889—2008）、《生活垃圾填埋场填埋气体收集处理及利用工程技术规范》（CJJ 133—2009）、《生活垃圾卫生填埋处理工程项目建设标准》（建标124—2009）、《生活垃圾填埋场稳定化场地利用技术要求》（GB/T 25179—2010）、《生活垃圾填埋场渗滤液处理工程技术规范》（HJ 564—2010）和《污染场地勘察规范》（DB11/T 1311—2015）等。

2020年，国家发展改革委、住房城乡建设部、生态环境部还联合印发《城镇生活垃圾分类和处理设施补短板强弱项实施方案》。方案提出，生活垃圾日清运量超过300t的地区，垃圾处理方式以焚烧为主，2023年基本实现原生生活垃圾零填埋。原则上地级以上城市以及具备焚烧处理能力的县（市、区），不再新建原生生活垃圾填埋场，现有生活垃圾填埋场主要作为垃圾无害化处理的应急保障设施使用。因此，老旧垃圾堆场的管理和风险防控将是以后很长一段时间的重点工作。

参考文献

[1] 中国城市环境卫生协会. 中国城市市容环境卫生年鉴2005[M]. 北京：中国城市出版社，2007.

[2] 魏海云. 城市生活垃圾填埋场气体运移规律研究[D]. 杭州：浙江大学，2007.

[3] 刘毅梁. 垃圾渗滤液污染组分变化特征及迁移规律的研究[D]. 武汉：华中科技大学，2006.

[4] 杨志泉，周少奇. 广州大田山垃圾填埋场渗滤液有害成分的检测分析[J]. 化工学报，2005, 56(11): 2183-2188.

[5] 何若，沈东升，方程冉. 生物反应器填埋场系统特性研究[J]. 环境科学学报，2001，21(6): 763 -767.

[6] 孙道玮，安晓雯，仉春华，等. 大连市城市垃圾填埋场垃圾渗滤液水质评价[J]. 大连大学学报，2006 27,(4): 88-91.

[7] Qygard J K, Måge A, Gjengedal E. Effect of an uncontrolled fire and the subsequent fire fight on the chemical composition of landfill leachate[J]. Waste Management, 2005, 25(7): 712-718.

[8] Jensen D L, Christense T H. Colloidal and dissolved metals in leachates from four Danish landfills[J]. Water Research, 1999, 33(9): 2139-2147.

[9] 刘田，孙卫玲，倪晋仁，等. GC-MS法测定垃圾填埋场渗滤液中的有机污染物[J]. 四川环境，2007，26(2): 1-5.

[10] 刘军，鲍林发，汪苹. 运用GC-MS联用技术对垃圾渗滤液中有机污染物成分的分析[J]. 环境污染治理技术与设备，2003，4(8): 31-33.

[11] 周志洪，戴秋萍，吴清柱. 垃圾渗滤液中的有毒有机物浓度分析[J]. 广州化工，2006，34(3): 56-58.

[12] 庄相宁. 聚硅酸铁铝絮凝剂的制备及其在垃圾渗滤液预处理中的应用[D]. 北京：北京化工大学，2006.

第2章 垃圾填埋溶解性有机质降解与演变特征

填埋具有操作简单、成本低等特点，因此成为目前最普遍的垃圾处理方式[1]。填埋场是复杂的能够稳定固体废物且有机质被逐渐降解的生物系统[2]。生物稳定是评价填埋场长期环境影响的重要指标，该指标能够决定易被生物降解的有机物的分解程度[3,4]。然而在填埋场中也存在许多问题，大量的高含水率、高有机质含量的城市固体废物进入填埋场，在降解和稳定化过程中产生大量的矿化垃圾筛下物——含有大量腐殖质类物质的腐殖土，以及产生含有高浓度溶质的废水——垃圾渗滤液。简单有效的生物稳定化能够有效地减少填埋场产生的污染[5,6]。

垃圾填埋过程中，有机物只有溶解于水中才能被微生物所利用，有研究表明[7,8]，微生物在气体与固体交界面的液膜中才具有活性，其分解有机质过程是在垃圾颗粒表面一层薄薄的液态膜中进行的，因此溶解性有机质（dissolved organic matter，DOM）的变化更能说明垃圾填埋有机物降解和演化过程。并且DOM也是渗滤液中很重要的一类污染物，其占渗滤液总有机物的85%以上[7]。填埋DOM成分复杂，其组成和结构随着填埋年限的延伸而变化[9,10]。同时在填埋过程中，城市固体废物中的电池、金属块等物质里面的金属不断溶解进入填埋垃圾和渗滤液中，填埋DOM组成结构影响不同重金属的分布。

有研究表明[9,10]，填埋垃圾和渗滤液DOM成分复杂，结构性质存在差异，随填埋年限的延伸发生变化。垃圾填埋初期DOM主要是类蛋白物质，而填埋中后期主要是类腐殖质物质[11]。渗滤液DOM初期易降解有机物多，可进行生物处理，而中后期含腐殖酸类物质，可生化性变差[12]，需要进行化学预处理，提高其可生化性[13]，随后可以通过膜进行处理[14]。先前的研究大多针对填埋DOM不同填埋时期的物质组成，而综合分析填埋DOM组成、演化、去除及络合重金属特征，明晰填埋场内以及渗滤液处理过程中的物质转化过程，优化填埋场调控以达到无害化，在国内外研究中鲜有报道。

填埋DOM的组成、结构及性质演变可通过一系列光谱来表征。芳香性化合物和不饱和化合物有强烈的紫外吸收[15-17]；荧光光谱能够分析具有荧光特性的有机物[18,19]。核磁共振（NMR）可以定量分析出混合组分中不同的功能性基团[20]。因此可以采用紫外、荧光光谱以及^{1}H-NMR相结合表征填埋过程和渗滤液处理过程中DOM芳香性物质含量及结构变化，阐明填埋DOM对不同金属分布的影响，揭示垃圾填埋DOM组成、演化、去除及络合重金属特征，为填埋场的无害化、稳定化、资源化提供理论依据。

2.1 垃圾填埋DOM组成与结构演变特征

2.1.1 紫外和荧光光谱分析DOM组成与演变特征

有机质芳香性分析有多个表征指标，在本节中选用$SUVA_{254}$、A_4/A_1和E_{253}/E_{203}这三个指标进行分析。填埋DOM中最难降解的是带有苯环的木质素类物质，因此选取表征有机质芳香性组分含量的$SUVA_{254}$指标[21]，其值越大，表明芳香性组分越多。在填埋过程中，DOM发生腐殖化过程，形成腐殖质，腐殖质合成程度的一个重要指标就是腐殖化程度，而A_4/A_1指标广泛用于表征有机质腐殖化程度，其值越大，表明腐殖化程度越大。在填埋DOM降解以及腐殖化过程中，苯环上都存在取代基的变化，因此选用表征芳环上取代基的取代程度和取代基种类的E_{253}/E_{203}指标，其值越大，表明取代基中羰基、羧基、羟基等含量越高；其值越小，表明取代基主要为脂肪链[22-24]。各参数计算结果如表2-1所列。

表2-1　不同深度填埋垃圾DOM紫外参数

指标	垃圾填埋初期			垃圾填埋中后期						
	TS	TZ	TX	K2	K4	K6	K8	K10	K12	K14
$SUVA_{254}$/［(L/（mg·m)］	0.23	0.17	0.05	0.97	1.54	1.04	1.36	0.90	1.26	1.30
A_4/A_1	0.51	0.63	0.79	3.69	10.23	6.06	4.59	4.71	7.16	5.53
E_{253}/E_{203}	0.13	0.09	0.04	0.02	0.27	0.47	0.44	0.03	0.10	0.49

注：1. $SUVA_{254}$，波长254 nm处吸收系数与溶解性有机碳（DOC, mg/L）浓度的比值。
2. A_4/A_1，A_4（435～480nm之间的荧光峰面积）与A_1（300～345nm之间的荧光峰面积）的比值。
3. E_{253}/E_{203}，DOM在253nm处的吸光度与203nm处的吸光度的比值。
4. 垃圾填埋初期采集不同深度的样品，从上到下依次记作TS、TZ、TX；垃圾填埋中后期从上到下每间隔2m进行取样，从上到下依次记作K2、K4、K6、K8、K10、K12、K14。

如表2-1所列，填埋初期DOM样品的$SUVA_{254}$值随着填埋深度的增加而显著降低，由0.23L/（mg·m）下降到0.05L/（mg·m）。垃圾填埋分为5个阶段，分别为初始调整阶段、过渡阶段、酸化阶段、甲烷发酵阶段和成熟阶段[25]。在初始调整阶段，垃圾携带大量的氧气，有机质在微生物好氧作用下剧烈降解[26]，故填埋初期$SUVA_{254}$

值即芳香性组分的含量随着深度的增加而减小；填埋中后期DOM样品$SUVA_{254}$值随着填埋深度的增加而呈上升趋势，由0.97L/（mg·m）上升到1.30L/（mg·m），当填埋进入中后期，结构简单的有机物质被微生物完全降解后，微生物就开始分解具有大分子结构的难降解的木质素并产生水溶性芳香性物质（醌、苯酚等），芳香性物质与氨基酸缩合形成腐殖质，开启了腐殖化进程，并且随着填埋年限的延伸，腐殖化进程增强[8]，腐殖质含量逐渐升高[27]，故填埋中后期$SUVA_{254}$值随着深度的增加而增大。

表2-2显示[28]，渗滤液DOM经过厌氧处理后$SUVA_{254}$值由进水的1.27L/（mg·m）增加到2.18L/（mg·m），厌氧处理过程中小分子有机质在缺氧的条件下被降解，芳香性物质含量相对增加；氧化沟处理过后$SUVA_{254}$值进一步增加到2.6L/（mg·m），渗滤液DOM在氧化沟处理过程中进行好氧分解，小分子有机质被进一步降解，难降解的大分子物质几乎不被分解，芳香性物质含量相对增加；经过膜生物反应器（MBR）处理后，$SUVA_{254}$值还呈上升趋势，增加到3.41L/（mg·m），膜处理过程中大分子有机质相较于小分子有机质更容易被去除，残留更难处理的芳香性物质，芳香性物质含量相对增加。表明渗滤液DOM经过处理后芳香性物质呈持续增加趋势，芳香性物质相对含量逐渐增加，化合物的稳定性提高，后期对有机物的处理难度增大。

表2-2　填埋渗滤液DOM紫外参数

指标	YYJS	YY	YHG	MBR
$SUVA_{254}$/[L/（mg·m）]	1.27	2.18	2.6	3.41
A_4/A_1	2.36	3.05	10.2	9.59
E_{253}/E_{203}	0.24	0.26	0.19	0.2

注：渗滤液厌氧处理的进水记作YYJS，出水记作YY；渗滤液经氧化沟处理后记作YHG；渗滤液经生物膜处理后记作MBR。

如表2-2所列，填埋垃圾DOM的A_4/A_1值都呈上升趋势，表明腐殖化程度在不断加深。填埋过程中，小分子物质逐渐被降解，难降解的含苯环的大分子有机物能够与氨基酸结合形成腐殖质类物质，开启腐殖化进程，并随着填埋年限的延伸持续增加，芳香性腐殖质类物质含量逐渐增加。前期研究表明[28]，随着渗滤液处理的进行，该值呈上升趋势，但到MBR处理时却比氧化沟处理略微下降，表明经过厌氧和氧化沟处理DOM腐殖化程度加深，但随后的MBR处理降低了其腐殖化程度。厌氧和氧化沟处理过程首先降解小分子有机物，因此渗滤液DOM中难降解的大分子有机物相对含量增多。而MBR处理包括好氧生物处理和膜过滤，好氧生物处理主要功能是降解小分子，而膜过滤主要功能是去除大分子有机物[29]，两者共同作用的结果导致膜处理后DOM芳香性低于氧化沟处理后DOM芳香性，表明芳香性物质的去除主要归因于MBR处理（表2-2）。

如表2-1所列，填埋初期DOM样品E_{253}/E_{203}值呈明显的下降趋势，表明样品DOM中苯环类化合物上取代基中羰基、羧基和羟基等官能团不断降解矿化成二氧化碳，而脂肪链取代基不断增多；而填埋中后期DOM该值则呈相反的上升趋势，表明样品DOM随着腐殖化进程加深，腐殖质类物质逐渐合成，苯环类化合物上的脂肪链不断地氧化分解，降解成羰基、羧基和羟基等官能团。如表2-2所列，渗滤液DOM处理过程中该值基本不变，表明该过程中几乎不存在苯环类化合物的取代基降解取代过程。

2.1.2 氢谱分析DOM组成和结构演变

填埋DOM样品的^{1}H-NMR图谱如图2-1所示，填埋初期在化学位移δ（0.5 ～ 2.5）处存在明显的尖锐信号峰，而在化学位移δ（3.0 ～ 4.0）处信号峰不明显，填埋中后期在化

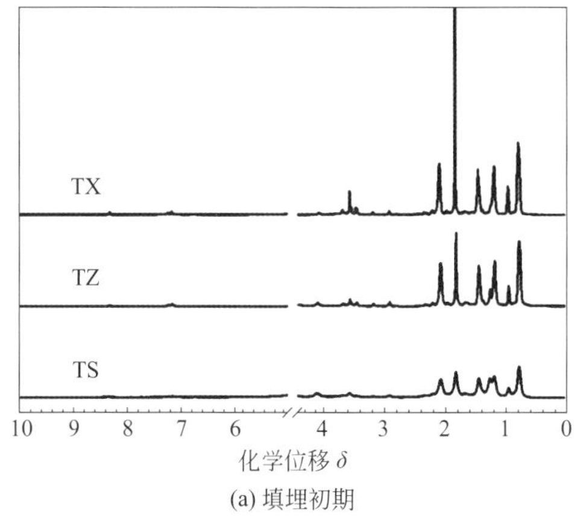

(a) 填埋初期

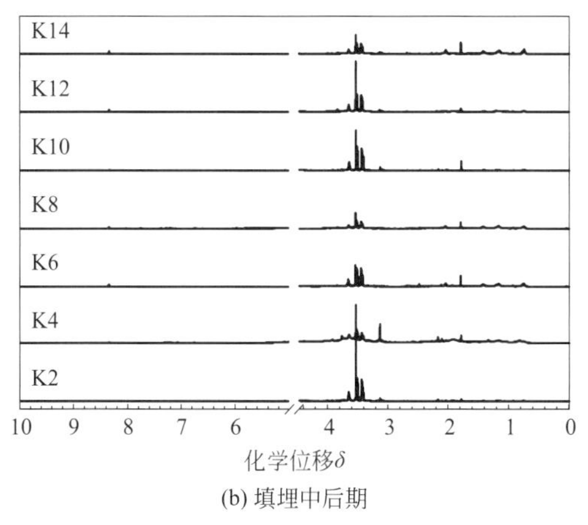

(b) 填埋中后期

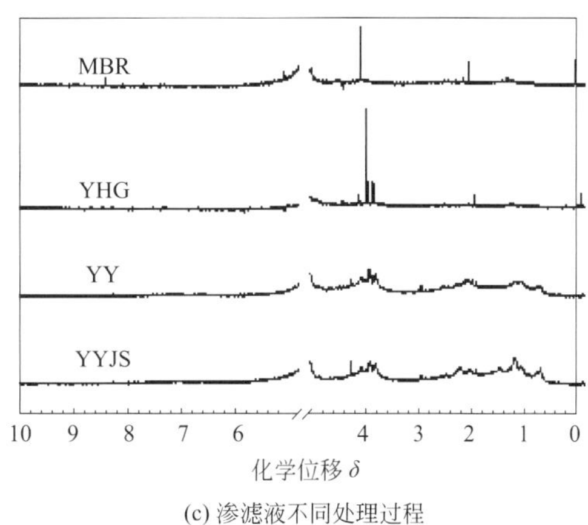

(c) 渗滤液不同处理过程

图2-1　填埋DOM样品的^{1}H-NMR图谱

学位移δ（3.0～4.0）处存在明显的尖锐信号峰，而在化学位移δ（0.5～2.5）处信号峰不明显。表明填埋初期填埋DOM多为脂肪族类物质，而填埋中后期以含氮、含氧官能团物质为主[30,31]。填埋初期，环境中存在大量氧气，进行物质降解，因此以脂肪族类物质形式存在；进入填埋中后期，腐殖化进程开启，合成腐殖质类物质，含氮、含氧官能团物质增加。渗滤液进水在化学位移δ（0.5～2.5）以及δ（3.0～4.0）处均存在明显的尖锐信号峰，填埋场中不断产生的新渗滤液与已经存在的老渗滤液混在一起，成分复杂，脂肪族类物质和含氮、含氧官能团物质共同存在；经过厌氧处理后的渗滤液化学位移并没有显著变化，厌氧过程中由于缺氧，物质降解程度较低；氧化沟处理后渗滤液化学位移δ（0.5～2.5）处的信号峰强度明显降低，表明氧化沟处理过后，小分子物质被分解，脂肪族类物质减少；MBR处理过后化学位移δ（3.0～4.0）处的信号峰强度明显降低，表明MBR处理过后，含氮、含氧官能团物质主要是大分子的糖类和蛋白质物质通过膜被过滤掉，其含量降低。

不同深度填埋垃圾DOM和填埋渗滤液DOM样品^{1}H-NMR图谱中含氢基团的丰度如表2-3所列，各组分都在三个主要区域的化学位移处呈现强度不等的尖锐信号峰，依次为δ（0.5～3.1）、δ（3.1～5.5）和δ（5.5～10.0）。其中δ（0.5～3.1）处的共振吸收源于：δ（0.5～1.0）归属于多支链脂肪族结构和聚亚甲基链的末端甲基中H的吸收，即为γ-H；δ（1.0～1.9）段出现的信号峰归属于脂肪族结构中亚甲基H的吸收，即为β-H；δ（2.0～2.8）主要归属于与各官能团连接的脂类H，即为α-H[30,31]。δ（3.1～5.5）处的共振吸收主要源于连接到碳氧（或氮）上的H（主要为糖类、有机胺、含甲氧基类物质）与脂类H的吸收[32]，δ（5.5～10.0）处的共振吸收源于芳香性物质H[32]。

垃圾填埋初期和中后期过程中，随着填埋深度的增加，脂类H和芳香性物质H的化学位移δ值总体都呈上升趋势，而烷氧基H的化学位移δ值和n值总体都呈下降趋势，结果表明在垃圾填埋过程中，小分子量物质例如醋酸盐（δ1.93）、丙酸盐（δ1.23, δ2.38）、乳酸盐（δ1.33）和琥珀酸盐（δ2.43）[20,30]以及芳香性物质含量增加，而糖类等物质含量减少[30]，且烷基链烃物质含量减少，支链变短，分支增加，与之前结果中紫外、荧光光谱分析结果一致，在填埋初期微生物进行剧烈的有氧呼吸，糖类水解成小分子有机酸，且随着填埋年限的延伸，木质素水解[33,34]，开启腐殖化进程，合成具有芳香性的腐殖质类物质。

随着渗滤液处理的进行，脂类H的化学位移δ值和n值总体都呈下降趋势，而烷氧基H和芳香性物质H的化学位移δ值总体都呈上升趋势，结果表明在渗滤液处理过程中小分子物质以及烷基链烃物质含量减少，而糖类和芳香性物质含量增加，渗滤液处理过后物质结构支链变短，分支增加，不饱和度增大，与之前结果中紫外、荧光光谱分析结果一致，表明渗滤液经过处理后其DOM芳香性增加并且渗滤液有机物中的多糖类物质含量增加，提高了渗滤液的可生化性，能够有效降解渗滤液中难降解的物质。

表2-3 不同深度填埋垃圾DOM和填埋渗滤液DOM样品^{1}H-NMR图谱中含氢基团的丰度

分类	时期或处理方式		化学位移							n	脂类H	烷氧基H	芳香性物质H
			δ(0.5～1.0)	δ(1.0～1.9)	δ(1.9～3.1)	δ(3.1～4.4)	δ(4.4～5.5)	δ(5.5～8.0)	δ(8.0～10)		δ(0.5～3.1)	δ(3.1～5.5)	δ(5.5～10.0)
填埋垃圾DOM	初期	TS	21.24	47.73	15.09	14.4	0.39	0.89	0.04	5.10	84.06	14.79	0.93
		TZ	26.23	46.32	17.59	8.22	0.11	1.49	0.03	4.63	90.14	8.33	1.52
		TX	22.89	46.51	19.18	9.94	0.01	1.13	0.33	4.22	88.58	9.95	1.46
		K2	2.81	3.62	5.50	52.24	2.01	3.17	0.64	2.00	11.93	54.25	3.81
		K4	6.27	19.94	20.02	52.39	0.40	0.88	0.09	2.20	46.23	52.79	0.97
	中后期	K6	9.24	26.95	12.96	48.39	0.38	1.35	0.75	3.55	49.15	48.77	2.10
		K8	9.64	29.77	15.20	42.64	0.45	1.58	0.73	3.38	54.61	43.09	2.31
		K10	5.43	12.52	5.40	72.76	1.25	2.36	0.27	3.99	23.35	74.01	2.63
		K12	5.40	11.51	6.32	71.30	0.94	3.35	1.19	3.39	23.23	72.24	4.54
		K14	12.4	31.12	14.22	38.55	0.66	2.12	0.93	3.77	57.74	39.21	3.05
填埋渗滤液DOM	处理方式	YYJS	10.31	20.7	5.54	49.22	5.66	7.15	1.43	5.98	36.55	54.88	8.58
		YY	3.50	8.79	10.33	60.98	6.45	8.29	1.67	2.08	22.62	67.43	9.96
		YHG	5.18	8.10	10.30	57.23	8.83	8.64	1.72	2.12	23.58	66.06	10.36
		MBR	5.71	8.79	11.90	22.59	39.48	9.55	1.98	2.06	26.40	62.07	11.53

注：$n=(\gamma/3+\beta/2)/(\alpha/2)+1$，$n$值越大表明烷基链烃物质含量越大，且支链越长，分支越少[29]。

2.2 垃圾填埋DOM协同演化规律及环境效应

2.2.1 垃圾填埋DOM不同组成和结构参数的相关性

为了揭示填埋过程中不同光谱参数的相互关系，对上述填埋DOM各种不同光谱参数进行了相关性分析，结果如表2-4所列。填埋DOM的$SUVA_{254}$、A_4/A_1、烷氧基H δ（3.1 ～ 5.5）和芳香性物质H δ（5.5 ～ 10.0）四个参数呈显著的正相关。$SUVA_{254}$表征芳香性物质，A_4/A_1表征腐殖化进程，腐殖化程度越高，合成的具有芳香性类腐殖质物质含量越高；化学位移δ（3.1 ～ 5.5）以及δ（5.5 ～ 10.0）值表示具有含氮、含氧官能团的烷氧基和芳香性物质。上述四个参数都与芳香性物质有关，因此之间存在显著的正相关。上述四个参数均与脂类H δ（0.5 ～ 3.1）呈显著的负相关，脂类H体现微生物有氧呼吸降解产物小分子物质的含量，填埋DOM处于降解过程，而上述四个参数均与腐殖化过程合成芳香性物质正相关，因此脂类H δ（0.5 ～ 3.1）与上述四个参数呈显著的负相关。而上述四个参数与E_{253}/E_{203}均未达到显著水平，这可能是E_{253}/E_{203}除了与填埋DOM结构有关外，可能还与其他条件参数有关[17,35]。n值反映脂肪族物质的含量，因此其与脂类H δ（0.5 ～ 3.1）呈显著的正相关，而与$SUVA_{254}$、A_4/A_1呈显著的负相关。

表2-4 光谱、氢谱参数相关性分析

参数	$SUVA_{254}$	A_4/A_1	E_{253}/E_{203}
δ（0.5 ～ 3.1）	−0.645*	−0.570*	0.050
δ（3.1 ～ 5.5）	0.667**	0.650*	0.063
δ（5.5 ～ 10.0）	0.769**	0.377	0.011
n	−0.617*	−0.673**	−0.055

注：1. * 表示显著性水平为0.05，即$p < 0.05$水平。
2. ** 表示显著性水平为0.01，即$p < 0.01$水平。

2.2.2 垃圾填埋DOM组成对重金属分布的影响

垃圾填埋DOM主要通过含氧官能团（如酚羟基、羧基等）与重金属发生络合作用[36]而影响重金属的分布，而填埋DOM对不同重金属的分布影响不尽相同。为了探究垃圾填埋DOM影响了哪些重金属的分布，对垃圾填埋DOM各种不同参数和重金属浓度进行了相关性分析，计算结果如表2-5所列。脂类H δ(0.5 ～ 3.1) 与Zn浓度呈显著的负相关，烷氧基H δ(3.1 ～ 5.5) 与Zn浓度呈显著的正相关，而其他参数与重金属浓度相关性未达到显著性水平。说明垃圾填埋DOM主要影响Zn的分布，而对其他重金属的分布影响较小，其中垃圾填埋DOM主要通过含氧官能团络合重金属Zn来影响其分布，脂肪族结构不存在含氧官能团，不能与Zn产生络合作用，烷氧基结构存在含氧官能团，可以通过络合Zn影响其分布。

表2-5 光谱、氢谱参数与重金属浓度相关性分析

参数	Cd	Cr	Cu	Mn	Ni	Pb	Zn
$SUVA_{254}$	−0.049	−0.236	−0.132	−0.337	−0.151	−0.168	0.227
A_4/A_1	−0.006	−0.041	0.003	−0.121	0.068	0.018	0.124
E_{253}/E_{203}	−0.328	−0.065	−0.201	0.009	0.409	−0.383	−0.357
δ(0.5 ～ 3.1)	−0.434	−0.186	−0.435	−0.026	−0.115	−0.431	−0.750**
δ(3.1 ～ 5.5)	0.200	0.074	0.247	0.042	0.133	0.374	0.565*
δ(5.5 ～ 10.0)	−0.053	−0.436	−0.256	−0.498	−0.47	−0.275	0.301
n	−0.328	−0.141	−0.292	0.179	−0.04	−0.109	−0.459

注：1. * 表示显著性水平为0.05，即$p < 0.05$水平。
2. ** 表示显著性水平为0.01，即$p < 0.01$水平。

为了探究不同金属之间是否互相影响，对不同金属浓度进行相关性分析，计算结果如表2-6所列，根据戈尔德施密特元素分类法，将元素分为亲铁元素、亲硫元素、亲氧元素、亲气元素以及有机元素五类。Cr、Ni和Pb属于亲铁元素，Cu和Zn属于亲硫元素，Mn属于亲氧元素[37,38]，可见不同种类的金属之间存在显著相关性，但不同金属之间的相关性与金属类别没有很好的规律，这可能是由于填埋场中环境复杂，生活垃圾来源广泛，各种金属来源不同，因此对于不同金属之间的相互影响还有待于进一步研究。

表2-6 不同重金属浓度相关性分析

元素	Cd	Cr	Cu	Mn	Ni	Pb	Zn
Cd	1						
Cr	0.726**	1					
Cu	0.870**	0.843**	1				

续表

元素	Cd	Cr	Cu	Mn	Ni	Pb	Zn
Mn	0.425	0.707**	0.553*	1			
Ni	0.376	0.740**	0.621*	0.775**	1		
Pb	0.543*	0.740**	0.794**	0.648*	0.530	1	
Zn	0.773**	0.593*	0.791**	0.304	0.269	0.719**	1

注：1. * 表示显著性水平为0.05，即$p < 0.05$水平。
2. ** 表示显著性水平为0.01，即$p < 0.01$水平。

参考文献

［1］Lornage R, Redon E, Lagier T, et al. Performance of a low cost MBT prior to landfilling: study of the biological treatment of size reduced MSW without mechanical sorting[J]. Waste Management, 2007, 27(12): 1755-1764.

［2］Nguyen P H L, Kuruparan P, Visvanathan C. Anaerobic digestion of municipal solid waste as a treatment prior to landfill[J]. Bioresource Technology, 2007, 98(2): 380-387.

［3］Sri S S, Karthikeyan O P, Joseph K. Biological stability of municipal solid waste from simulated landfills under tropical environment[J]. Bioresource Technology, 2010, 101(3): 845-852.

［4］Cossu R, Raga R. Test methods for assessing the biological stability of biodegradable waste[J]. Waste Management, 2008, 28(2): 381-388.

［5］Adani F, Tambone F, Gotti A. Biostabilization of municipal solid waste[J]. Waste Management, 2004, 24(8): 775-783.

［6］Sormunen K, Einola J, Ettala M, et al. Leachate and gaseous emissions from initial phases of landfilling mechanically and mechanically-biologically treated municipal solid waste residuals[J]. Bioresource Technology, 2008, 99(7): 2399-2409.

［7］He P J, Xue J F, Shao L M, et al. Dissolved organic matter (DOM) in recycled leachate of bioreactor landfill[J]. Water Research, 2006, 40(7): 1465-1473.

［8］Xi B D, He X S, Zhao Y, et al. Spectroscopic characterization indicator of landfill in the process of stabilizing[J]. Spectroscopy and Spectral Analysis, 2009, 29(9): 2475-2479.

［9］He X S, Xi B D, Wei Z M, et al . Physicochemical and spectroscopic characteristics of dissolved organic matter extracted from municipal solid waste (MSW) and their influence on the landfill biological stability[J]. Bioresource Technology, 2011, 102(3): 2322-2327.

［10］He X S, Xi B D, Wei Z M, et al. Three-dimensional excitation emission matrix fluorescence spectroscopic characterization of complexation between mercury(Ⅱ) and dissolved organic matter extracted from landfill leachate[J]. Chinese Journal of Analytical Chemistry, 2010, 38(10): 1417-1422.

［11］Lu F, Chang C H, Lee D J, et al. Dissolved organic matter with multi-peak fluorophores in landfill leachate[J]. Chemosphere, 2009, 74(4): 575-582.

［12］He X S, Xi B D, Wei Z M, et al. Fluorescence excitation-emission matrix spectroscopy with regional integration analysis for characterizing composition and transformation of dissolved organic matter in landfill leachates[J]. Journal of Hazardous Materials, 2011, 190(1-3): 293-299.

[13] Guo J S, Chen P, Fang F, et al. Study on removal characteristics of organic matter in landfill leachate by Fenton reagent[J]. China Water and Wastewater, 2008, 24(3): 88-91.

[14] Li H J, Zhang Y C, Zhu Y, et al. NDA-150 resin for the post-treatment of landfill leachate after a biological technique[J]. China Environmental Science, 2008, 28(12): 1122-1126.

[15] Albrecht R, Petit J L, Terrom G, et al. Comparison between UV spectroscopy and nirs to assess humification process during sewage sludge and green wastes co-composting[J]. Bioresource Technology, 2011, 102(6): 4495-4500.

[16] Domeizel M, Khalil A, Prudent P. UV spectroscopy: a tool for monitoring humification and for proposing an index of the maturity of compost[J]. Bioresource Technology, 2004, 94(2): 177-184.

[17] Li M X, He X S, Liu J, et al. Study on the characteristic UV absorption parameters of dissolved organic matter extracted from chicken manure during composting[J]. Spectroscopy and Spectral Analysis, 2010, 30(11): 3081-3085.

[18] Marhuenda-Egea F C, Martínez-Sabater E, Jordá J, et al. Evaluation of the aerobic composting process of winery and distillery residues by thermal methods[J]. Thermochimica Acta, 2007, 454(2): 135-143.

[19] Tian W, Li L Z, Liu F, et al. Assessment of the maturity and biological parameters of compost produced from dairy manure and rice chaff by excitation-emission matrix fluorescence spectroscopy[J]. Bioresource Technology, 2012, 110(2): 330-337.

[20] Gigliotti G, Giusquiani P L, Businelli D, et al. Composition changes of dissolved organic matter in a soil amended with municipal waste compost[J]. Soil Science, 1997, 162(12): 919-926.

[21] Wang K, Li W, Gong X J. Spectral study of dissolved organic matter in biosolid during the composting process using inorganic bulking agent: UV–vis, GPC, FTIR and EEM[J]. International Biodeterioration and Biodegradation, 2013, 85(7): 617-623.

[22] Zhang J Z, Yang Q, Xi B D, et al. Study on spectral characteristic of dissolved organic matter fractions extracted from municipal solid waste landfill leachate[J].Spectroscopy and Spectral Analysis, 2008, 28(11): 2583-2587.

[23] Zeng F, Huo S L, Xi B D, et al. Characteristics variations of dissolved organic matter from digested piggery wastewater treatment process[J]. Environmental Science, 2011, 32(6): 1687-1695.

[24] Peuravuori J, Pihlaja K. Isolation and characterization of natural organic matter from lake water: comparison of isolation with solid adsorption and tangential membrane filtration[J]. Environment International, 1997, 23(4): 441-451.

[25] Zou L Q, He P J, Shao L M, et al. Pollution control of leachate in landfill site by microbial metabolism in the landfill layer[J]. Techniques and Equipment for Environmental Pollution Control, 2003, 4(6): 70-73.

[26] 何小松，席北斗，刘学建，等. 城市垃圾填埋初期物质转化的光谱学特性研究[C]//中国环境科学学会2010年学术年会，2010.

[27] Fu M Y , Zhou L X. Effect of dissolved organic matter from landfill-leachtes on dissolution of Pb in soils[J]. Environmental Science, 2007, 28(2): 243-248.

[28] He X S, Yu J, Xi B D, et al. The remove characteristics of dissolved organic matter in landfill leachate during the treatment process[J]. Spectroscopy and Spectral Analysis, 2012, 32(9): 2528-2533.

[29] He L, Wang Z W, Wu Z C. Excitation-emission matrix fluorescence spectra analysis of dissolved organic matter in MBR used for restaurant wastewater treatment[J]. China Environment Science, 2011, 31(2): 225-232.

[30] Said-Pullicino D, Kaiser K, Guggenberger G, et al. Changes in the chemical composition of water-extractable organic matter during composting: distribution between stable and labile organic matter pools[J]. Chemosphere, 2007, 66(11): 2166-2176.

[31] Bartoszek M, Polak J, Sułkowski W W. NMR study of the humification process during sewage sludge treatment[J]. Chemosphere, 2008, 73(9): 1465-1470.

[32] Xing M Y, Li X W, Yang J, et al. Changes in the chemical characteristics of water-extracted organic matter from vermicomposting of sewage sludge and cow dung[J]. Journal of Hazardous Materials, 2012, 205-206: 24-31.
[33] Tuomela M, Vikman M, Hatakka A, et al. Biodegradation of lignin in a compost environment: a review[J]. Bioresource Technology, 2000, 72(2): 169-183.
[34] Gómez X, Blanco D, Lobato A. Digestion of cattle manure under mesophilic and thermophilic conditions: characterization of organic matter applying thermal analysis and ^{1}H NMR[J]. Biodegradation, 2011, 22(3): 623-635.
[35] Chefetz B, Hader Y, Chen Y. Dissolved organic carbon fractions formed during composting of municipal solid waste: properties and significance[J]. Acta Hydrochimica Et Hydrobiologica, 1998, 26(3): 172-179.
[36] Mahalingam R. Interactions between mercury and dissolved organic matter—a review[J]. Chemosphere, 2004, 55: 319-333.
[37] Song X X. Geochemistry of scandium as applied to the problem of iron ore genesis[J]. Mineral Deposits, 1982, 2: 56-60.
[38] 郭承基. 对戈尔德施密特的“地球化学”的几点意见[J]. 化学通报，1960 (4): 55-57.

第3章

垃圾填埋微生物群落演替规律及驱动溶解性有机质演化机制

微生物在垃圾填埋场中起着关键作用，对有机废物的降解起着重要作用[1]。由于有机质丰富，基质复杂，各种微生物在垃圾填埋场大量繁殖，因此垃圾填埋场被认为是微生物的聚集地[2]。从填埋场表面到底部的垂直距离可能反映了不同程度的储存废物的组成，从而改变了微生物群落的丰度和分布[3]。因此，需要对垃圾填埋场中微生物群落的垂直分布进行研究，以确定填埋场填埋过程微生物群落结构变化[4]。为了揭示填埋场垃圾中微生物种群的群落演替和多样性，采用了多种分子技术，包括聚合酶链反应变性梯度凝胶电泳（PCR-DGGE）、单链构象多态性（SSCP）和末端限制性片段长度多态性（T-RFLP）[5]。

本章以北京典型的阿苏卫垃圾填埋场为研究对象，利用变性梯度凝胶电泳（DGGE）图谱和16S rDNA序列分析了垃圾填埋不同时期和不同堆体深度垃圾中的微生物多样性，运用线性模型冗余分析（RDA）和典范对应分析（CCA）分析[6]可能影响垃圾填埋场微生物种群结构和多样性的因素，以期全面揭示微生物的演变和多样性，以及这些因素是如何有效控制微生物群落的，进而揭示垃圾填埋微生物驱动有机质演化机制。

3.1 垃圾填埋微生物群落演替规律

3.1.1 填埋过程中微生物群落的动态和多样性

PCR-DGGE图谱中不同部位DNA条带的强度和亮度代表了细菌和放线菌群落中的特定微生物及其相对丰度，且条带数越多，物种越丰富。如图3-1所示，填埋垃圾中细菌DGGE图谱丰富，同一层次不同泳道有相同或不同的条带，说明垃圾填埋场中细菌和放线菌种类丰富且存在差异。根据Quantity One软件对不同填埋样品DGGE所得图谱进行背景扣除、泳道和条带识别及高斯模型分析，共得到20条不同位置的细菌条带（即丰度S），各位点可分离出10～19条细菌条带，其中条带数最多的为B3，最少的为A2；放线菌共得到17条不同位置的条带（即丰度S），各位点可分离出7～12条放线菌条带，其中条带数最多的为B4，最少的为B1和B2。

图3-2所示DGGE图谱条带数的变化显示了细菌和放线菌群落在不同分解阶段的动态变化。填埋初期随着深度的增加，细菌条带数逐渐下降的原因可能是填埋层内氧气浓度的降低，兼性厌氧和厌氧生物类型增多，细菌种群由好氧型向兼性厌氧型转变，从而引起部分条带减少。与细菌不同，放线菌的条带数逐渐增加。厌氧垃圾分解的第一步是纤维素水解成可溶性糖，纤维素水解菌的变化可能导致放线菌多样性随着填埋深度的增加而增加。填

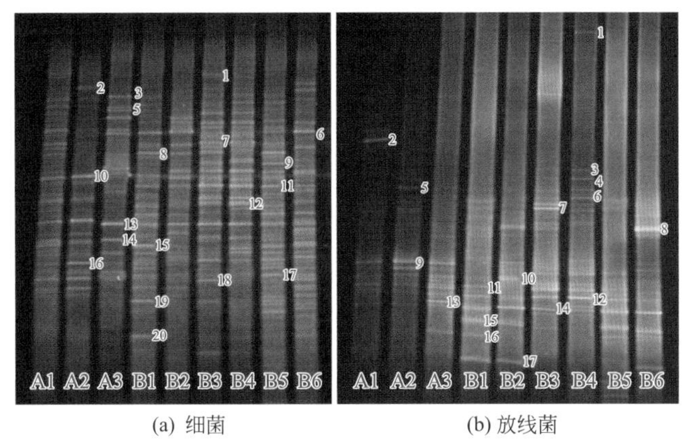

(a) 细菌　　(b) 放线菌

图3-1　垃圾填埋场菌群16S rDNA扩增片段的DGGE图谱

埋中后期随着深度的增加，细菌的条带数虽有波动性变化，但总体呈下降趋势，这种情形的出现可能与填埋场生境的一些因素变动有关。放线菌的条带数呈现倒马鞍形变化趋势，B2阶段出现最小条带数值，可能该阶段是填埋场微生物区系组成发生变化的过渡区，该区域细菌种群的多样性较差。总的来说，微生物多样性分析表明，填埋场垃圾的上层和底层微生物的多样性和富集度较高，而中间层的富集度较低。这主要是由于填埋场表面含氧量高，底层全部浸入水中，只有中间层氧气和水分浓度都较低，导致微生物富集度低。

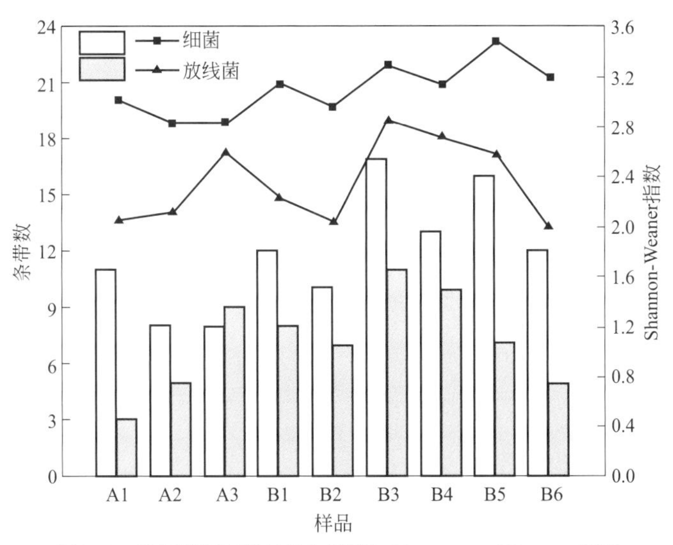

图3-2　垃圾填埋场样品的条带数和Shannon-Weaner指数

Shannon-Weaner指数是一个综合评价微生物多样性的参数，它综合考虑了条带数和条带的相对强度，所有样本的变化趋势与条带数的变化趋势相似。填埋初期随着深度的增加，细菌的Shannon-Weaner指数逐渐减小，放线菌的Shannon-Weaner指数则逐渐增大；填埋中后期随着深度的增加，细菌的Shannon-Weaner指数有波动性变化，放线菌的Shannon-Weaner指数则呈现倒马鞍形变化趋势。然而，增大或减小的程度不同，因为Shannon-Weaner指数既包括条带强度的变化，也包括条带数的变化。

3.1.2 填埋过程中微生物群落16S rDNA序列分析

从源自细菌16S rDNA的凝胶中切下20条突出的条带进行测序，并成功测定序列。如表3-1和图3-3(a)所示，放线菌（Actinobacteria）、厚壁菌（Firmicutes）、拟杆菌（Bacteroidetes）和变形菌（Proteobacteria）是四个最主要的细菌门，占细菌16S rRNA基因序列总数的95%以上。填埋场中厚壁菌门与拟杆菌门主要功能是水解纤维素和淀粉等多糖，变形菌门可以把可溶性糖类分解为单糖和短链脂肪酸。

表3-1 细菌16S rDNA中DGGE凝胶分离条带序列分析

条带	收录号	菌株	相似性/%
a1	JN595445.1	*Uncultured bacterium*	0.98
a2	HQ156189.1	*Uncultured prokaryote*	1
a3	KP723550.1	*Bacillus licheniformis*	0.99
a4	KF956671.1	*Lysinibacillus sphaericus*	0.98
a5	KJ210651.1	*Desemzia incerta*	0.98
a6	NR_118912.1	*Sporosarcina globispora*	1
a7	NR_108285.1	*Sporosarcina globispora*	1
a8	NR_108487.1	*Pseudomonas litoralis*	0.98
a9	KJ734878.1	*Planomicrobium chinense*	1
a10	NR_108285.1	*Galbibacter marinus*	0.97
a11	KP134320.1	*Clostridium* sp.	1
a12	NR_122085.1	*Defluviitoga tunisiensis*	1
a13	KF724028.1	*Bacillus badius*	1
a14	NR_044717.2	*Clostridium cochlearium*	0.99
a15	KP407112.1	*Rhizobium grahamii*	1
a16	AB721102.1	*Uncultured Firmicutes bacterium*	0.99
a17	FJ675502.1	*Uncultured bacterium*	0.99
a18	KT248064.1	*Arthrobacter woluwensis*	1
a19	NR_043246.1	*Streptomyces guanduensis*	1
a20	GU142939.1	*Mycobacterium elephantis*	1

在细菌样本所有的序列中，20条条带的相似值均高于97%。条带a1、a5、a15和a17与变形菌门中的未培养细菌有关。条带a3、a4、a5、a6、a9、a11、a13、a14和a16与厚

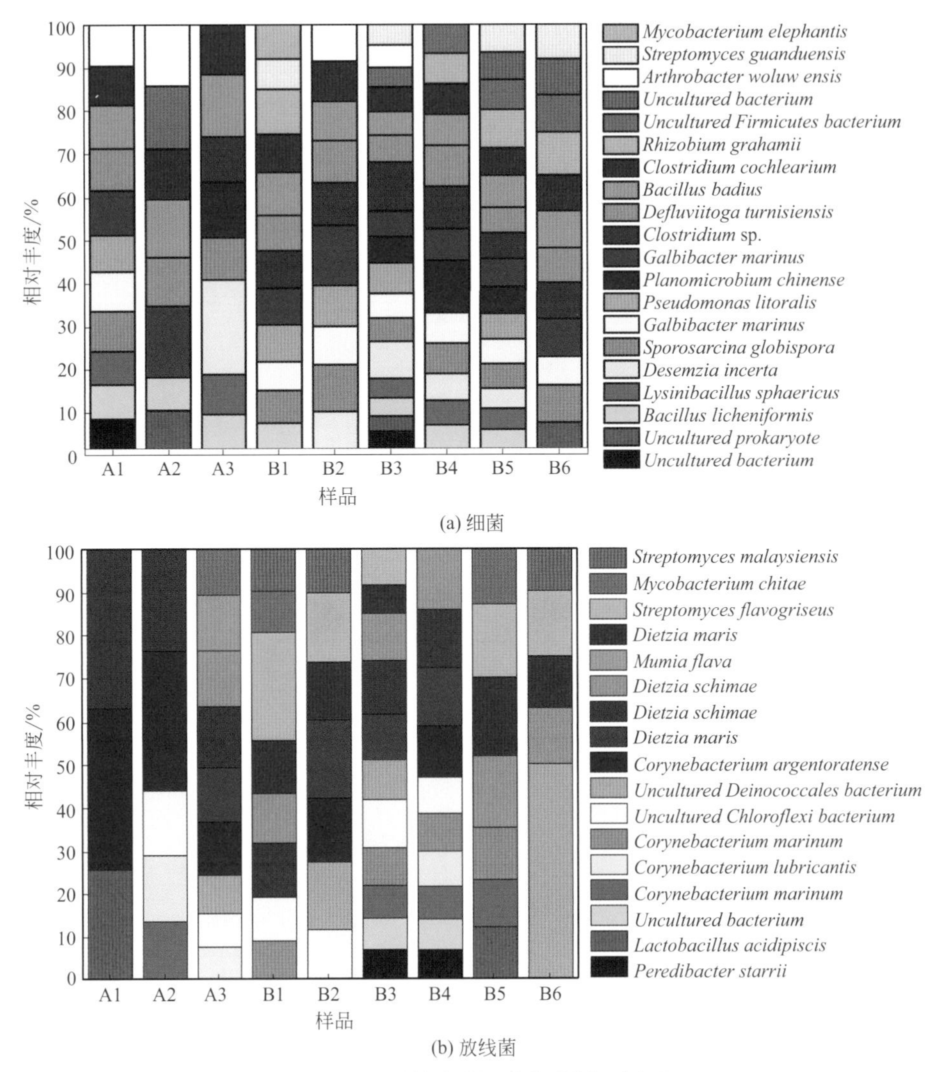

(a) 细菌

(b) 放线菌

图3-3 垃圾填埋场样品中菌群的相对含量

壁菌门有关。条带a7和a10附属于放线菌门，条带a18、a19和a20被归类为拟杆菌门。如图3-3所示，放线菌门在B1阶段出现且随着深度增加一直存在，说明放线菌在填埋中后期对降解纤维素起重要作用。厚壁菌门随着填埋时间的延长呈增加趋势，表明其在填埋中后期比前期作用更为重要。变形菌门在B3达到最大值，表明变形菌在填埋中期阶段的作用大于其他填埋阶段。拟杆菌门在有机物降解和碳循环中起着重要的作用。如表3-2和图3-3(b)所示，在所有放线菌样本中，放线菌门、变形菌门、厚壁菌门和绿弯菌门是主要的菌群。在所有序列中，条带b1是唯一相似值低于97%的序列，这表明它可能是一个新物种。变形杆菌（b3、b10、b11、b12、b13和b14）和放线菌（b4、b5、b6、b9、b15、b16和b17）是填埋场中最主要的门，厚壁菌（b2、b8）是纤维素降解菌，被认为在垃圾填埋场垃圾的厌氧分解和产甲烷阶段发挥重要作用，条带b7附属于绿弯菌门。

表3-2 放线菌16S rDNA中DGGE凝胶分离条带序列分析

条带	收录号	菌株	相似性/%
b1	NR_024943.1	*Peredibacter starrii*	0.93
b2	KC331174.1	*Lactobacillus acidipiscis*	0.99
b3	FN643519.1	*Uncultured bacterium*	0.95
b4	CP007790.1	*Corynebacterium marinum*	0.99
b5	HQ257379.1	*Corynebacterium lubricantis*	0.99
b6	CP007790.1	*Corynebacterium marinum*	0.98
b7	CU922397.1	*Uncultured Chloroflexi bacterium*	0.98
b8	KM355235.1	*Uncultured Deinococcales bacterium*	0.99
b9	KM068002.1	*Corynebacterium argentoratense*	0.99
b10	JX490115.1	*Dietzia maris*	0.98
b11	KP207685.1	*Dietzia schimae*	1
b12	KP207685.1	*Dietzia schimae*	1
b13	NR_126279.1	*Mumia flava*	0.98
b14	JX490115.1	*Dietzia maris*	0.99
b15	KR857294.1	*Streptomyces flavogriseus*	0.98
b16	JN049506.1	*Mycobacterium chitae*	0.99
b17	KP338102.1	*Streptomyces malaysiensis*	0.99

3.2 垃圾填埋微生物驱动DOM演化机制

利用Canoco软件对细菌群落分布与环境因子间的响应关系进行分析。首先对DNA条带分布与环境因素进行去趋势对应分析（DCA），结果表明，其最长梯度长度值为2.544和2.565，小于3；采用线性模型RDA比非线性CCA更适合用于分析本次细菌群落组成与环境因子间相关性。因此，本次应用RDA分析细菌群落和环境因子之间的相关性。分析表明，环境因素与细菌结构密切相关（$p < 0.05$）。物种-环境相关性表明细菌群落与环境因子之间存在较强的相关性。对于物种数据的方差，图3-4(a)和图3-4(b) DGGE指纹的第一典型轴分别解释了总变异的58.2%和56.9%。这四个显著的典型轴分别解释了图3-4(a)和图3-4(b)物种数据中的总变异的82.7%和77.9%。

根据部分蒙特卡罗置换试验的5%水平，$SUVA_{254}$、A_4/A_1、烷氧基、脂质结构和类胡敏酸物质C2、类富里酸物质C3、类色氨酸物质C4、类酪氨酸物质C6与细菌群落的分布显著相关（$p < 0.005$），并分别解释了53.7%（p=0.006）、46.5%（p=0.006）、43.5%（p=0.018）、42.1%（p=0.008）和37.6%（p=0.028）、36.8%（p=0.03）、36.1%（p=0.038）、35.7%（p=0.042）的总变异。如图3-4所示，条带a3和a14受脂类物质和C6的影响较大。E_{253}/E_{203}与C1和条带a1有明显的相关性。影响条带a9的主要因素是芳香性结构和C1。条带a11、a12和a13与A_4/A_1、$SUVA_{254}$、C2、C3和C4呈正相关。影响条带a15的主要因素是芳香烃和烷氧基物质。条带a18受E_{253}/E_{203}的影响较大，影响条带a19和a20的主要因素是芳香性物质和与胡敏酸物质结合的类蛋白物质。厚壁菌门（a3、a9、a11、a13及a14）受A_4/A_1、$SUVA_{254}$、脂质、C2、C3、C4和C6的影响较大，表明厚壁菌门在开启腐殖化进程和合成具有芳香性的腐殖质类物质中发挥着重要作用。变形菌门（a1、a12和a15）对芳香性物质、烷氧基和有机组分C1有明显的响应，这说明变形杆菌在填埋中后期可以促进芳香性物质含量增加，也可使烷基链烃物质含量增加，支链变长，分支减少。在结构简单的脂类、类蛋白及糖类物质的快速降解过程中发挥着重要作用。而放线菌门（a18、a19和a20）主要受与腐殖酸和芳香性物质结合的类蛋白物质和E_{253}/E_{203}的影响。表明放线菌在合成腐殖质类物质，使苯环类化合物上的脂肪链不断地氧化分解成羰基、羧基和羟基等官能团的过程中有重要作用。

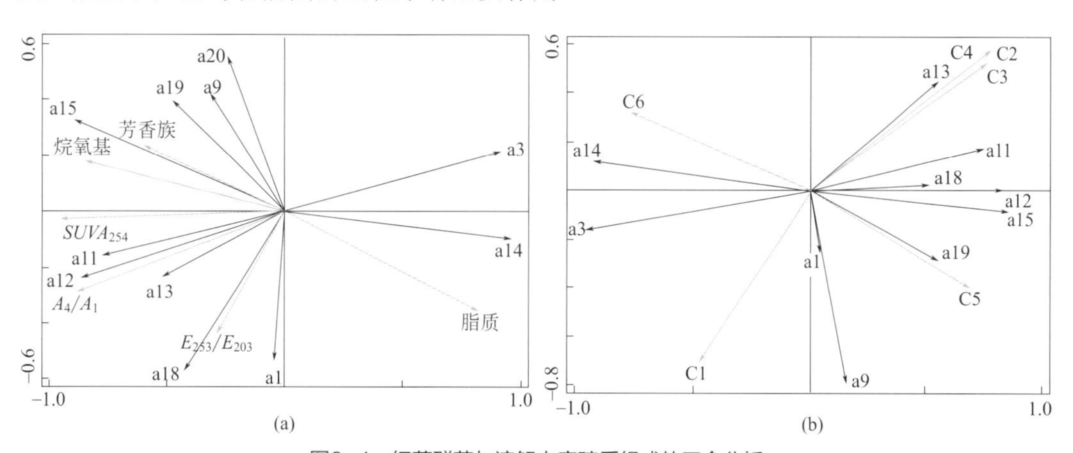

图3-4　细菌群落与溶解态腐殖质组成的冗余分析

对放线菌群落分布与环境因子间的响应关系进行DCA，结果表明，图3-5(a)最长梯度长度值为2.684（＜3），采用RDA分析放线菌群落和环境参数之间的相关性。另一个最长梯度长度值为3.346，（＞3），采用非线性CCA更合适，如图3-5(b)所示。图3-5表明影响厚壁菌门（b2和b8）的主要因素是A_4/A_1、$SUVA_{254}$和类色氨酸物质C1。变形菌门（b1、b3、b10、b11、b12和b14）主要受脂质、C1和C5的影响。放线菌门（b4、b5、b9、b15和b17）主要受E_{253}/E_{203}、芳香性物质和与胡敏酸物质结合的类蛋白物质的影响。除脂类和E_{253}/E_{203}外，绿弯菌门（b7）与溶解态腐殖质组成无明显关系。从物种与环境因子间的关系可以发现，厚壁菌门主要受A_4/A_1、$SUVA_{254}$和C3的影响。结果表明，厚壁菌门在类富里酸物质的合成和腐殖化过程中起着重要作用。变形杆菌主要受脂质和C6的影响。说明变形杆菌在填埋中后期可以促进芳香性物质含量增加，也可使烷基链烃物质含量增加，支链变长，分支减少。放线菌门的分布受芳香性物质成分C1、C5和C6的调控。结果表明，放线菌对溶解态腐殖质的降解有很大的影响，在简单脂质、类蛋白和糖类物质的快速降解中起着重要作用。绿弯菌门和未识别菌株主要受脂类和E_{253}/E_{203}的影响。结果表明，苯环化合物取代基上的羰基、羧基和羟基等含氧官能团可被降解和矿化成二氧化碳，而绿弯菌门则能增加脂肪链上取代基的数量。

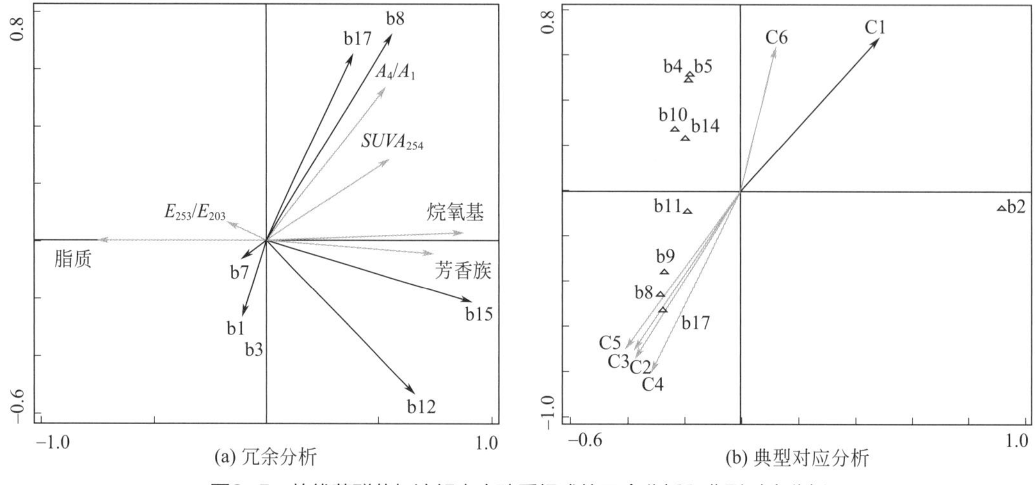

图3-5　放线菌群落与溶解态腐殖质组成的冗余分析和典型对应分析

参考文献

[1] Slezak R, Krzystek L, Ledakowicz S. Degradation of municipal solid waste in simulated landfill bioreactors under aerobic conditions[J]. Waste Manag, 2015, 43: 293-299.

[2] Song L Y, Wang Y Q, Zhao H P, et al. Composition of bacterial and archaeal communities during landfill refuse decomposition processes[J]. Microbiological Research, 2015, 181: 105-111.

[3] Gomez A M, Yannarell A C, Sims G K, et al. Characterization of bacterial diversity at different depths in the Moravia Hill landfill site at Medellín, Colombia[J]. Soil Biology and Biochemistry, 2011, 43(6): 1275-1284.

[4] Dong J, Ding L, Wang X, et al. Vertical profiles of community abundance and diversity of anaerobic methanotrophic archaea (ANME) and bacteria in a simple waste landfill in north China[J]. Applied Biochemistry and Biotechnology, 2015, 175: 2729-2740.

[5] Markus E, Sven M, Bianca W, et al. Molecular profiling of 16S rRNA genes reveals diet-related differences of microbial communities in soil, gut, and casts of *Lumbricus terrestris* L. (Oligochaeta: Lumbricidae)[J]. FEMS Microbiology Ecology, 2004, 48 (2): 187-197.

[6] Gilbride K A, Frigon D, Cesnik A, et al. Effect of chemical and physical parameters on a pulp mill biotreatment bacterial community[J]. Water Research, 2006, 40(4): 775-787.

第4章

垃圾填埋溶解性有机质络合重金属特征

填埋处理由于其操作简单、成本较低等优点成为目前城市垃圾处理最普遍的方式。在我国，超过80%的生活垃圾通过填埋进行处理[1-3]。在填埋过程中，有机质的生物降解过程主要发生在其颗粒表面一层液态薄膜中，因此深入了解DOM的变化比固相有机质更能够反映填埋垃圾的生物降解过程[4, 5]。DOM可采用紫外和荧光光谱检测，它是非均质的混合有机物[6]，其结构上的—COOH、—OH、—SH和—NH_2等多种功能基团容易与重金属发生络合作用[7-10]，进而影响重金属的迁移、转化和生物可利用性[11,12]。Seo等[13]发现填埋渗滤液DOM的不同荧光组分与Cu(Ⅱ)的络合能力不同。Wu等[14,15]通过三维荧光光谱耦合平行因子分析（PARAFAC）发现不同荧光组分对金属Cu(Ⅱ)、Hg(Ⅱ)、Zn(Ⅱ)都存在络合作用。填埋过程垃圾中有机组分在微生物的作用下发生降解和转化，有研究表明[16]填埋初期DOM主要是类蛋白物质，而填埋中后期主要是类腐殖质物质。不同填埋时期所产生的DOM的种类和结构性质存在差异，进而影响其与重金属Cu(Ⅱ)的络合能力，这在国内外研究中鲜有报道。近年来，由于前处理简单、分析快捷以及可获得的信息量大等优点，三维荧光光谱被广泛用于研究天然有机质的环境行为，这也为研究有机质与重金属的相互作用提供了技术支撑[17,18]。

填埋过程中，生活垃圾中的电池、荧光灯、金属块等里面的金属会不断溶解进入填埋垃圾和渗滤液中。研究表明[9,19,20]，铜在腐殖垃圾中主要以有机态存在（约占68% ～ 80%），其次是残渣态和碳酸盐结合态，铁锰氧化态和可交换态所占比例很小。为此，本章采用三维荧光光谱耦合平行因子分析（PARAFAC），结合荧光猝灭滴定技术[21]和非线性回归分析，研究不同填埋时期垃圾中溶解性有机质与Cu(Ⅱ)的络合作用，阐明填埋过程中Cu(Ⅱ)的形态改变机制，以期为评估填埋垃圾中Cu(Ⅱ)的环境风险提供科学依据，也为解决环境中Cu(Ⅱ)的污染提供理论基础。

4.1 填埋过程DOM不同组分分类

使用PARAFAC方法分解填埋DOM的三维荧光光谱。如图4-1所示，残差分析中5组分和6组分模型残差累积和差距较大，而6组分和7组分模型只存在很小的差距，表明本次PARAFAC中最佳组分数为6。对半分析图进一步验证了将样品分解为6种组分是可行的[22]。分解后的6种荧光组分中包括2种类腐殖质及4种类蛋白物质组分，不同组分及其对应的激发、发射波长位置如图4-2所示，各组分最大荧光强度（F_{max}）对应激发、发射波长及性质描述如表4-1所列。

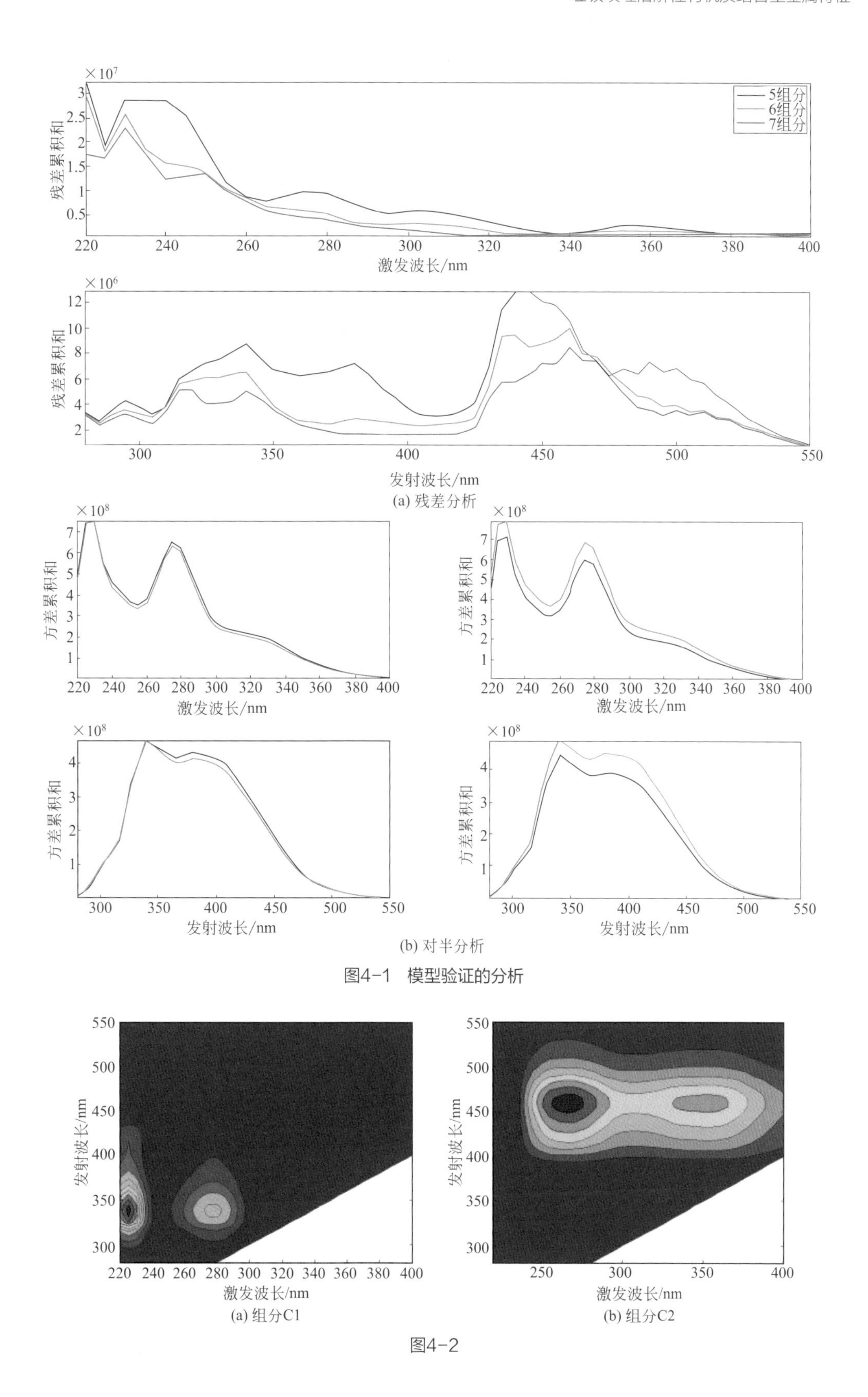

(a) 残差分析

(b) 对半分析

图4-1　模型验证的分析

(a) 组分C1

(b) 组分C2

图4-2

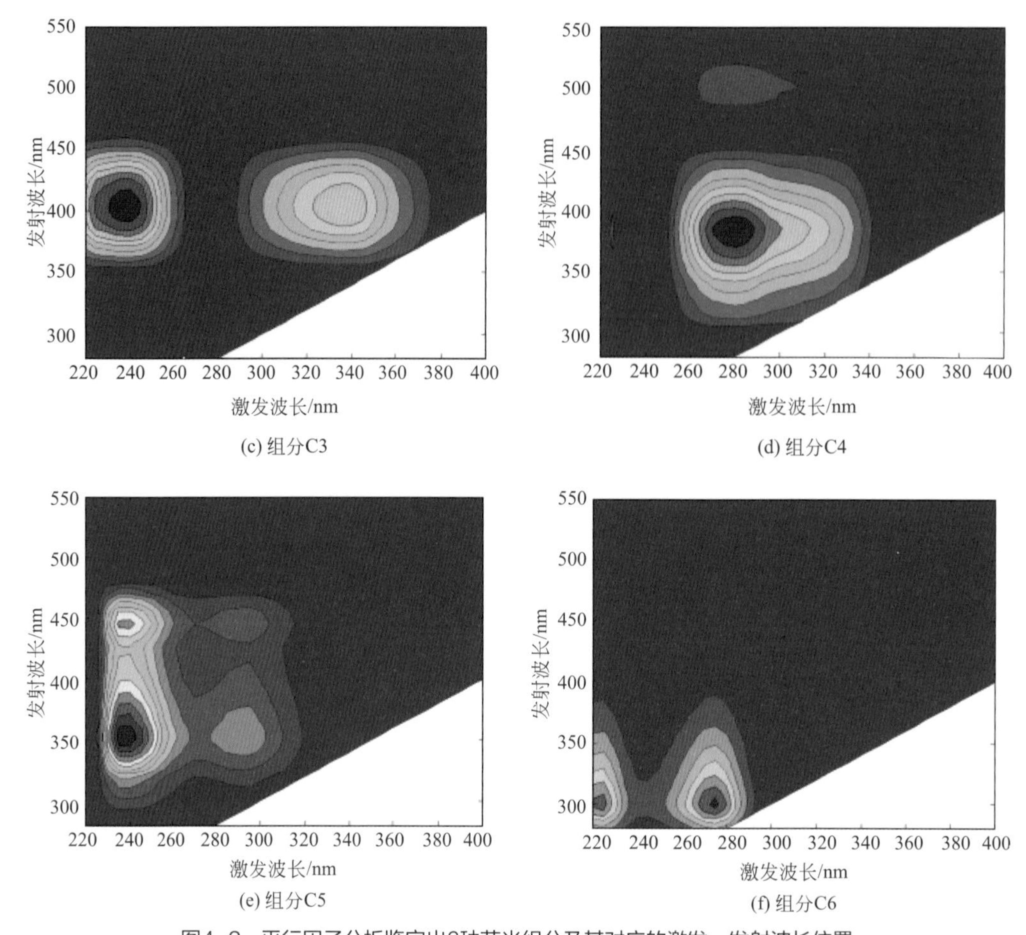

图4-2 平行因子分析鉴定出6种荧光组分及其对应的激发、发射波长位置

表4-1 6种荧光组分F_{max}对应波段位置

荧光组分	类型	激发波长E_x/nm	发射波长E_m/nm
C1	类蛋白物质（类色氨酸物质）	225, 280	340
C2	类胡敏酸	260, 350	460
C3	类富里酸	220, 330	400
C4	类蛋白物质（微生物代谢副产物）	275	380
C5	与胡敏酸结合的类蛋白物质	225, 280	350, 450
C6	类蛋白物质（类酪氨酸物质）	225, 275	300

根据先前研究[14,23-27]，组分C1、C4和C6可判断均为类蛋白物质，其中组分C1属于类色氨酸物质，组分C4为微生物代谢副产物，组分C6为类酪氨酸物质；组分C2可判断为类胡敏酸物质；组分C3可判断为类富里酸物质；组分C5可判断为与胡敏酸物质结合的类蛋白物质。

4.2 填埋过程DOM不同组分演变规律

利用PARAFAC方法分离的6种组分不同填埋深度的得分值F_{max}进行制图。如图4-3所示，不同深度的样品中类蛋白物质（组分C1、C4、C5和C6）总含量高于类腐殖质物质（组分C2和C3）总含量，这与填埋垃圾来源主要是含有脂类、类蛋白、糖类物质的生活垃圾有很大关系[23]。随着填埋深度的增加，类蛋白物质（组分C1、C4、C5和C6）总体呈下降趋势，而类腐殖质物质（组分C2和C3）总体呈上升趋势，说明填埋过程中类蛋白物质发生降解，而腐殖化过程导致类腐殖质物质含量增多。

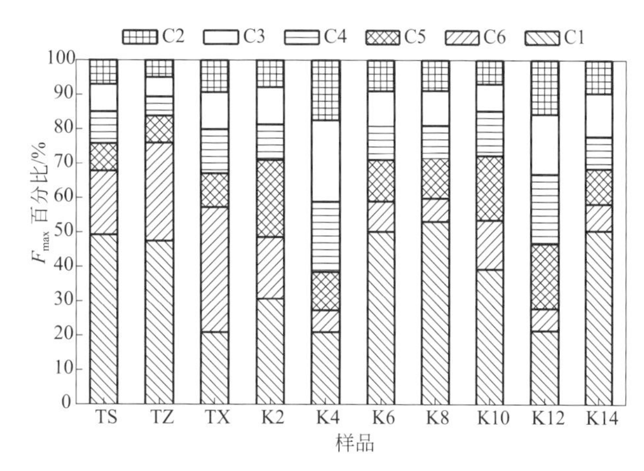

图4-3　不同填埋深度样品6种组分对应的F_{max}百分比

C1、C4、C5、C6—类蛋白物质；C2、C3—类腐殖质物质

为了对比研究填埋初期和填埋中后期有机质的转化，将不同填埋深度样品的F_{max}取平均（填埋初期TS、TZ和TX取平均，填埋中后期K2、K4、K6、K8、K10、K12和K14取平均）作图得到填埋初期和中后期不同组分F_{max}百分比含量图（图4-4）。如图4-4所示，组分C1和C6含量随着填埋年限的延伸而减少，而组分C2～C5含量则呈相反的变化趋势，这可能与填埋过程中DOM的组成和结构的演变有关。垃圾填埋分为初始调整阶段、过渡阶段、酸化阶段、甲烷发酵阶段和成熟阶段5个阶段[28]。在初始调整阶段即填埋初期，垃圾携带大量的氧

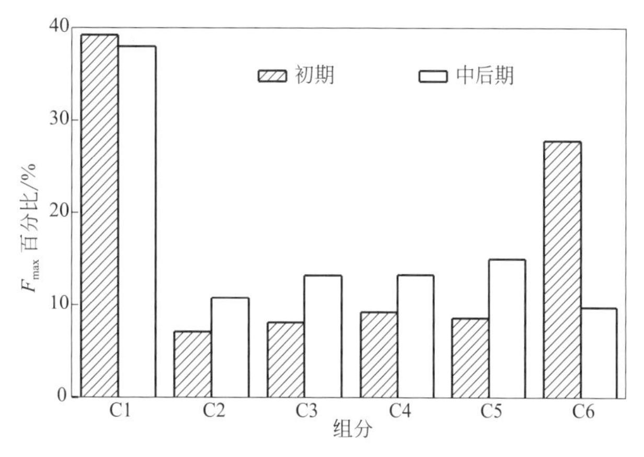

图4-4　不同填埋时期6种组分对应的F_{max}百分比

气，有机质降解主要以剧烈的好氧反应为主[29]，在微生物作用下有机质快速分解，脂类、类蛋白及糖类等物质由于结构简单而被优先利用，故DOM中组分C1和C6的含量随填埋年限的延伸呈下降趋势。

当填埋进入中后期，易被微生物利用的结构简单的有机物被完全降解后，微生物开始利用木质素类物质产生水溶性芳香性物质（醌、苯酚等），芳香性物质与氨基酸缩合，形成腐殖质，开启了腐殖化进程，并随着填埋年限的延伸腐殖化程度加强[5]，腐殖质含量逐渐升高[30]，故组分C2和C3含量呈上升趋势。组分C4发射波长为380nm，说明可能存在具有芳香性结构的酚类物质，例如鞣酸[31]，其来源于木质素的降解[32]。组分C5为与胡敏酸结合的类蛋白物质，两者中存在的芳香性物质同样可以与氨基酸结合形成腐殖质，随着腐殖化进程加深其含量增加，因此与组分C2（类胡敏酸物质）和C3（类富里酸物质）变化趋势相同，都呈上升趋势。

4.3 填埋过程DOM络合铜特征

荧光猝灭实验设计采用不同浓度的Cu(Ⅱ)与填埋垃圾中的DOM反应。通过DOM荧光强度的降低计算络合常数。本文中采用修正型Stern-Volmer模型来计算条件稳定常数k和荧光基团与Cu(Ⅱ)结合的比例f，具体形式如下：

$$F_0/(F_0-F)=1/(fk\,[\mathrm{Cu}])+1/f$$

$F_0/(F_0-F)$与1/[Cu]线性相关，通过拟合的直线斜率［$1/(fk)$］和截距($1/f$)来求得配位反应的条件稳定常数k和参与络合Cu(Ⅱ)的荧光基团的比例f。

DOM主要是通过含氧官能团（如酚羟基、羧基等）与金属发生络合作用[33]，而不同组分中存在的官能团不同，因此DOM中不同组分与Cu(Ⅱ)的络合能力不同。不同组分DOM与Cu(Ⅱ)在不同填埋深度络合的条件稳定常数lg$k$、f及R^2值如表4-2所列。为了研究不同填埋时期DOM不同组分与Cu(Ⅱ)络合能力，将样品分为初期（TS、TZ、TX）和中后期（K2、K4、K6、K8、K10、K12、K14），将TS、TZ、TX取平均，将K2、K4、K6、K8、K10、K12、K14取平均得不同填埋时期络合的条件稳定常数lg$k$、f和R^2值，如表4-3所列。

表4-2 不同填埋深度DOM通过Stern-Volmer模型计算的6种组分与Cu(Ⅱ)络合的lg*k*、*f*、R^2值

项目	C1			C2			C3			C4			C5			C6		
	lg*k*	*f*/%	R^2	lg*k*	*f*/%	R^2	lg*k*	*f*/%	R^2	lg*k*	*f*/%	R^2	lg*k*	*f*/%	R^2	lg*k*	*f*/%	R^2
TS	5.12	94.98	0.99	5.54	54.86	0.94	5.25	46.14	0.88	FM			FM			FM		
TZ	5.29	94.38	0.94	4.98	45.29	0.98	FM			FM			FM			FM		
TX	4.41	95.30	0.99	4.83	48.60	1.00	4.73	57.22	1.00	4.94	41.99	0.97	5.75	31.96	0.93	4.60	22.78	0.94
K2	4.84	64.53	0.96	4.72	42.35	0.87	4.44	47.16	0.99	4.54	53.09	0.92	4.56	35.29	0.99	4.73	48.90	0.95
K4	FM			5.02	61.46	0.99	4.98	54.89	0.98	4.94	59.98	0.98	4.53	43.92	0.95	FM		
K6	5.20	65.93	0.88	4.99	50.40	0.98	4.73	55.29	0.98	5.74	37.68	0.70	5.20	65.93	0.88	5.25	36.82	0.82
K8	4.40	92.76	0.98	5.22	44.78	0.81	5.16	49.51	0.85	FM			FM			FM		
K10	5.19	69.10	0.97	4.71	50.16	0.91	FM			5.19	47.89	0.94	4.95	23.82	0.80	4.47	65.86	0.96
K12	FM			5.01	58.90	0.97	4.83	55.00	1.00	4.88	50.08	0.99	4.00	53.24	1.00	4.80	32.14	0.96
K14	5.04	71.27	0.91	5.27	47.49	0.98	4.94	50.01	0.99	FM			FM			FM		

注：FM表示无法计算条件稳定常数。

表4-3 不同填埋时期DOM通过Stern-Volmer模型计算的6种组分与Cu(Ⅱ)络合的lg*k*、*f*、R^2值

项目	C1			C2			C3			C4			C5			C6		
	lg*k*	*f*/%	R^2	lg*k*	*f*/%	R^2	lg*k*	*f*/%	R^2	lg*k*	*f*/%	R^2	lg*k*	*f*/%	R^2	lg*k*	*f*/%	R^2
初期	4.94	94.89	0.97	5.12	49.58	0.97	5.00	51.71	0.94	4.94	41.99	0.97	5.75	57.22	0.94	4.60	22.78	0.94
中后期	3.53	72.72	0.94	5.02	51.26	0.93	4.85	51.98	0.97	5.46	46.52	0.91	4.65	44.44	0.92	4.81	45.93	3.70

如表4-2所列，不同填埋深度的类蛋白物质与Cu(Ⅱ)作用的条件稳定常数和参与络合的荧光基团比例存在一定的变化，条件稳定常数在4.00～5.75之间，参与络合的荧光基团比例在22.78%～95.30%之间；而类腐殖质物质与Cu(Ⅱ)作用的条件稳定常数和参与络合的荧光基团比例变化较小，其中类胡敏酸物质与Cu(Ⅱ)络合的条件稳定常数在4.71～5.54之间，参与络合的荧光基团比例在42.35%～61.46%之间，类富里酸物质与Cu(Ⅱ)络合的条件稳定常数在4.44～5.25之间，参与络合的荧光基团比例在46.14%～57.22%之间。

如表4-3所列，随着填埋年限的延伸，组分C1（类色氨酸物质）和组分C5（与胡敏酸结合的类蛋白物质）与Cu(Ⅱ)配位的条件稳定常数均呈下降趋势，组分C1与Cu(Ⅱ)配位的条件稳定常数由4.94降到3.53，而组分C5与Cu(Ⅱ)配位的条件稳定常数由5.75降到4.65，此外，这两种组分参与配位的荧光基团比例也呈下降趋势，组分C1参与配位的荧光基团比例由94.89%降到72.72%，组分C5参与配位的荧光基团比例由57.22%降到44.44%。这可能是由于随着填埋的进行类色氨酸物质发生了降解[34]，导致其与Cu(Ⅱ)的络合能力下降，参与配位的官能团减少。组分C4（微生物代谢副产物）和组分C6（类酪氨酸物质）与Cu(Ⅱ)配位的条件稳定常数和参与配位的荧光基团比例却均呈上升趋势（表4-3），组分C4与Cu(Ⅱ)配位的条件稳定常数由4.94增加到5.46，参与配位的荧光基团比例由41.99%增加到46.52%，组分C6与Cu(Ⅱ)配位的条件稳定常数由4.60增加到4.81，参与配位的荧光基团比例由22.78%增加到45.93%。这与不同填埋时期类蛋白物质结构上含氧官能团的种类和数量有关[35]，不同类蛋白物质含有的含氧官能团越多，其与Cu(Ⅱ)的配位作用越强。

填埋DOM中含有大量腐殖质，随着填埋年限的延伸，组分C2（类胡敏酸物质）和组分C3（类富里酸物质）与Cu(Ⅱ)配位的条件稳定常数均呈下降趋势，但参与配位的官能团增多。研究表明[36]，垃圾填埋初期，填埋DOM中的官能团主要是给电子基团（—OH、—NH_2等），随着填埋年限的延伸，苯环上的给电子基团被吸电子基团（—COOH等）替换。金属Cu(Ⅱ)呈正价态，与给电子基团配合优于吸电子基团。故随着填埋年限的延伸，填埋DOM组分C2（类胡敏酸物质）和组分C3（类富里酸物质）与Cu(Ⅱ)的结合能力降低。随着填埋时间的延伸和腐殖化进程的进行，腐殖质含量逐渐增加[28]，分子量逐渐增大，能参与配位的官能团数量增加。其中组分C2与Cu(Ⅱ)配位的条件稳定常数由5.12降到5.02，组分C3与Cu(Ⅱ)配位的条件稳定常数由5.00降到4.85，但参与配位的荧光基团比例却呈上升趋势，组分C2参与配位的荧光基团比例由49.58%增加到51.26%，组分C3参与配位的荧光基团比例由51.71%增加到51.98%。可见组分C2（类胡敏酸物质）的条件稳定常数大于组分C3（类富里酸物质），而参与配位的荧光基团比例较小。这是由于类富里酸物质的分子量低，含氧酸性官能团含量高，并且类富里酸物质与重金属离子的作用表现为络合反应，而类胡敏酸物质与重金属离子主要发生化学吸附作用[37]，因此，类胡敏酸物质与重金属的结合能力更强，但参与配位的官能团较少。

参考文献

[1] Jiang J G, Yang Y, Yang S H, et al. Effects of leachate accumulation on landfill stability in humid regions of China[J]. Waste Management, 2010, 30(5): 848-855.

[2] Lou Z Y, Zhao Y C, Yuan T, et al. Natural attenuation and characterization of contaminants composition in landfill leachate under different disposing ages[J]. Science Total Environment, 2009, 407(10): 3385-3391.

[3] Hong J L, Li X Z, Cui Z J. Life cycle assessment of four municipal solid waste management scenarios in China[J]. Waste Management, 2010, 30(11): 2362-2369.

[4] He P J, Xue J F, Shao L M, et al. Dissolved organic matter (DOM) in recycled leachate of bioreactor landfill[J]. Water Research, 2006, 40(7): 1465-1473.

[5] 席北斗，何小松，赵越，等. 填埋垃圾稳定化进程的光谱学特性表征[J]. 光谱学与光谱分析，2009，29(9): 2475-2479.

[6] He X S, Xi B D, Cui D Y, et al. Influence of chemical and structural evolution of dissolved organic matter on electron transfer capacity during composting[J]. Journal of Hazardous Materials, 2014, 268: 256-263.

[7] Xi B D, He X S, Wei Z M, et al. The composition and mercury complexation characteristics of dissolved organic matter in landfill leachates with different ages[J]. Ecotoxicology and Environmental Safety, 2012, 86: 227-232.

[8] Christensen J B, Christensen T H. Complexation of Cd, Ni, and Zn by DOC in polluted groundwater: a comparison of approaches using resin exchange, aquifer material sorption, and computer speciation models (WHAM and MINTEQA2) [J]. Environmental Science and Technology, 1999, 33: 3857-3863.

[9] Li R, Yue D B, Liu J G, et al. Size fractionation of organic matter and heavy metals in raw and treated leachate[J]. Waste Management, 2009, 29(9): 2527-2533.

[10] Smith D S, Bell R A, Kramer J R. Metal speciation in natural waters with emphasis on reduced sulfur groups as strong metal binding sites[J]. Comparative Biochemistry and Physiology, 2002, 133(1-2): 65-74.

[11] Senesi N. Metal-humic substance complexes in the environment. Molecular and mechanistic aspects by multiple spectroscopic approach//Adriano D C. Biogeochemistry of Trace Metals. New York: Lewis Publishers, Boca Raton, 1991: 429-496.

[12] Aldrich A P, Kistler D, Sigg L. Speciation of Cu and Zn in drainage water from agricultural soils. Environmental Science and Technology, 2002, 36(22): 4824-4830.

[13] Seo D J, Kim Y J, Ham S Y, et al. Characterization of dissolved organic matter in leachate discharged from final disposal sites which contained municipal solid waste incineration residues[J]. Journal of Hazardous Materials, 2007, 148(3): 679-692.

[14] Wu J, Zhang H, He P J, et al. Insight into the heavy metal binding potential of dissolved organic matter in MWS leachate using EEM quenching combined with PARAFAC analysis[J]. Water Research, 2011, 45(4): 1711-1719.

[15] Wu J, Zhang H, Shao L M, et al. Fluorescent characteristics and metal binding properties of individual molecular weight fractions in municipal solid waste leachate[J]. Environmental Pollution, 2012, 162: 63-71.

[16] Lu F, Chang C H, Lee D J, et al. Dissolved organic matter with multi-peak fluorophores in landfill leachate[J]. Chemosphere, 2009, 74(4): 575-582.

[17] 席北斗，魏自民，赵越，等. 垃圾渗滤液溶解性有机质荧光谱特性研究[J]. 光谱学与光谱分析，2008，

28(11): 2605-2608.

[18] 傅平青，刘丛强，吴丰昌. 三维荧光光谱研究溶解有机质与汞的相互作用[J]. 环境科学，2004，25(6): 140-144.

[19] Jensen D L, Ledin A, Christensen T H. Speciation of heavy metals in landfill - leachate polluted groundwater[J]. Water Research, 1999, 33(11): 2642-2650.

[20] Claret F, Tournassat C, Crouzet C, et al. Metal speciation in landfill leachates with a focus on the influence of organic matter[J]. Waste Management, 2011, 31(9-10): 2036-2045.

[21] Dudal Y, Holgado R, Maestri G, et al. Rapid screening of DOM's metal-binding ability using a fluorescence-based microplate assay[J]. Science of Total Environment, 2006, 354(2-3): 286-291.

[22] Xu H C, Yan Z S, Cai H Y, et al. Heterogeneity in metal binding by individual fluorescent components in a eutrophic algae-rich lake[J]. Ecotoxicology and Environmental Safety, 2013, 98: 266-272.

[23] 李英军，何小松，刘俊，等. 城市生活垃圾填埋初期有机质演化规律研究[J]. 环境工程学报，2012，6(1): 297-301.

[24] Leenheer J A, Croué J P. Characterizing aquatic dissolved organic matter[J]. Environmental Science and Technology, 2003, 37(1): 18A-26A.

[25] Fellman J B, Miller M P, Cory R M, et al. Characterizing dissolved organic matter using PARAFAC modeling of fluorescence spectroscopy: a comparison of two models[J]. Environmental Science and Technology, 2009, 43(16): 6228-6234.

[26] Wu H Y, Zhou Z Y, Zhang Y X, et al. Fluorescence-based rapid assessment of the biological stability of landfilled municipal solid waste[J]. Bioresource Technology, 2012, 110(2): 174-183.

[27] Yang C, He X S, Xi B D, et al. Characteristic study of dissolved organic matter for electron transfer capacity during initial landfill stage[J]. Chinese Journal of Analytical Chemistry, 2016, 44(10): 1568-1574.

[28] 邹庐泉，何品晶，邵立明，等. 利用填埋层内生物代谢控制生活垃圾填埋场渗滤液污染[J]. 环境污染治理技术与设备，2003，4(6): 70-73.

[29] 何小松，席北斗，刘建学，等. 城市垃圾填埋初期物质转化的光谱学特性研究[C]//中国环境科学学会学术年会论文集，2010: 469-473.

[30] 付美云，周立祥. 垃圾渗滤液溶解性有机质对土壤Pb溶出的影响[J]. 环境科学，2007，28(2): 243-248.

[31] Maie N, Scully N M, Pisani O, et al. Composition of a protein-like fluorophore of dissolved organic matter in coastal wetland and estuarine ecosystems[J].Water Research, 2007, 41(3): 563-570.

[32] Hassouna M, Massiani C, Dudal Y, et al. Changes in water extractable organic matter (WEOM) in a calcareous soil under field conditions with time and soil depth[J]. Geoderma, 2010, 155(1-2): 75-85.

[33] Ravichandran M. Interactions between mercury and dissolved organic matter—a review[J]. Chemosphere, 2004, 55(3): 319-333.

[34] Chen W, Westerhoff P, Leenheer J A, et al. Fluorescence excitation-emission matrix regional integration to quantify spectra for dissolved organic matter[J]. Environmental Science and Technology, 2003, 37(24): 5701-5710.

[35] He X S, Xi B D, Wei Z M, et al. Three-dimensional excitation emission matrix fluorescence spectroscopic characterization of complexation between mercury(Ⅱ) and dissolved organic matter extracted from landfill leachate[J]. Chinese Journal of Analytical Chemistry, 2010, 38(10): 1417-1422.

[36] Kaiser K, Zech W. Rates of dissolved organic matter release and sorption in forest soils[J]. Soil Science, 1998, 163(9): 714-725.

[37] 葛骁，魏思雨，郭海宁，等. 堆肥过程中腐殖质含量变化及其对重金属分配的影响[J]. 生态与农村环境学报，2014，30(3): 369-373.

第5章

垃圾填埋溶解性有机质还原重金属特征

我国生活垃圾降解后产生的渗滤液中含有大量难降解有机污染物和重金属等有毒有害物质，并且能够通过降雨淋溶、渗透等多种方式进入土壤和地下水，给生态环境和人体健康带来严重威胁[1-5]。填埋垃圾降解过程中产生的渗滤液含有大量溶解性有机质（dissolved organic matter, DOM），近年来研究表明填埋初期DOM主要为类蛋白物质，填埋中后期主要为类腐殖质物质[1-8]。DOM作为一类具有氧化-还原性质的天然有机化合物，广泛存在于自然生态系统中，参与地球生物化学过程。还原条件下DOM可以作为电子受体接受从微生物传递来的电子，同时还原后的DOM又可以作为电子供体将电子传递给铁矿物，现代光谱技术显示DOM的这种电子穿梭功能主要由于醌基官能团传递电子[9-11]。国内外对于自然生态系统中DOM的电子转移能力（electron transfer capacity, ETC）的环境效应做了大量研究，例如Yuan等[12]研究DOM强化微生物还原Cr(Ⅵ)、Zhu等[13]研究DOM能够强化硝基苯的降解。在填埋垃圾降解的复杂环境中，不仅存在能够作为DOM电子供体的微生物，而且存在有机污染物和重金属等电子受体，因此研究DOM的电子转移能力具有重要的环境意义。

5.1 垃圾填埋DOM的还原性能

5.1.1 垃圾填埋DOM的电子供给能力

供试样品采自作业0～2年的北京某垃圾填埋场。样品取自不同深度（即1～2m、2～4m、4～6m），依次编号S1、S2、S3。将采集的样品按干重与超纯水体积1：100［m(g)/V(mL)］混合，室温下200r/min水平振荡24h，在4℃、12000r/min下离心20min，上清液过0.45μm的滤膜即为DOM。DOM的电子供给能力（electron donate capacity, EDC）随填埋的进行呈现先升高后降低的趋势（图5-1），其中S1的电子供给能力最小（17.91mmol e^-/mol C），S2的电子供给能力最大（23.71 mmol e^-/mol C），样品间电子供给能力的差异表明填埋过程中DOM的结构和组成演变对电子供给能力影响显著。相较于堆肥和土壤DOM的电子供给能力，生活垃圾填埋初期DOM的电子供给能力较强。样品采集于垃圾填埋初期，还原性的大分子蛋白质和小分子氨基酸、糖类较多，填埋初期垃圾DOM具有较强的电子供给能力。

研究过程中样品的提取和储存均暴露在空气中，所以DOM的电子供给能力又可以称为初始电子供给能力，其电子供给能力主要源于具有抗氧化能力的给电子基团。酚基是有机质主要的抗氧化基团且其在紫外270nm处具有特征吸收峰[14,15]。从图5-1(b)可

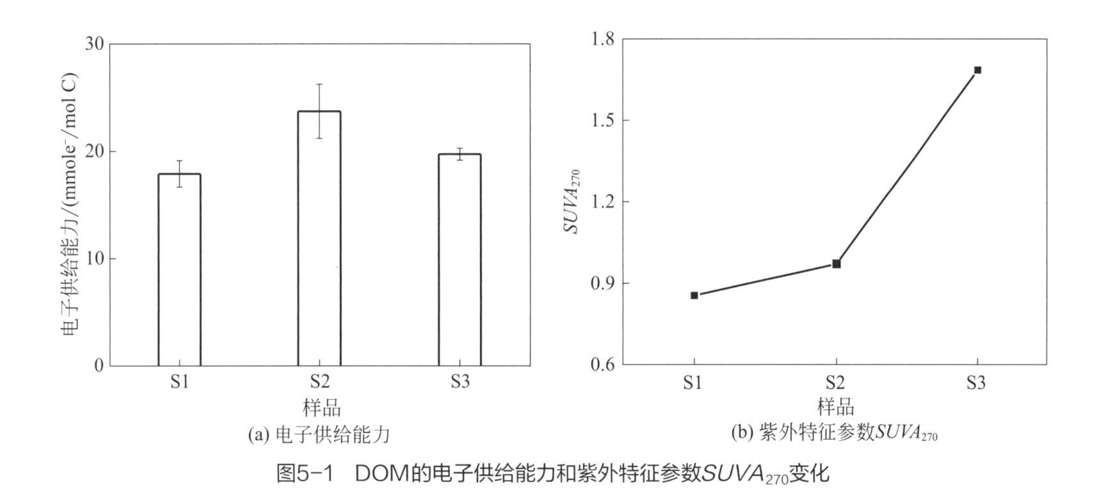

(a) 电子供给能力
(b) 紫外特征参数$SUVA_{270}$

图5-1 DOM的电子供给能力和紫外特征参数$SUVA_{270}$变化

知$SUVA_{270}$变化显示填埋过程酚基含量不断增加，但是电子供给能力呈相反的变化趋势，因此存在除酚基以外其他的给电子基团影响DOM电子供给能力变化。自然生态系统中DOM主要以腐殖质为主，而填埋初期DOM则不同，主要以类蛋白物质形式存在，其组成中含有大量具有还原能力的蛋白质和氨基酸，DOM电子供给能力降低主要源于类蛋白物质中还原性物质的降解。

5.1.2 垃圾填埋DOM的电子接受能力

图5-2(a)为不同填埋年限垃圾DOM的电子接受能力（electron accept capacity, EAC），结果显示填埋垃圾DOM的电子接受能力呈先上升后降低的趋势，其中S2的电子接受能力最高，达到15.39mmol e^-/mol C，S1的电子接受能力最低（8.35mmol e^-/mol C）。研究表明不同来源DOM的电子接受能力处在0.12～25.2mmol e^-/mol C之间，而且部分研究证实醌基是DOM中具有接受电子功能的基团之一[10,11]。$SUVA_{436}$能够表征醌基含量[16]，由图5-2(b)可知，$SUVA_{436}$在填埋过程不断升高，表明填埋过程DOM的醌基含量不断增加，然而DOM的电子接受能力随填埋的进行而降低，因此存在除醌基以外其他具有接受电子能力的基团影响填埋垃圾DOM电子接受能力变化。图5-2(b)中紫外光谱斜率比值S_R变化表明在填埋过程中出现大分子物质的降解[17]，大分子物质降解可能导致接受电子的功能性基团解体。

为了进一步研究填埋DOM结构演变对电子接受能力的影响，采用区域体积积分方法对荧光光谱进行解析（图5-3和表5-1）。由表5-1可知，荧光Ⅲ区与Ⅴ区荧光强度Φ_i一直增大，而且在S3的三维荧光图谱中荧光Ⅲ区与Ⅴ区交界处出现一个新的荧光峰[图5-3(c)]，该荧光峰与填埋垃圾产生的类腐殖质物质有关[7,8]，表明类腐殖质物质在填埋过程中持续增加。荧光Ⅳ区的百分比P_i稳定在25%左右（表5-1），表明填埋过程存在

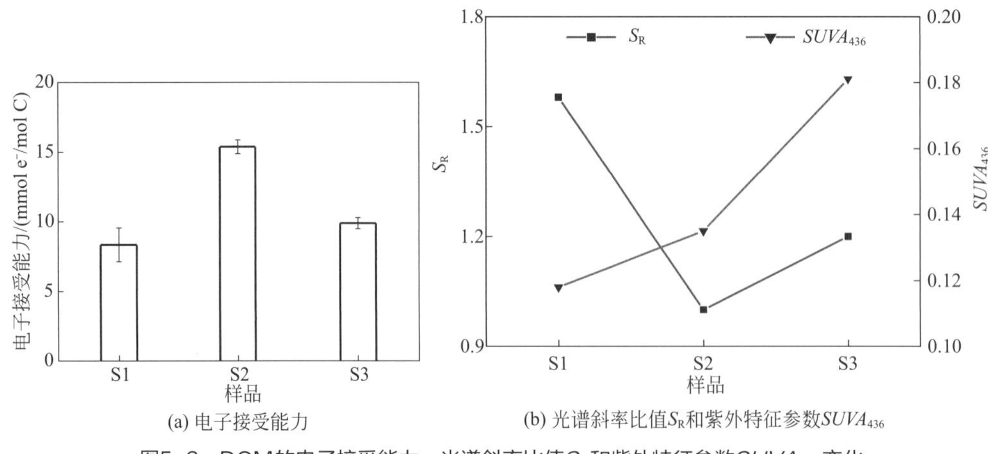

(a) 电子接受能力
(b) 光谱斜率比值S_R和紫外特征参数$SUVA_{436}$

图5-2　DOM的电子接受能力、光谱斜率比值S_R和紫外特征参数$SUVA_{436}$变化

微生物的持续作用。同时S3的Ⅰ区、Ⅱ区的荧光强度要小于S1和S2，表明DOM中类蛋白物质在微生物的作用下发生降解［图5-3(d)］。

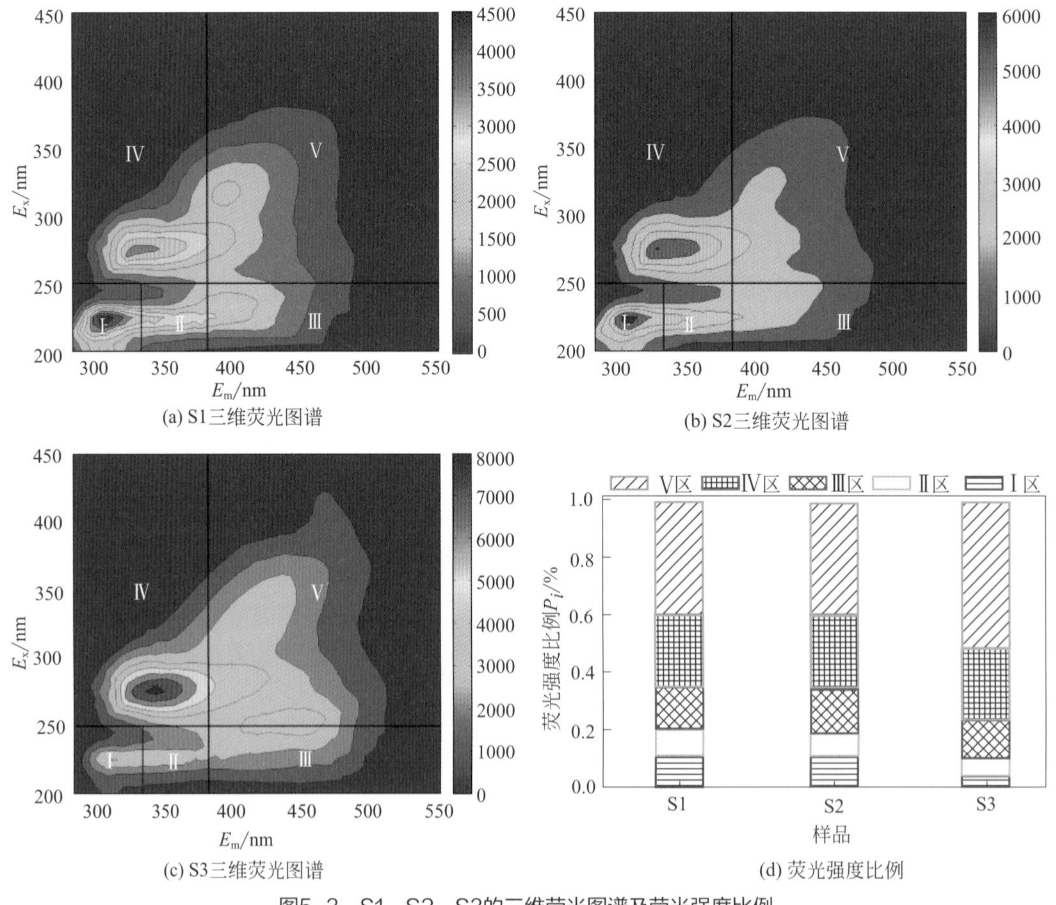

(a) S1三维荧光图谱
(b) S2三维荧光图谱
(c) S3三维荧光图谱
(d) 荧光强度比例

图5-3　S1、S2、S3的三维荧光图谱及荧光强度比例

表5-1 DOM三维荧光区域积分分析

项目	区域	S1	S2	S3
区域体积荧光积分值Φ_i /10^7au·nm^2/·(mg/L)	Ⅰ	0.49	0.65	0.41
	Ⅱ	0.42	0.56	0.57
	Ⅲ	0.69	0.93	1.40
	Ⅳ	1.15	1.69	2.43
	Ⅴ	1.79	2.56	5.13
百分比 P_i/%	Ⅰ	0.11	0.10	0.04
	Ⅱ	0.09	0.09	0.06
	Ⅲ	0.15	0.15	0.14
	Ⅳ	0.25	0.26	0.24
	Ⅴ	0.39	0.40	0.52

研究表明除醌基以外，DOM中含氮、含硫的氧化-还原活性成分也能作为DOM接受电子的功能组分[18-19]。与自然生态系统自然演变DOM不同，填埋垃圾初期DOM形成时间短，主要以类蛋白物质为主，其电子接受能力受控于类蛋白物质上具有接受电子能力的含氮、含硫功能基团。随着填埋的进行，类蛋白物质被降解，其结构上的氧化-还原活性基团在微生物的作用下解体，因此DOM的电子接受能力降低。

5.1.3 垃圾填埋DOM的电子转移能力

在填埋垃圾降解的厌氧环境中，微生物、DOM和电子受体是共存的。因此为了模拟这种厌氧环境，在微生物MR-1、DOM和柠檬酸铁共存条件下测定DOM的电子转移能力，结果如图5-4所示。

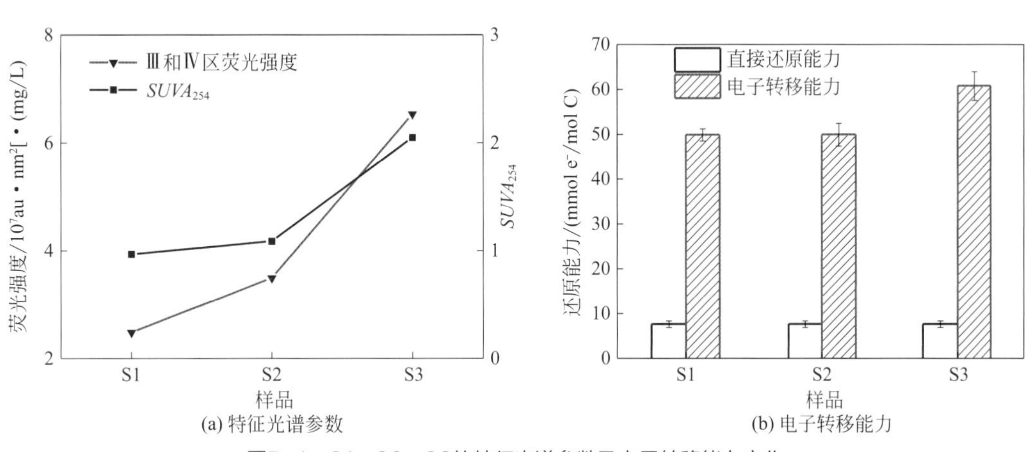

(a) 特征光谱参数
(b) 电子转移能力

图5-4 S1、S2、S3的特征光谱参数及电子转移能力变化

在电子转移能力测定中存在微生物与Fe(Ⅲ)之间的直接接触电子转移机制，为了研究这种直接接触电子转移机制对电子转移量的贡献，在不添加DOM的情况下单独对微生物和柠檬酸铁进行厌氧反应。从图5-4中可以看出当微生物直接传递电子量被扣除以后，DOM的电子转移能力均在45mmol e^-/mol C以上，具有显著的电子转移能力。在电子转移能力实验中，DOM作为电子穿梭体传递电子，其氧化-还原电位会保持在相对较高的状态，从而促进了电子从微生物转移到Fe(Ⅲ)上；而在电子接受能力实验中，DOM经微生物厌氧还原后其氧化-还原电位会逐渐降低，电子的接受容量也随之趋于饱和，使得其电子转移量要小于电子转移能力实验下的电子转移量。

由图5-4可知S3的电子转移能力最强，能够达到60.78mmol e^-/mol C，S1的电子转移能力最弱（49.87mmol e^-/mol C），填埋过程中DOM的电子转移能力持续增加且S3的电子转移能力要显著强于S1和S2。由于类蛋白物质上含氮、含硫功能基团在填埋的过程中被微生物降解消耗，而电子转移能力则显著增强，因此类蛋白物质上含氮、含硫基团不是决定电子转移能力演变的主要功能性基团。腐殖化指数（HIX）能够表征腐殖化程度，所有样品的HIX均大于0.8，表明填埋DOM具有明显的腐殖化特征[20]。从图5-4可以看出DOM的类腐殖质区荧光强度变化与电子转移能力变化具有很好的一致性，表明DOM电子转移能力强弱与其类腐殖质物质含量有关。荧光指数$f_{450/500}$是DOM芳香性的表征参数[17]，从表5-2可知S3的荧光指数最小，而S1和S2的荧光指数差距不大，表明DOM的芳香性在后期是升高的。$SUVA_{254}$能够指示芳香性物质的含量[21]，图5-4表明$SUVA_{254}$与DOM电子转移能力的演变规律呈现很好的相关性。因此，DOM中类腐殖质物质是DOM具有电子转移能力的主要功能性组分，而$SUVA_{254}$能够作为指示填埋DOM电子转移能力强弱的特征参数。

表5-2　光谱特征参数关于DOM的电子转移能力

样品	$f_{450/500}$	HIX
S1	2.343	1.13
S2	2.371	1.19
S3	2.250	0.82

图5-5显示了DOM三种还原能力测试中电子转移路线。填埋DOM不仅具有电子供给能力，能够将自身电子传递给Fe(Ⅲ)将其还原，而且能够接受微生物传递的电子，因而具有更高的还原能力。同时在有微生物存在的还原条件下，DOM可以作为电子受体接受微生物传递来的电子，同时还原后的DOM又可以作为电子供体将电子传递给Fe(Ⅲ)，而这个过程具有可逆性。因此在垃圾填埋场的复杂环境下，DOM的电子转移能力能够强化微生物对于难降解有机物和重金属等有毒有害物质的还原，改变有机物和重金属的赋存形态和生物可利用性。此外，垃圾填埋DOM的电子转移能力也为其在污染场地修复领域的应用提供可能。

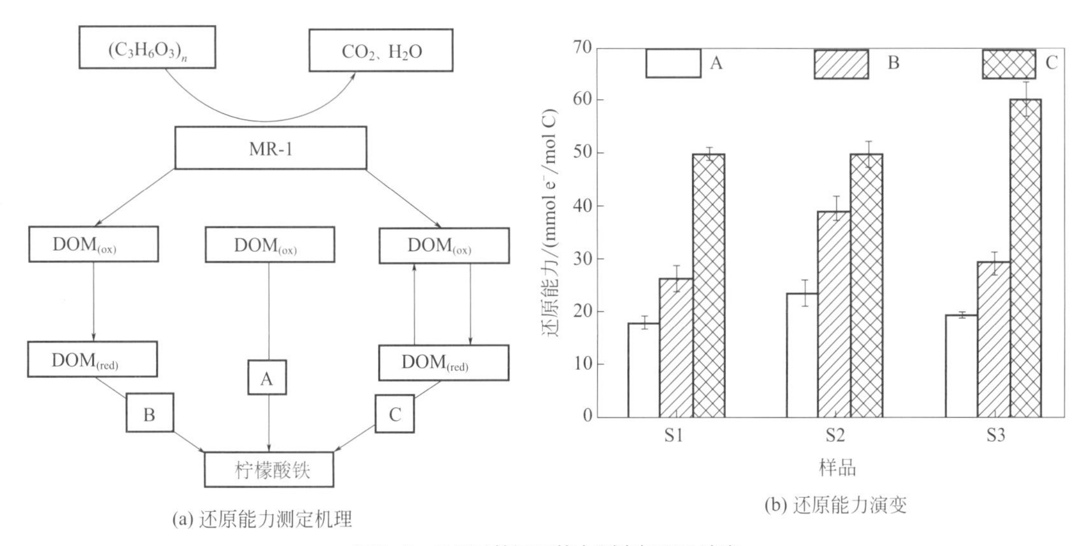

(a) 还原能力测定机理

(b) 还原能力演变

图5-5 DOM的还原能力测定机理及演变

$DOM_{(ox)}$—氧化态DOM(oxidation state of DOM)；$DOM_{(red)}$—还原态DOM(reduction state of DOM)；
A—本地还原能力(native reducing capacity)；B—微生物还原能力(microbial reducing capacity)；
C—电子转移能力(electron transfer capacity)

5.2 垃圾填埋DOM的荧光光谱特征

利用PARAFAC模型分析垃圾填埋DOM在不同反应体系下的三维荧光图谱并得到4种荧光组分（图5-6），DOM各组分荧光组成特征如表5-3所列。

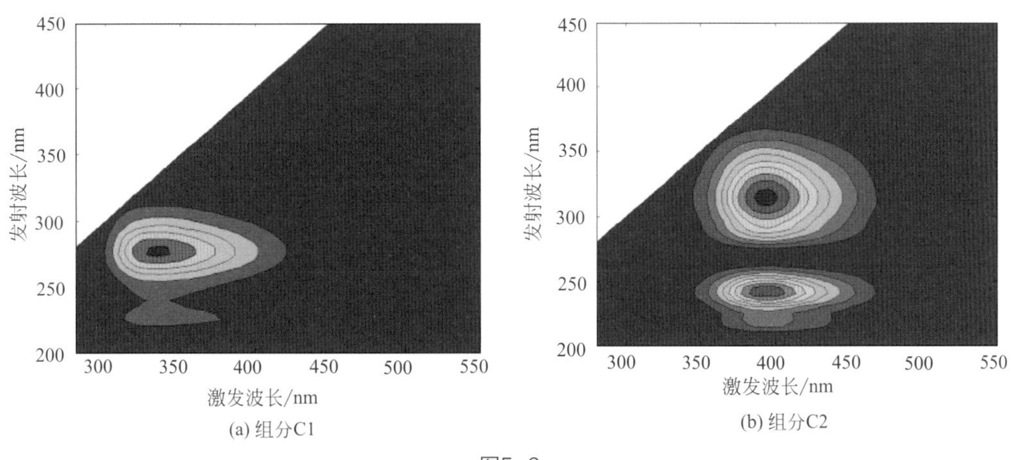

(a) 组分C1

(b) 组分C2

图5-6

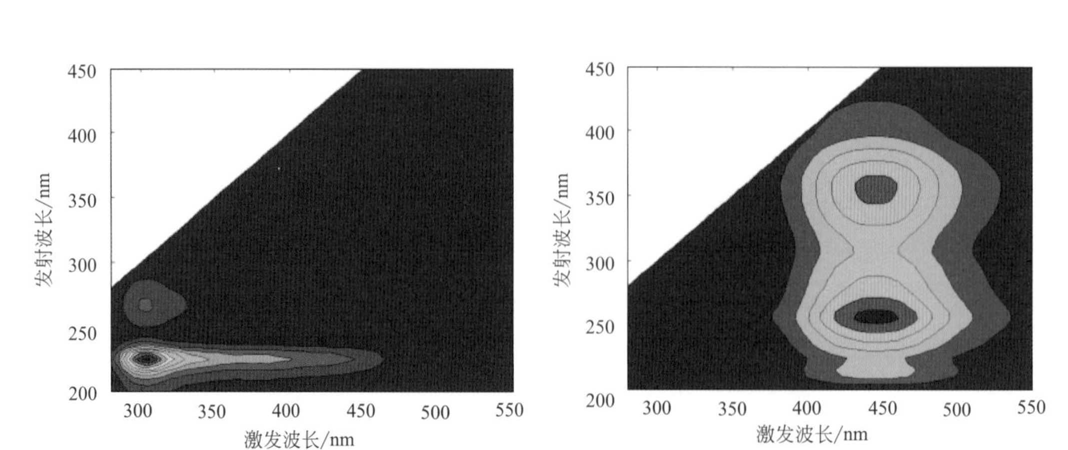

(c) 组分C3

(d) 组分C4

图5-6 DOM的4种荧光组分

表5-3 DOM各组分荧光组成特征

组分	类型	激发波长/发射波长/nm	
		本研究	文献报道
C1	类色氨酸	270/340	270 ～ 290/320 ～ 350[23]
C2	类富里酸	240、320/390	260/380 ～ 460[29]
			312/380 ～ 420[24]
C3	类酪氨酸	225、275/300	270 ～ 290/300 ～ 320[27]
C4	类胡敏酸	260、355/450	330 ～ 350/420 ～ 480[28]
			260、270/480[28]

组分C1（270nm/340nm）为类色氨酸荧光峰，研究表明微生物的代谢产物同样能够在该处出现荧光峰[22]。组分C2具有2个荧光峰，发射波长相同，均为390nm，激发波长分别为240nm和320nm。对比研究可判断该峰为类富里酸荧光峰，与腐殖质中类富里酸荧光峰有关。次峰240nm/390nm位于传统类腐殖质（237 ～ 260nm/380 ～ 460nm）区域[23]，主峰320nm/390nm位于M峰（290 ～ 310nm/380 ～ 420nm）区域，M峰除了代表海洋来源腐殖质组分外，还与人类活动有关[24,25]。组分C3的2个荧光峰（225nm，275nm/300nm）为高低激发波长下酪氨酸荧光峰[26-28]，和组分C1同属于类蛋白荧光峰。

组分C4的2个荧光峰发射波长均为450nm，激发波长分别为260nm和355nm，为类胡敏酸荧光峰[27]。次峰355nm/450nm对应传统的类胡敏酸（330 ～ 350nm/420 ～ 480nm）荧光峰，主峰260nm/450nm相对于260nm/480nm区类胡敏酸荧光峰发生激发波长符合蓝移，该峰为填埋垃圾稳定化的指标[28]。

5.3 垃圾填埋DOM与重金属铁反应前后的结构解析

5.3.1 垃圾填埋DOM提供电子后的结构变化

利用PARAFAC在DOM和“DOM+Fe”体系中所得4种荧光组分得分值F_{max}进行绘图，如图5-7所示，样品荧光差异表现为F_{max}值大小。

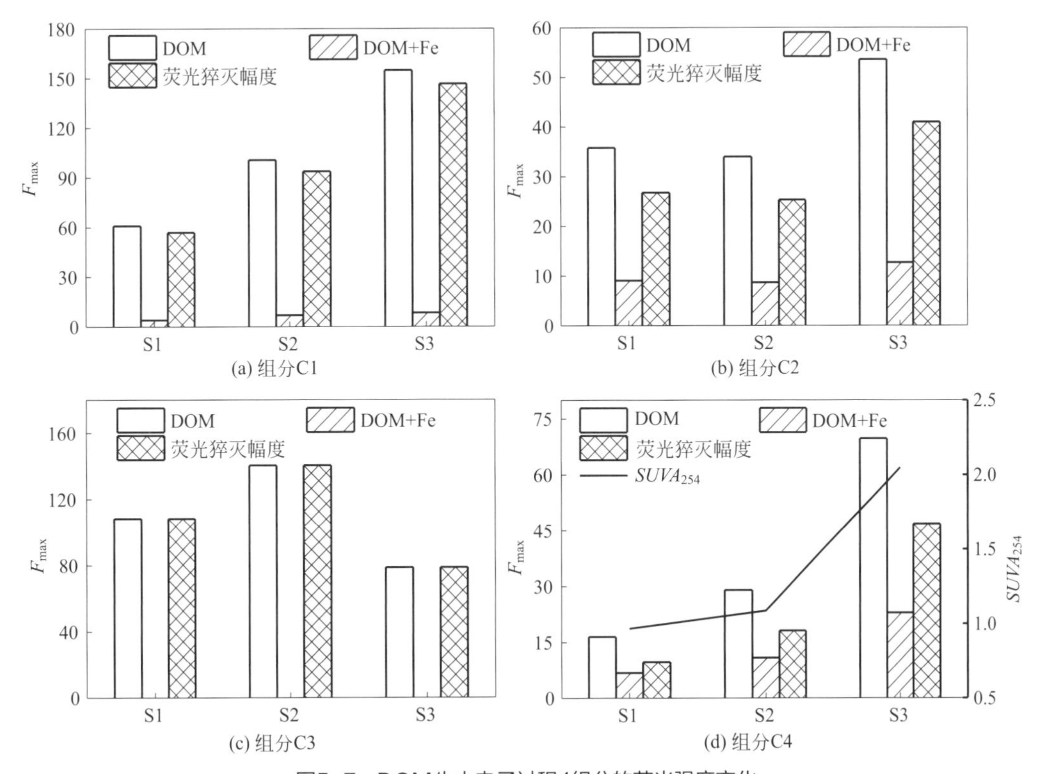

图5-7　DOM失去电子过程4组分的荧光强度变化

由于柠檬酸根与铁的络合能力要强于DOM与铁的络合能力[28]，故在“DOM+Fe”体系中DOM的荧光猝灭主要是动态荧光猝灭，即Fe(Ⅲ)与DOM接触后，DOM将自身的电子传递给Fe(Ⅲ)，失去电子后DOM的结构发生改变，荧光强度降低。

由图5-7可知DOM的类蛋白物质（组分C1和组分C3）荧光强度强于类腐殖质物质（组

分C2和组分C4），但是其在“DOM+Fe”体系中该组分荧光完全被猝灭，故DOM中类蛋白物质失去电子后结构可能发生改变，受到激发后不再产生荧光。与类蛋白物质不同，类腐殖质物质与柠檬酸铁接触后虽然同样出现荧光猝灭现象，但是荧光没有能够被完全猝灭。因此与类蛋白物质相比，类腐殖质物质结构稳定，失去电子后部分基团结构未发生改变。

DOM的荧光猝灭幅度与电子供给能力有关，荧光猝灭幅度越大，DOM结构上给电子基团含量越高，电子供给能力就越强。羧基和酚基等都是影响DOM荧光变化的主要给电子基团，且都与其芳香性有关。有机物的$SUVA_{254}$能够表征其芳香性[21]，图5-7中$SUVA_{254}$的变化说明DOM的芳香性在填埋过程中是增强的，同时结合类腐殖质物质的荧光猝灭幅度变化趋势表明，在垃圾填埋过程中DOM类腐殖质物质结构上的羧基和酚基等给电子基团含量不断增加，电子供给能力不断增强。

5.3.2 垃圾填埋DOM接受电子后的结构变化

微生物在降低垃圾填埋风险领域具有重要的作用，垃圾填埋中有机污染物和重金属等电子受体能够接受微生物代谢产生的电子，从而改变自身赋存形态，降低污染物的环境风险。由表5-4可知经微生物MR-1还原后DOM的S_R增大，有机质与分子量成反比[17]，表明DOM与MR-1反应24h后DOM的分子量降低，因此DOM与MR-1反应过程中其能够作为营养源被微生物利用，相较于类腐殖质物质而言，类蛋白物质结构简单且易于分解，然而经微生物还原后类蛋白物质的荧光没有下降反而明显增强，荧光增强幅度明显。类蛋白物质得到微生物自身代谢产生的电子，其结构上羰基等吸电子基团变为醇基，含氮的杂环结构被破坏[29]，肽链展开，疏水性增强[30]，荧光增强。组分C3的荧光增加幅度在填埋过程中呈降低趋势，这可能源于类蛋白物质在填埋过程中结构趋于稳定，其结构上能够被微生物还原利用的组分减少。

表5-4 DOM还原前后光比斜率比值

S_R	S1	S2	S3
DOM	0.494	0.465	0.484
DOM+MR-1	0.607	1.056	0.790

比较图5-8中的组分C2和组分C4的荧光强度可发现，垃圾填埋过程中DOM类富里酸的荧光增加幅度较为稳定，但是DOM类胡敏酸的荧光增加幅度随填埋的进行呈现降低的趋势。相较于胡敏酸，富里酸结构简单，在填埋过程中部分富里酸能够作为胡敏酸合成的前驱物。填埋DOM类富里酸具有较强的得电子能力，而且荧光增加幅度随填埋的进行保持稳定，因此其结构上吸电子基团在填埋过程中未发生显著改变。

类胡敏酸荧光增加幅度在填埋过程中降低，荧光增加幅度受控于结构上吸电子基团的含量和类型。醌基和羰基是腐殖质主要的吸电子基团，羰基得电子后变为醇基，分子间的氢键增多，荧光增强，但是醌基得到电子后的荧光增加幅度却未发生显著的改变[31,32]，$SUVA_{436}$与醌基具有很好的相关性[16]，$SUVA_{436}$在填埋过程中不断增大表明DOM的醌基含量不断升高，因此类胡敏酸荧光增加幅度随填埋的进行出现降低，表明DOM在填埋过程中类胡敏酸结构不断演变，简单结构的吸电子基团（如羰基等）聚合成结构稳定的吸电子基团（如醌基等），缩合度和分子量不断改变。

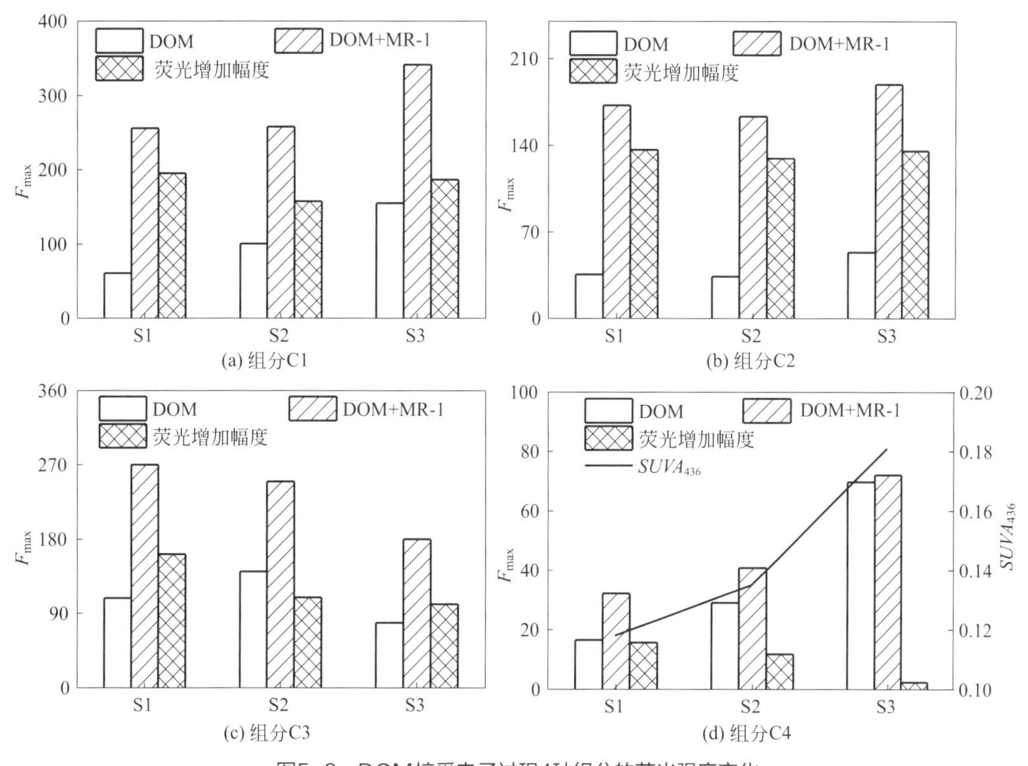

图5-8　DOM接受电子过程4种组分的荧光强度变化

为了进一步研究在填埋过程中DOM接受电子再失去电子的结构变化，我们进行“DOM+MR-1-DOM+Fe”体系即DOM先用胞外呼吸菌还原再与铁反应，以及“DOM+Fe”体系即DOM直接与铁反应中4种组分荧光强度比较（图5-9），发现“DOM+MR-1-DOM+Fe”体系中4种组分荧光强度要强于“DOM+Fe”体系。组分C3代表类蛋白物质，两体系中组分C3的荧光强度差别不大，都接近零，进一步证实了类蛋白物质失去电子后结构发生改变，不能产生荧光。由于本次实验采用填埋初期DOM，其结构和组成不稳定，被MR-1降解后生成的小分子物质具有较强的荧光，因此“DOM+MR-1-DOM+Fe”体系中组分C1荧光强度要强于“DOM+Fe”体系。“DOM+MR-1-DOM+Fe”体系中类腐殖质的荧光强度同样强于“DOM+Fe”体系，这可能源于DOM结构上部分吸电子基团诸如芳香酮，得到电子后变成醇类等基团后不再将电子传递出去，因此两体系中类腐殖质（组分C2和组分C4）荧光强度相差很大。

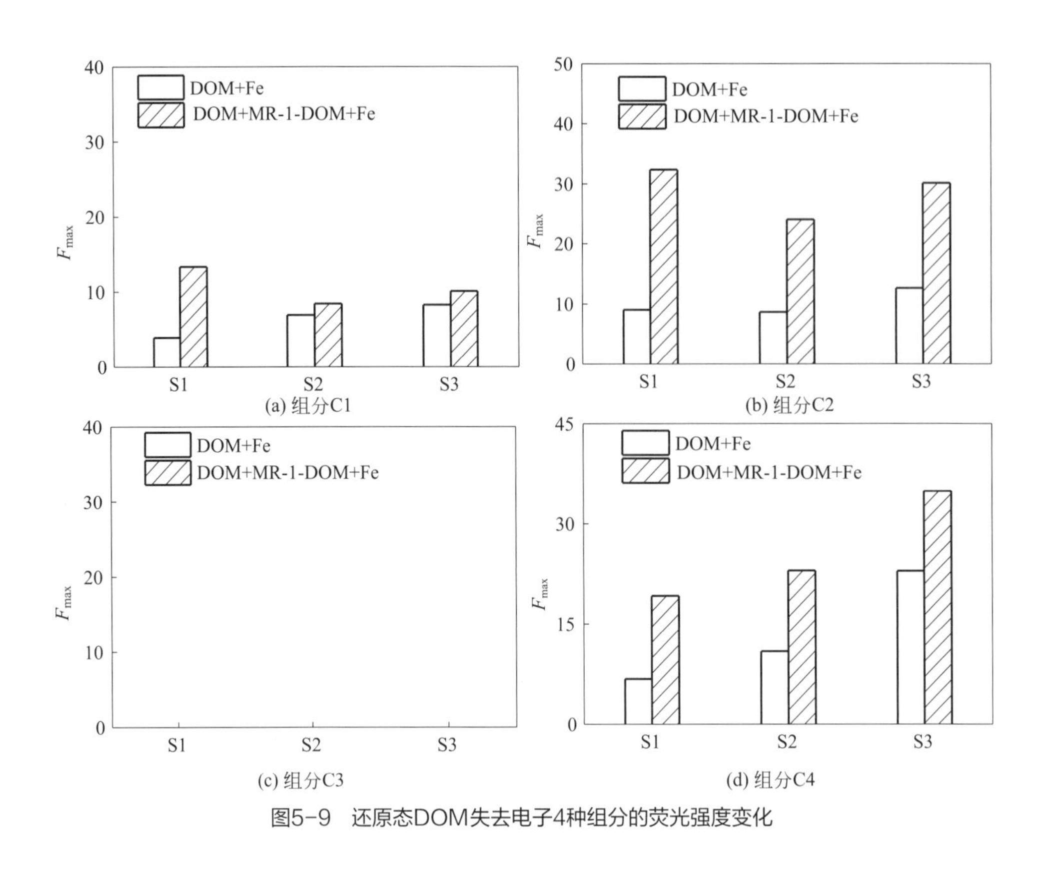

图5-9　还原态DOM失去电子4种组分的荧光强度变化

5.3.3 垃圾填埋DOM持续与重金属铁反应的结构变化

上述研究表明DOM在电子转移过程中结构发生变化，然而在真实的填埋环境中微生物、填埋DOM和电子受体（重金属和难降解有机物等）是共存的。因此，为了模拟真实环境，研究微生物MR-1、DOM和电子受体柠檬酸铁共存情况下DOM的结构变化，结果如图5-10所示。

图5-10为“DOM+MR-1+Fe”和“DOM+Fe”两体系中4种组分的荧光强度，4种组分的荧光强度在不同体系中差距明显。组分1的类蛋白物质与微生物生命活动有关。“DOM+MR-1+Fe”体系中存在微生物MR-1的生命活动，因此，组分C1在“DOM+MR-1+Fe”体系中的荧光强度显著强于其在“DOM+Fe”体系中的荧光强度。组分C3在“DOM+MR-1+Fe”体系和“DOM+Fe”体系均不产生荧光，表明失去电子后的类蛋白物质结构改变，不能重新接受微生物代谢产生的电子而回到初始状态，因此，DOM的类蛋白物质不能反复被氧化和还原。在“DOM+MR-1+Fe”体系中类腐殖质物质（组分C2和组分C4）荧光强度显著强

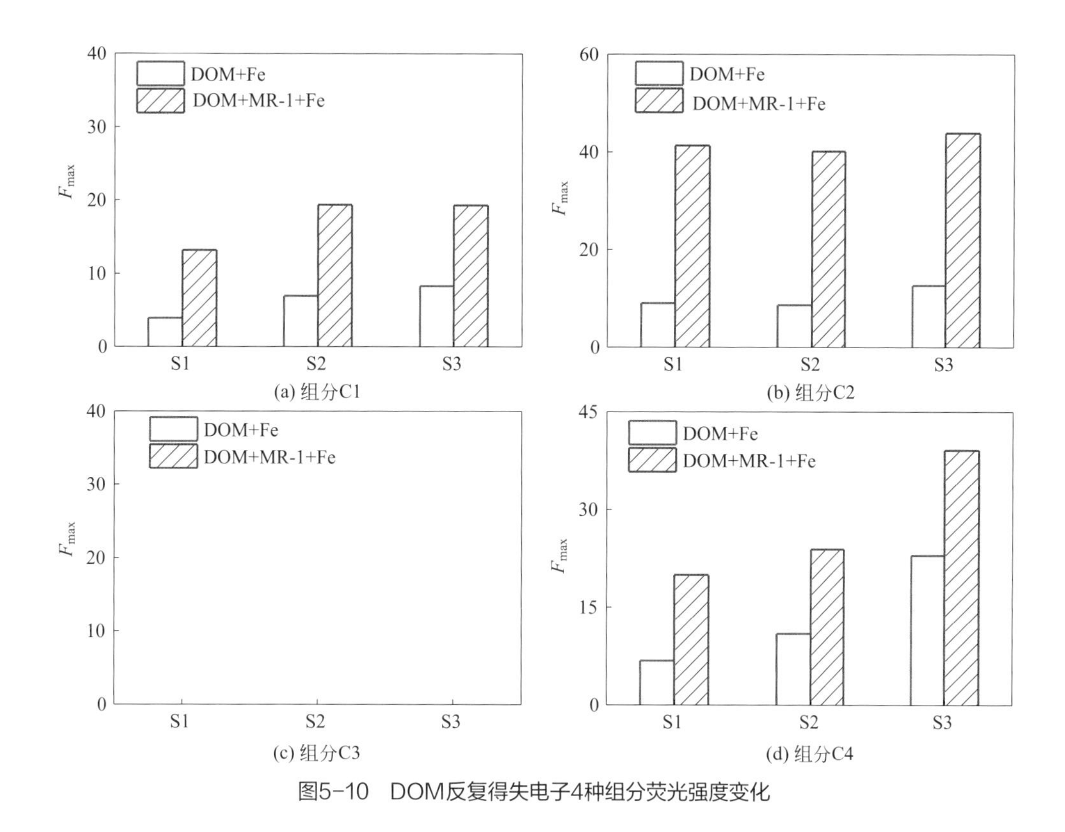

图5-10　DOM反复得失电子4种组分荧光强度变化

于"DOM+Fe"体系中类腐殖质物质荧光强度，表明类腐殖质物质部分基团在"DOM+MR-1+Fe"体系中能够携带电子，具有电子传递媒介作用，因此在"DOM+MR-1+Fe"体系中类腐殖质物质部分基团在反复得失电子后结构未发生显著改变，能够连续接受微生物代谢产生的电子并将其传递出去，具有很强的电子转移功能。所以在填埋垃圾降解的复杂环境中，DOM类腐殖质物质的电子转移能力能够强化微生物对于污染物（难降解有机物和重金属等）的转化和降解，改变其赋存形态和生物可利用性，同时了解DOM中具有电子转移能力的功能性组分能够为认识填埋垃圾场污染物迁移和转化提供科学依据。

参考文献

[1] Lou Z Y, Zhao Y C, Yuan T, et al. Natural attenuation and characterization of contaminants composition in landfill leachate under different disposing ages[J]. Science of the Total Environment, 2009, 407(10): 3385-3391.

[2] Tian H Z, Lu L, Hao J M, et al. A review of key hazardous trace elements in Chinese coals: abundance, occurrence, behavior during coal combustion and their environmental impacts[J]. Energy and Fuels, 2013, 27(22): 601-614.

[3] Kalbitz K, Wennrich R. Mobilization of heavy metals and arsenic in polluted wetland soils and its dependence

on dissolved organic matter[J]. Science of the Total Environment, 1998, 209(1): 0-39.
[4] Avezzù F, Bissolotti G, Collivignarelli C, et al. Behaviour of heavy metals in activated sludge biological treatment of landfill leachate[J]. Waste Management and Research, 1995, 13(2): 103-121.
[5] 詹良通，刘伟，陈云敏，等. 某简易垃圾填埋场渗滤液在场底天然土层迁移模拟与长期预测[J]. 环境科学学报，2011, 31 (8): 1714-1723.
[6] He X S, Xi B D, Wei Z M, et al. Physicochemical and spectroscopic characteristics of dissolved organic matter extracted from municipal solid waste (MSW) and their influence on the landfill biological stability[J]. Bioresource Technology, 2011, 102(3): 2322-2327.
[7] Lu F, Chang C H, Lee D J, et al. Dissolved organic matter with multi-peak fluorophores in landfill leachate[J]. Chemosphere, 2009, 74(4): 575-582.
[8] Wu J, Zhao Y, Zhao W, et al. Effect of precursors combined with bacteria communities on the formation of humic substances during different materials composting[J]. Bioresource Technology, 2017, 226: 191.
[9] Palmer N E, Freudenthal J H, Wandruszka R V. Reduction of arsenates by humic materials[J]. Environmental Chemistry, 2006, 3(2): 131-136.
[10] Wolf M, Kappler A, Jiang J, et al. Effects of humic substances and quinones at low concentrations on ferrihydrite reduction by geobacter metallireducens[J]. Environmental Science and Technoogy, 2009, 43(15): 5679-5685.
[11] Fimmen R L, Cory R M, Chin Y P, et al. Probing the oxidation-reduction properties of terrestrially and microbially derived dissolved organic matter[J]. Geochimica et Cosmochimica Acta, 2007, 71(12): 3003-3015.
[12] Yuan T, Yuan Y, Zhou S G, et al. A rapid and simple electrochemical method for evaluating the electron transfer capacities of dissolved organic matter[J]. Journal of Soils and Sediments, 2011, 11(3): 467-473.
[13] Zhu Z, Tao L, Li F. Effects of dissolved organic matter on adsorbed Fe(Ⅱ) reactivity for the reduction of 2-nitrophenol in TiO_2 suspensions[J]. Chemosphere, 2011, 93(1): 29-34.
[14] Michael A, Cornelia G, Rene P S, et al. Antioxidant properties of humic substances[J]. Environmental Science and Technology, 2012, 46(9): 4916-4925.
[15] Zhou W, Shan J J, Tan X B, et al. Effect of chito-oligosaccharide on the oral absorptions of phenolic acids of Flos Lonicerae extract[J]. Phytomedicine, 2014, 21(2): 184-194.
[16] Stevenson F J. Humus Chemistry: Genesis, Composition, Reactions[M]. New York: John Wiley and Sons, 1982.
[17] Cory R M, Mcknight D M. Fluorescence spectroscopy reveals ubiquitous presence of oxidized and reduced quinones in dissolved organic matter[J]. Environmental Science and Technology, 2005, 39(21): 8142-8149.
[18] Einsiedl F, Mayer B, Schafer T. Evidence for incorporation of H_2S in groundwater fulvic acids from stable isotope ratios and sulfur K-edge X-ray absorption near edge structure spectroscopy[J]. Environmental Science and Technology, 2008, 42(7): 2439-2444.
[19] Schmeide K, Sachs S, Bernhard G. Np(Ⅴ) reduction by humic acid: contribution of reduced sulfur functionalities to the redox behavior of humic acid[J]. Science of Total Environment, 2012, 419(3): 116-123.
[20] Salve P R, Lohkare H, Gobre T, et al. Characterization of chromophoric dissolved organic matter (CDOM) in rainwater using fluorescence spectrophotometry[J]. Bulletin of Environmental Contamination and Toxicology, 2012, 88(2): 215-218.
[21] Weishaar J L, Aiken G R, Bergamaschi B A, et al. Evaluation of specific ultraviolet absorbance as an indicator of the chemical composition and reactivity of dissolved organic carbon[J]. Environment Science and Technology, 2003, 37(20): 4702-4708.
[22] Chen W, Westerhoff P, Leenheer J A, et al. Fluorescence excitation-emission matrix regional integration to quantify spectra for dissolved organic matter[J]. Environmental Science and Technology, 2003, 37(24): 5701-5710.
[23] 甘淑钗，吴莹，鲍红艳，等. 长江溶解性有机质三维荧光光谱的平行因子分析[J]. 中国环境科学，2013，33(6): 1045-1052.

[24] 虞敏达，何小松，檀文炳，等. 城市纳污河流溶解性有机物时空演变特征[J]. 中国环境科学，2016，36(1): 133-142.
[25] 冯伟莹，焦立新，张生，等. 乌梁素海沉积物溶解性有机质荧光光谱特性[J]. 中国环境科学，2013，33(6): 1068-1074.
[26] Baker A, Curry M. Fluorescence of leachates from three ontrasting landfills[J]. Water Research, 2004, 38(10): 2605-2613.
[27] Yamashita Y, Jaffe R. Characterizing the interactions between trace metals and dissolved organic matter using excitationemission matrix and parallel factor analysis[J]. Environmental Science and Technology, 2008, 42(19): 7374-7379.
[28] Shao Z H, He P J, Zhang D Q, et al. Characterization of water-extractable organic matter during the biostabilization of municipal solid waste[J]. Journal of Hazardous Materials, 2009, 164(2-3): 1191-1197.
[29] Coble P G. Characterization of marine and terrestrial DOM in seawater using excitation-emission matrix spectroscopy[J]. Marine Chemistry, 1996, 51(4): 325-346.
[30] 王志军，吴群，雷海英. 柠檬酸钠与牛血清白蛋白相互作用的荧光光谱研究[J]. 光谱实验室，2012，29(2): 847-851.
[31] Klapper L, McKnight D M, Fulton J R, et al. Fulvic acid oxidation state detection using fluorescence spectroscopy[J]. Environment Science and Technology, 2002, 36(14): 3170-3175.
[32] Aeschbacher M, Sander M, Schwarzenbach R P. Novel electrochemical approach to assess the redox properties of humic substances[J]. Environment Science and Technology, 2010, 44(1): 87-93.

第6章

垃圾填埋腐殖酸形成机制与演化规律

生活垃圾填埋场是一个气-液-固三相复杂体系，填埋过程有机质在降解的同时形成了腐殖质，包括富里酸、胡敏酸和胡敏素[1,2]。填埋腐殖质是由动物、植物残体和人畜粪便经微生物代谢二次合成的物质，为棕黑色、非均质、无定形的酸性有机混合物质[3]，分子量范围较宽，从几百到几十万不等，含有大量的含氧官能团。腐殖酸可能是由取代的芳香环通过脂肪链连接而成的聚合物，其单体也可能是比较简单的有机化合物，如水杨酸和邻苯二甲酸[4,5]。腐殖质包括能溶于酸也能溶于碱的富里酸（fulvic acid，FA）、溶于碱但不溶于酸的胡敏酸（humic acid，HA）[6,7]。

在生活垃圾填埋过程中，腐殖酸逐渐形成并且结构组成特性发生改变，该过程分成初始调整、过渡、酸化、甲烷发酵和成熟五个阶段[8]。初始调整阶段即生活垃圾填埋初期，垃圾填埋时携带大量的氧气，脂类、类蛋白及糖类物质被微生物的有氧呼吸利用而发生剧烈降解，填埋垃圾中的脂类、类蛋白、糖类减少，有机质分子量降低；而随着填埋年限的延伸，填埋进入中后期，易被微生物利用的有机物大部分被降解，微生物转向开始利用难降解的木质素类物质，产生水溶性芳香性物质，芳香性物质与氨基酸进一步缩合形成腐殖酸，开启腐殖化进程[9,10]，并且随着填埋年限的延伸，腐殖化进程加快，产生的腐殖酸含量逐渐增加[11]。

随着新兴科技的发展，人们开始借助紫外光谱[12,13]、荧光光谱[14]、红外光谱[15]和其他光谱学分析等技术对腐殖酸的结构性质演变进行深入探究。因此本章采用先进光谱学手段，研究填埋腐殖酸基于填埋年限变化的演化规律。

6.1 垃圾填埋腐殖酸组成与演变特征

6.1.1 芳香性、腐殖化率及分子量变化特征

有机化合物的全紫外吸收光谱取决于分子的结构，随着有机化合物分子结构的变化而变化，图6-1和图6-2为不同填埋深度富里酸和胡敏酸紫外-可见光谱，垃圾填埋初期采集不同深度的样品，从上到下依次记作A1、A2、A3；垃圾填埋中后期从上到下每间隔2m进行取样，从上到下依次记作B1、B2、B3、B4、B5、B6。如图6-1所示，富里酸在200～226nm波段处存在吸收峰，之后波段范围内紫外吸光度值随波长的增大呈明显下降趋势。在260～400nm吸收波段内，填埋初期，浅层样品A1吸光度值明显大于A2和A3，并且深层样品A3的下降幅度最大，表明富里酸吸光度值随填埋深度的增加呈下降趋势［图6-1(a)］，表明在垃圾填埋初期，带苯环结构的物质含量随时间推移不断减

少；填埋中后期，富里酸吸光度值随填埋深度的增加无明显变化规律［图6-1(b)］，可能是由于填埋中后期开启腐殖化过程，形成的物质较为复杂，分子量也比较大，因此需要对紫外光谱进行进一步的分析。如图6-2所示，未去矿胡敏酸与富里酸光谱变化趋势相似，在200～226nm波段处存在吸收峰，之后波段范围内紫外吸光度值随波长的增大整体呈下降趋势［图6-2(a)、(b)］；而经过去矿处理后的胡敏酸在226～250nm波段处存在吸收峰，之后波段范围内紫外吸光度值随波长的增大整体呈下降趋势［图6-2(c)、(d)］。Peuravuori等[13]研究发现酚醛芳烃、苯甲酸以及多环芳烃等一些两环和多环的化合物在紫外区域发生π-π*电子跃迁，因此在226～250nm波段处出现的吸收峰，可能是由于经过去矿处理后，胡敏酸表面暴露出更多的官能团。

基于紫外光谱分析溶解性有机质（DOM）芳香性、腐殖化率及分子量变化特征。填埋初期富里酸$SUVA_{254}$值随着填埋年限的延伸下降41.1%，随后又增加33.0%；填埋初期胡敏酸（去矿和未去矿）$SUVA_{254}$值随着填埋深度的增加呈增加趋势，并且经过去矿处理的胡敏酸$SUVA_{254}$值大于未经过去矿处理的胡敏酸（表6-1和表6-2）。初始调整阶段即生活垃圾填埋初期，垃圾填埋时携带大量的氧气，芳香性有机质在微生物作用下被好氧降解[16]，并且随着填埋深度的

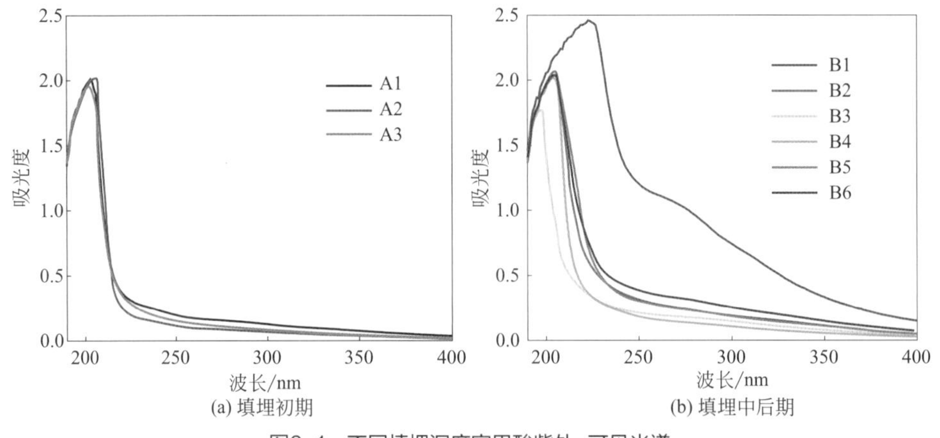

(a) 填埋初期　(b) 填埋中后期

图6-1　不同填埋深度富里酸紫外-可见光谱

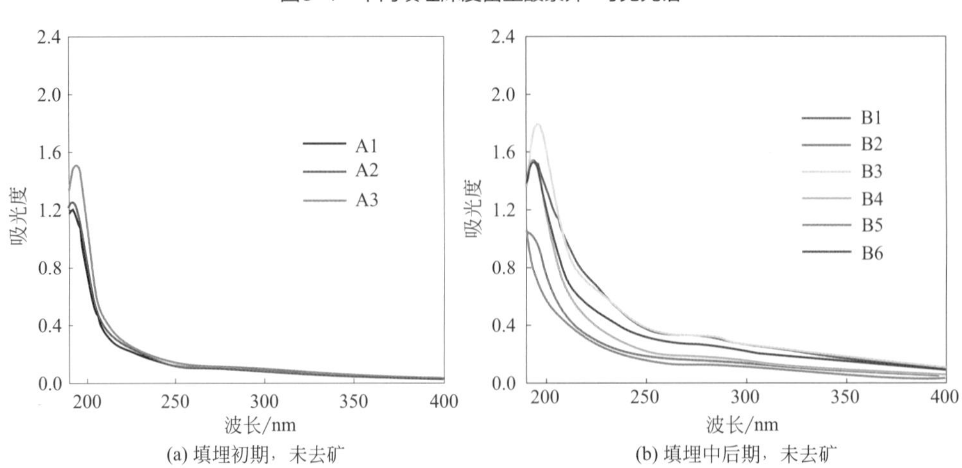

(a) 填埋初期，未去矿　(b) 填埋中后期，未去矿

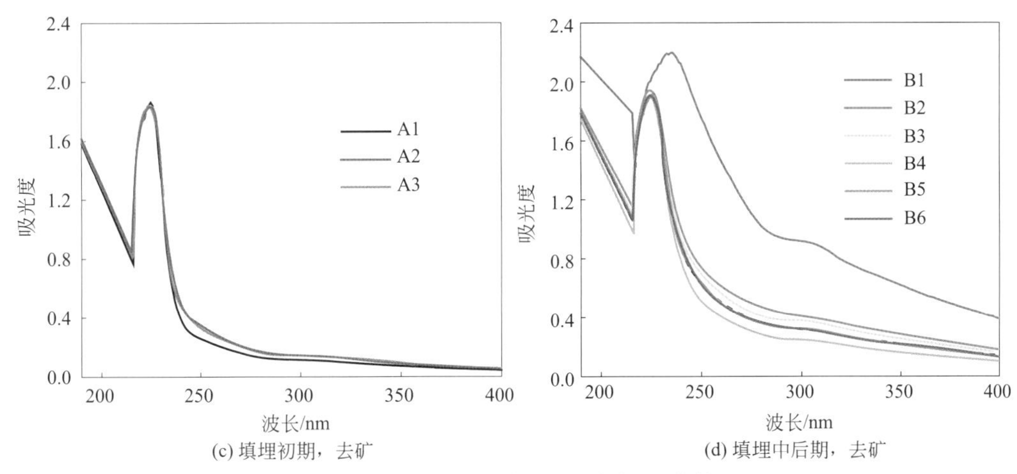

(c) 填埋初期，去矿　(d) 填埋中后期，去矿

图6-2　不同填埋深度胡敏酸紫外可见光谱

增加，芳香性物质降解加剧，胡敏酸相较于富里酸分子量更大更稳定，其相对含量增加，因此富里酸$SUVA_{254}$值呈下降趋势，而胡敏酸$SUVA_{254}$值呈增加趋势，相较于胡敏酸，富里酸芳香性较高，并且去矿处理能够增加胡敏酸的芳香性；随后可能由于有机质几乎被耗尽而过渡到腐殖化即腐殖质形成过程，导致富里酸和胡敏酸$SUVA_{254}$值略微上升。

如表6-1和表6-2所列，虽然填埋初期富里酸的E_2/E_3和S_R值有波动，但是总体上都随着填埋深度的增加而增大，表明填埋初期富里酸的分子量和芳香性物质都因被微生物降解而减小或减少；随着年限的延伸进入填埋中后期，其E_2/E_3和S_R值都随着填埋深度的增加而减小，表明进入填埋中后期，腐殖化进程开启，合成腐殖酸类物质，并且随着填埋年限的延伸形成的物质其分子量逐渐增大且趋于更加稳定，相对于胡敏酸，富里酸分子量和腐殖化率较低。经过去矿处理和未经过去矿处理的胡敏酸的E_2/E_3和S_R值区别不大，表明去矿处理对胡敏酸分子量和腐殖化率测定没有显著影响。

如表6-1和表6-2所列，填埋初期富里酸$A_{226\sim400}$值随着填埋深度的增加呈先下降后增加趋势；胡敏酸（去矿和未去矿）$A_{226\sim400}$值随着填埋深度的增加而增加。$A_{226\sim400}$值的变化规律与$SUVA_{254}$值相同，进一步印证了填埋过程中芳香性物质的变化规律；以及相对于胡敏酸，富里酸极性官能团少、分子量小、腐殖化率低，但芳香性高；去矿处理对胡敏酸分子量和腐殖化率没有显著影响，但增强了芳香性，降低了极性官能团含量。

表6-1　填埋富里酸紫外参数$SUVA_{254}$、E_2/E_3、S_R、$A_{226\sim400}$的变化

指标	填埋初期			填埋中后期					
	A1	A2	A3	B1	B2	B3	B4	B5	B6
$SUVA_{254}$/［L/(mg·m)］	1.85	1.09	1.45	11.61	3.05	2.14	1.70	2.91	3.69
E_2/E_3	3.25	4.17	4.38	4.63	3.54	3.52	3.90	3.42	3.20
S_R	0.32	0.37	0.53	0.63	0.62	0.54	0.59	0.52	0.51
$A_{226\sim400}$	21.49	12.04	15.72	127.4	33.41	23.84	18.78	33.15	42.43

注：1. E_2/E_3，DOM在250nm处的吸光度与365nm处的吸光度的比值。
2. S_R，光谱斜率比值，$S_{275\sim295}/S_{350\sim400}$。
3. $A_{226\sim400}$，对226～400nm范围内吸光度进行积分。

表6-2 填埋胡敏酸紫外参数$SUVA_{254}$、E_2/E_3、S_R、$A_{226\sim400}$的变化

指标		填埋初期			填埋中后期					
		A1	A2	A3	B1	B2	B3	B4	B5	B6
$SUVA_{254}$/［L/(mg·m)］	去矿	1.29	1.64	1.63	10.1	3.58	4.09	2.74	3.50	4.57
	未去矿	1.15	1.18	1.37	3.55	1.76	3.69	2.04	1.49	3.05
E_2/E_3	去矿	2.90	2.98	2.83	2.52	2.49	2.46	2.67	2.59	2.44
	未去矿	2.70	2.83	2.71	2.57	2.52	2.48	2.62	2.92	2.44
S_R	去矿	0.59	0.65	0.70	0.63	0.63	0.63	0.69	0.63	0.57
	未去矿	0.60	0.62	0.69	0.67	0.63	0.61	0.71	0.51	0.57
$A_{226\sim400}$	去矿	15.8	20.4	20.2	127	44.4	51.6	34.4	44.1	57.7
	未去矿	14.5	14.9	17.4	45.8	22.3	47.1	26.0	18.7	38.8

6.1.2 不同荧光性亚组分变化特征

图6-3和图6-4为填埋腐殖酸激发波长固定在254nm的荧光发射光谱，通常表现为宽而无特征的荧光峰，它是溶解性有机质中具有相似来源的一类基团总体荧光性质的反映[17]。如图6-3和图6-4所示，填埋初期和填埋中后期出现最大吸收峰所在的波长范围都在350～430nm附近，其位置比较靠近腐殖酸特征波峰[14,18]。发射光谱中最大峰位置由填埋初期350～400nm红移至填埋中后期430nm，表明随着填埋年限的延伸有机质芳香结构不断增多，共轭度增大，腐殖化程度加大，稳定性提高[19]，通过比较可知，富里酸荧光峰红移程度以及荧光峰强度均强于胡敏酸，可能是因为填埋过程中富里酸极性官能团少、分子量小、腐殖化率低，因此，相对于胡敏酸更易被合成。通过对图6-4(a)和图6-4(c)以及图6-4(b)和图6-4(d)的比较可知，去矿处理对胡敏酸腐殖化程度影响不大。

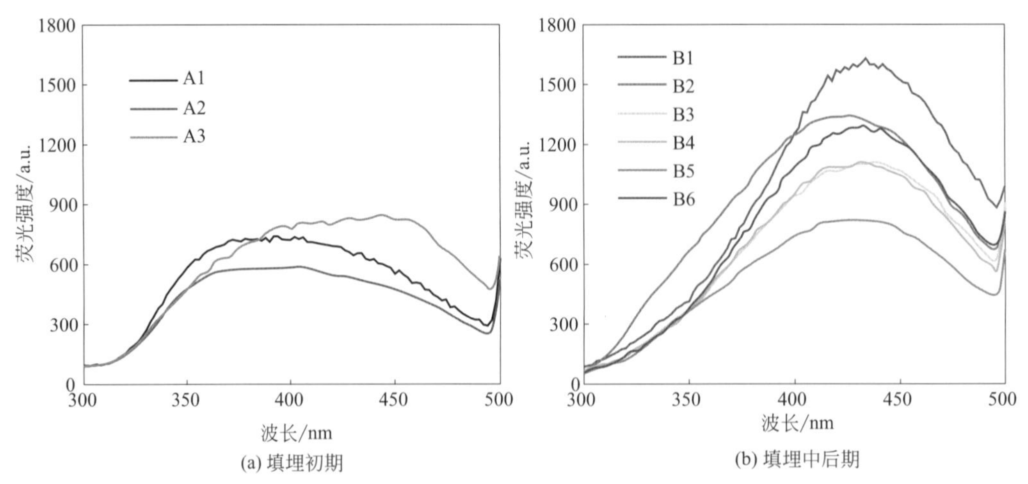

(a) 填埋初期
(b) 填埋中后期

图6-3 不同填埋深度富里酸发射光谱

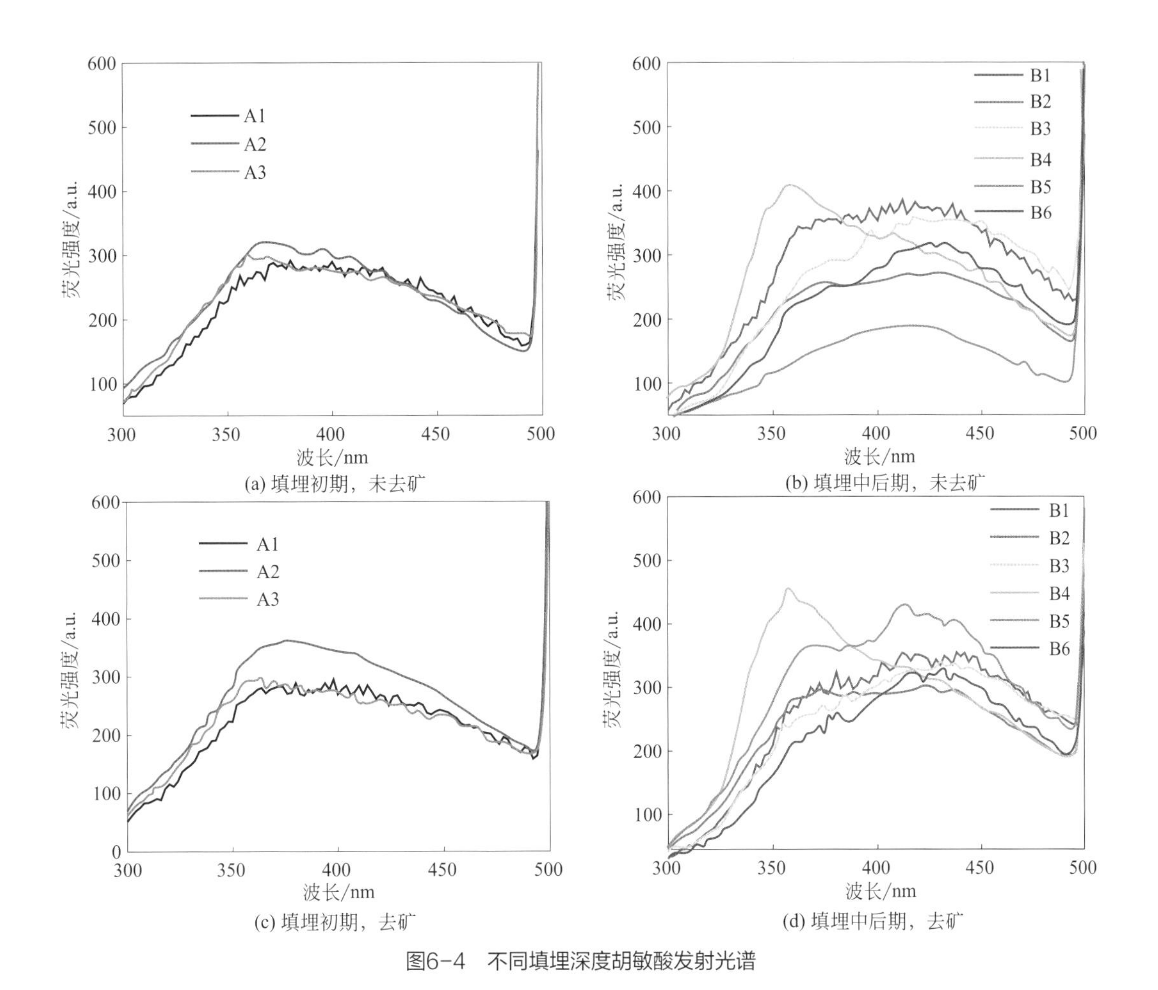

(a) 填埋初期，未去矿　(b) 填埋中后期，未去矿
(c) 填埋初期，去矿　(d) 填埋中后期，去矿

图6-4　不同填埋深度胡敏酸发射光谱

同步荧光光谱相较于发射光谱能更有效地揭示有机质的组成特性和演变趋势。图6-5和图6-6分别为波长差为20nm的填埋富里酸和胡敏酸（去矿和未去矿）同步荧光光谱。填埋初期富里酸光谱中出现三个荧光峰，分别为峰1（310～320nm）、峰2（320～360nm）、峰3（400～450nm）[图6-5(a)]；填埋中后期光谱中也出现三个荧光峰，分别为峰1（320～350nm）、峰2（350～400nm）、峰3（400～450nm）[图6-5(b)]。填埋初期胡敏酸（去矿和未去矿）同步荧光光谱中出现三个荧光峰，分别为峰1（320～350nm）、峰2（350～400nm）、峰3（400～450nm）[图6-6(a)、(c)]；填埋中后期光谱中出现三个荧光峰，分别为峰1（320～350nm）、峰2（350～400nm）、峰3（420～460nm）[图6-6(b)、(d)]。如图6-5所示，填埋过程中峰1、峰2的最大峰位置都发生了红移，峰1、峰2从填埋初期［图6-5(a)］的315nm和340nm红移至填埋中后期［图6-5(b)］的340nm和375nm，并且荧光强度增强；如图6-6所示，填埋过程中峰3的最大峰位置都发生了红移，从填埋初期的425nm红移至填埋中后期的440nm，伴随荧光强度的增强。根据先前的研究[20-25]，判定富里酸同步荧光光谱中峰1、峰2为类富里酸物质区域（FLR），与类富里酸物质中3～4个苯环结构的多环芳香性物质或带2～3个共轭体系的不饱和脂肪族结构的存在有关；胡

敏酸同步荧光光谱中峰3为类胡敏酸物质区域（HLR），与类胡敏酸物质中5～7个苯环结构的多环芳香性物质的存在有关。结果表明填埋过程中，随着填埋年限的延伸、腐殖化程度的加大，有机质的苯环结构增多，共轭度增大，稳定性增强[26]。同时荧光强度明显增加，表明随着填埋年限的延伸，腐殖酸类物质显著增多。

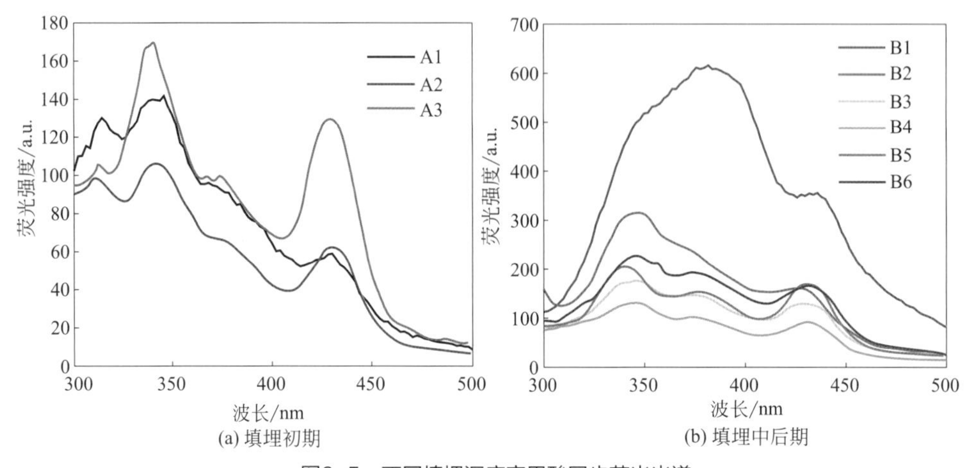

图6-5 不同填埋深度富里酸同步荧光光谱

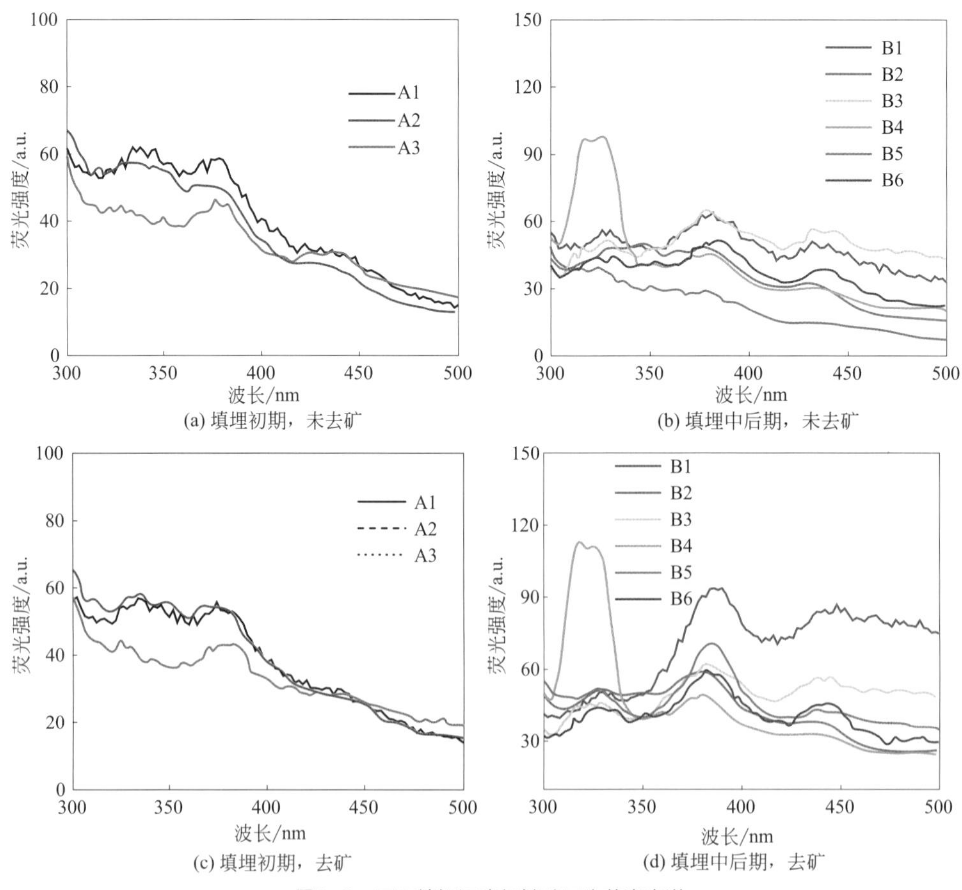

图6-6 不同填埋深度胡敏酸同步荧光光谱

图6-7和图6-8中27个三维荧光光谱图分别为填埋富里酸、未去矿胡敏酸以及去矿胡敏酸的三维荧光光谱图。从图中可以看出，各样品扫描结果得到的荧光峰有4个，其激发波长（E_x）/发射波长（E_m）分别为225nm/420nm（峰A）、275nm/430nm（峰C）、225nm/350nm（峰T_1）、275nm/350nm（峰T_2）。根据先前的研究[27-31]，荧光峰A和C为类腐殖质荧光峰，荧光峰T_1和T_2为类蛋白荧光峰，来自填埋物质中以游离的形式或者结合在蛋白质或腐殖质中及其降解产物。这几个荧光峰的出现表明，填埋过程中存在类蛋白物质以及类腐殖质物质，但不同填埋深度的富里酸和胡敏酸的三维荧光光谱图存在显著差异，填埋初期富里酸中不仅存在类蛋白荧光峰，也存在类腐殖质荧光峰，而填埋初期的胡敏酸仅出现类蛋白荧光峰，进入填埋中后期富里酸和类胡敏酸蛋白物质荧光峰强度明显减弱甚至消失，而类腐殖质荧光峰荧光强度较填埋初期明显增强，并且填埋中后期随着填埋深度的增加其荧光强度呈增加趋势。结果表明填埋过程中类蛋白物质主要发生降解过程，随着填埋年限的延伸，类蛋白物质被消耗殆尽，微生物开始利用大分子木质素类物质维持自身生长繁殖，合成腐殖质类物质，开启腐殖化过程，生成量逐渐增

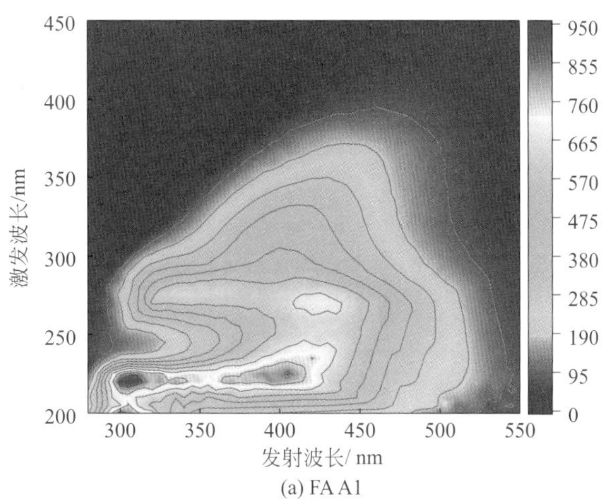

(a) FA A1

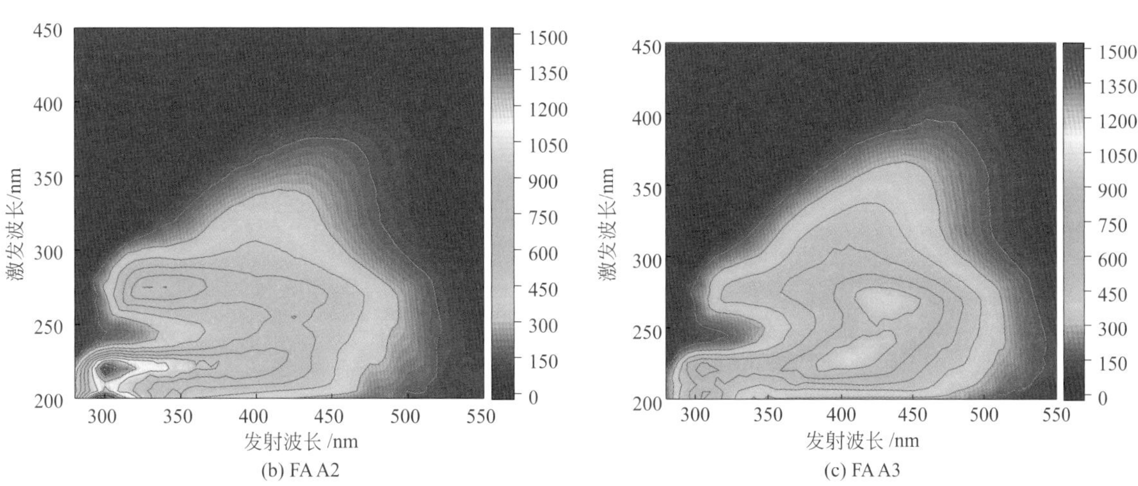

(b) FA A2

(c) FA A3

图6-7

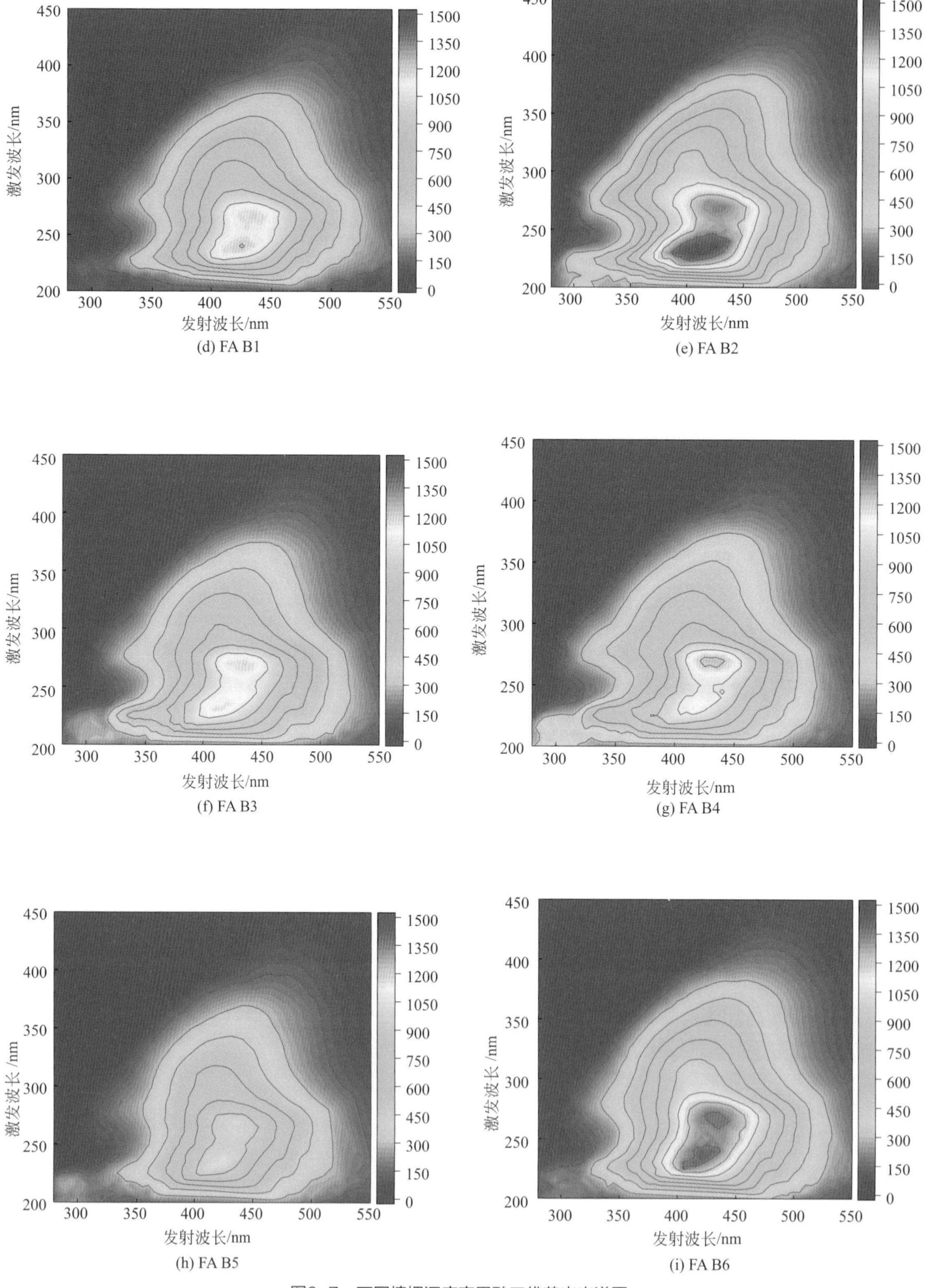

图6-7　不同填埋深度富里酸三维荧光光谱图

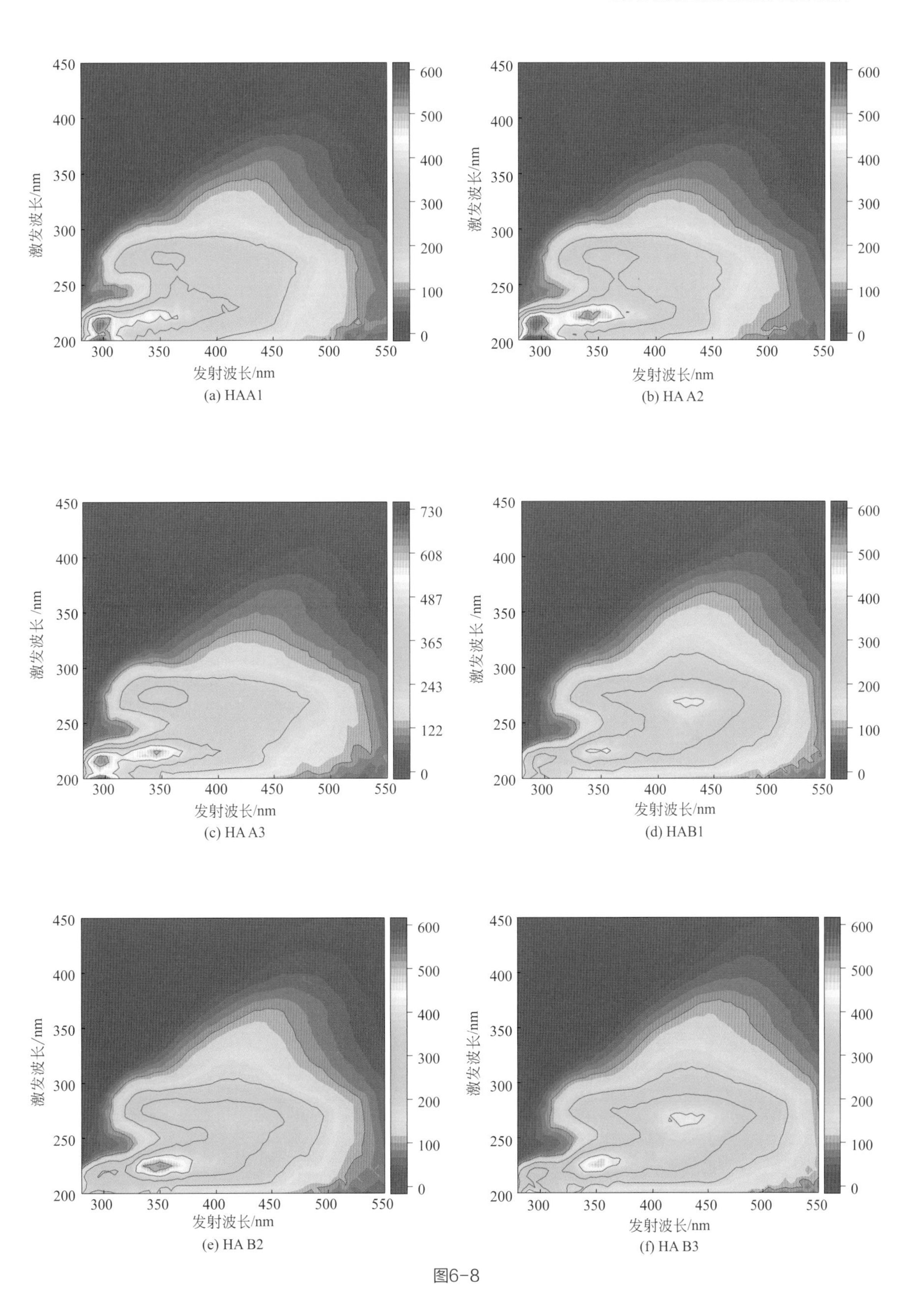

图6-8

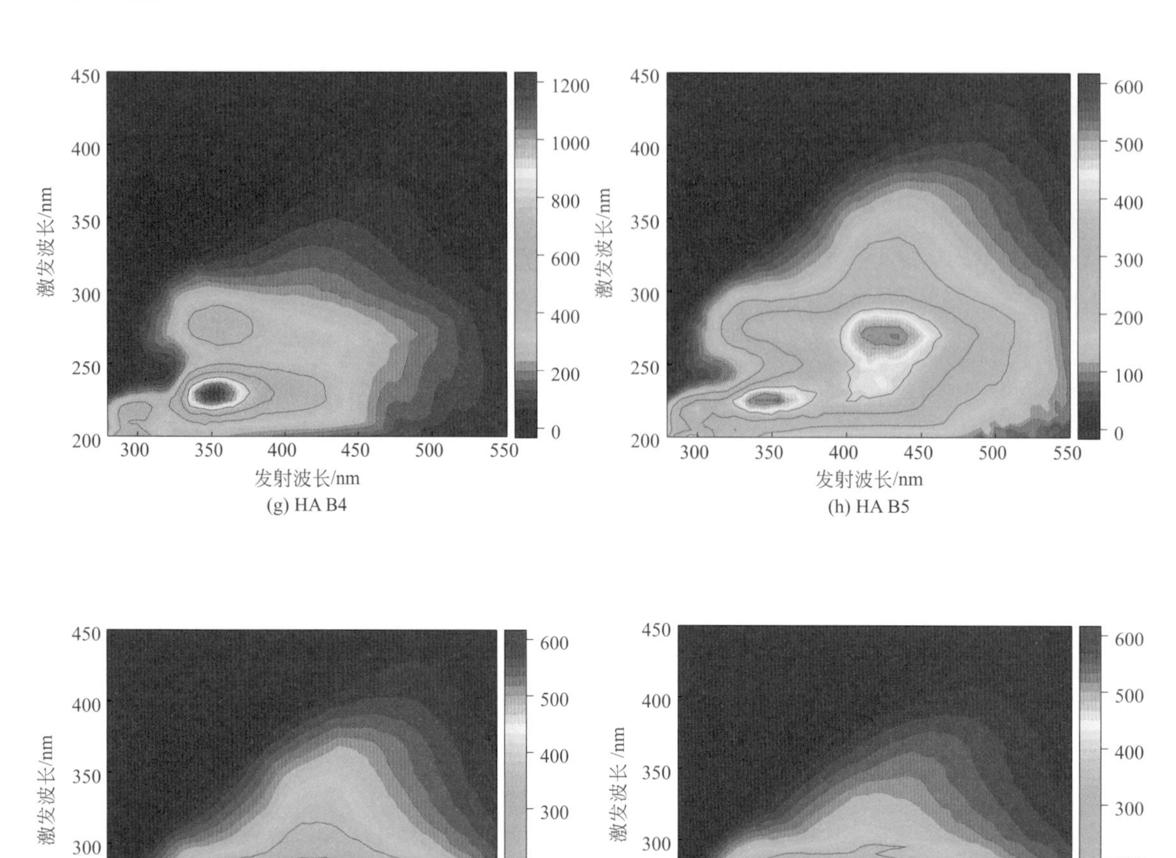

(g) HA B4

(h) HA B5

(i) HA B6

(j) HA去矿 A1

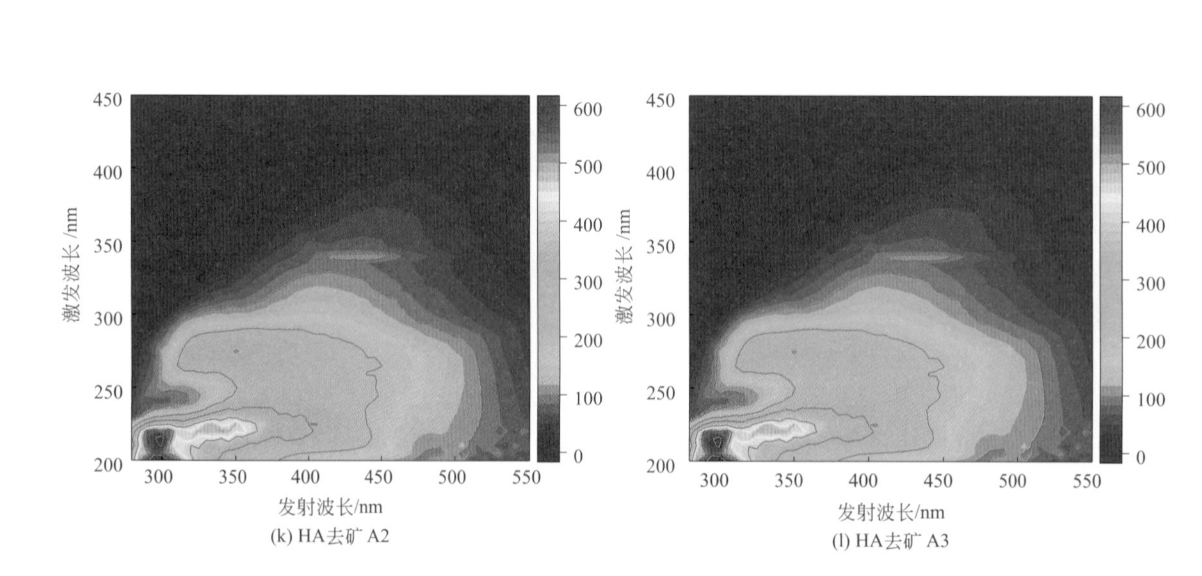

(k) HA去矿 A2

(l) HA去矿 A3

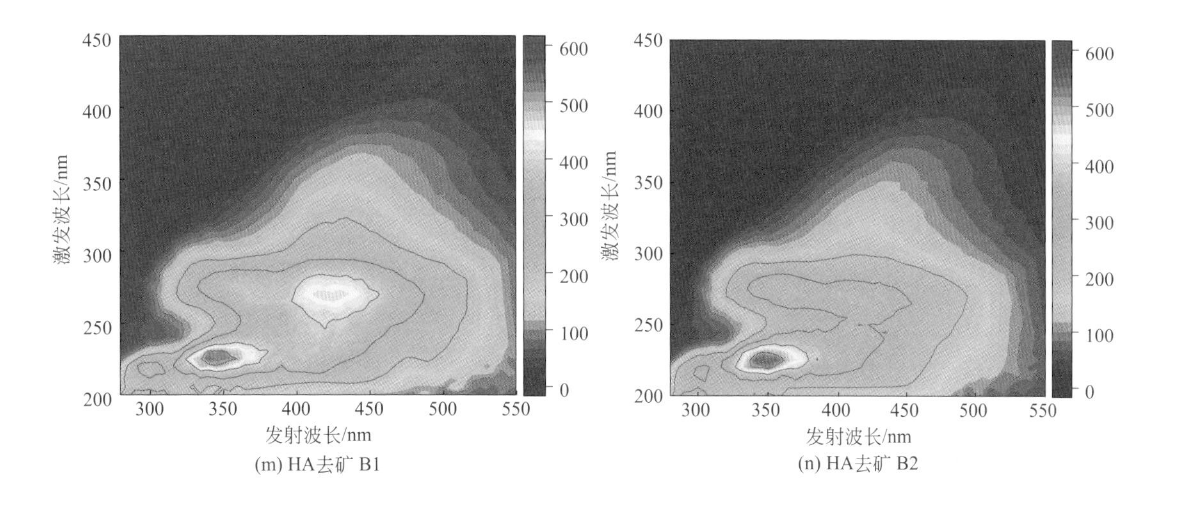

(m) HA去矿 B1
(n) HA去矿 B2

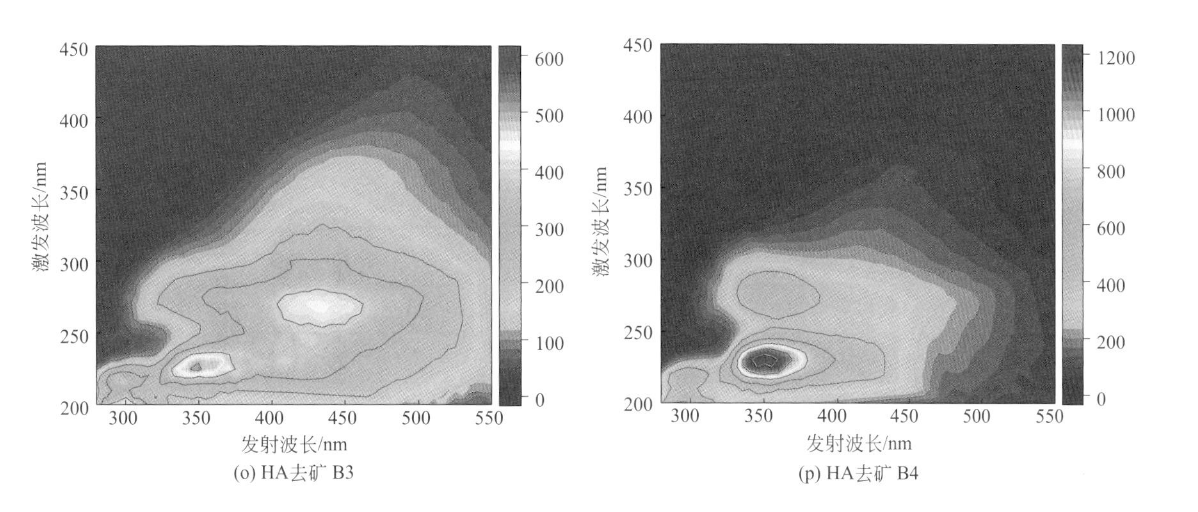

(o) HA去矿 B3
(p) HA去矿 B4

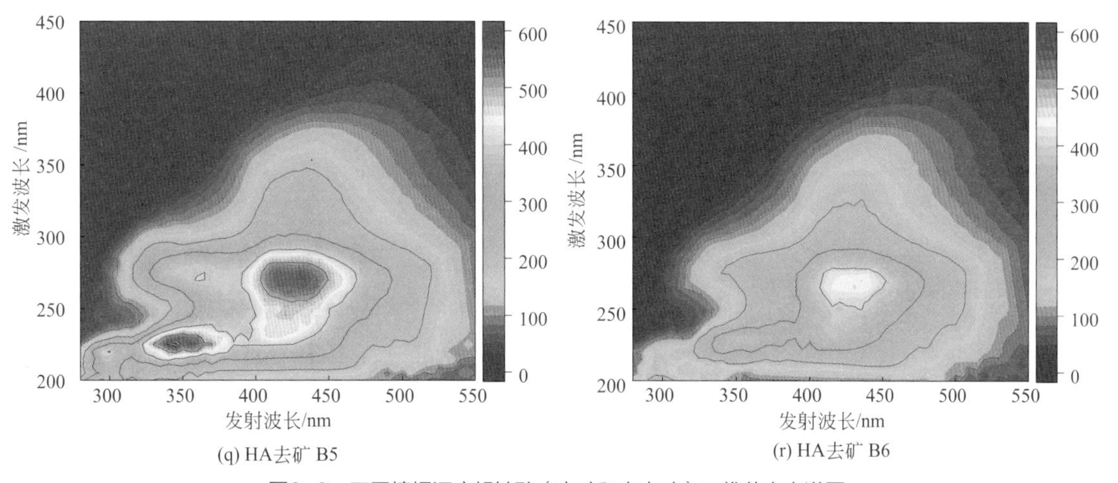

(q) HA去矿 B5
(r) HA去矿 B6

图6-8 不同填埋深度胡敏酸（去矿和未去矿）三维荧光光谱图

加。并且分子量相对胡敏酸较小的富里酸，在腐殖化过程中也更容易被合成，而去矿和未去矿胡敏酸则没有明显差异。

为了进一步研究填埋过程中腐殖酸的组成结构与变化规律，采用平行因子分析（PARAFAC）方法解析填埋腐殖酸（富里酸和胡敏酸）的三维荧光光谱。如图6-9(a)所示，残差分析中4组分与5组分和6组分模型残差值差距比较大，而5组分和6组分模型残差值差距不显著，表明本次平行因子分析中最佳组分数为5，图6-9(b)对半分析进一步验证了分解为5个组分的可行性[32]。分解后的5个荧光组分中包括2个类腐殖质物质及3个类蛋白物质，不同组分的荧光光谱及具体的激发发射波长位置见图6-10。

如图6-10所示，根据先前的研究，组分C1（E_x/E_m，265nm/455nm）为类胡敏酸物质[33,34]；组分C2［E_x/E_m，（235nm, 310nm）/400nm］为类富里酸物质[35,36]；组分C3［E_x/E_m，（225nm，275nm）/330nm]、组分C4（E_x/E_m，215nm/300nm）和组分C5［E_x/E_m，（230nm，280nm）/350nm]为类蛋白物质，其中C3和C5为类色氨酸物质，既可以以游离态存在也可以结合到蛋白质上[37]；C4为类酪氨酸物质[38]。

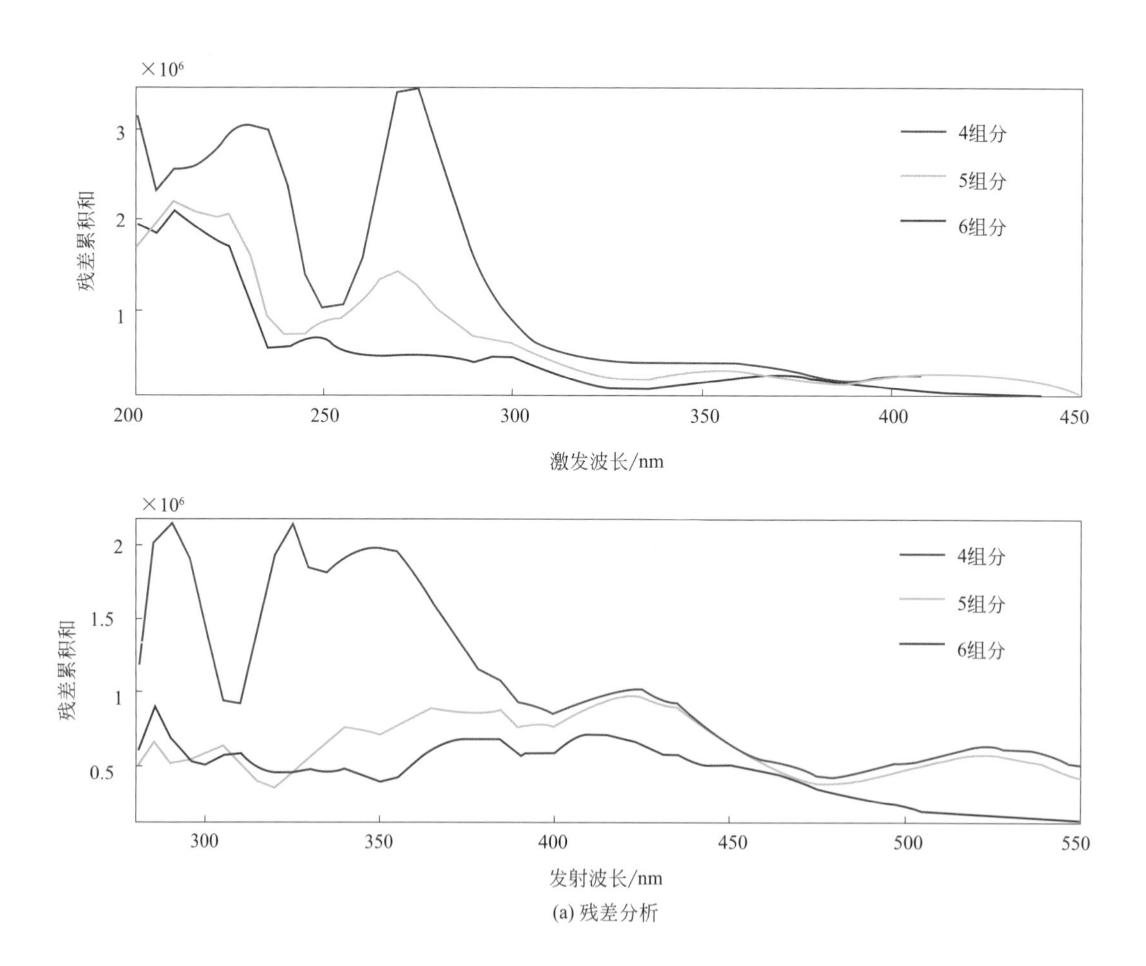

(a) 残差分析

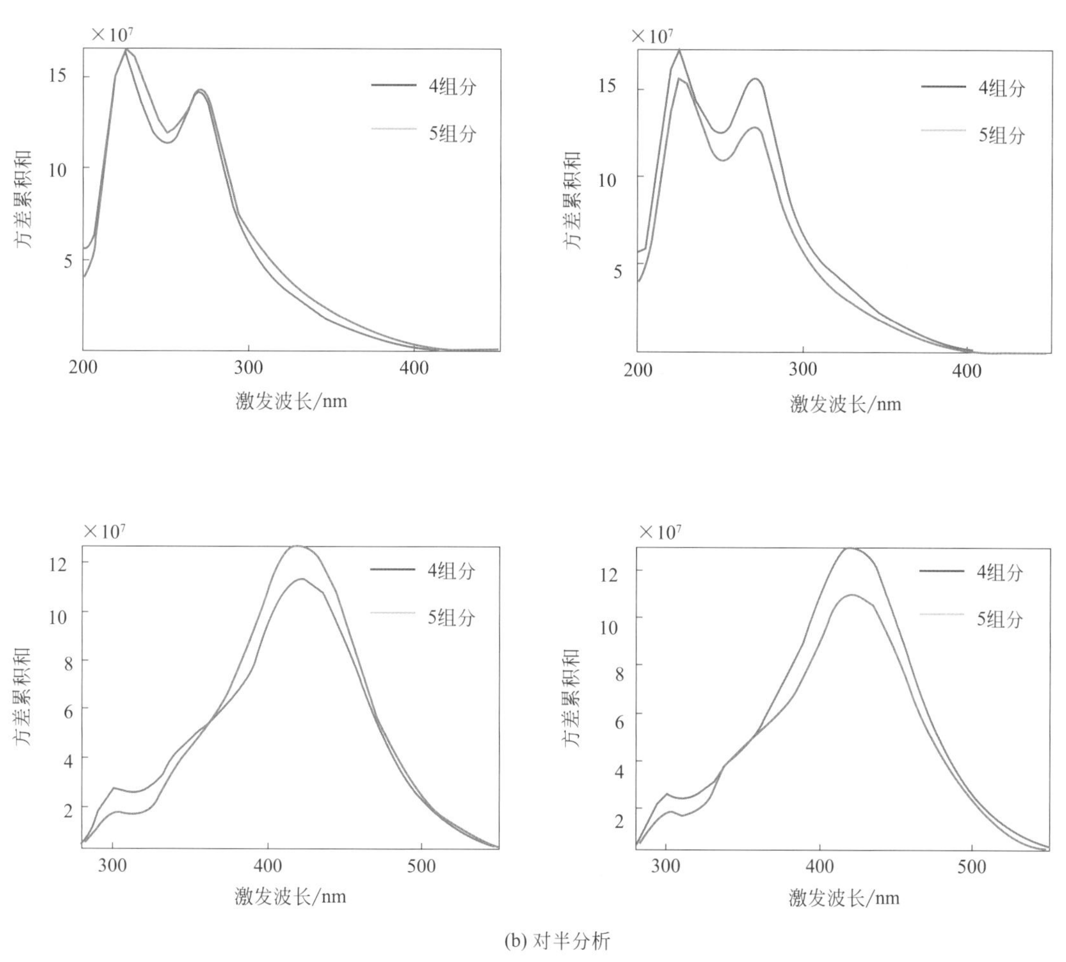

(b) 对半分析

图6-9 模型验证的残差分析和对半分析

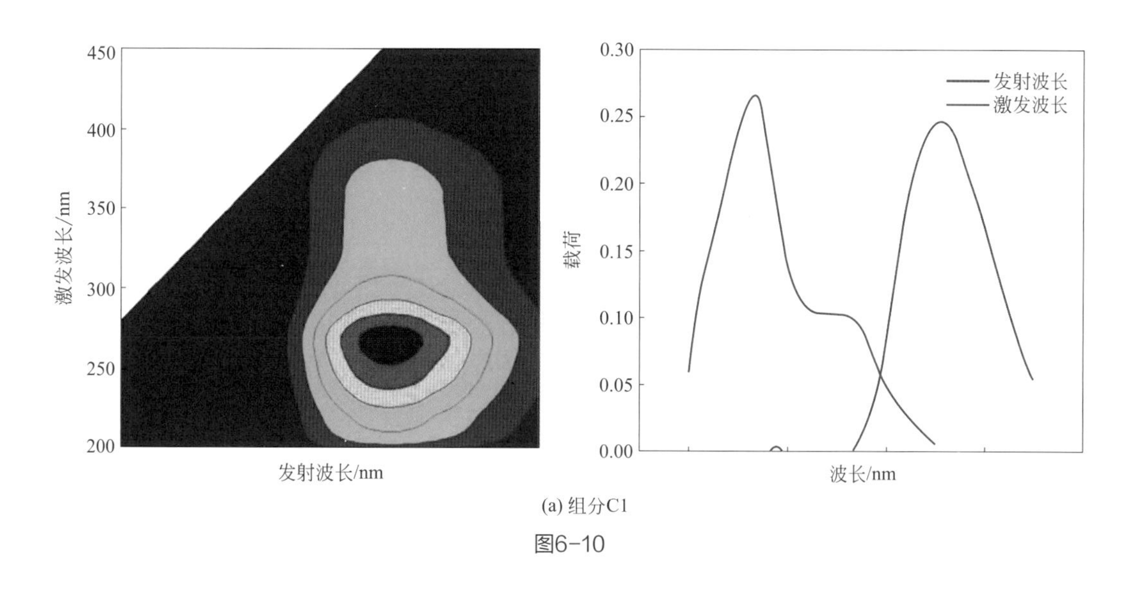

(a) 组分C1

图6-10

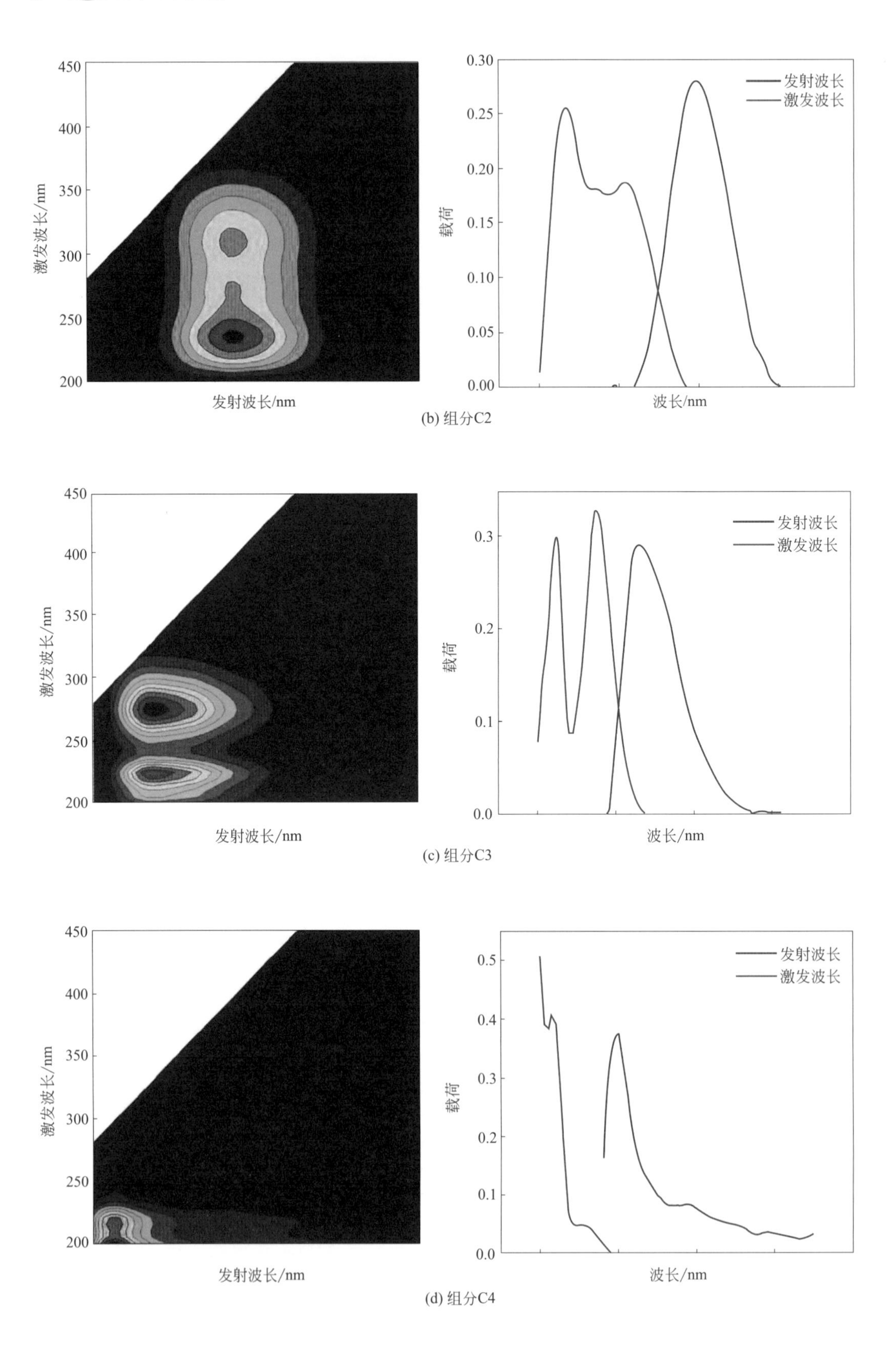

(b) 组分C2

(c) 组分C3

(d) 组分C4

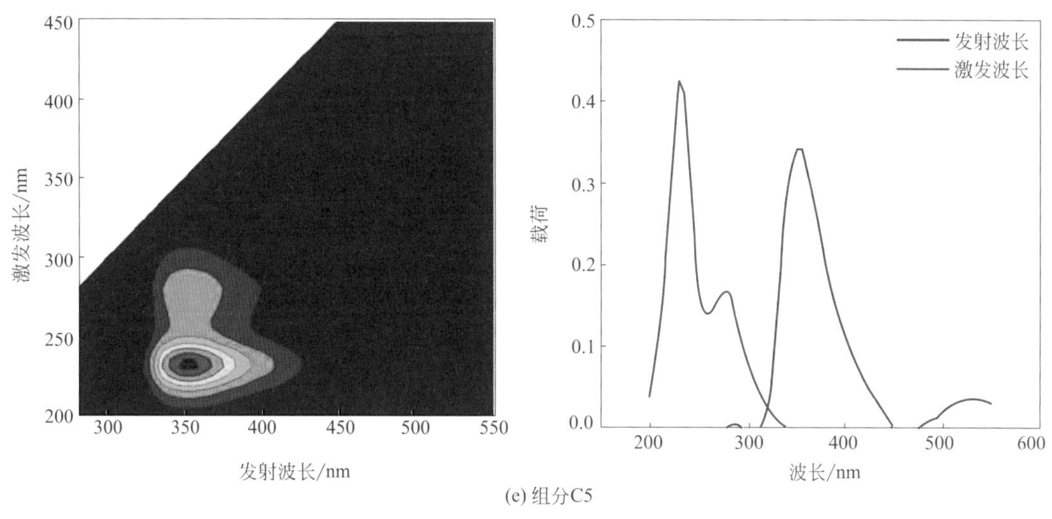

(e) 组分C5

图6-10　不同组分的荧光光谱及具体的激发发射波长位置

基于荧光光谱-平行因子分析，根据不同荧光组分得分值F_{max}变化，得到填埋过程中富里酸和胡敏酸结构及组分的变化如表6-3所列。为了更清晰地表述不同填埋年限不同组分的荧光组分含量变化趋势，将不同组分得分值F_{max}计算百分比作图，结果如图6-11所示。

表6-3　填埋过程中富里酸和胡敏酸不同荧光组分F_{max}得分值变化

不同组分		填埋初期			填埋中后期					
		A1	A2	A3	B1	B2	B3	B4	B5	B6
富里酸	C1	408.07	381.49	659.94	838.86	867.16	824.44	778.36	715.65	984.77
	C2	493.54	432.20	613.61	758.60	1063.88	727.62	712.59	622.63	932.33
	C3	571.93	779.36	498.83	202.76	451.91	236.33	318.02	132.84	221.18
	C4	878.84	1462.73	768.70	20.56	342.08	347.24	471.52	301.92	239.62
	C5	8.93	0.00	44.82	58.60	102.04	203.82	170.71	75.80	66.00
胡敏酸未去矿	C1	205.74	160.93	253.76	357.64	257.65	406.86	254.07	405.67	340.51
	C2	122.74	114.43	96.22	158.02	137.80	130.62	142.20	201.37	174.23
	C3	184.40	225.81	271.92	234.40	215.43	168.62	186.28	264.87	127.35
	C4	623.44	692.31	601.09	344.62	379.67	410.57	627.01	380.26	206.72
	C5	191.62	182.43	261.01	297.15	308.75	322.58	980.29	280.04	206.24

续表

不同组分		填埋初期			填埋中后期					
		A1	A2	A3	B1	B2	B3	B4	B5	B6
胡敏酸去矿	C1	195.26	166.76	259.13	321.36	261.03	360.41	235.54	366.92	318.64
	C2	138.79	138.25	114.94	150.67	160.11	129.06	131.36	194.02	170.65
	C3	219.65	224.93	305.40	194.57	227.82	158.29	170.36	253.88	123.83
	C4	624.06	693.73	697.59	342.41	349.92	389.14	563.26	377.33	257.11
	C5	199.48	235.66	233.80	210.68	270.35	303.06	899.74	234.36	204.98

根据EEM-PARAFAC分析结果可知，填埋中后期类胡敏酸物质（C1）和类富里酸物质（C2）含量高于填埋初期，而类色氨酸物质（C3）和类赖氨酸物质（C4）含量填埋中后期低于填埋初期。结果表明在填埋过程中，随着填埋年限的延伸类蛋白物质随着被微生物降解导致其含量逐渐降低，C3和C5同为类色氨酸物质，但变化趋势不同，可能是因为其存在状态不同，C5可能为结合态的类色氨酸物质，不容易被微生物吸收利用[37]；填埋中后期开启腐殖化过程合成类腐殖质物质[27]，类胡敏酸和类富里酸物质含量逐渐增加。胡敏酸去矿和未去矿中不同荧光组分的F_{max}变化趋势相似，但与富里酸中不同荧光组分F_{max}变化趋势不尽相同，胡敏酸组成中类蛋白物质相对含量明显高于富里酸，而类腐殖酸相对含量却低于富里酸，去矿和未去矿胡敏酸则没有显著差别，结果再次证实分子量相对胡敏酸较小的富里酸，微生物降解有机物时更强烈，在腐殖化过程中也更容易被合成，并且富里酸芳香性强于胡敏酸，同时去矿处理对胡敏酸中不同组分相对含量及腐殖化率并没有显著影响。

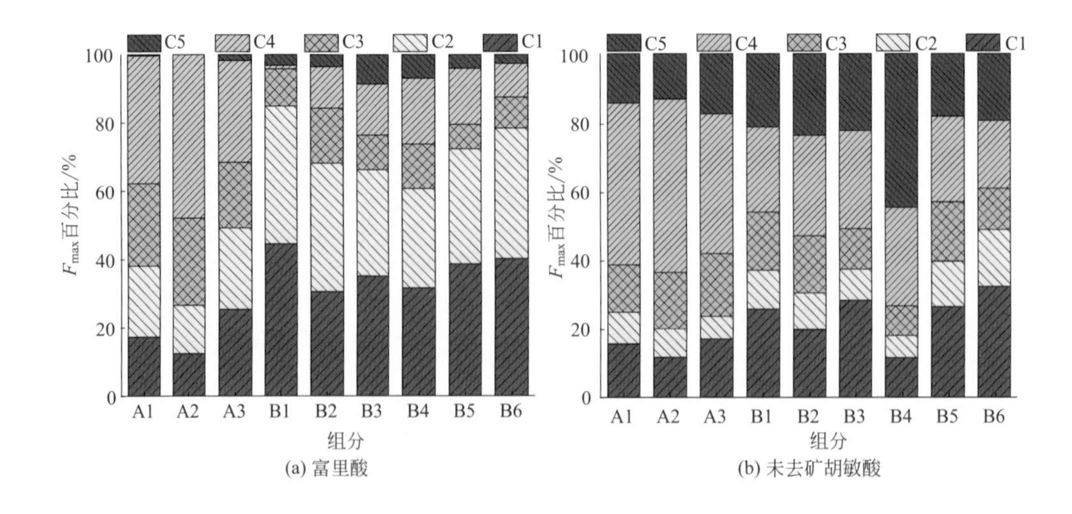

(a) 富里酸　　(b) 未去矿胡敏酸

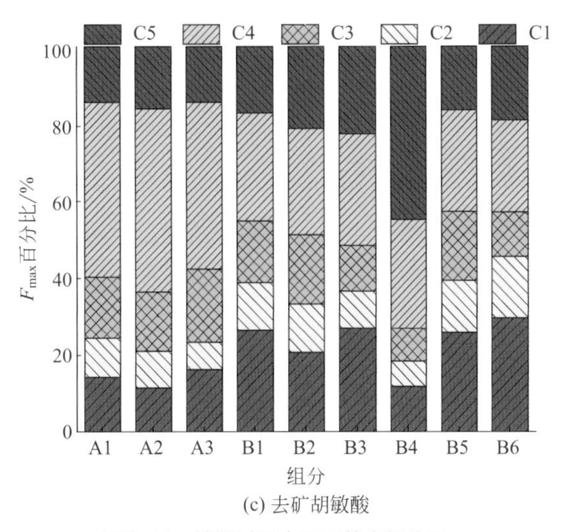

(c) 去矿胡敏酸

图6-11　填埋过程中不同荧光组分F_{max}

6.1.3　不同分子量亚组分变化特征

基于高效液相体积排阻色谱（HPLC-SEC）分析溶解性有机质不同分子量物质的分布特征。表观分子量（AMW）与聚乙二醇标准物质建立如图6-12的标准曲线以及填埋腐殖酸不同分子量组分的色谱图（图6-13、图6-14）。

基于254nm处体积排阻色谱的吸光度，对洗脱时间分别在0～6.2min和6.2～15min的曲线进行面积积分，积分面积分别表示胡敏酸不同亚组分高AMW（$AMW_H > 3\times10^4$）和低AMW（$AMW_L < 3\times10^4$）的相对含量，结果如图6-15及图6-16所示。填埋初期富里酸分子量分布广泛，且高分子量组分的相对含量随着填埋年限的延伸呈下降趋势，与此同

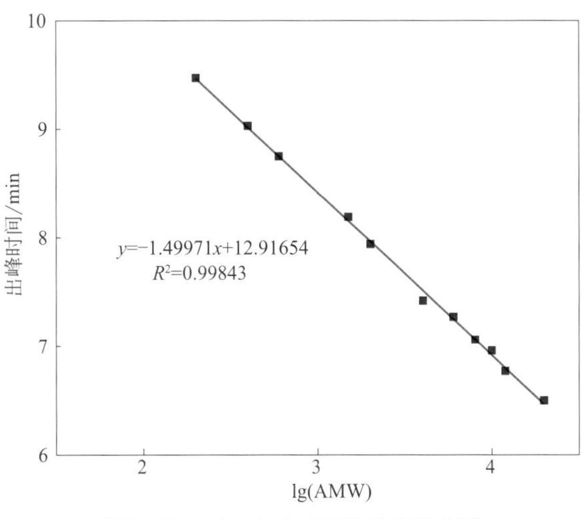

图6-12　lg(AMW)-出峰时间标准曲线

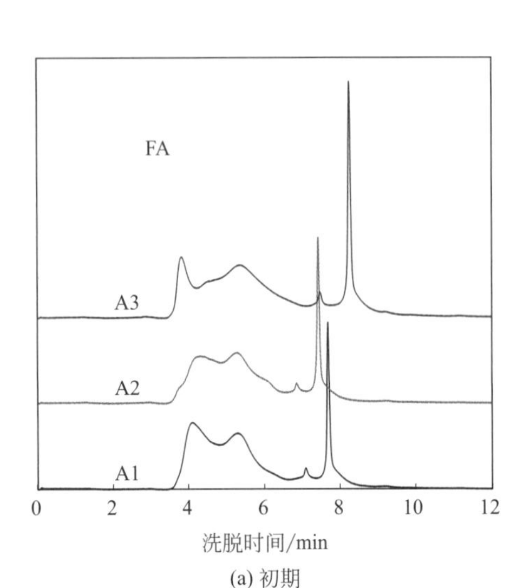

(a) 初期

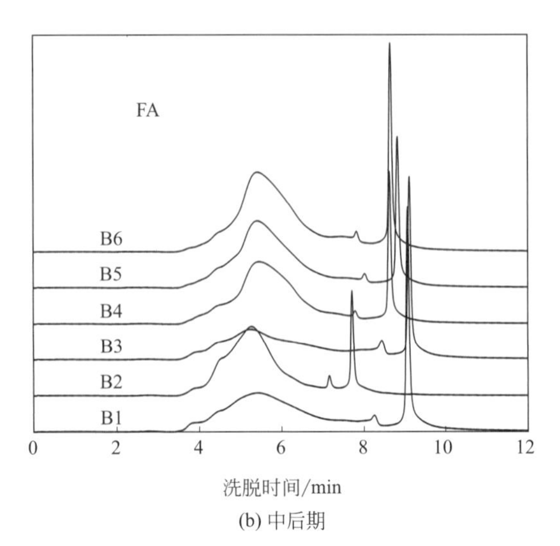

(b) 中后期

图6-13 填埋富里酸纯水洗脱色谱图（检测波长254nm）

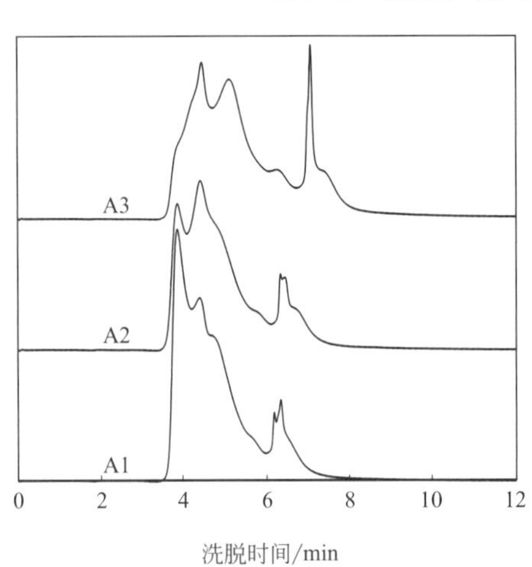

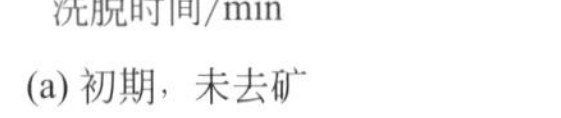

(a) 初期，未去矿

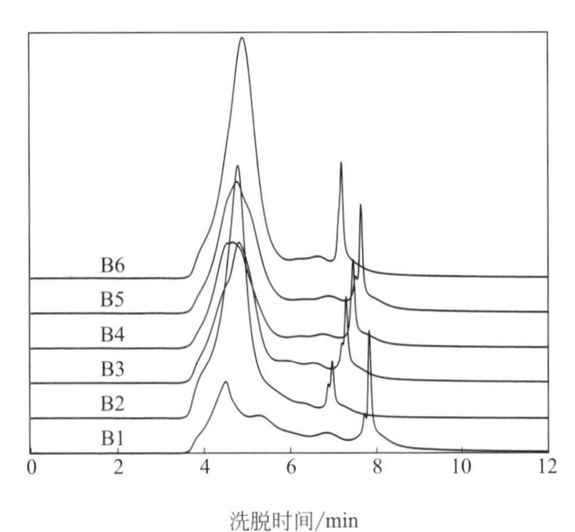

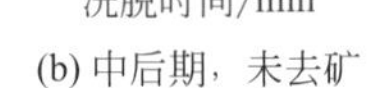

(b) 中后期，未去矿

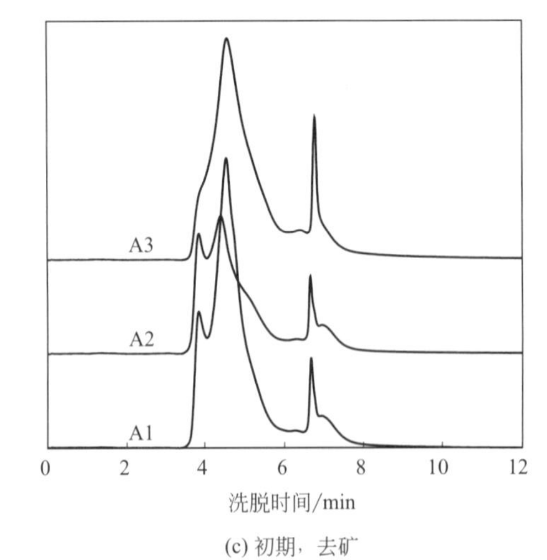

(c) 初期，去矿

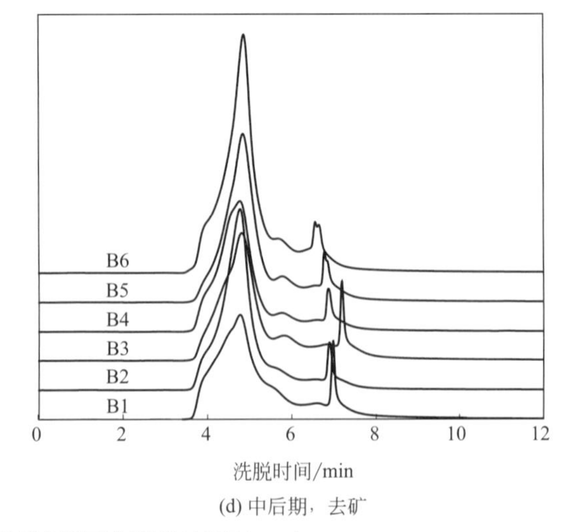

(d) 中后期，去矿

图6-14 填埋胡敏酸纯水洗脱色谱图（检测波长254nm）

时低分子量组分的相对含量随着填埋年限的延伸呈上升趋势，填埋中后期分子量稳定在 $10^4\sim10^5$，可能是由于填埋初期大分子有机物被微生物利用降解，导致高分子量组分相对含量减少，随着填埋年限的延伸腐殖化进程开启，合成腐殖质类物质，结果说明富里酸分子量可能以 $10^4\sim10^5$ 为主。未去矿胡敏酸填埋初期分子量分布广泛，填埋中后期分子量以 $10^5\sim10^6$ 为主；去矿胡敏酸填埋初期和中后期分子量皆以 $10^5\sim10^6$ 为主，填埋初期高分子量组分相对含量随着填埋年限的延伸呈下降趋势，而低分子量组分相对含量随着填埋年限的延伸呈上升趋势，填埋中后期分子量稳定，皆以 $10^5\sim10^6$ 为主。同样可能是因为填埋初期有机质降解，进入中后期开启腐殖化过程合成腐殖质，结果说明胡敏酸分子量可能以 $10^5\sim10^6$ 为主，并且去矿处理对胡敏酸分子量并没有十分显著的影响。

填埋富里酸的分子量明显小于胡敏酸并且分布相对集中；通过比较胡敏酸去矿和未去矿不同分子量组分相对含量，去矿处理对胡敏酸分子量可能具有一定影响，但是并不显著。

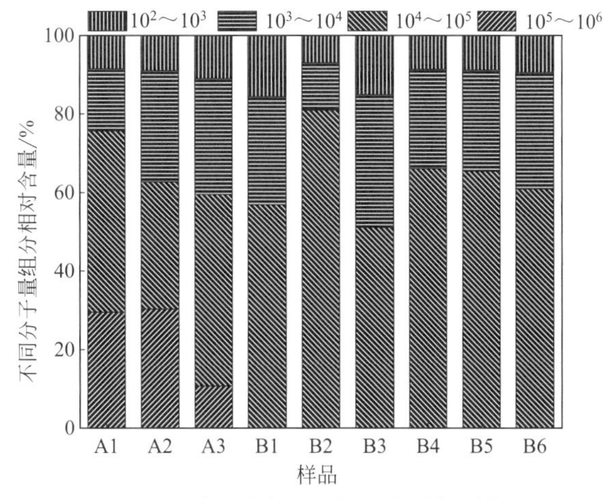

图6-15　富里酸中不同分子量组分相对含量

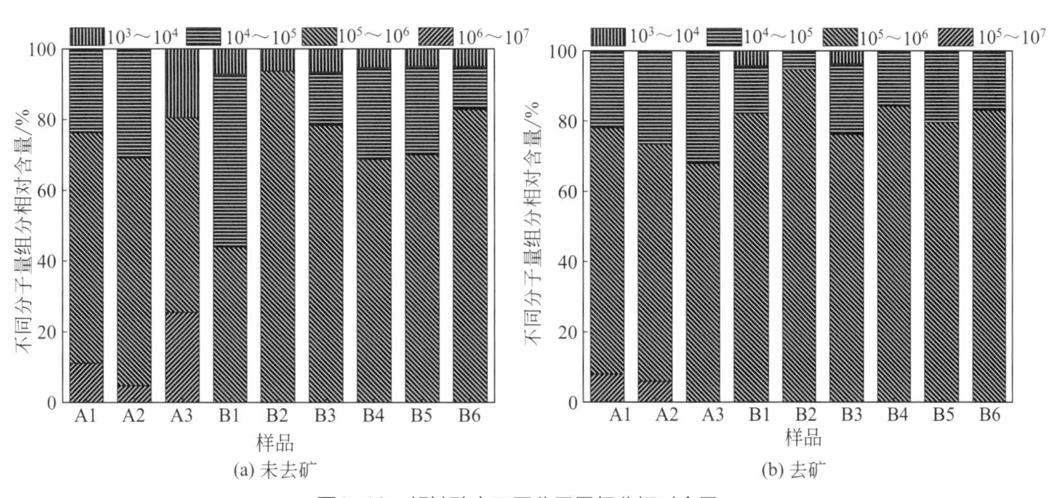

图6-16　胡敏酸中不同分子量组分相对含量

6.1.4 填埋腐殖酸不同亲疏水性亚组分变化特征

选用色谱方法并于254nm做吸光度检测，探究填埋过程中腐殖酸亲疏水性组分物质及含量的变化。根据测定结果绘制填埋腐殖酸不同亲疏水性组分分布的色谱图（图6-17、图6-18）。

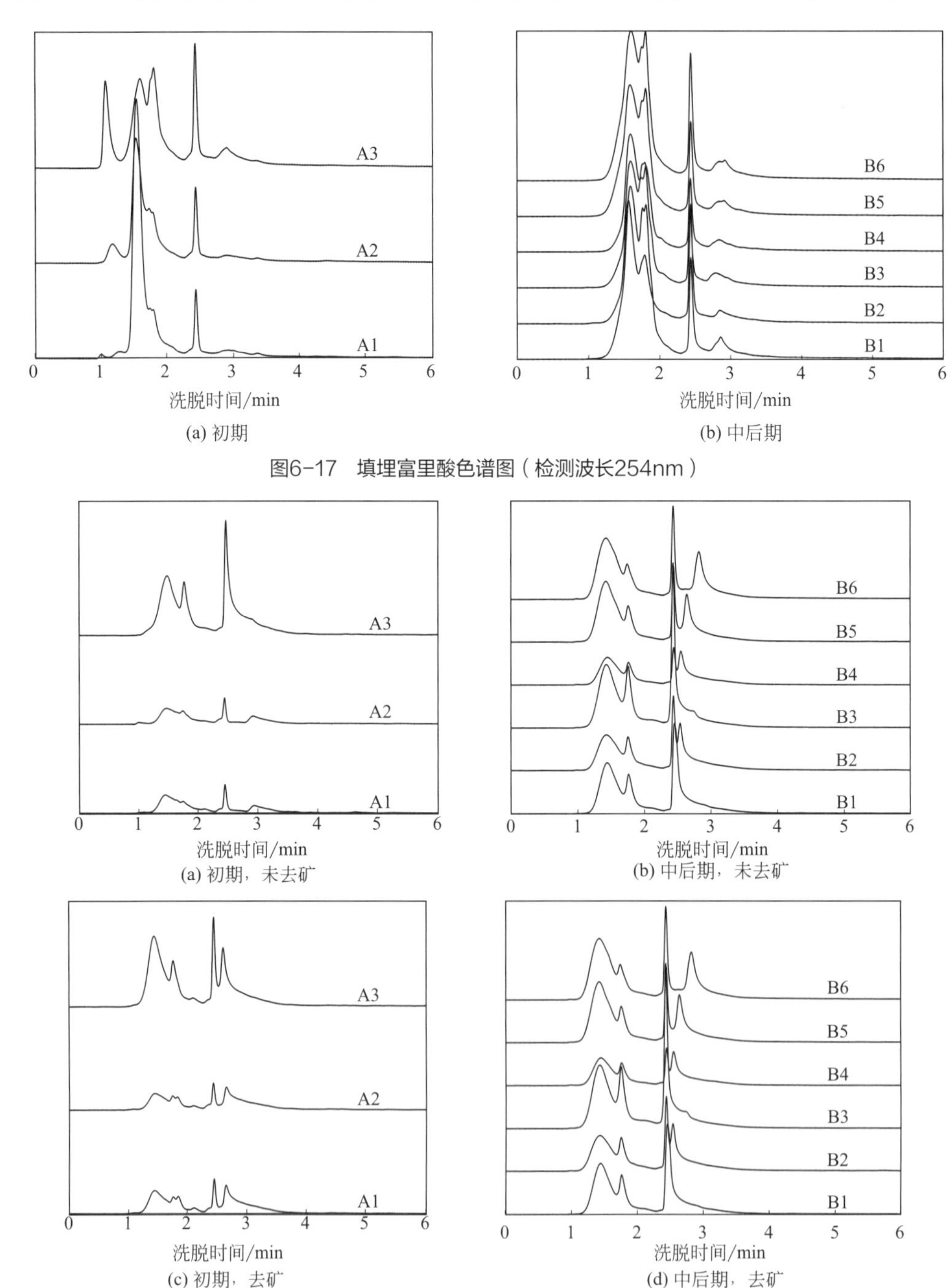

图6-17 填埋富里酸色谱图（检测波长254nm）

图6-18 填埋胡敏酸色谱图（检测波长254nm）

为了更直观、清晰地描述填埋腐殖酸不同样品以及随着填埋时间延伸不同亲疏水性组分相对含量的变化，计算不同亲疏水性组分相对含量并作图，结果如图6-19及图6-20所示。填埋初期富里酸亲疏水性组分分布广泛，随着填埋时间的延伸，填埋中后期强疏水性物质明显多于初期，而亲水性物质减少，可能是由于大分子疏水性组分类腐殖质物质生成，亲水性糖类及类蛋白物质被微生物利用降解；胡敏酸随着填埋年限的延伸，其疏水性组分相对含量呈增加趋势，并且胡敏酸经过去矿处理之后，亲水性组分相对含量增加，可能是由于氢氟酸去矿作用，暴露出来更多的亲水性极性基团，因此其相对含量呈增加趋势。

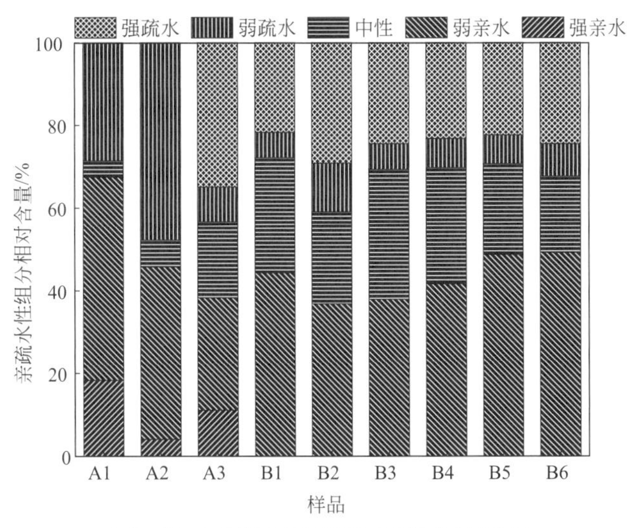

图6-19 富里酸中不同亲疏水性组分相对含量

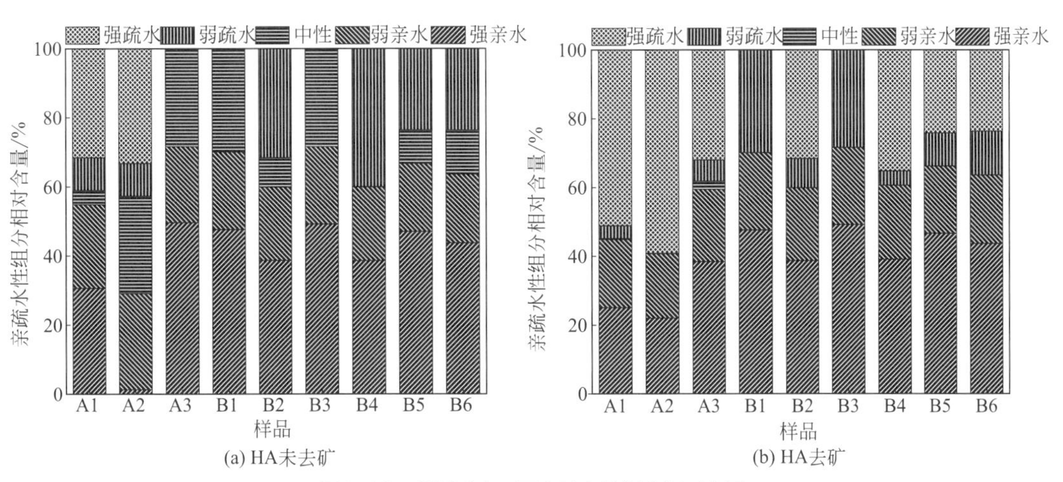

图6-20 胡敏酸中不同亲疏水性组分相对含量

填埋富里酸的亲水性弱于胡敏酸，相较于富里酸，胡敏酸具有更多的亲水极性官能团，并且去矿处理对胡敏酸亲疏水性可能具有一定影响，经过去矿处理后的胡敏酸亲水性增强，去矿处理可能导致胡敏酸的亲水极性官能团暴露出来。

6.2 垃圾填埋腐殖酸官能团演变特征

如图6-21和图6-22所示，无论填埋初期还是填埋中后期，9个样品的红外吸收光谱在主要吸收带和肩峰的位置均很相似，存在5个明显的吸收峰：3500 ～ 3400cm^{-1}处的吸收峰来自酚类化合物—OH的O—H伸缩振动；2900 ～ 2800cm^{-1}处的吸收峰来自脂肪碳的CH_3和CH_2伸缩振动；2500 ～ 2300cm^{-1}处的吸收峰来自羧基碳的伸缩振动；1850 ～ 1500cm^{-1}处的吸收峰来自芳香碳的伸缩振动；1295 ～ 1130cm^{-1}处的吸收峰来自糖类C—O的伸缩振动[26,39,40]。

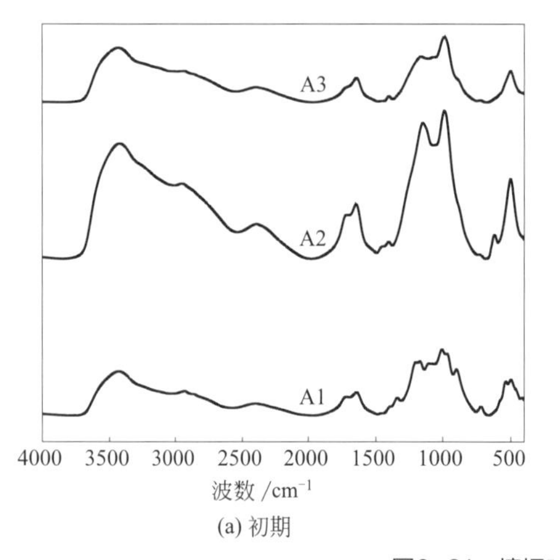

(a) 初期

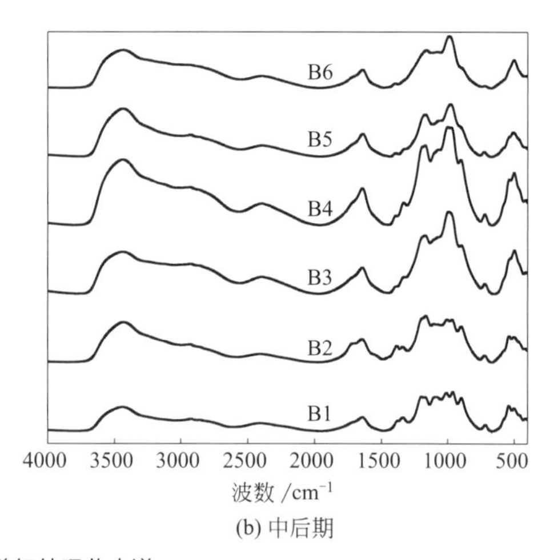

(b) 中后期

图6-21 填埋富里酸红外吸收光谱

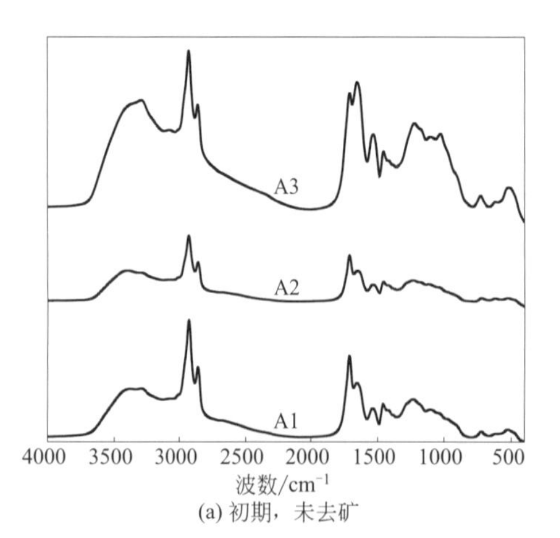

(a) 初期，未去矿

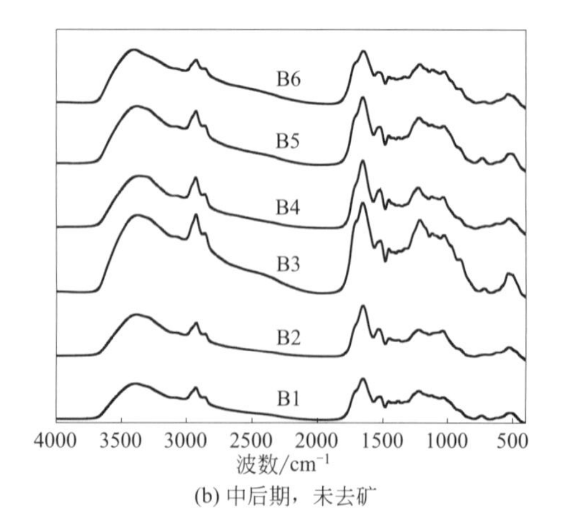

(b) 中后期，未去矿

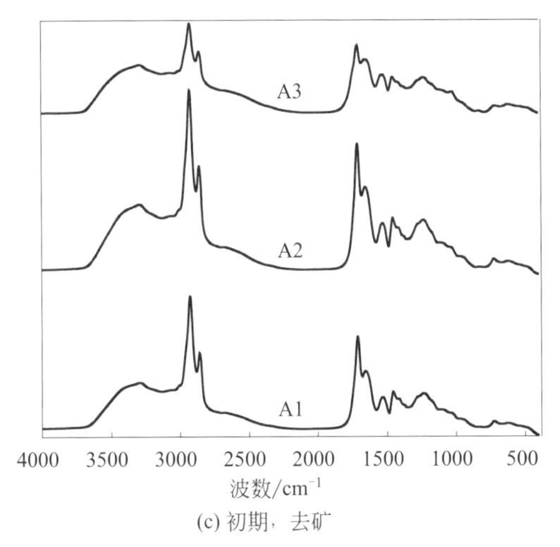

(c) 初期，去矿

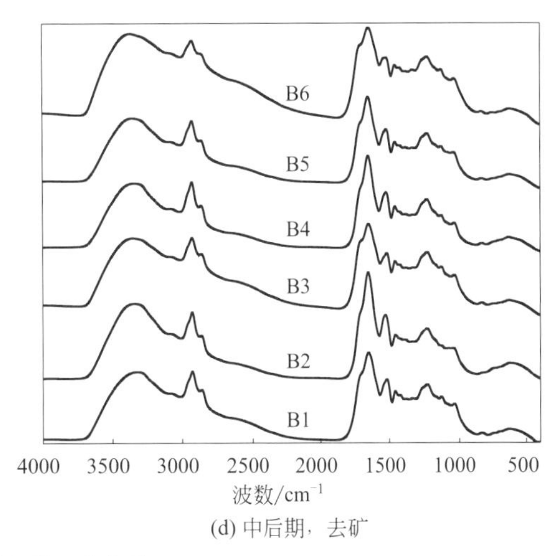

(d) 中后期，去矿

图6-22 填埋胡敏酸红外吸收光谱

尽管9个样品的红外吸收光谱很相似，但是，不同填埋时期、不同填埋深度的样品红外光谱的强度却存在差别，因此对不同波段吸收峰面积进行积分，用各官能团吸收峰积分面积百分比半定量表征填埋富里酸含有的不同官能团的相对含量并进行作图[41]，即得图6-23和图6-24。

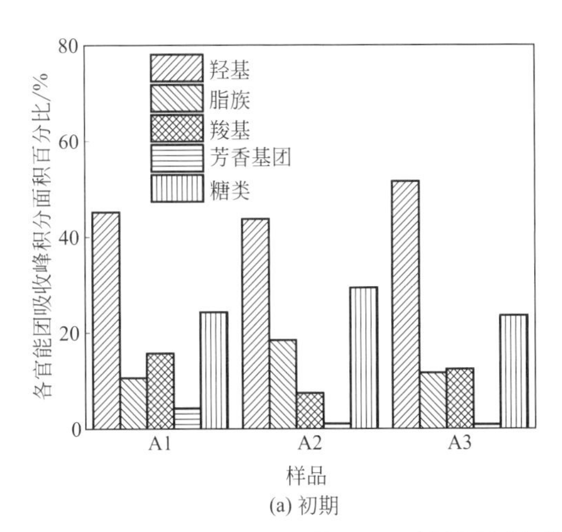

(a) 初期

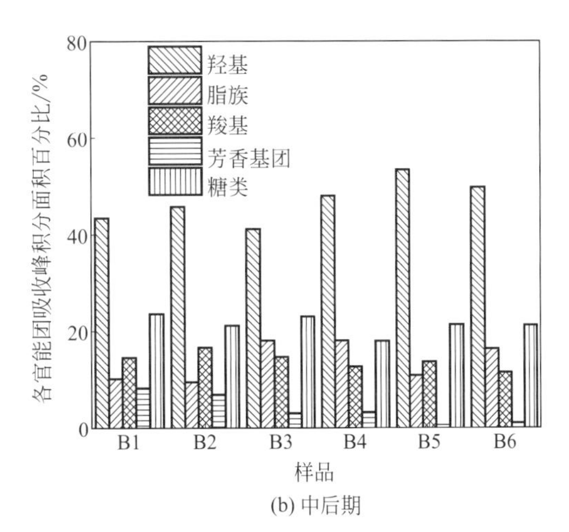

(b) 中后期

图6-23 填埋富里酸红外不同官能团吸收峰积分面积

基于红外光谱分析溶解性有机质官能团的变化特征。由图6-23可以看出，填埋初期富里酸芳香官能团含量随填埋深度的增加明显降低，羟基和羧基含量随填埋深度的增加呈先减少后增加趋势；进入填埋中后期富里酸芳香官能团和羧基含量均随填埋深度的增加整体呈降低趋势，而羟基含量随填埋深度呈波动性变化，后期整体呈增加趋势。结合上述结构演变分析表明填埋初期有机质被微生物利用逐渐降解，故含有芳香官能团的有机质含量随着填埋深度的增加而减少。随着填埋年限的延伸，结构简单的有机质被消耗殆尽，微生物开始利用难降解的大分子木质素产生水溶性芳香性物质，生成的芳香性物

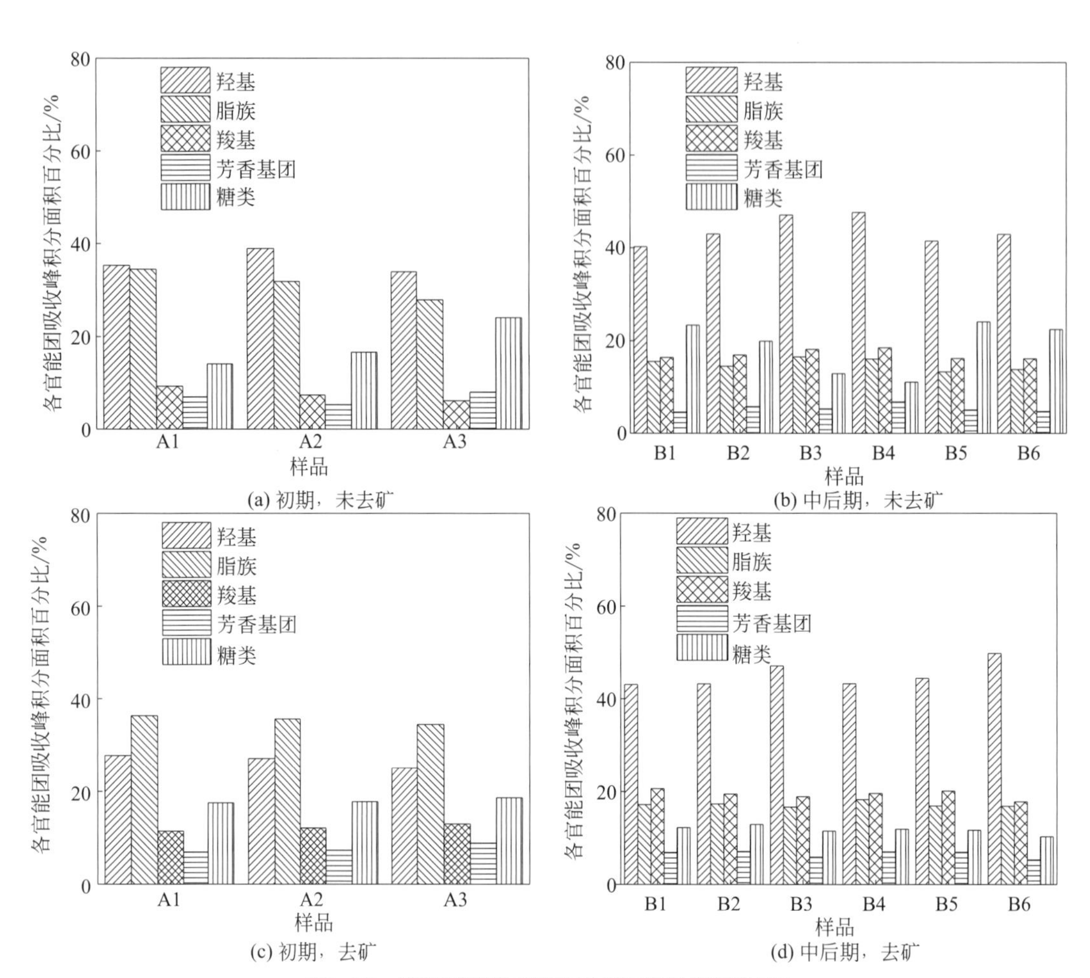

图6-24　填埋胡敏酸红外不同官能团吸收峰积分面积

质与氨基酸缩合形成富里酸，并且生成的富里酸分子量逐渐增大。填埋中后期芳香官能团含量呈下降趋势，可能是由于生成的富里酸分子量较大，导致芳香官能团和羧基相对含量降低。

由图6-24可以看出，填埋初期未去矿的胡敏酸，羟基含量先增加后减少，脂肪族和羧基含量减少，糖类含量增加；进入填埋中后期，其结构上羟基含量先增加后减少，脂肪族含量减少，羧基和芳香官能团含量先增加后减少，糖类含量先减少后增加。填埋初期去矿的胡敏酸，羟基和脂肪族含量减少，羧基、芳香官能团和糖类变化不明显；进入填埋中后期，其羟基含量增加，其他官能团没有明显的变化趋势。填埋中后期经过氢氟酸去矿处理和未经过氢氟酸去矿处理的胡敏酸芳香性总体上强于初期，且随着填埋进行呈增加趋势，其结构上羧基等极性官能团先减少后增加，可以再一次印证填埋随着填埋年限的延伸，由矿化作用逐渐演变为生成腐殖质类物质的腐殖化过程。填埋胡敏酸较填埋富里酸具有更多的极性官能团（图6-23，图6-24），并且去矿处理后填埋胡敏酸暴露出更多的极性官能团（图6-24）。

6.3 垃圾填埋腐殖质碳骨架演变特征

基于核磁共振碳谱分析腐殖酸碳骨架变化特征。胡敏酸去矿处理几乎不改变其碳骨架结构（图6-25，图6-26）。胡敏酸结构中四种碳骨架相对含量烷基碳 > 芳香碳 > 烷氧基碳 > 羧基碳，其中烷基碳相对含量超过30%，芳香碳、烷氧基和羧基碳相对含量都在20%左右（图6-25，图6-26）。随着填埋年限的延伸，芳香碳呈略微增加的趋势，脂肪碳呈明显的下降趋势，表明垃圾填埋是脂肪碳生物降解并且形成芳香碳的过程。

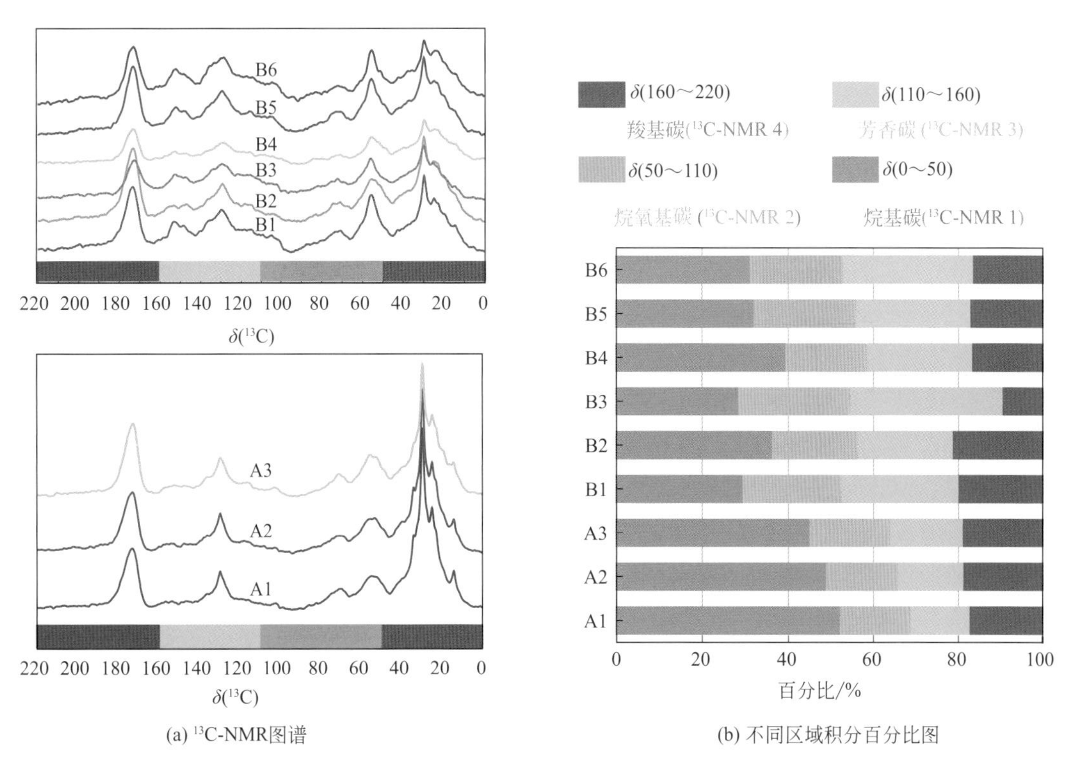

(a) ^{13}C-NMR图谱　　(b) 不同区域积分百分比图

图6-25　填埋胡敏酸的碳骨架变化图

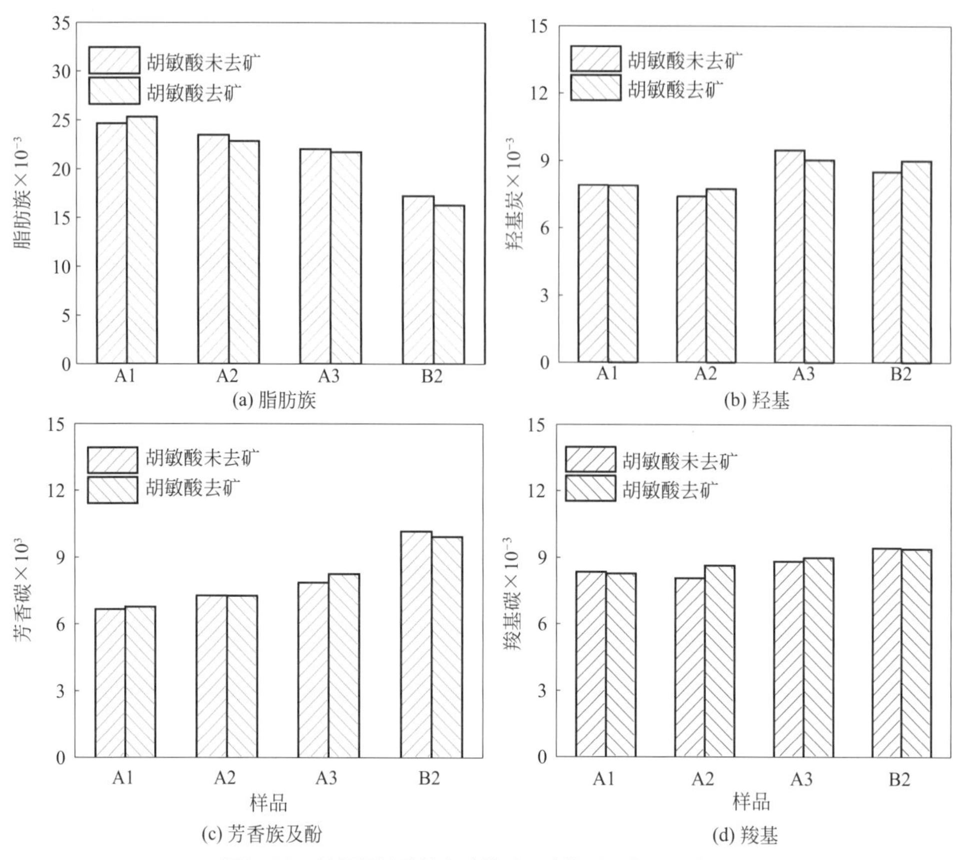

图6-26　填埋胡敏酸的去矿前后四种物质积分面积变化

参考文献

[1] 王向伟，方健. 浅谈城市生活垃圾填埋场渗滤液的性质及处理[J]. 中国城市环境卫生，2009, (1): 13-16.

[2] Chai X L, Takayuki S, Cao X Y, et al. Characteristics and mobility of heavy metals in an MSW landfill: implications in risk assessment and reclamation[J]. Journal of Hazardous Materials, 2007, 144(1-2): 485-491.

[3] He P J, Xue J F, Shao L M, et al. Dissolved organic matter (DOM) in recycled leachate of bioreactor landfill[J]. Water Research, 2006, 40(7): 1465-1473.

[4] Wood S A. The role of humic substances in the transport and fixation of metals of economic interest (Au, Pt, Pd, U, V)[J]. Ore Geology Reviews, 1996, 11(95): 1-31.

[5] Hayes M H B, Maccarthy P, Malcolm R L. Humic Substances[M]. New York: John Wiley and Sons, 1989.

[6] Aiken G R, McKnight D M, Wershaw R L, et al. Humic Substances in soil, sendiment, and water: geochemistry, isolation and characterization[J]. The Quarterly Review of Biology, 1986, 61(3): 427-428.

[7] Stevenson F J. Humus chemistry: genesis, composition, reactions[J]. Soil Science, 1982, 135(2): 129-130.

[8] 邹庐泉，何品晶，邵立明，等. 利用填埋层内生物代谢控制生活垃圾填埋场渗滤液污染[J]. 环境污染治理技术与设备，2003，4(6): 70-73.

[9] 席北斗，何小松，赵越，等. 填埋垃圾稳定化进程的光谱学特性表征[J]. 光谱学与光谱分析，2009，29(9): 2475-2479.
[10] 李英军，何小松，刘骏，等. 城市生活垃圾填埋初期有机质演化规律研究[J]. 环境工程学报，2012，6(1): 297-301.
[11] 付美云，周立祥. 垃圾渗滤液溶解性有机质对土壤Pb溶出的影响[J]. 环境科学，2007, 28(2): 243-248.
[12] He X S, Xi B D, Wei Z M, et al. Physicochemical and spectroscopic characteristics of dissolved organic matter extracted from municipal solid waste (MSW) and their influence on the landfill biological stability[J]. Bioresource Technology, 2011, 102(3): 2322-2327.
[13] Peuravuori J, Pihlaja K. Molecular size distribution and spectroscopic properties of aquatic humic substances[J]. Analytica Chimica Acta, 1997, 337(2): 133-149.
[14] 赵越，何小松，席北斗，等. 鸡粪堆肥有机质转化的荧光定量化表征[J]. 光谱学与光谱分析，2010，30(6): 1555-1560.
[15] Guo M X, Chorover J. Transport and fractionation of dissolved organic matter in soil columns[J]. Soil Science, 2003, 168(2): 108-118.
[16] 何小松，席北斗，刘学建，等. 城市垃圾填埋初期物质转化的光谱学特性研究[C]//中国环境科学学会2010年学术年会，2010.
[17] 王威，李成，魏自民，等. 不同来源溶解性有机质光谱学特性研究[J]. 东北农业大学学报，2011，42(6): 135-140.
[18] Provenzano M R, Senesi N, Piceone G. Thermal and spectroscopic characterization of composts from municipal solid wastes[J]. Compost Science and Utilization, 1998, 6(3): 67-73.
[19] Zsolnay A, Baigar E, Jimene M, et al. Differentiating with fluorescence spectroscopy the sources of dissolved organic matter in soils subjected to drying[J]. Chemosphere, 1999, 38(1): 45-50.
[20] Peuravuori J, Koivikko R, Pihlaja K. Characterization, differentiation and classification of aquatic humic matter separated with different sorbents: synchronous scanning fluorescence spectroscopy[J]. Water Research, 2002, 36(18): 4552-4562.
[21] Baker A. Fluorescence excitation-emission matrix characterization of some sewage-impacted rivers[J]. Environmental Science and Technology, 2001, 35(5): 948-953.
[22] Westerhoff P, Chen W, Esparza M. Fluorescence analysis of a standard fulvic acid and tertiary treated wastewater[J]. Journal of Environmental Quality, 2001, 30(6): 2037-2046.
[23] Chen W, Westerhoff P, Leenheer J A, et al. Fluorescence excitation-emission matrix regional integration to quantify spectra for dissolved organic matter[J]. Environmental Science and Technology, 2003, 37(24): 5701-5710.
[24] Jaffé R, Boyer J N, Lu X, et al. Source characterization of dissolved organic matter in a subtropical mangrove-dominated estuary by fluorescence analysis[J]. Marine Chemistry, 2004, 84(3-4): 195-210.
[25] Hur J, Jung N C, Shin J K. Spectroscopic distribution of dissolved organic matter in a dam reservoir impacted by turbid storm runoff[J]. Environmental Monitoring and Assessment, 2007, 133(1-3): 53-67.
[26] Kalbitz K, Geyer W, Geyer S. Spectroscopic properties of dissolved humic substances—a reflection of land use history in a fen area[J]. Biogeochemistry, 1999, 47(2): 219-238.
[27] Li Y, Low G K C, Scott J A, et al. Microbial reduction of hexavalent chromium by landfill leachate[J]. Journal of Hazardous Materials, 2007, 142(1-2): 153-159.
[28] Blodau C, Bauer M, Regenspurg S, et al. Electron accepting capacity of dissolved organic matter as determined by reaction with metallic zinc[J]. Chemical Geology, 2009, 260(3-4): 186-195.
[29] 江韬，魏世强，李雪梅，等. 胡敏酸对汞还原能力的测定和表征[J]. 环境科学，2012，33(1): 286-292.
[30] Yuan T, Yuan Y, Zhou S G, et al. A rapid and simple electrochemical method for evaluating the electron transfer capacities of dissolved organic matter[J]. Journal of Soils and Sediment, 2011, 11(3): 467-473.
[31] Aeschbacher M, Sander M, Schwarzenbach R P. Novel electrochemial approach to assess the redox properties

of himic substance[J]. Environmental Science and Technology, 2010, 44(1): 87-93.
[32] Xu H C, Yan Z S, Cai H Y, et al. Heterogeneity in metal binding by individual fluorescent components in a eutrophic algae-rich lake[J]. Ecotoxicology and Environmental Safety, 2013, 98(3): 266-272.
[33] Yang C, He X S, Xi B D, et al. Characteristic study of dissolved organic matter for electron transfer capacity during initial landfill stage[J]. Chinese Journal of Analytical Chemistry, 2016, 44(10): 1568-1574.
[34] Coble P G. Characterization of marine and terrestrial DOM in seawater using excitation-emission matrix spectroscopy[J]. Marine Chemistry, 1996, 51(4): 325-346.
[35] Wu H Y, Zhou Z Y, Zhang Y X, et al. Fluorescence-based rapid assessment of the biological stability of landfilled municipal solid waste[J]. Bioresource Technology, 2012, 110(2): 174-183.
[36] Boehme J R, Coble P G. Characterization of colored dissolved organic matter using high-energy laser fragmentation[J]. Environmental Science and Technology, 2000, 34(15): 3283-3290.
[37] Hudson N, Baker A, Ward D, et al. Can fluorescence spectrometry be used as a surrogate for the biochemical oxygen demand (BOD) test in water quality assessment? An example from South West England[J]. Science of the Total Environment, 2008, 391(1): 149-158.
[38] Leenheer J A, Croué J P. Peer reviewed: characterizing aquatic dissolved organic matter[J]. Environmental Science and Technology, 2003, 37(1): 18A-26A.
[39] Droussi Z, D'Orazio V, Hafidi M, et al. Elemental and spectroscopic characterization of humic-acid-like compounds during composting of olive mill by-products[J]. Journal of Hazardous Materials, 2009, 163(2-3): 1289-1297.
[40] Stevenson F J, Goh K M. Infrared spectra of humic acids and related substances[J]. Geochimicaet Cosmochimica Acta, 1971, 35(5): 471-483.
[41] Tan K H. Humic matter in soil and the environment: principles and controversies[J]. Soil Science Society of America Journal, 2003, 79(5): 1520-1537.

第7章

垃圾填埋腐殖酸还原重金属特征

7.1 垃圾填埋腐殖酸还原能力变化

7.2 垃圾填埋腐殖酸电子转移能力变化

7.3 内部结构对腐殖酸还原能力的影响

7.4 矿物共存对腐殖酸还原能力的影响

7.5 pH 值和离子强度对腐殖质电子转移能力的影响

生活垃圾填埋过程中产生大量的矿化垃圾，而矿化垃圾中含有大量的腐殖酸，其组成复杂，并且结构中的酚羟基、羧基等是具有氧化-还原活性的官能团[1]，因此腐殖酸具有电子转移能力（electron transfer capacity，ETC），可以接受电子供体提供的电子自身被还原，表现为电子接受能力（electron accept capacity，EAC），并可以继续将电子传递给相应的电子受体，表现为电子供给能力（electron donate capacity，EDC），进而促进污染物转化和降解[2]，实现填埋微环境中电子循环转移过程。

在垃圾填埋环境中，具有氧化-还原活性的腐殖酸[3]在还原过程中，能够作为电子受体接受微生物提供的电子[4]，被还原后的腐殖酸又可以作为电子供体，将电子传递给重金属，促进其还原转化，而且该过程可以周而复始、循环往复，实现微环境中电子转移以及自然界物质循环和能量流动。

腐殖酸是具有芳香性的不饱和化合物，填埋腐殖酸的组成和结构特征演变可通过光谱手段进行表征[5-10]，具体结果见第6章。本章采用传统化学法、微生物还原法和电化学技术分别研究填埋腐殖酸的ETC，以及结合腐殖酸不同内部结构和外部条件变化分析腐殖酸ETC的影响因素及影响机制。

7.1 垃圾填埋腐殖酸还原能力变化

7.1.1 富里酸本底和微生物还原能力变化

常用还原容量来表征还原能力，还原能力与还原容量呈正相关。如图7-1所示，填埋初期富里酸本底还原容量（native reduction capacity, NRC）随深度增加呈降低的趋势；而进入填埋中后期随深度增加呈升高趋势，NRC主要依靠富里酸自身的氧化-还原活性来将Fe(Ⅲ)还原为Fe(Ⅱ)，填埋初期有机质被微生物利用而逐渐被降解，填埋中后期开启腐殖化过程合成富里酸，可能导致初期富里酸NRC随填埋年限的延伸呈下降趋势，填埋中后期富里酸NRC随填埋年限的延伸呈升高趋势。

从图7-1中可以明显看出填埋富里酸的微生物还原容量（microbial reduction capacity, MRC）远大于NRC，表明微生物介导富里酸还原可以提高其还原能力。填埋初期富里酸MRC随填埋深度的增加先升高后降低，填埋中后期富里酸MRC随填埋深度的增加无明显变化趋势。

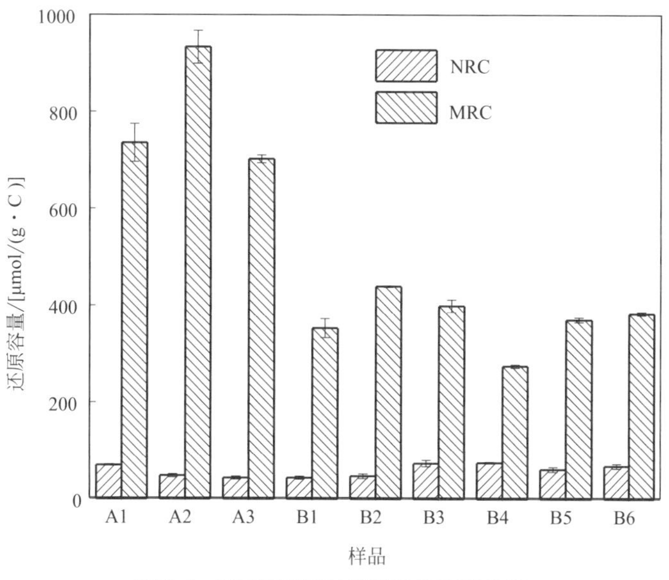

图7-1　不同填埋深度富里酸NRC和MRC

7.1.2　胡敏酸本底和微生物还原能力变化

如图7-2所示，胡敏酸NRC小于相应的MRC，填埋胡敏酸（去矿和未去矿）NRC和MRC都随填埋深度的增加整体呈上升趋势，且填埋中后期大于填埋初期；结果表明随着填埋年限的延伸、腐殖化进程的开启、腐殖质的形成，其氧化-还原官能团增多，其还原能力增强；微生物还原过程中由于微生物介导氧化-还原过程，腐殖质呼吸耦合微生物生长可以提高填埋胡敏酸的还原能力。

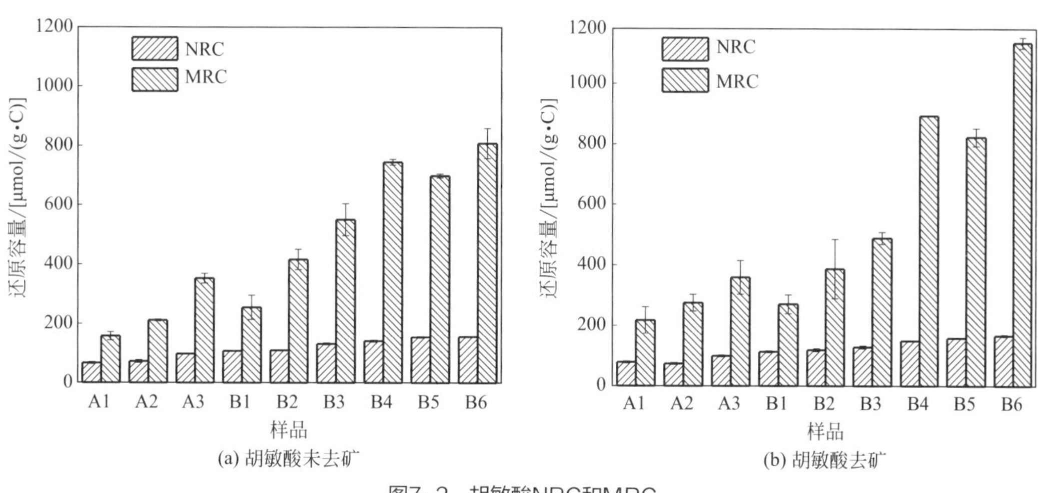

图7-2　胡敏酸NRC和MRC

7.2 垃圾填埋腐殖酸电子转移能力变化

7.2.1 富里酸电子供给和电子接受能力变化

如图7-3所示，总体来看，填埋中后期富里酸的电子供给能力（EDC）和电子接受能力（EAC）均强于填埋初期，填埋中后期合成大分子的且复杂的具有氧化-还原活性的腐殖质类物质，其含有多种氧化-还原活性官能团，例如羟基和羧基，与中后期羟基和羧基含量高于填埋初期相符，因此填埋中后期富里酸电子转移能力（ETC）强于填埋初期。总体看来，富里酸的EAC强于EDC，结果表明富里酸结构中吸电子基团（羧基）起主导作用。

采用电化学方法对腐殖酸的ETC进行了测定，如图7-4所示。填埋初期，富里酸EAC随深度增加总体呈增加趋势，而EDC无明显变化趋势；填埋中后期，富里酸EAC和EDC总体上随深度增加都呈先增大后减小趋势，位于填埋中间深度富里酸ETC最强，与官能团变化特征中羟基（给电子基团）和羧基（吸电子基团）含量先增加后减少的变化趋势相符。如图7-5所示，富里酸填埋初期ETC随填埋深度增加总体呈现增加的趋势，填埋中后期总体呈先增加后减少的趋势，分析EDC和EAC相对含量可知，填埋初期和中后期浅层富里酸中EDC对ETC的贡献较大，而深层富里酸中EAC对ETC的贡献较大。

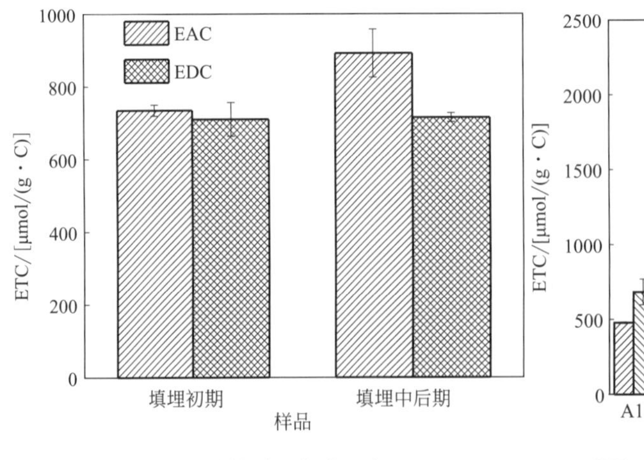

图7-3 填埋初期和填埋中后期富里酸EDC和EAC

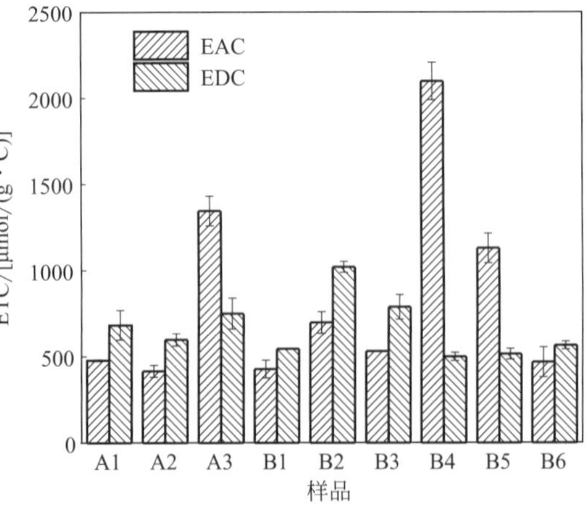

图7-4 不同填埋深度富里酸EDC和EAC

填埋初期EDC相对含量总体呈先增加后减少的趋势，而EAC总体呈增加的趋势；填埋中后期EDC和EAC相对含量呈波动性变化。结果表明，浅层填埋富里酸给电子基团起主导作用，而深层吸电子基团起主导作用。填埋初期给电子基团先增加后减少，吸电子基团增加；填埋中后期给电子基团和吸电子基团同样呈现波动性变化，变化趋势与ETC相符。

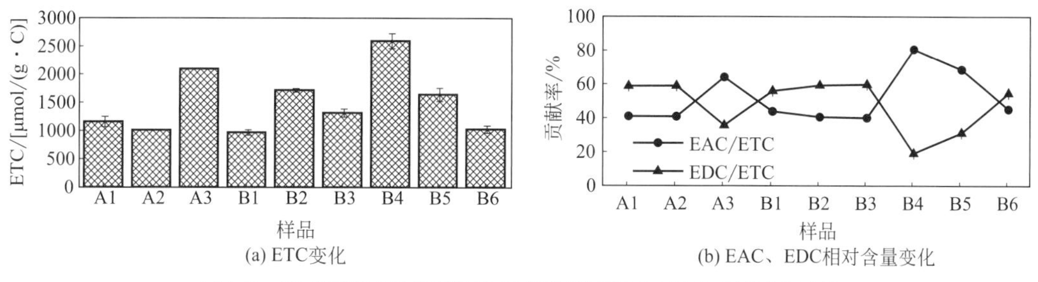

图7-5　不同填埋深度富里酸ETC及EAC和EDC占ETC相对含量变化

7.2.2　胡敏酸电子供给和电子接受能力变化

如图7-6所示，总体来看，填埋中后期无论是经过去矿处理还是未经过去矿处理的胡敏酸，其EAC和EDC均强于填埋初期，显示填埋增强了胡敏酸的ETC，此外，可以明显看出经过去矿处理的胡敏酸其ETC（EAC+EDC）都明显强于未去矿的胡敏酸，可能是因为经过去矿处理后，胡敏酸结构中更多的氧化-还原活性官能团暴露出来，因此增强胡敏酸的ETC。综上，胡敏酸的EDC强于EAC，结果表明胡敏酸结构中给电子基团（羟基）起主导作用。

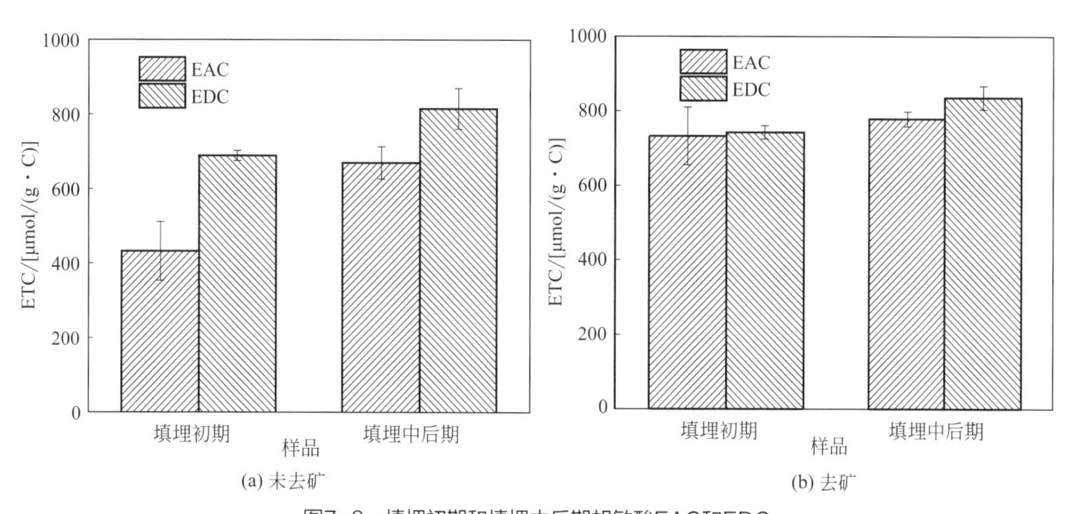

图7-6　填埋初期和填埋中后期胡敏酸EAC和EDC

如图7-7所示，填埋胡敏酸（去矿和未去矿）EAC和EDC都随填埋深度的增加整体呈上升趋势，且填埋中后期大于填埋初期，结果表明随着填埋年限的延伸、腐殖化进程的开启、腐殖质的形成，其氧化-还原官能团增多，进而胡敏酸的ETC增强。如图7-8所示，随着填埋的进行，胡敏酸ETC（ETC=EAC+EDC）随填埋深度增加总体呈增加趋势。分析EDC和EAC相对含量可知，未经过去矿处理的胡敏酸，填埋初期和填埋中后期EDC贡献率大，结果表明未经过去矿处理的胡敏酸其给电子基团占主导；经过去矿处理的胡敏酸，填埋初期和中后期浅层EDC贡献率大，深层EAC贡献率大，结果表明经过去矿处理的胡敏酸浅层给电子基团占主导，而深层吸电子基团占主导。

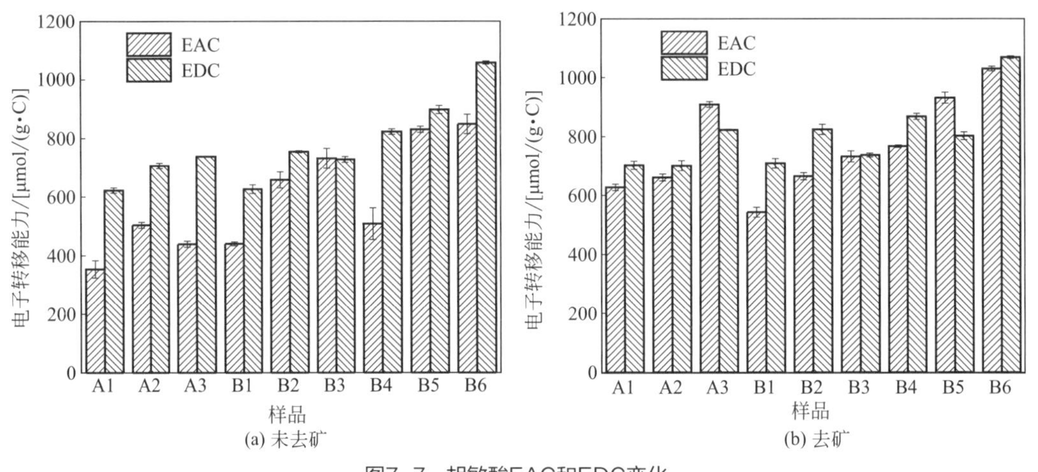

图7-7 胡敏酸EAC和EDC变化

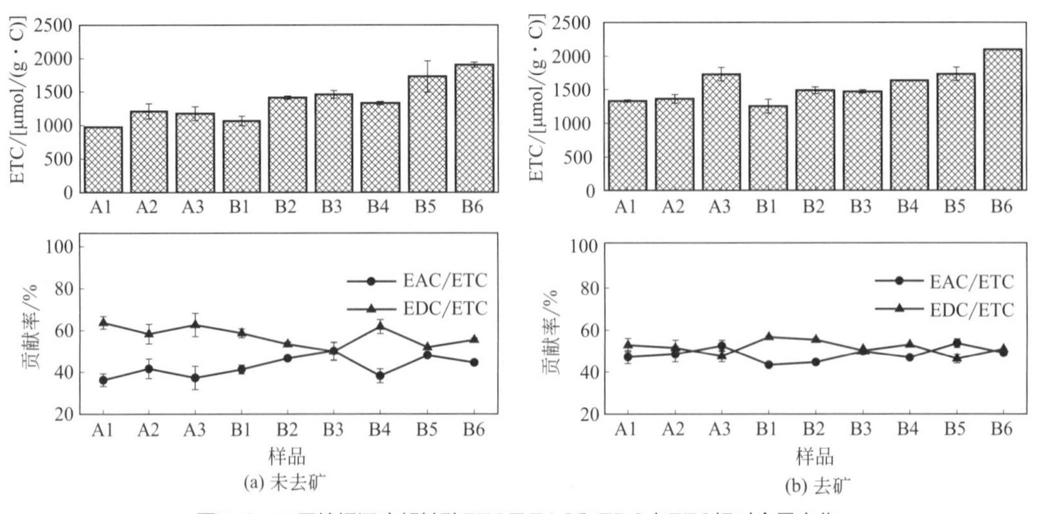

图7-8 不同填埋深度胡敏酸ETC及EAC和EDC占ETC相对含量变化

7.3 内部结构对腐殖酸还原能力的影响

7.3.1 内部结构对富里酸还原能力的影响

将填埋富里酸的ETC与其结构参数进行相关性分析，结果如表7-1所列。表7-1显示，填埋富里酸芳香性越强，分子量越大，所含类色氨酸组分越少，其本底还原容量越大；填埋富里酸分子量越小，所含中性组分含量越少，疏水性组分和类赖氨酸物质及糖类含量越多，其微生物还原容量越大，微生物能够分解糖类以及类赖氨酸物质以满足自身生长繁殖，因此，存在的糖类和类赖氨酸物质含量高时，可能会增强微生物的活性，进而提升富里酸的微生物还原能力。

如表7-1所列，填埋富里酸羟基含量越高，糖类和10^5 ~ 10^6分子量组分含量越低，越有利于供给电子；而填埋富里酸结构中羧基含量越高，腐殖化程度越高，芳香性越强，脂肪族含量越少，越有利于接受电子。

7.3.2 内部结构对胡敏酸还原能力的影响

将填埋胡敏酸的ETC与其结构参数进行相关性分析，如表7-2所列，填埋胡敏酸含量越高，类色氨酸和脂肪族含量越低，结构上的羟基和羧基含量越高，芳香性越强并且分子量越大，其本底还原容量越大；填埋胡敏酸结构上的羟基、羧基和10^5 ~ 10^6分子量组分含量越高，以及脂肪族含量越低，其微生物还原容量越大。

表7-2显示，填埋胡敏酸10^5 ~ 10^6分子量组分含量越高，类色氨酸组分含量越低，越利于其供给电子；填埋胡敏酸10^5 ~ 10^6分子量组分含量越高，结构中的吸电子基团羧基越多，越利于其接受电子。

如表7-3和表7-4所列，去矿处理对胡敏酸结构存在一定影响，影响其还原能力的内部结构也有差别。结构上的羟基含量越高，类色氨酸物质、弱亲水性组分和脂肪族含量越低，未去矿胡敏酸微生物还原容量越大；类赖氨酸物质和糖类含量越低，去矿胡敏酸微生物还原容量越大。

表7-1　填埋过程中富里酸内部化学结构各参数与电子转移能力相关性

序号	1	2	3	4	5	6	7	8	9	10	11	12	13	14	15	16	17	18	19	20	21	22	23	24	25	26	27	28
1	1																											
2	0.9②	1																										
3	0.1	−0.2	1																									
4	0.2	0.2	−0.3	1																								
5	−0.3	−0.4	0.2	−0.4	1																							
6	−0.4	−0.3	−0.2	−0.4	−0.4	1																						
7	0.1	0.1	−0.2	−0.7①	0.2	0.4	1																					
8	0.4	0.3	0.2	−0.1	−0.8②	0.5①	0.2	1																				
9	−0.4	−0.3	−0.2	−0.4	−0.4	1.0②	0.4	0.5①	1																			
10	−0.4	−0.4	−0.0	0.1	−0.5	0.4	−0.3	0.3	0.4	1																		
11	−0.5①	−0.5①	−0.1	0.1	−0.4	0.3	−0.5②	0.1	0.4	0.8②	1																	
12	−0.2	−0.3	0.3	−0.9②	0.4	0.3	0.4	−0.0	0.3	0.0	0.0	1																
13	−0.1	−0.1	0.1	−0.2	0.9②	−0.5①	0.2	−0.7②	−0.5①	−0.7②	−0.6②	0.2	1															
14	0.7②	0.8②	−0.2	0.4	−0.7	−0.0	0.1	0.6①	−0.0	−0.2	−0.3	−0.7①	−0.4	1														
15	0.5	0.5①	−0.2	−0.1	−0.1	−0.3	−0.1	0.0	−0.3	0.1	0.2	0.2	−0.2	0.1	1													

续表

序号	1	2	3	4	5	6	7	8	9	10	11	12	13	14	15	16	17	18	19	20	21	22	23	24	25	26	27	28
16	0.1	0.2	−0.3	0.5	0.1	−0.4	−0.1	−0.3	−0.4	−0.1	−0.2	−0.7②	0.1	0.3	−0.2	1												
17	0.1	0.0	0.4	0.2	−0.5	0.3	−0.3	0.6②	0.3	0.3	0.2	0.0	−0.4	0.2	−0.1	−0.6②	1											
18	−0.1	−0.2	0.4	−0.3	−0.3	0.7②	0.2	0.6②	0.7②	0.0	0.0	0.2	−0.2	0.2	−0.5①	−0.5①	0.6②	1										
19	−0.6②	−0.6②	0.0	−0.5	0.8②	0.0	0.4	−0.7②	0.0	−0.2	−0.2	0.5①	0.7②	−0.7②	−0.4	0.1	−0.5①	−0.1	1									
20	−1.0	−1.0②	−0.7	0.6	0.6	−0.0	−0.6	−1.0	0.1	−0.8	0.9	−0.8	1.0	−1.0	−1.0	0.4	−0.1	0.5	0.5	1								
21	0.4	0.4	0.3	0.1	−0.7①	0.2	−0.3	0.8①	0.2	0.3	0.4	−0.0	−0.7①	0.5	0.3	−0.4	0.6	0.4	−0.8②	−0.7	1							
22	−0.1	0.0	−0.5	0.1	−0.1	0.1	0.3	−0.1	0.1	0.4	−0.0	−0.2	−0.2	−0.0	−0.0	0.6	−0.5	−0.5	0.2	−0.5	−0.5	1						
23	−0.3	−0.3	−0.2	−0.1	−0.2	0.6	0.5	0.3	0.6	0.4	−0.1	0.0	−0.2	−0.1	−0.5	0.1	0.1	0.3	0.2	−1.0	−0.3	0.7	1					
24	0.2	0.0	0.7	0.8	−0.8	1.0①	−0.8	0.3	1.0	0.7	0.3	−0.5	−0.3	0.2	0.1	−0.9	1.0①	0.9	−0.9	−0.0	0.8	−0.8	−0.2	1				
25	−0.4	−0.3	−0.6	0.5	−0.2	0.2	−0.5	−0.2	0.3	0.3	0.6	−0.3	−0.2	−0.1	−0.0	−0.0	0.1	0.0	−0.1	0.9	0.0	−0.1	−0.2	0.3	1			
26	0.3	0.4	−0.1	0.1	−0.8②	0.4	0.2	0.8①	0.4	0.5	0.0	−0.2	−0.7①	0.6	−0.0	0.0	0.4	0.3	−0.6	−1.0	0.6	0.4	0.5	−0.2	−0.2	1		
27	−0.4	−0.4	−0.0	−0.2	0.8②	−0.3	0.1	−0.8②	−0.4	−0.6	−0.2	0.2	0.8②	−0.5	−0.3	0.2	−0.6	−0.2	0.8①	0.9	−0.7①	−0.2	−0.3	−0.5	−0.1	−0.8②	1	
28	0.3	0.1	0.7	−0.5	0.9②	−0.5	0.2	−0.1	−0.5	−0.4	−0.4	−0.4	0.8①	−0.3	0.3	−0.2	−0.2	−0.2	0.3	③	−0.1	−0.2	−0.2	③	0.9②	−0.6	0.6	1

① 相关性在0.05水平上显著相关。
② 相关性在0.01水平上显著相关。
③ 无法计算。

注：电子转移能力（1.ETC、2.EDC、3.EAC、4.NRC、5.MRC）；紫外参数(6.$SUVA_{254}$、7. E_2/E_3、8. S_R、9. $A_{226\sim400}$)；荧光组分（10.C1、11.C2、12.C3、13.C4、14.C5）；红外光谱（15.FTIR1、16.FTIR2、17.FTIR3、18.FTIR4、19.FTIR5）；分子量组分（20. $10^5\sim10^6$、21. $10^4\sim10^5$、22. $10^3\sim10^4$、23. $10^2\sim10^3$）；亲疏水性组分（24.强亲水性组分、25.弱亲水性组分、26.中性组分、27.弱疏水性组分、28.强疏水性组分）。

表7-2　填埋过程中胡敏酸（去矿和未去矿）内部化学结构各参数与电子转移能力相关性

序号	1	2	3	4	5	6	7	8	9	10	11	12	13	14	15	16	17	18	19	20	21	22	23	24	25	26	27	28
1	1																											
2	1.0①	1																										
3	0.9①	0.8①	1																									
4	0.8①	0.7①	0.8①	1																								
5	0.8①	0.7①	0.8①	0.9②	1																							
6	0.1	0.1	0.1	0.3	0.1	1																						
7	−0.2	−0.2	−0.3	−0.5①	−0.4	−0.6①	1																					
8	−0.4	−0.4	−0.3	−0.7①	−0.5①	−0.8①	0.8②	1																				
9	0.1	0.1	0.1	0.3	0.1	1.0②	−0.6②	−0.8	1																			
10	0.2	0.1	0.3	0.6①	0.3	0.2	−0.5①	−0.5	0.2	1																		
11	−0.1	−0.2	0.1	0.2	0.1	−0.1	−0.3	−0.1	−0.1	0.8②	1																	
12	−0.5	−0.4	−0.5①	−0.7①	−0.6①	−0.2	0.3	0.5①	−0.2	−0.6①	−0.4	1																
13	−0.2	−0.1	−0.3	−0.6①	−0.4	−0.2	0.6②	0.6①	−0.3	−0.9①	−0.8①	0.6②	1															
14	0.4	0.4	0.2	0.3	0.4	0.3	−0.1	−0.4	0.3	−0.4	−0.7①	−0.3	0.2	1														
15	0.3	0.2	0.4	0.7②	0.6②	0.5	−0.8②	−0.7	0.5	0.6①	0.3	−0.4	−0.6①	0.1	1													

续表

序号	1	2	3	4	5	6	7	8	9	10	11	12	13	14	15	16	17	18	19	20	21	22	23	24	25	26	27	28
16	-0.4	-0.3	-0.4	-0.8①	-0.6①	-0.5	0.7②	0.8②	-0.5	-0.8①	-0.5①	0.7②	0.9②	-0.1	-0.9①	1												
17	0.4	0.5①	0.4	0.7②	0.5①	0.6②	-0.6②	-0.9	0.6①	0.4	0.0	-0.6①	-0.5①	0.5①	0.7②	-0.8①	1											
18	-0.1	-0.1	-0.2	-0.4	-0.3	-0.1	0.4	0.3	-0.1	-0.7①	-0.6①	0.4	0.6②	0.3	-0.6①	0.6①	-0.2	1										
19	-0.1	-0.2	-0.1	-0.2	-0.3	-0.4	0.4	0.4	-0.4	0.3	0.5①	-0.1	-0.2	-0.6①	-0.5	0.1	-0.5①	-0.2	1									
20	-0.3	-0.5	0.3	0.9	0.7	0.0	-0.7	-0.4	0.1	1.0②	0.8	-0.1	-0.9①	-0.4	0.1	-0.8	-0.6	0.7	0.8	1								
21	0.7①	0.6①	0.6①	0.5①	0.5①	0.3	-0.4	-0.4	0.3	0.0	-0.2	-0.3	-0.1	0.4	0.4	-0.4	0.6①	-0.1	-0.4	-0.9	1							
22	-0.4	-0.3	-0.4	-0.3	-0.3	-0.3	0.3	0.2	-0.3	0.2	0.3	0.1	-0.1	-0.4	-0.3	0.3	-0.4	-0.2	0.4	-0.8	-1.0①	1						
23	-0.4	-0.5	-0.1	-0.5	-0.3	-0.4	0.3	0.6	-0.4	-0.2	0.0	0.6	0.3	-0.5	-0.8①	0.9②	-1.0①	0.6	0.5	③	-0.5	0.7	1					
24	0.3	0.3	0.3	0.6②	0.4	0.4	-0.6①	-0.658①	0.4	0.7②	0.3	-0.6①	-0.7①	0.2	0.4	-0.7①	0.6①	-0.1	0.0	0.9	0.2	-0.2	0.3	1				
25	-0.6	-0.6①	-0.5	-0.4	-0.4	0.0	-0.1	0.2	0.0	-0.2	0.0	0.6①	0.2	-0.3	0.1	0.2	-0.4	-0.2	-0.1	-0.1	-0.3	0.3	0.1	-0.4	1			
26	-0.3	-0.3	-0.2	0.1	-0.1	0.5	-0.4	-0.3	0.5	0.4	0.4	0.0	-0.4	-0.5	0.4	-0.3	-0.2	-0.5	0.3	0.5	-0.4	0.4	0.5	0.2	0.6	1		
27	0.0	-0.2	0.1	0.4	0.2	0.3	-0.5	-0.4	0.3	0.8②	0.6①	-0.3	-0.7①	-0.3	0.6①	-0.7①	0.4	-0.4	0.0	0.3	0.1	-0.1	-0.2	0.5	0.1	0.0	1	
28	-0.4	-0.4	-0.5	-0.6	-0.5	-0.6	0.8②	0.5	-0.6	-0.7①	-0.5	-0.1	0.7①	0.0	-0.7	0.6	-0.4	0.3	0.7①	-0.3	-0.4	0.2	③	-0.5	-0.3	-0.5	-0.9	1

① 相关性在0.05水平上显著相关。
② 相关性在0.01水平上显著相关。
③ 无法计算。

注：电子转移能力（1.ETC、2.EDC、3.EAC、4.NRC、5.MRC）；紫外参数(6.$SUVA_{254}$、7. E_2/E_3、8. S_R、9. $A_{226\sim400}$)；荧光组分（10.C1、11.C2、12.C3、13.C4、14.C5）；红外光谱（15.FTIR1、16.FTIR2、17.FTIR3、18.FTIR4、19.FTIR5）；分子量组分（20. $10^5\sim10^6$、21. $10^4\sim10^5$、22. $10^3\sim10^4$、23. $10^2\sim10^3$）；亲疏水性组分（24.强亲水性组分、25.弱亲水性组分、26.中性组分、27.弱疏水性组分、28.强疏水性组分）。

表7-3　填埋过程中未去矿胡敏酸内部化学结构各参数与电子转移能力相关性

序号	1	2	3	4	5	6	7	8	9	10	11	12	13	14	15	16	17	18	19	20	21	22	23	24	25	26	27	28
1	1																											
2	1.0①	1																										
3	0.9①	0.8②	1																									
4	0.8①	0.8②	0.8②	1																								
5	0.9①	0.8①	0.9②	1.0②	1																							
6	0.3	0.3	0.1	0.5	0.3	1																						
7	−0.2	−0.2	−0.2	−0.3	−0.2	−0.7①	1																					
8	−0.4	−0.4	−0.3	−0.6	−0.5	−1.0②	0.8②	1																				
9	0.3	0.3	0.1	0.5	0.3	1.0②	−0.7①	−1.0②	1																			
10	0.5	0.5	0.4	0.8①	0.6	0.7①	−0.4	−0.8②	0.7①	1																		
11	0.5	0.5	0.4	0.7①	0.5	0.6	−0.6	−0.8①	0.6	0.9②	1																	
12	−0.7①	−0.7①	−0.6	−0.9②	−0.8①	−0.7	0.3	0.7①	−0.7	−0.9②	−0.8②	1																
13	−0.4	−0.5	−0.3	−0.7①	−0.5	−0.7①	0.6	0.9②	−0.7①	−1.0②	−1.0②	0.9②	1															
14	0.4	0.5	0.2	0.7①	0.6	0.6	−0.4	−0.7①	0.6	0.5	0.5	−0.7①	−0.6	1														
15	0.5	0.5	0.4	0.7①	0.7①	0.6	−0.5	−0.7	0.6	0.5	0.5	−0.6	−0.5	0.9②	1													

续表

序号	1	2	3	4	5	6	7	8	9	10	11	12	13	14	15	16	17	18	19	20	21	22	23	24	25	26	27	28
16	−0.7①	−0.7①	−0.6	−0.9②	−0.7①	−0.6	0.4	0.8①	−0.6	−0.9②	−0.9②	0.9②	0.9②	−0.7①	−0.7①	1												
17	0.5	0.6	0.4	0.8①	0.7	0.7	−0.5	−0.8①	0.6	0.8①	0.8①	−0.8②	−0.8②	0.8①	0.9②	−0.9②	1											
18	−0.5	−0.6	−0.3	−0.4	−0.2	−0.6	0.2	0.5	−0.6	−0.5	−0.5	0.5	0.5	−0.1	−0.4	0.5	−0.5	1										
19	0.3	0.3	0.3	0.2	0.0	0.0	0.2	0.0	0.0	0.4	0.4	−0.3	−0.3	−0.4	−0.4	−0.2	−0.2	−0.2	1									
20	0.1	−0.2	0.5	0.9	0.8	0.9	−0.7	−1.0	0.9	1.0①	0.9	−1.0①	−0.9	1.0	−0.9	−0.8	−0.6	0.9	0.9	1								
21	0.8①	0.8②	0.8①	0.5	0.6	0.0	−0.3	−0.1	0.0	0.1	0.3	−0.3	−0.1	0.2	0.4	−0.4	0.4	−0.3	0.0	−0.9	1							
22	−0.6	−0.6	−0.5	−0.2	−0.4	0.4	−0.1	−0.3	0.4	0.2	0.0	0.0	−0.2	−0.2	−0.2	0.1	−0.1	−0.3	0.1	−1.0②	−1.0②	1						
23	−0.4	−0.5	−0.3	−0.6	−0.5	−0.4	0.2	0.5	−0.4	−0.6	−0.7	0.7	0.7	−0.5	−0.8①	1.0②	−1.0②	0.7	0.4	③	−0.5	0.8	1					
24	0.3	0.3	0.2	0.6	0.4	0.5	−0.4	−0.6	0.5	0.8①	0.7①	−0.8①	−0.8①	0.5	0.2	−0.6	0.5	0.0	0.3	0.9	0.0	−0.1	0.5	1				
25	−0.6	−0.6	−0.6	−0.8②	−0.7①	−0.3	0.3	0.5	−0.3	−0.8①	−0.8①	0.8②	0.8①	−0.5	−0.4	0.8①	−0.6	0.1	−0.4	−0.9	−0.4	0.3	0.3	−0.9②	1			
26	−0.2	−0.1	−0.3	−0.3	−0.4	0.4	0.0	−0.2	0.4	0.0	−0.1	0.1	0.0	−0.1	−0.2	0.2	−0.3	−0.2	0.3	0.2	−0.5	0.5	0.5	0.0	0.4	1		
27	0.4	0.3	0.4	0.7	0.7	0.5	−0.4	−0.7	0.5	0.7	0.7	−0.6	−0.8	1.0②	1.0②	−0.8	0.9②	0.1	−0.1	1.0②	0.3	−0.3	−0.9	0.6	−0.7	−0.6	1	
28	1.0①	1.0②	1.0②	1.0②	1.0②	1.0②	1.0②	1.0②	1.0②	−1.0②	−1.0②	1.0②	1.0②	③	1.0②	−1.0②	−1.0②	−1.0②	1.0②	−1.0②	−1.0②	1.0②	③	−1.0②	1.0②	1.0②	−1.0②	1

① 相关性在0.05水平上显著相关。
② 相关性在0.01水平上显著相关。
③ 无法计算。

注：电子转移能力（1.ETC、2.EDC、3.EAC、4.NRC、5.MRC）；紫外参数(6.$SUVA_{254}$、7. E_2/E_3、8. S_R、9. $A_{226\sim400}$)；荧光组分（10.C1、11.C2、12.C3、13.C4、14.C5）；红外光谱（15.FTIR1、16.FTIR2、17.FTIR3、18.FTIR4、19.FTIR5）；分子量组分（20. $10^5\sim10^6$、21. $10^4\sim10^5$、22. $10^3\sim10^4$、23. $10^2\sim10^3$）；亲疏水性组分（24.强亲水性组分、25.弱亲水性组分、26.中性组分、27.弱疏水性组分、28.强疏水性组分）。

表7-4　填埋过程中去矿胡敏酸内部化学结构各参数与电子转移能力相关性

序号	1	2	3	4	5	6	7	8	9	10	11	12	13	14	15	16	17	18	19	20	21	22	23	24	25	26	27	28
1	1																											
2	1.0①	1																										
3	0.9①	0.8①	1																									
4	0.7①	0.6	0.7①	1																								
5	0.9①	0.8①	0.9②	0.9②	1																							
6	−0.2	−0.3	0.0	0.3	0.0	1																						
7	−0.3	−0.2	−0.5	−0.8①	−0.5	−0.6	1																					
8	−0.2	−0.1	−0.4	−0.7①	−0.5	−0.8①	0.9②	1																				
9	−0.2	−0.3	0.0	0.3	0.0	1.0②	−0.6	−0.8①	1																			
10	0.4	0.3	0.4	0.6	0.4	0.6	−0.9①	−0.8①	0.6	1																		
11	0.4	0.3	0.5	0.5	0.4	0.4	−0.6	−0.6	0.4	0.8①	1																	
12	−0.2	−0.1	−0.3	−0.4	−0.5	0.0	0.2	0.2	0.0	0.0	0.1	1																
13	−0.4	−0.3	−0.5	−0.9①	−0.7①	−0.6	0.9②	0.9②	−0.6	−0.8①	−0.6	0.3	1															
14	0.1	0.0	0.3	0.4	0.5	0.0	−0.2	−0.3	0.0	−0.3	−0.4	−0.8	−0.4	1														
15	0.4	0.2	0.5	0.9②	0.7	0.6	−0.9①	−0.9①	0.6	0.8①	0.6	−0.5	−1.0①	0.4	1													

续表

序号	1	2	3	4	5	6	7	8	9	10	11	12	13	14	15	16	17	18	19	20	21	22	23	24	25	26	27	28
16	-0.3	-0.2	-0.4	-0.8①	-0.6	-0.6	0.9②	1.0②	-0.6	-0.7①	-0.6	0.3	1.0②	-0.4	-1.0	1												
17	0.2	0.1	0.3	0.8①	0.5	0.7①	-0.9①	-0.9①	0.7①	0.6	0.4	-0.2	-0.9①	0.4	0.9②	-1.0①	1											
18	-0.3	-0.1	-0.4	-0.5	-0.5	-0.3	0.6	0.5	-0.3	-0.6	-0.6	0.6	0.6	-0.1	-0.8①	0.6	-0.4	1										
19	-0.4	-0.2	-0.5	-0.9①	-0.7①	-0.6	0.9②	0.9②	-0.6	-0.7①	-0.6	0.5	1.0②	-0.4	-1.0①	1.0②	-0.9①	0.7①	1									
20	-1.0	-1.0①	1.0②	1.0②	-1.0①	-1.0①	-1.0①	1.0②	-1.0①	1.0②	1.0①	1.0①	-1.0①	-1.0①	1.0②	1.0②	-1.0①	-1.0①	-1.0①	1								
21	0.2	0.0	0.4	0.6	0.4	0.4	-0.8①	-0.7①	0.4	0.4	0.5	-0.2	-0.8①	0.4	0.8①	-0.8①	0.8②	-0.4	-0.7①	1.0②	1							
22	0.1	0.3	-0.2	-0.4	-0.2	-0.5	0.7①	0.7	-0.5	-0.4	-0.5	0.2	0.7①	-0.3	-0.7①	0.7①	-0.7①	0.5	0.7①	-1.0①	-0.9①	1						
23	-1.0	-1.0①	-1.0②	-1.0①	-1.0①	1.0②	1.0②	-1.0①	1.0②	-1.0①	1.0①	1.0①	-1.0①	-1.0①	-1.0①	1.0②	1.0②	1.0②	1.0②	③	1.0②	-1.0①	1					
24	0.3	0.3	0.3	0.7①	0.4	0.6	-0.9①	-0.9①	0.6	0.8②	0.4	-0.1	-0.8①	0.2	0.8①	-0.8①	0.8②	-0.4	-0.8①	1.0②	0.5	-0.4	-1.0①	1				
25	-0.2	-0.3	-0.1	0.2	-0.1	0.6	-0.6	-0.6	0.6	0.3	-0.2	-0.2	-0.5	0.4	0.4	-0.5	0.6	-0.1	-0.4	1.0②	0.4	-0.4	1.0②	0.7	1			
26	1.0	1.0	1.0	1.0①	0.9	0.4	-0.9	-0.5	0.4	0.9	-0.9	1.0	-0.9	-0.1	-0.9	-0.9	0.8	0.9	0.9	1.0②	-0.3	0.8	③	1.0①	0.9	1		
27	-0.2	-0.2	-0.1	0.3	0.0	0.8②	-0.7①	-0.7①	0.8②	0.7①	0.3	-0.1	-0.5	-0.1	0.6	-0.6	0.6	-0.4	-0.6	1.0②	0.2	-0.3	1.0②	0.8①	0.7	0.9	1	
28	-0.8	-0.8①	-0.7	-0.9①	-0.7	-0.8①	0.9①	0.8①	-0.8①	-0.8①	-0.5	0.0	0.8①	-0.2	-0.7	0.8①	-0.8①	0.2	0.7	-1.0①	-0.6	0.3	③	-1.0①	-0.5	-1.0	-0.9①	1

① 相关性在0.05水平上显著相关。
② 相关性在0.01水平上显著相关。
③ 无法计算。

注：电子转移能力（1.ETC、2.EDC、3.EAC、4.NRC、5.MRC）；紫外参数(6.$SUVA_{254}$、7. E_2/E_3、8. S_R、9. $A_{226\sim400}$)；荧光组分（10.C1、11.C2、12.C3、13.C4、14.C5）；红外光谱（15.FTIR1、16.FTIR2、17.FTIR3、18.FTIR4、19.FTIR5）；分子量组分（20. $10^5\sim10^6$、21. $10^4\sim10^5$、22. $10^3\sim10^4$、23. $10^2\sim10^3$）；亲疏水性组分（24.强亲水性组分、25.弱亲水性组分、26.中性组分、27.弱疏水性组分、28.强疏水性组分）。

7.4 矿物共存对腐殖酸还原能力的影响

垃圾填埋场中的腐殖酸不是单独存在的，它们可能与土壤中的黏土矿物等结合在一起[11,12]，这种结合形态的改变可能对其还原能力产生重要影响。如图7-9所示，采用氢氟酸对胡敏酸进行去矿处理后，其NRC和MRC、EDC和EAC都强于未经去矿处理的胡敏酸。结果表明经过去矿处理，胡敏酸能够暴露出更多的氧化还原活性官能团，进而增强其还原能力。

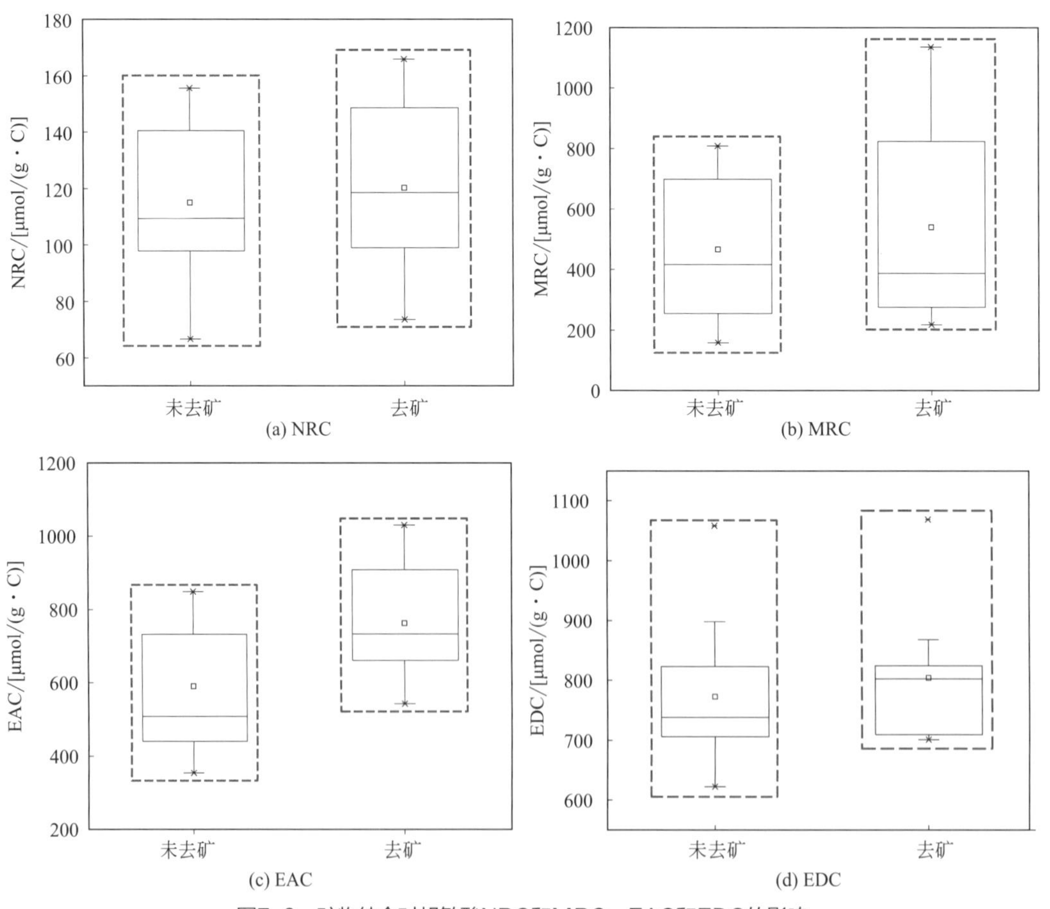

图7-9　矿物结合对胡敏酸NRC和MRC、EAC和EDC的影响

7.5 pH值和离子强度对腐殖质电子转移能力的影响

垃圾填埋过程微环境中的pH值、离子强度会发生改变，会对腐殖质结构的分子量产生影响，为了探究不同微环境条件下，腐殖质ETC如何变化，以及在什么条件下腐殖质的ETC最强，进而为填埋腐殖质ETC对污染物在自然界中迁移转化的影响提供理论基础和科学依据。

Jiang等[13]研究发现，半醌自由基的氧化能力与pH值相关性较为显著，在pH=11时比pH=7的中性条件下氧化能力增强显著，在pH=3时氧化能力弱于pH=7的中性条件。根据先前的研究[14]，选择酸性、中性以及碱性（pH=4、7、10）条件，探究pH值对填埋腐殖质ETC的影响，结果如图7-10和图7-11所示。从图中可以明显看出，无论富里酸和胡敏酸还是EDC和EAC，填埋初期和填埋中后期都具有相同的变化趋势，ETC强弱顺序为pH=10 > pH=7 > pH=4，结果表明高pH值条件下ETC增强，可能是由于富里酸和胡敏酸都是酸性物质，在碱性条件下会促进其解离，暴露出更多的氧化-还原活性官能团，增强其ETC。

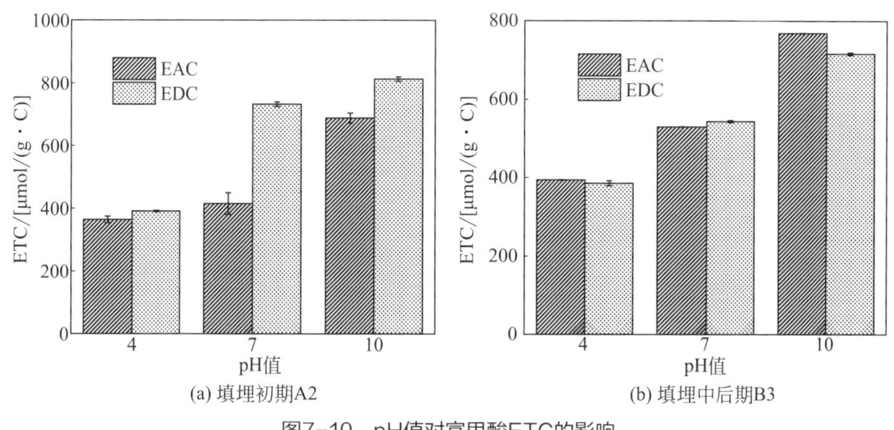

图7-10 pH值对富里酸ETC的影响

离子强度也会影响有机质的结构，有研究表明[14]，高浓度的离子强度会产生电荷屏蔽现象，进而会导致有机质结构收缩，分子量减小。根据前期的研究[14]，选用KCl浓度从高到低分别为1mol/L、0.2mol/L、0.02mol/L，探究其对填埋腐殖质ETC的影响，结果如图7-12和图7-13所示。从图中可以明显看出，无论富里酸和胡敏酸，还是填埋初期和

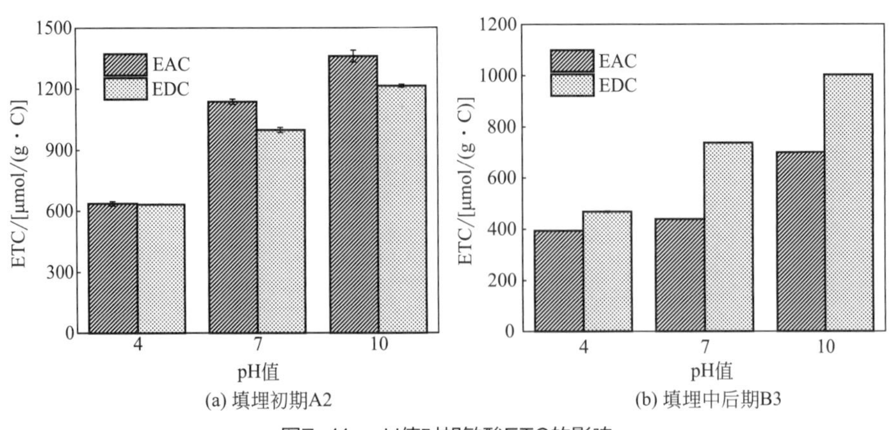

图7-11　pH值对胡敏酸ETC的影响

填埋中后期，都具有相同的变化趋势，ETC强弱顺序为：

EAC：0.2mol/L > 1mol/L > 0.02mol/L。

EDC：0.2mol/L > 0.02mol/L > 1mol/L。

结果表明只有在适当的离子强度下ETC最强，使富里酸和胡敏酸暴露出更多的氧化-还原活性官能团，增强其ETC。

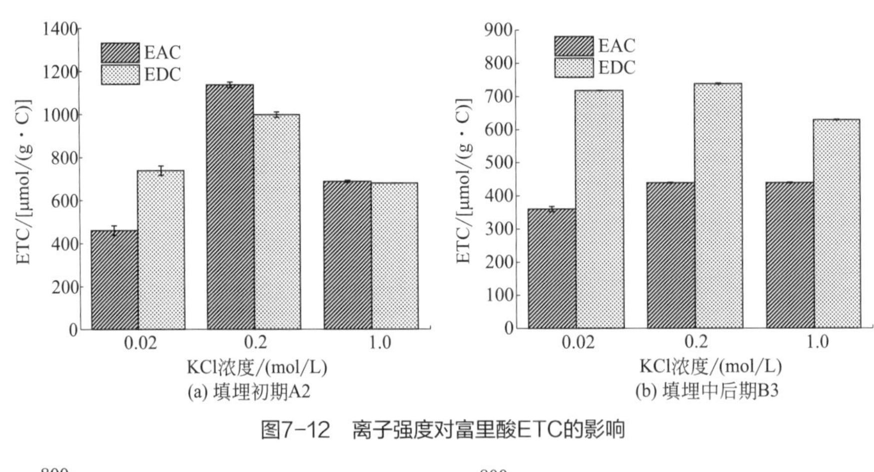

图7-12　离子强度对富里酸ETC的影响

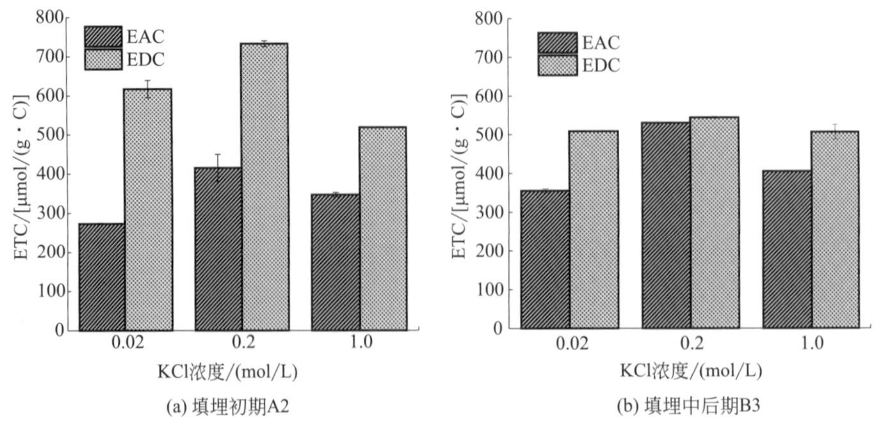

图7-13　离子强度对胡敏酸ETC的影响

参考文献

[1] Lornage R, Redon E, Lagier T, et al. Performance of a low cost MBT prior to landfilling: study of the biological treatment of size reduced MSW without mechanical sorting[J]. Waste Management, 2007, 27(12): 1755-1764.
[2] Scott D T, Mcknight D M, Blun-Tharris E L, et al. Quinone moieties act as electron acceptors in the reduction of humic substances by humics-reducing microorganisms[J]. Environment Science and Technology, 1998, 32(19): 2984-2989.
[3] Lovley D R, Woodward J C. Mechanisms for chelator stimulation of microbial Fe(Ⅲ)-oxide reduction[J]. Chemical Geology, 1996, 132(1): 19-24.
[4] Piepenbrock A, Kappler A. Humic substances and extracellular electron transfer[J]. Microbial Metal Respiration, 2013: 107-128.
[5] Albrecht R, Petit J L, Terrom G, et al. Comparison between UV spectroscopy and nirs to assess humification process during sewage sludge and green wastes co-composting[J]. Bioresource Technology, 2011, 102(6): 4495-4500.
[6] Domeizel M，Khalil A，Prudent P. UV spectroscopy: a tool for monitoring humification and for proposing an index of the maturity of compost[J]. Bioresource Technology, 2004, 94(2): 177-184.
[7] Tian W, Li L Z, Liu F, et al. Assessment of the maturity and biological parameters of compost produced from dairy manure and rice chaff by excitation-emission matrix fluorescence spectroscopy[J]. Bioresource Technology, 2012, 110(2): 330-337.
[8] 赵越，何小松，席北斗，等. 鸡粪堆肥有机质转化的荧光定量化表征[J]. 光谱学与光谱分析，2010，30(6): 1555-1560.
[9] Amir S, Jouraiphy A, Meddich A, et al. Structural study of humic acids during composting of activated sludge-green waste: elemental analysis, FTIR and ^{13}C NMR[J]. Journal of Hazardous Materials, 2010, 177(1-3): 524-529.
[10] Xi B D, He X S, Wei Z M, et al. Effect of inoculation methods on the composting efficiency of municipal solid wastes[J]. Chemosphere, 2012, 88(6): 744-750.
[11] He P J, Xue J F, Shao L M, et al. Dissolved organic matter (DOM) in recycled leachate of bioreactor landfill[J]. Water Research, 2006, 40(7): 1465-1473.
[12] Lou Z Y, Zhao Y C, Yuan T, et al. Natural attenuation and characterization of contaminants composition in landfill leachate under different disposing ages[J]. Science of the Total Environment, 2009, 407(10): 3385-3391.
[13] Jiang J, Bauer I, Paul A, et al. Arsenic redox changes by microbially and chemically formed semiquinone radicals and hydroquinones in a humic substance model quinine[J]. Environmental Science and Technology, 2009, 43(10): 3639-3645.
[14] Lu Q, Yuan Y, Tao Y, et al. Environmental pH and ionic strength influence the electron-transfer capacity of dissolved organic matter[J]. Journal of Soils and Sediments Protection Risk Assessment and Rem, 2015, 15(11): 2257-2264.

第8章 垃圾填埋腐殖酸促进有机氯脱氯特征

五氯苯酚（pentachlorophenol，PCP）是一种持久性有机污染物，广泛用作杀菌剂、杀虫剂、除草剂以及木材防腐剂[1]。PCP在地表水、沉积物、水生生物、表层土壤和人乳中都可以被检测到，并且由于其具有生物积累性和环境持久性等特点，对人类和动植物健康的负面影响仍然是一个关键问题[2]，因此PCP的降解一直是人们关注和研究的热点[3]。

PCP具有氧化-还原活性，处理技术大致可以概括为物理吸附、生物修复和高级氧化三种。生物修复中的厌氧修复技术因具有环境友好、修复成本低廉等优点，是PCP污染修复的研究热点[4]。有研究表明，PCP修复的限速因素是受污染环境的电子供体和电子转移体匮乏[5]。其中，电子供体匮乏因素通常可以向受污土壤中施加乳酸盐和糖类等营养物质加以改善，但电子转移体的匮乏较难补充，因为化学合成的电子转移体都具有一定的毒性，且易造成环境的二次污染[6]。天然电子转移体资源又过于匮乏，提取成本较高，应用受到抑制。填埋腐殖酸来源广，其氧化-还原特征电势低于PCP，具有促进PCP还原脱氯的能力[7]，其结构中大量存在的羧基和羟基等活性官能团可以与PCP发生强烈的相互作用影响其迁移转化，并可改变其毒性[8]。

卫生填埋法因具有技术成熟、操作简单且处理量大等优点，成为当今世界上最主要的垃圾处理方式[9]。垃圾填埋后会产生大量的矿化垃圾堆积在填埋场，其筛下物腐殖土含有大量的腐殖质类物质，其中腐殖酸最为活跃，其具体环境功能尚不清楚。为解析不同填埋阶段腐殖酸对PCP还原脱氯的能力，识别填埋腐殖酸促进PCP还原脱氯的活性官能团组分，为提出促进PCP还原脱氯的生活垃圾填埋优化方案提供理论支撑，本章以PCP为目标污染物，开展以生活垃圾填埋腐殖酸为电子转移体的条件下促进PCP还原脱氯的研究。

8.1 填埋腐殖酸强化PCP脱氯特征

8.1.1 填埋过程富里酸强化脱氯特征

填埋初期富里酸对PCP的降解情况如图8-1(a)所示，只有填埋富里酸且高温灭菌的条件下，经过41d的培养，大约有40%～60%的PCP被降解，表明填埋富里酸可以促进PCP还原转化，潜在的原因可能是填埋富里酸具有丰富的醌基、羧基、酚羟基等活性官能团，同时还可以作为电子供体，富里酸含有的活性官能团和具有的电子供体能力都有利于促进PCP还原脱氯。只添加MR-1菌剂和PCP，经过41d的培养，大约有40%PCP被降解，表明MR-1对PCP同样具有吸附和促进还原作用，但MR-1的PCP还原转化功能较为单一，还原转化PCP能力有限。

如图8-1(b)所示，以MR-1作电子供体，同时添加不同填埋阶段富里酸作电子穿梭体，经过41d的培养，大约有80%的PCP被降解，PCP的降解率明显提高了20%～40%，表明了填埋初期富里酸和MR-1的共同作用可以促进PCP的降解。有研究表明，富里酸具有丰富的醌基、羧基、酚羟基等活性官能团，在微生物还原脱氯过程中可以充当电子供体，可以作为微生物和化学还原脱氯的有效氧化还原介体[10]，富里酸的加入增大了PCP的转化速率，加快了具有潜在脱氯能力的细菌的电子传递速率和刺激活性[11]。由于富里酸具备电子转移能力，当填埋富里酸与MR-1共存时，填埋富里酸可以充当电子受体被MR-1还原，而还原后的填埋富里酸又将接受的电子传递给周围的电子受体，介导电子在MR-1与电子最终受体间的传递，从而有效促进PCP的还原。因此填埋富里酸和MR-1虽均能促进PCP的降解，但以MR-1作电子供体，同时添加不同阶段填埋富里酸作电子穿梭体，能显著提高PCP的降解效率。

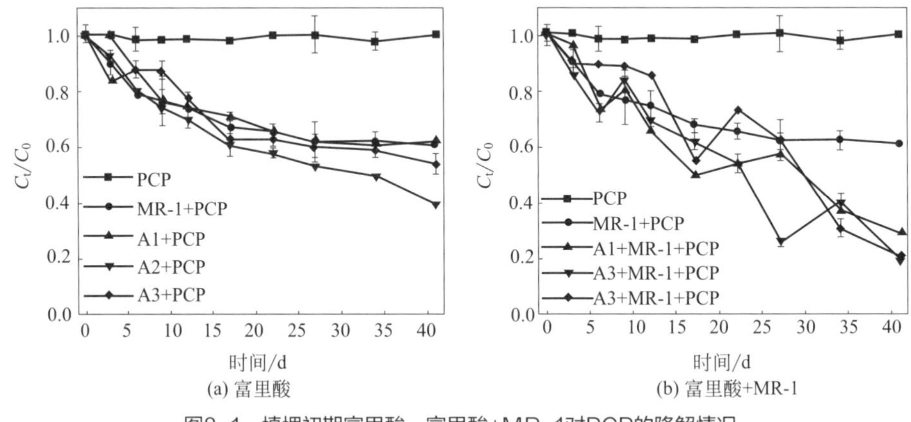

图8-1　填埋初期富里酸、富里酸+MR-1对PCP的降解情况

填埋中后期富里酸对PCP的降解情况如图8-2所示，3种不同的处理情况，PCP的降解率也有类似的变化趋势，可进一步验证在填埋厌氧条件下，以MR-1作电子供体，同时添加不同填埋深度的富里酸可以显著提高PCP的降解效率。此外，相比于只添加富里酸组，以MR-1作电子供体，同时添加不同填埋阶段富里酸作电子穿梭体组的PCP产物浓度在反应过程中虽然存在趋势性变化，但也有波动性变化。其中一个可能的原因是在PCP降解还原过程中，富里酸作为电子穿梭体反复得失电子使得PCP降解产物处于不断被还原和生成的动态过程中，导致其浓度在该过程中是一个波动性的变化[12,13]，另外MR-1菌剂对PCP具有一定的吸附作用，导致在测定中部分PCP未被检测出来。

如图8-3所示，在不同填埋阶段，富里酸促进PCP还原转化过程中共检测到6种产物，脱氯代谢产物包括2,3,4,6-四氯苯酚（2,3,4,6-TeCP）、2,4,6-三氯苯酚（2,4,6-TCP）、2,4,5-三氯苯酚（2,4,5-TCP）、2,6-二氯苯酚（2,6-DCP）、2,4-二氯苯酚（2,4-DCP）和4-氯苯酚（4-CP），所有处理中分别脱掉了1～4个氯。对比MR-1空白对照组，不同填埋阶段的富里酸均能促进PCP的还原脱氯，但是不同的阶段富里酸样品具有不同的氧化-还原能力，致使其对PCP还原脱氯的能力也不同。相比于添加了填埋富里酸作为电子穿

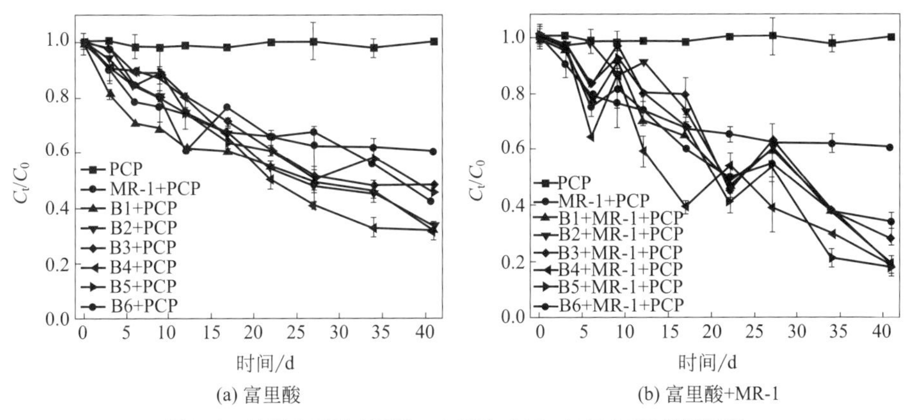

(a) 富里酸　　(b) 富里酸+MR-1

图8-2　填埋中后期富里酸、富里酸+MR-1对PCP的降解情况

梭体的实验组中，在只有MR-1和PCP的空白对照组中，PCP还原脱氯产生的三氯产物和二氯产物的含量要高，但是一氯产物的含量要低。由此说明，富里酸具有电子穿梭体的功能，它的添加可以促进PCP脱掉更多的氯原子，进而向低氯产物转化。这主要是因为富里酸在氧化-还原过程中可以获得电子使得其氧化-还原电势下降，还原能力增强，从而促进PCP及其还原中间产物进一步的深度脱氯。此外，填埋富里酸还原条件下促进PCP还原脱氯能力实验显示，PCP的浓度随时间的延长而降低，而总降解产物浓度是随时间的延长而升高的，9个不同填埋阶段的富里酸样品促进PCP还原能力和还原产物含量均存在差异。该结果表明，填埋过程富里酸含有电子转移功能基团，这些功能基团能促进PCP降解脱氯从而形成不同的氯代产物。

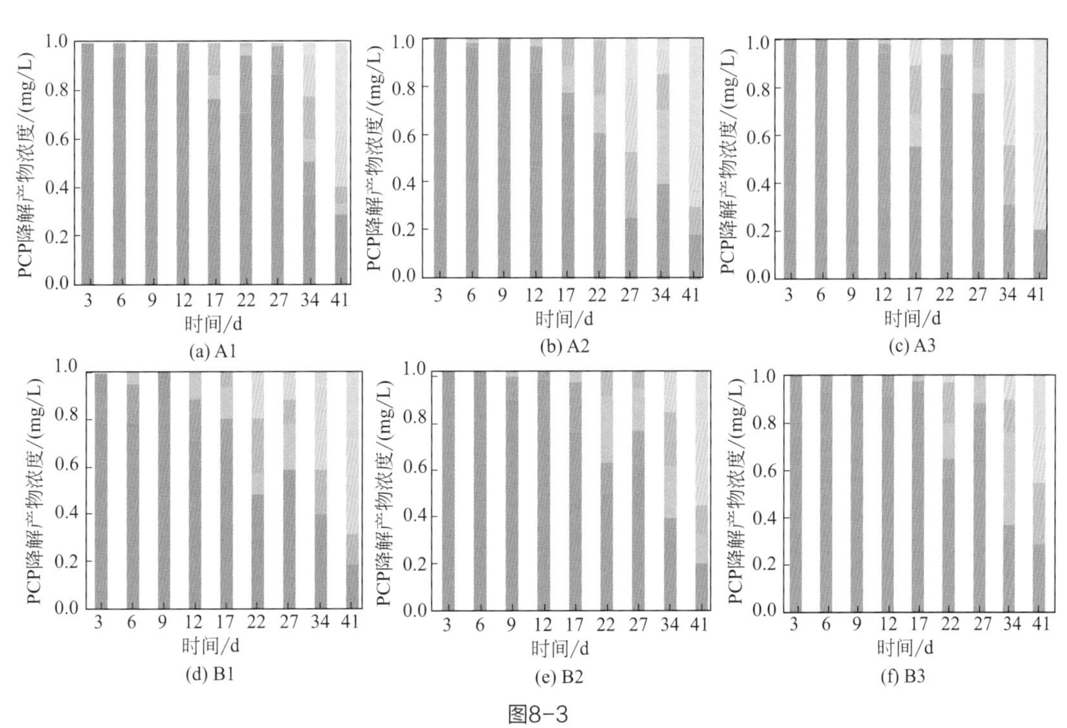

(a) A1　(b) A2　(c) A3
(d) B1　(e) B2　(f) B3

图8-3

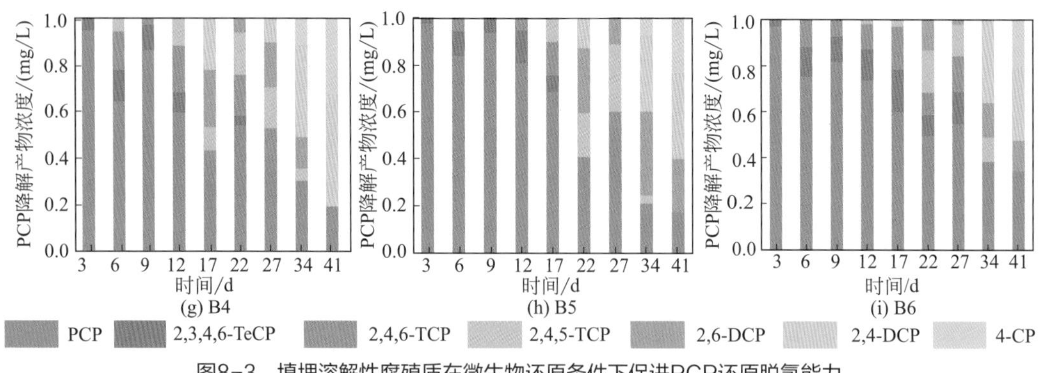

图8-3 填埋溶解性腐殖质在微生物还原条件下促进PCP还原脱氯能力

实验组PCP降解反应到41d时4-氯苯酚（4-CP）的浓度如图8-4所示，在添加填埋初期富里酸样品的实验组中，低氯代产物4-CP检出量随着深度增加呈现先增加后减少的趋势，这可能是因为在填埋初期易降解有机质在微生物好氧作用下剧烈降解，致使对PCP深度脱氯能力较强，导致低氯代产物4-CP检出量呈增加趋势。同时填埋初期形成的富里酸中含有的电子转移功能基团的氧化-还原电势较高，还原能力比较弱，进而使得对PCP深度脱氯能力较弱，因而又致使4-CP检出量呈下降趋势。在添加填埋中期和后期富里酸样品的实验组中，4-CP检出量大致呈降低趋势，但在添加填埋后期富里酸样品时，4-CP检出量会出现一个最大值（B4时期），这可能是进入填埋中后期腐殖化程度增加，富里酸的含量逐渐增加。该结果表明，不同填埋阶段的富里酸促进PCP还原脱氯功能存在差异。

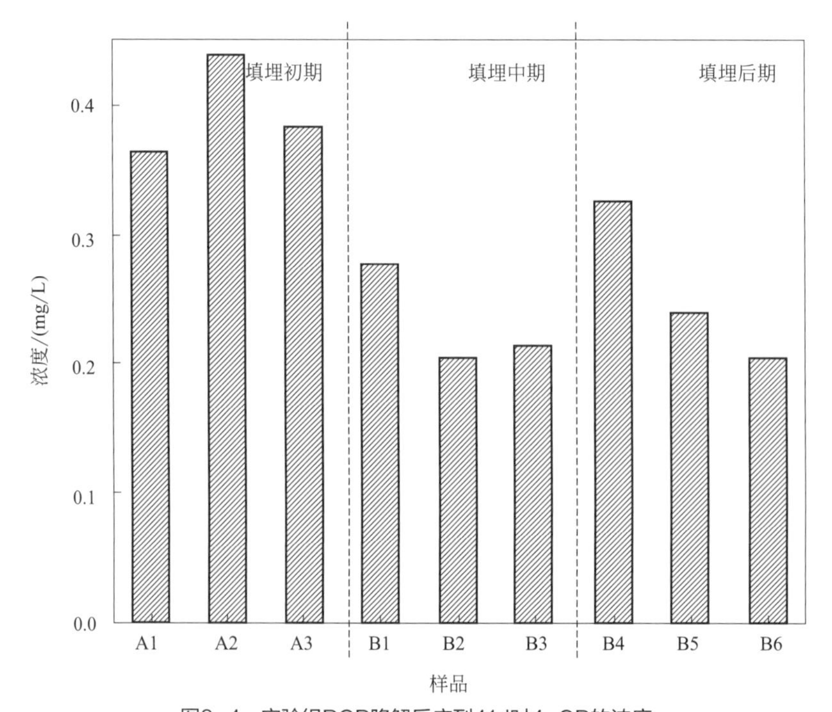

图8-4 实验组PCP降解反应到41d时4-CP的浓度

8.1.2 填埋过程胡敏酸强化脱氯特征

未添加铁还原菌MR-1和填埋胡敏酸的对照组中（带三角形的线，图8-5），PCP几乎没有被还原脱氯降解。未添加胡敏酸的MR-1降解PCP的实验组，厌氧恒温培养25d后，约40%的PCP被转化降解（带菱形的线，图8-5），说明在厌氧条件下，微生物通过自身的新陈代谢能够还原脱氯PCP。在培养周期25d内，PCP逐渐被还原脱氯降解，25d之后达到稳定，这可能是因为PCP具有生物毒性，进而抑制了微生物的生命活动[14]。

同时添加微生物MR-1和填埋胡敏酸的实验组，填埋胡敏酸去矿和未去矿在降解PCP过程中其变化趋势无明显差异（图8-5），胡敏酸未去矿样品能够还原脱氯PCP约70%，胡敏酸去矿样品能够还原脱氯PCP达到将近80%。结果表明微生物和胡敏酸在降解PCP过程中进行协同作用，能够提升PCP的脱氯程度，而去矿处理能够进一步增强还原脱氯反应。

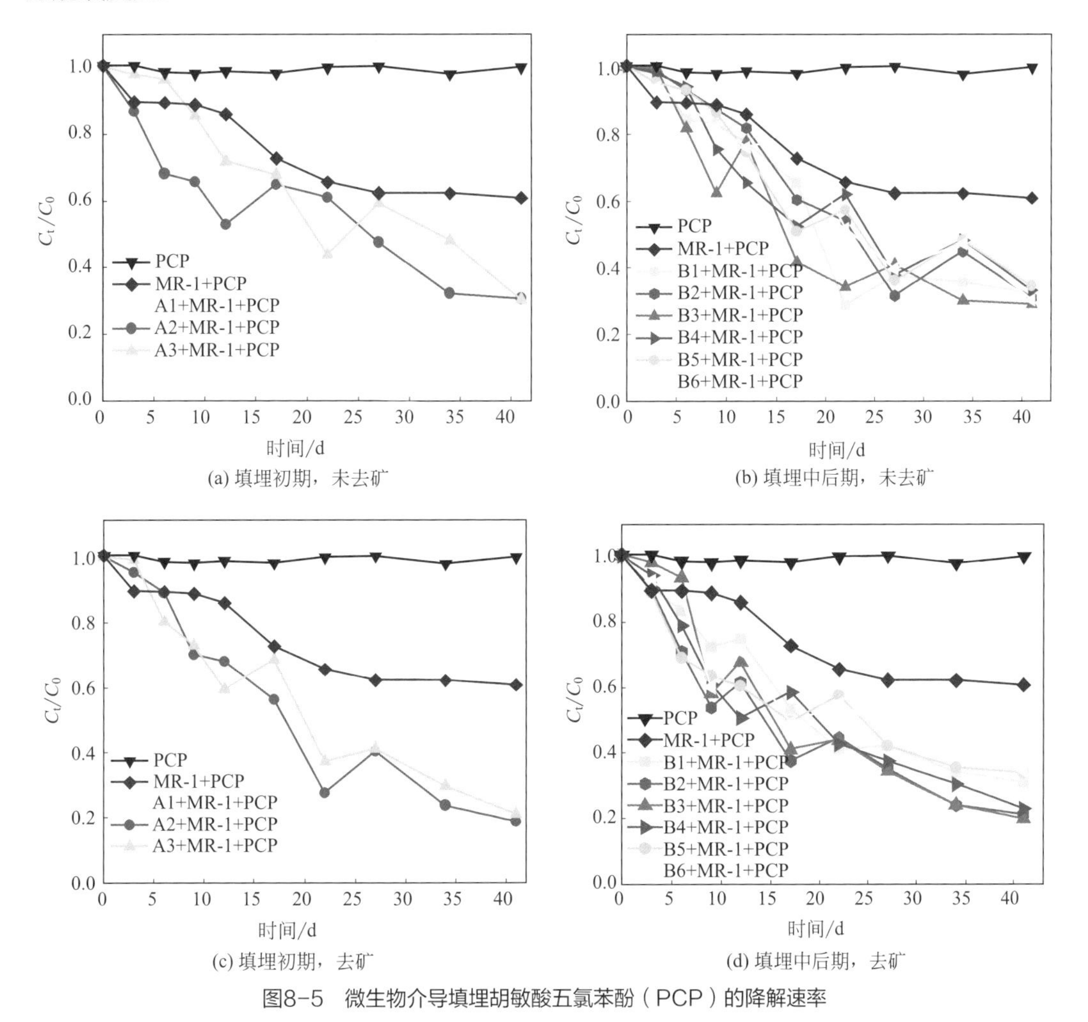

图8-5 微生物介导填埋胡敏酸五氯苯酚（PCP）的降解速率

厌氧条件下，PCP经2,3,4,6-四氯苯酚、2,4,5-三氯苯酚、2,4,6-三氯苯酚、2,4-二氯苯酚、2,6-二氯苯酚，最后逐渐被降解成4-氯酚，最后没有检测到苯酚的生成（图8-6、图8-7和图8-8）。胡敏酸作为电子穿梭体，通过MR-1逐步还原脱氯降解PCP，四氯苯酚是最先生成的产物，而在反应最后被完全降解掉。反应进行到6～9d时，三氯苯酚开始生成并逐渐累积，反应的最后阶段二氯苯酚和氯酚生成。填埋中后期胡敏酸介导生成的二氯苯酚和氯酚的含量高于填埋初期（图8-6～图8-8），胡敏酸经过去矿处理后能更大程度地降解PCP［图8-6(d)～(f)和图8-8］。填埋胡敏酸降解PCP没有明显的变化规律（图8-9），但是可以通过延长垃圾填埋时间以及脱矿处理去除表面矿物来提升PCP还原脱氯效果。

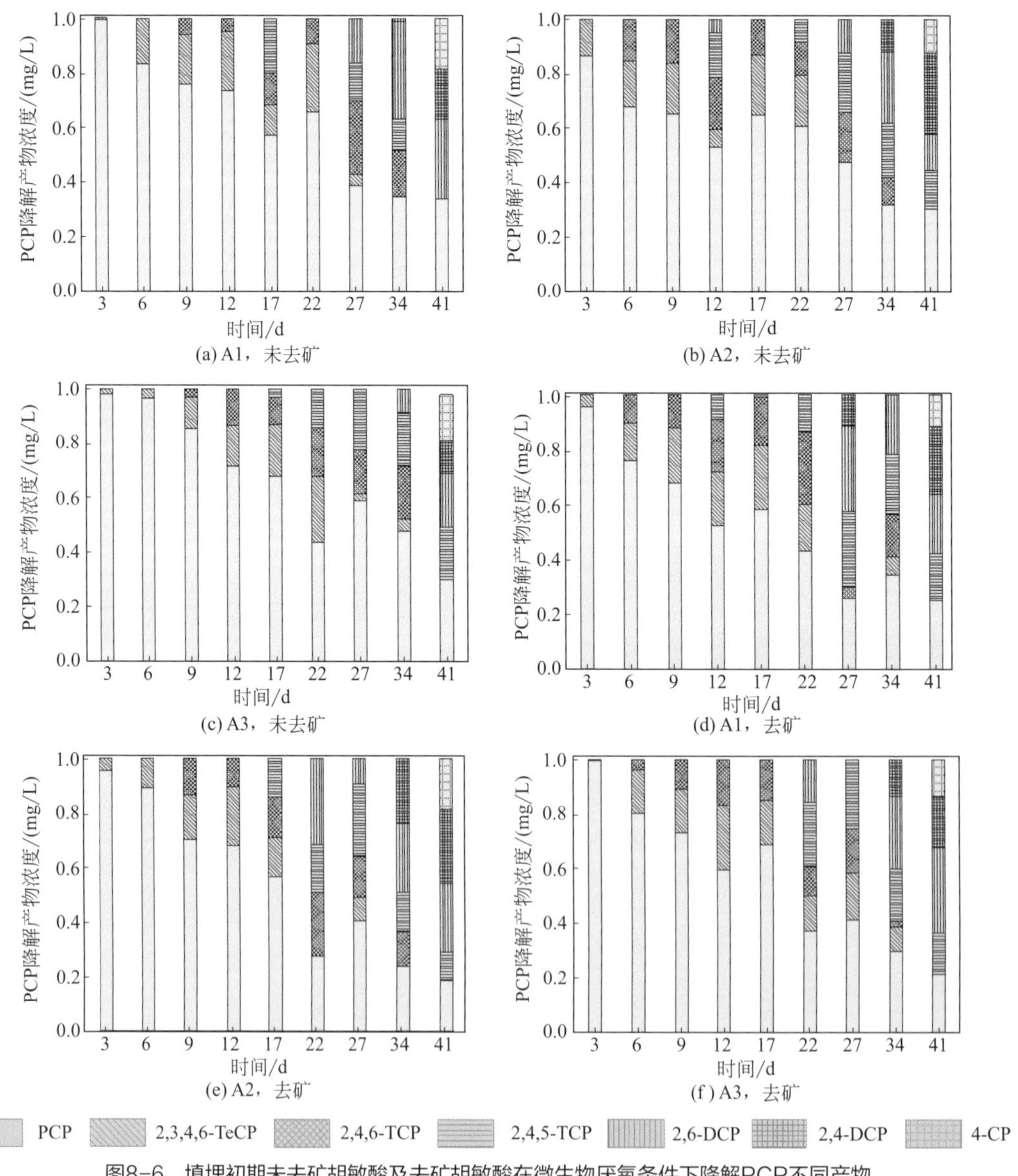

图8-6 填埋初期未去矿胡敏酸及去矿胡敏酸在微生物厌氧条件下降解PCP不同产物

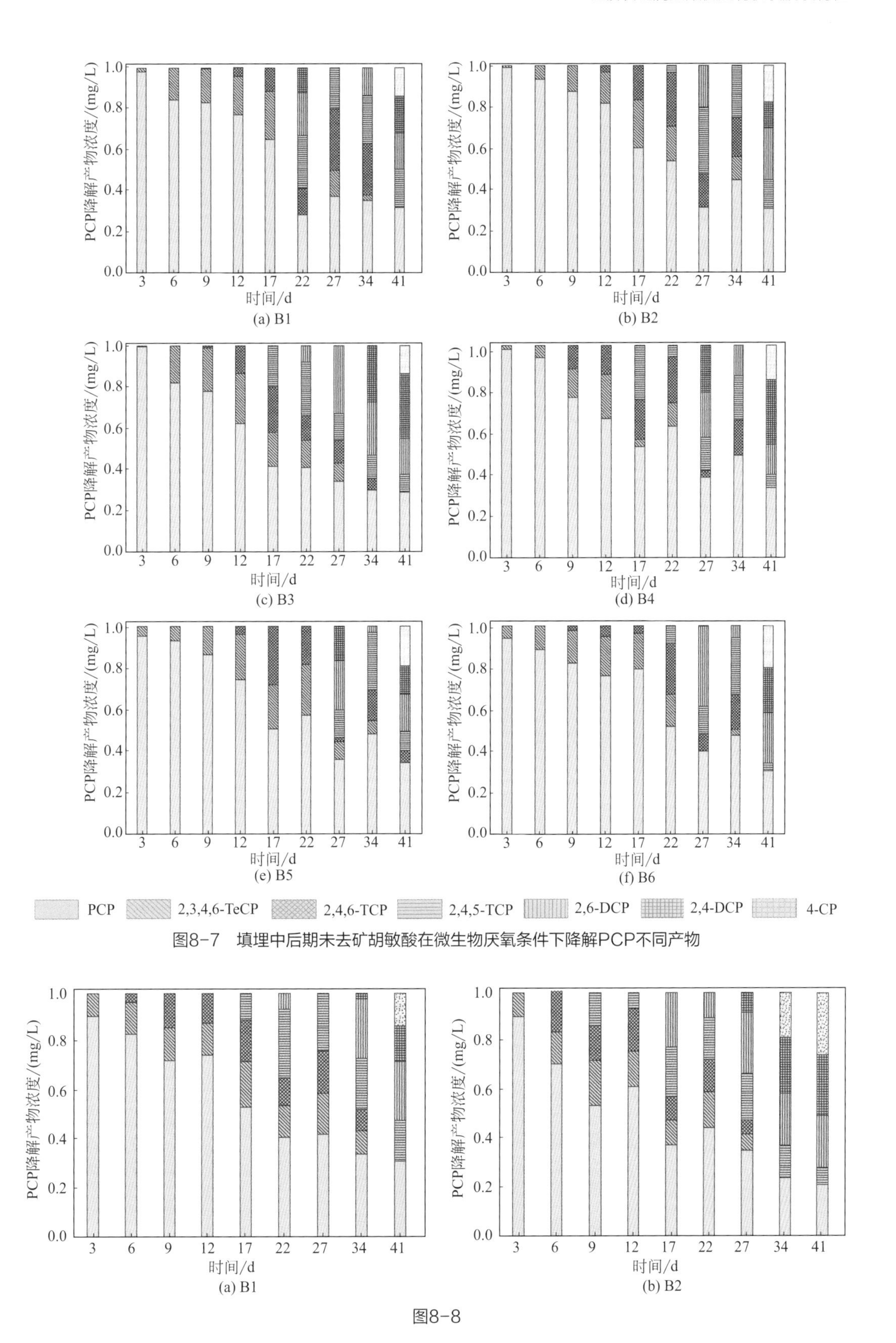

图8-7 填埋中后期未去矿胡敏酸在微生物厌氧条件下降解PCP不同产物

图8-8

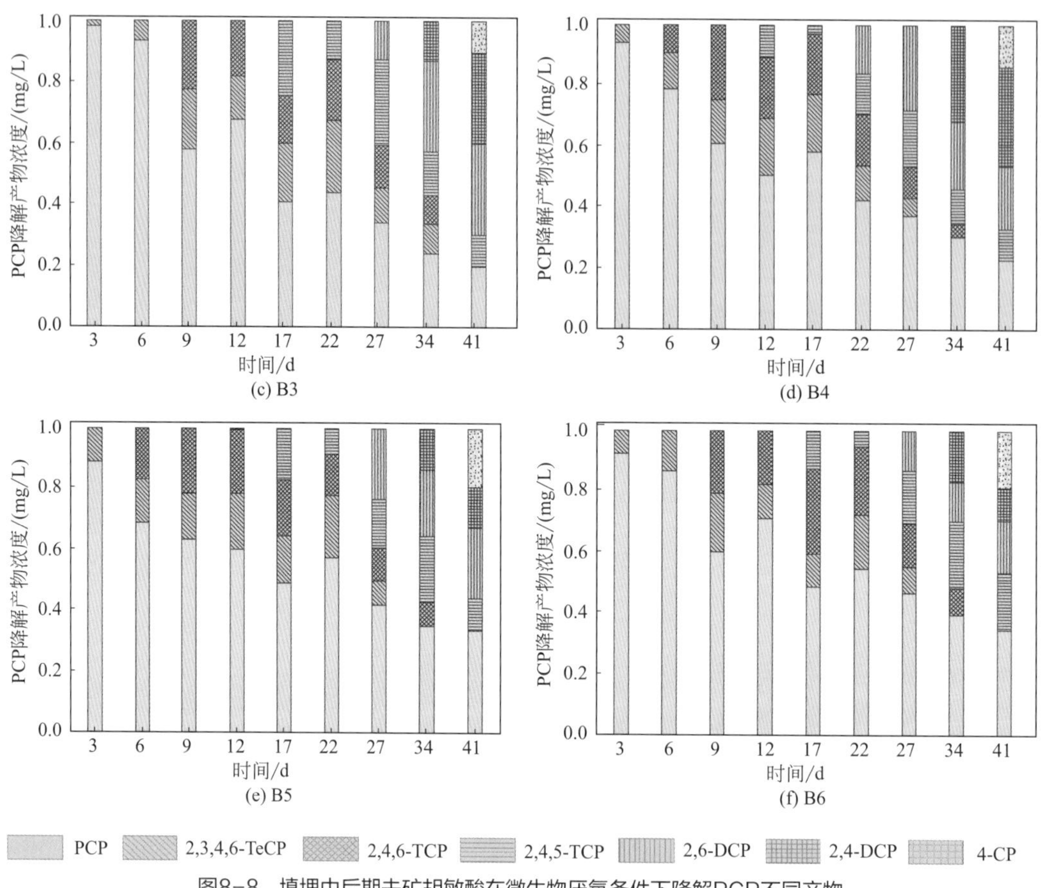

图8-8 填埋中后期去矿胡敏酸在微生物厌氧条件下降解PCP不同产物

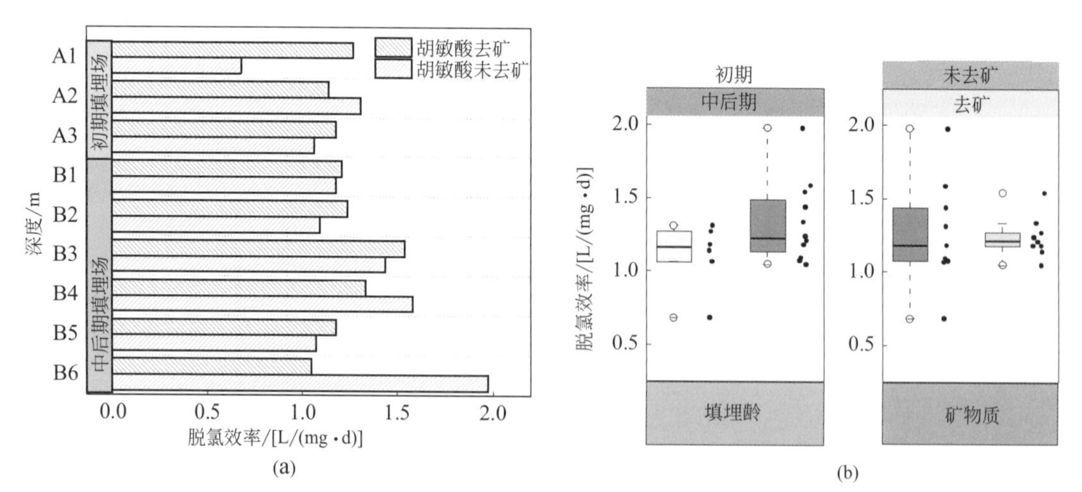

图8-9 微生物MR-1介导填埋胡敏酸降解PCP的脱氯效率(a)和

微生物厌氧条件下，填埋胡敏酸去矿和未去矿降解PCP平均脱氯效率对比(b)

8.2 内部结构对腐殖酸促进PCP脱氯的影响

8.2.1 富里酸结构对脱氯的影响

为了进一步探究填埋过程中富里酸结构演变和官能团变化对PCP多元脱氯的影响，将PCP不同降解产物含量、电子转移能力、紫外光谱参数和红外不同官能团进行了相关性分析，结果如图8-10所示，三氯产物（2,4,5-TCP）与电子供给能力（EDC）呈显著的正相关，二氯产物（2,6-DCP）与电子转移能力（ETC）、电子接受能力（EAC）呈显著的负相关，而二氯产物（2,4-DCP）与ETC和EAC呈显著的正相关。由此表明，不同填埋阶段的富里酸样品促进PCP还原能力和还原产物含量均存在差异，主要是归因于填埋富里酸具有电子转移和电子供体双重功能，电子供体功能是在还原过程中可以产生更多的电子来还原PCP，PCP不同降解产物对于电子转移能力和电子供体相关性已达到显著性水平。同时富里酸的EAC在填埋初期随着填埋深度的增加而增强，在填埋中后期则先增强后减弱。EDC在填埋初期的变化趋势不明显，在填埋中后期呈现先增强后减弱的趋势。ETC在填埋初期整体呈增强的趋势，在填埋中后期先增强后减弱且填埋中间深度最强。该结果表明，虽然填埋初期富里酸EDC总体变化趋势不明显，但ETC随填埋深度增加总体呈现增强趋势，导致电子传递效率增大，最终得到填埋初期富里酸随深度增加促进PCP还原脱氯能力增强。填埋中后期富里酸EDC和ETC总体呈先增强后减弱的趋势。填埋中期富里酸因EDC和ETC较高，使得填埋富里酸有较强的电子转移能力和供给能力，能更有效地将电子传递给PCP分子，进而促进PCP还原脱氯，进而呈现最高的PCP还原脱氯能力。填埋后期富里酸由于EDC和ETC较低，导致其电子传递效率受限，呈现出居中的促进PCP还原脱氯能力。

一氯产物（4-CP）与E_{250}/E_{365}和FTIR5（糖类）呈显著的正相关，与S_R和FTIR3（羧基）呈显著的负相关；二氯产物（2,4-DCP）与S_R和FTIR1（羟基）呈显著的正相关，与FTIR5（糖类）呈显著的负相关；三氯产物（2,4,5-TCP）与FTIR3（羧基）和FTIR4（芳香性物质）呈显著的正相关，与FTIR2（脂肪族）呈显著的负相关；PCP与E_{250}/E_{365}呈显著的负相关，E_{250}/E_{365}比值越大，芳香性组分越少，有机质分子量越小[15]。S_R值越小，有机质分子量越大，两者呈反比[16]。同时填埋初期随着填埋深度的增加，芳香性减弱，分子量越小；填埋中后期随着填埋深度的增加，芳香性加强，分子量越大。同时相

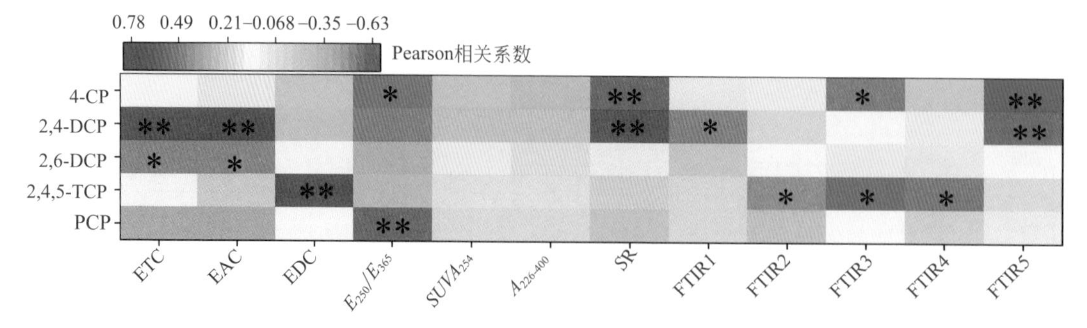

图8-10 垃圾填埋场中PCP及其降解产物与富里酸ETC、组成和结构参数之间相关性分析（$*p<0.05$,$**p<0.01$）

关性分析显示，填埋富里酸的EAC与吸电子基团羧基的含量呈显著正相关，填埋富里酸的EDC与给电子基团羟基的含量、S_R呈显著正相关，表明填埋富里酸给电子基团羟基含量越高，有机质分子量越小，对填埋富里酸给出电子有促进作用，填埋富里酸吸电子基团羧基含量越高，越利于填埋富里酸得到电子。在填埋过程中富里酸越易给出电子，在还原过程中就可以提供更多的电子来还原PCP。填埋初期有机质在微生物好氧作用下剧烈降解[17]，随着填埋深度的增加有机质的降解程度也增大。当填埋进入中后期，开启了腐殖化进程[18]。富里酸可以明显促进PCP的降解，但降解程度总的来说是随深度的增加先增大后减小的。该结果表明，填埋富里酸的结构演变和官能团变化对PCP的降解有影响。此外，填埋富里酸还原PCP的能力与羟基和羧基含量变化较为一致，进一步证实羟基和羧基是填埋过程溶解态腐殖质分子中重要的活性官能团，其含量高低将影响PCP还原脱氯效率。

8.2.2 胡敏酸结构对脱氯的影响

填埋胡敏酸能够降解PCP主要源于其结构中具有氧化-还原活性官能团，更主要是体现在给电子基团占主导（图8-11），因此胡敏酸能够将得到的电子进一步传递给PCP，促进后者的还原脱氯过程。胡敏酸的EDC范围在622.2 ～ 1068.7μmol/(g・C)，并且随着填埋年限的延伸其值呈逐渐增加的趋势（图8-12），去矿处理后的胡敏酸表现出更强的EDC（图8-11）。

填埋胡敏酸的EDC与$SUVA_{254}$、羟基、芳香碳以及疏水性组分呈显著性正相关，结果表明，结构上存在芳香官能团和羟基的疏水性组分是胡敏酸中主要的电子供体（图8-13），能够显著的影响胡敏酸的EDC，进一步影响胡敏酸对PCP的还原脱氯作用。

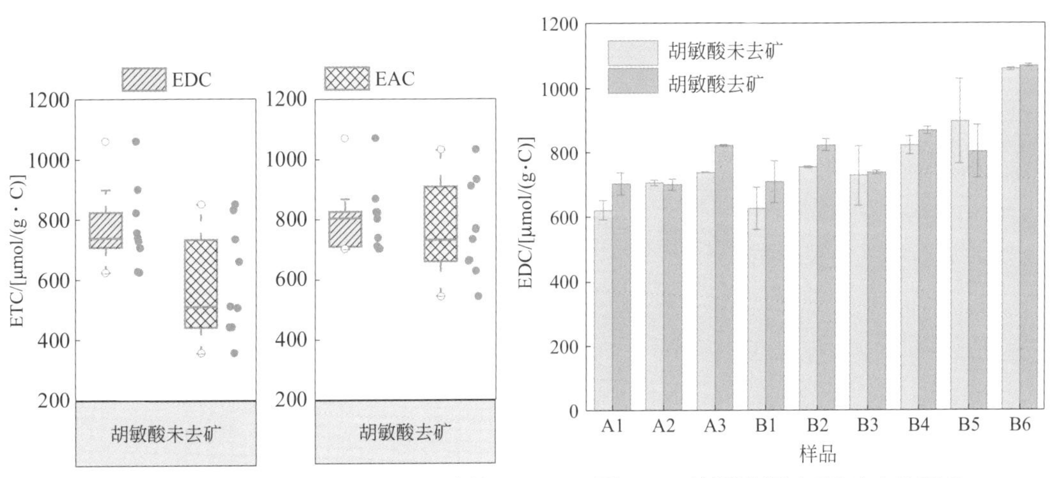

图8-11　填埋胡敏酸去矿和未去矿EDC和EAC比较

图8-12　填埋胡敏酸去矿和未去矿EDC

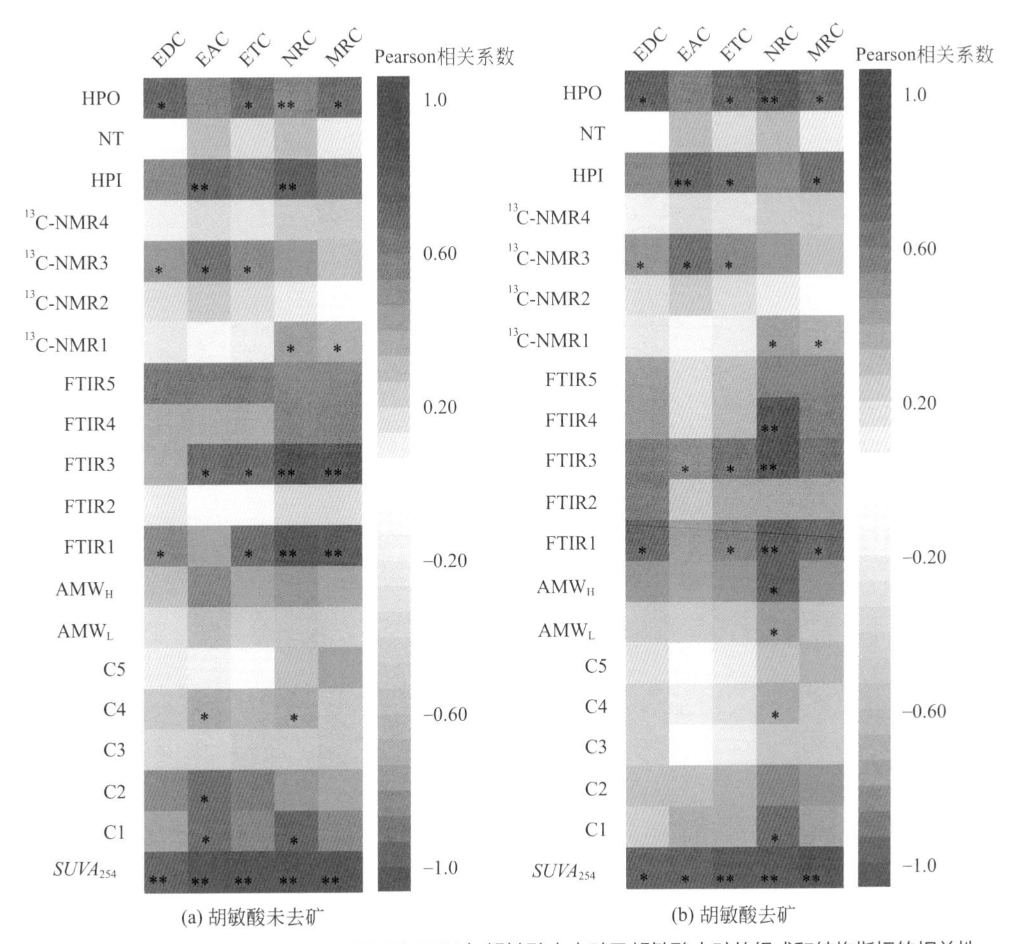

图8-13　NRC、MRC、EDC、EAC和ETC与胡敏酸未去矿及胡敏酸去矿的组成和结构指标的相关性

不同颜色和星星标志代表相关性的强度和程度：*表示在0.05水平上显著相关（$p<0.05$）；**表示在0.01水平上显著相关（$p<0.01$）

8.3 矿物共存对腐殖酸促进PCP脱氯的影响

微生物在气体与固体交界面的液膜中才具有活性，因此在矿物表面的各种反应过程才是决定土壤和水体中胡敏酸赋存形态以及结构演变的关键[19]，甚至少量的矿物都能显著影响胡敏酸表面的吸附作用。通过去矿处理使填埋胡敏酸的氧化-还原活性得到了明显的提升（图8-11），是由于胡敏酸的芳香性以及结构中羧基和疏水性基团在脱矿处理后暴露（图8-14～图8-16）。大分子的胡敏酸物质在与矿物剥离后，趋向于解离成小分子物质，并且暴露出氧化-还原活性官能团，导致其电子转移能力的增强。

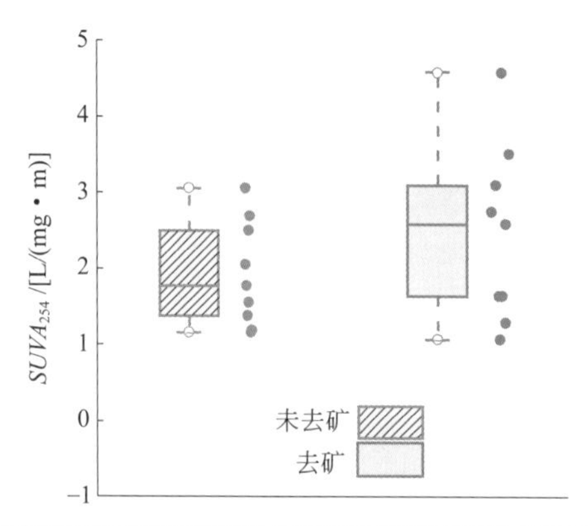

图8-14　去矿和不去矿胡敏酸紫外可见吸收光谱腐殖化参数$SUVA_{254}$比较

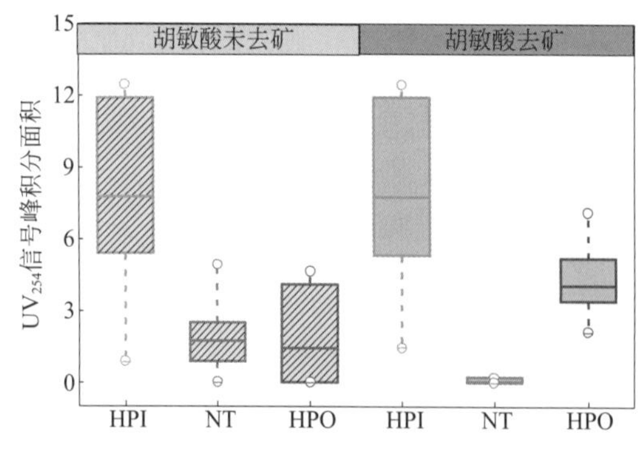

图8-15　填埋胡敏酸不同亲疏水性亚组分相对含量（紫外254nm信号峰积分面积）

亲水性组分（HPI，RT＜2.0min），中性组分（NT，2.0min≤RT＜2.5min），疏水性组分（HPO，RT≥2.5min）

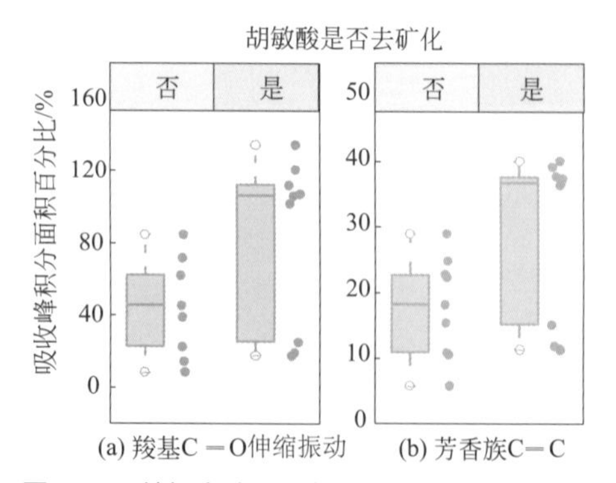

图8-16　填埋去矿和不去矿胡敏酸结构中羧基和芳香官能团相对含量比较

参考文献

[1] Hong H C, Zhou H Y, Luan T G, et al. Residue of pentachlorophenol in freshwater sediments and human breast milk collected from the pearl river delta, China[J].Environment International,2005,31(5): 643-649.
[2] Männistö M K, Tiirola M A, Puhakka J A. Degradation of 2,3,4,6-tetrachlorophenol at low temperature and low dioxygen concentrations by phylogenetically different groundwater and bioreactor bacteria[J]. Biodegradation,2001,12(5): 291-301.
[3] Crawford R L, Steiert J G. Microbial degradation of chlorinated phenols[J].Trends in Biotechnology, 1985,3(12): 300-305.
[4] Dabo P,Cyr A, Laplante F, et al. Electrocatalytic dehydrochlorination of pentachlorophenol to phenol or cyclohexanol[J]. Environmental Science and Technology,2000,34(7): 1265-1268.
[5] Zhang C F, Zhang D D, Xiao Z X, et al. Characterization of humins from different natural sources and the effect on microbial reductive dechlorination of pentachlorophenol[J].Chemosphere, 2015, 131(4): 110-116.
[6] Khodadoust A P, Suidan M T, Sorial G A, et al. Desorption of pentachlorophenol from soils using mixed solvents[J]. Environmental Science and Technology, 1999, 33(24): 4483-4491.
[7] 袁英，何小松，席北斗，等.腐殖质氧化还原和电子转移特性研究进展[J].环境化学，2014，33(12): 2048-2057.
[8] Chiou C T, Malcolm R L, Brinton T I, et al. Water solubility enhancement of some organic pollutants and pesticides by dissolved humic and fulvic acids[J].Environmental Science and Technology, 1986, 20(5): 502-508.
[9] 王向伟，方健. 浅谈城市生活垃圾填埋场渗滤液的性质及处理[J].中国城市环境卫生，2009，(1): 13-16.
[10] Huang L P, Chai X L, Quan X, et al. Reductive dechlorination and mineralization of pentachlorophenol in biocathode microbial fuel cells[J]. Bioresource Technology, 2012, 111(111): 167-174.
[11] Cao F, Liu T X, Wu C Y, et al. Enhanced Biotransformation of DDTs by an Iron and Humic-Reducing Bacteria Aeromonas hydrophila HS01 upon Addition of Goethite and Anthraquinone-2,6-Disulphonic Disodium Salt (AQDS)[J]. Journal of Agricultural and Food Chemistry, 2012, 60(45): 11238-11244.
[12] Shahpoury P, Hageman K J, Matthaei C D, et al. Chlorinated pesticides in stream sediments from organic, integrated and conventional farms[J]. Environmental Pollution, 2013, 181(181C): 219-225.
[13] Xu Y, He Y, Feng X, et al. Enhanced abiotic and biotic contributions to dechlorination of pentachlorophenol during Fe(Ⅲ) reduction by an iron-reducing bacterium *Clostridium beijerinckii* Z[J]. Science of the Total Environment, 2014, 473-474(3): 215-223.
[14] Peuravuori J, Pihlaja K. Molecular size distribution and spectroscopic properties of aquatic humic substances[J]. Analytica Chimica Acta, 1997, 337(2): 133-149.
[15] Ke W, Li W, Gong X J, et al. Spectral study of dissolved organic matter in biosolid during the composting process using inorganic bulking agent: UV–vis, GPC, FTIR and EEM[J]. International Biodeterioration and Biodegradation, 2013, 85(7): 617-623.
[16] 何小松，席北斗，刘学，等. 城市垃圾填埋初期物质转化的光谱学特性研究[C]//中国环境科学学会学术年会，2010.
[17] Xing M Y, Li X W, Yang J, et al. Changes in the chemical characteristics of water-extracted organic matter from vermicomposting of sewage sludge and cow dung[J]. Journal of Hazardous Materials, 2012, 205-206: 24-31.
[18] Avneri-Katz S, Young R B, Mckenna A M, et al. Adsorptive fractionation of dissolved organic matter (DOM) by mineral soil: Macroscale approach and molecular insight[J]. Organic Geochemistry, 2017, 103: 113-124.
[19] Coward E K, Ohno T, Plante A F. Adsorption and molecular fractionation of dissolved organic matter on iron-bearing mineral matrices of varying crystallinity. Environmental Science and Technology, 2018, 52(3): 1036-1044.

第9章

垃圾填埋胡敏素演变特征与强化脱氯特征

9.1 垃圾填埋过程胡敏素演变特征

9.2 垃圾填埋微生物驱动胡敏素演化机制

9.3 胡敏素促进 PCP 还原脱氯特征

9.4 内部结构对胡敏素促进 PCP 脱氯的影响

我国城市生活垃圾年产量已超过 1.4×10^8t，年增长率为 8% ～ 10%[1]。卫生填埋场是我国最重要的生活垃圾处理和处置场所，据中国环境监测总站对国内 329 个城市垃圾处理厂的调查表明，卫生填埋场占总垃圾处理设施的 87.5%[2]。垃圾填埋场堆积了大量含有溶解性有机质（DOM）和颗粒有机物的矿化垃圾，目前对有机质氧化-还原性质的认识已经取得了很大进展，但大多数研究都集中在可溶性有机成分上，对垃圾填埋场中胡敏素组分的组成、演化和环境行为的研究却很少。最近，有学者证明了异化铁还原菌能够将电子传递给源自土壤的固相有机质，只是与 DOM 相比，固相有机质的电子传递能力（ETC）较弱[3]。

由于填埋场的生活垃圾分类收集效果不佳，电子产品、医药用品和工业垃圾等富含金属元素和有机污染物的垃圾混入生活垃圾填埋场中，导致渗滤液中含有多种有毒害金属元素和有机污染物。而有机污染物种类复杂繁多，存在着一些酚类、氯代烃、氯氟烃类等有机污染物。Sír 等[4] 采用高效液相色谱法对垃圾填埋场渗出液中的有机物进行定量测定，发现苯酚物质含量较高。Liu 等[5] 研究了 5 种酚类化合物对大型溞的急性毒性效应，发现苯酚、4-氯酚（4-CP）、2,4-二氯酚（2,4-DCP）、2,3,4-三氯酚（2,3,4-TCP）具有很高毒性，五氯酚毒性极强，其环境危害应引起足够的重视。目前尚不清楚垃圾填埋场中的胡敏素是否能促进 PCP 的还原转化。

因此，本章利用多种光谱分析手段揭示填埋过程中胡敏素的组成、结构及其演变，考察源于垃圾的胡敏素的 ETC 及其影响因素，以及胡敏素的 ETC 对 PCP 脱氯的影响。

9.1 垃圾填埋过程胡敏素演变特征

9.1.1 元素组成分析

不同填埋年限胡敏素的元素组成和原子比如表 9-1 所列，可以看出胡敏素的元素组成主要是以 C 为主，其次是 H 和 N。

表9-1 胡敏素元素组成分析

编号	N/%	C/%	H/%	S/%	N/C值	H/C值
A1	0.87	26.47	3.04	0.34	0.03	1.38
A2	0.65	20.85	3.42	0.23	0.03	1.97
A3	0.73	24.17	3.56	0.33	0.03	1.77
B1	0.61	12.58	1.86	0.40	0.04	1.78

续表

编号	N/%	C/%	H/%	S/%	N/C值	H/C值
B2	2.03	22.66	3.03	0.78	0.08	1.60
B3	0.60	22.06	1.80	1.01	0.02	0.98
B4	1.03	28.26	2.32	1.20	0.03	0.99
B5	0.87	15.45	2.13	0.55	0.05	1.65
B6	0.85	18.78	2.27	0.51	0.04	1.45

N/C值和H/C值常被用来鉴别不同来源的腐殖质，监测不同环境中腐殖质的结构变化，并阐明腐殖质的结构公式[6-8]。N/C值越低表明填埋中的有机质具有较高的稳定性和聚合性，腐殖化程度较高[9]。在填埋初期，N/C值随深度的增加基本不变，在填埋中后期N/C值大致呈现先增后减、再增又减趋势。说明胡敏素在填埋过程中稳定性、腐殖化程度和凝聚度都有所增加。H/C值越小则表明有机质的化学结构是以芳香结构为主，其值越大则意味着有机质的化学结构中含有更多脂肪族化合物。随填埋的进行，H/C值在填埋初期大致呈先增后减的趋势，在中后期则呈现先减后增再减的趋势[8-12]。说明在填埋初期含有较多的脂肪族物质，在中后期以芳香结构为主。

9.1.2 三维荧光光谱分析

为了探讨填埋过程中胡敏素的结构和组成变化特征，通过SPF-PARAFAC分析将荧光激发-发射矩阵（EEM）分解成各种不同的荧光组分，如图9-1所示。所有的光谱对应于以激发/发射（E_x/E_m）波长对为特征的不同荧光团的存在，确定了四种最大激发/发射（E_x/E_m）波长对，分别为230nm/330nm、（270nm，345nm）/415nm、230nm/470nm和（230nm，270nm，375nm）/440nm。根据先前的研究[13,14]，组分C1属于类蛋白物质，组分C2属于类富里酸物质，组分C3和组分C4属于类胡敏酸物质。计算每个填埋场样品中四种组分的含量，并将其标记为F_{max}。如图9-2(a)所示，胡敏素的主要成分是组分C1和组分C3，且在填埋初期组分C1和组分C3的F_{max}值随填埋深度的增加呈先减小后增大的趋势，组分C2和组分C4的F_{max}值随填埋深度的增加呈先增大后减小的趋势，填埋中后期变化规律性不大。总的来说整个填埋过程中［图9-2(b)］，组分C1和C3的F_{max}值随填埋的进行呈现增大的趋势，组分C2和C4的F_{max}值随填埋的进行呈现减小的趋势。以上的结果表明，胡敏素中的类蛋白物质随填埋的进行呈增多趋势，但是类富里酸物质和类胡敏酸物质均呈现减少趋势。由于在填埋过程中四种组分含量的变化波动性较大。因此将四个组分在填埋初期和中后期阶段做差异性比较［图9-2(b)］，发现填埋初期的组分C1和C3的含量均小于填埋中后期，另外两个组分含量变化则呈现相反的趋势。结果表明，胡敏素在填埋中后期的类蛋白物质含量较高，类富里酸物质和类胡敏酸物质则主要出现在填埋初期。这与溶解态腐殖质呈相反状态，这可能是由填埋场特殊的厌氧环境以及垃圾组成的复杂性所致，同时也表明填埋场中胡敏素的组成与一般陆生腐殖物质存在一定区别。

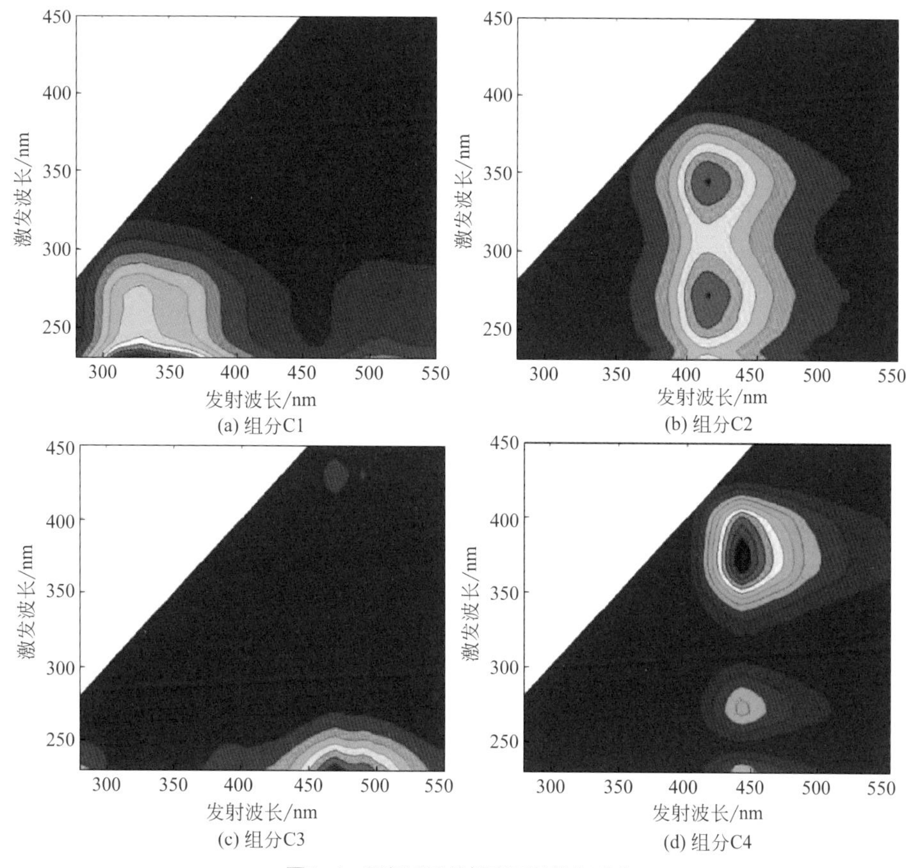

图9-1 平行因子分析出四种荧光成分

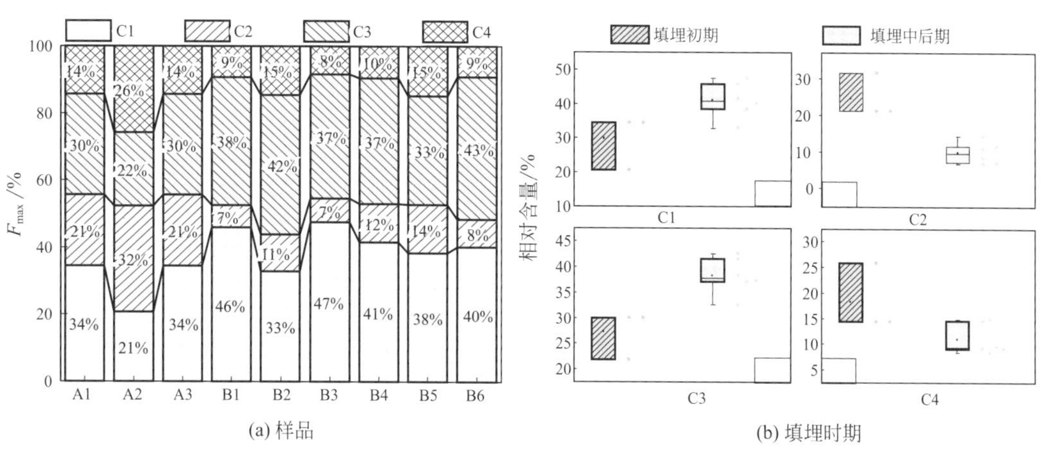

图9-2 平行因子分析识别的四种荧光成分的F_{max}的相对含量

9.1.3 红外光谱分析

填埋过程中，胡敏素的结构发生了变化，导致其氧化-还原官能团含量和芳香性的变化。利用红外光谱对胡敏素的官能团进行了鉴定，为了具体解析几种样品结构的差异，对红外图谱进行分峰拟合处理[15]，准确计算出胡敏素中官能团的相对含量。如图9-3所示，在整个填埋阶段，胡敏素样品的红外吸收图谱在主要吸收带和肩峰的位置具有相似性，存在9个明显的吸收峰，依次出现在3550～3440cm^{-1}、2930～2920cm^{-1}、2855～2850cm^{-1}、1650～1640cm^{-1}、1515cm^{-1}、1454cm^{-1}、1310～1230cm^{-1}、1060～1050cm^{-1}、640～630cm^{-1}。

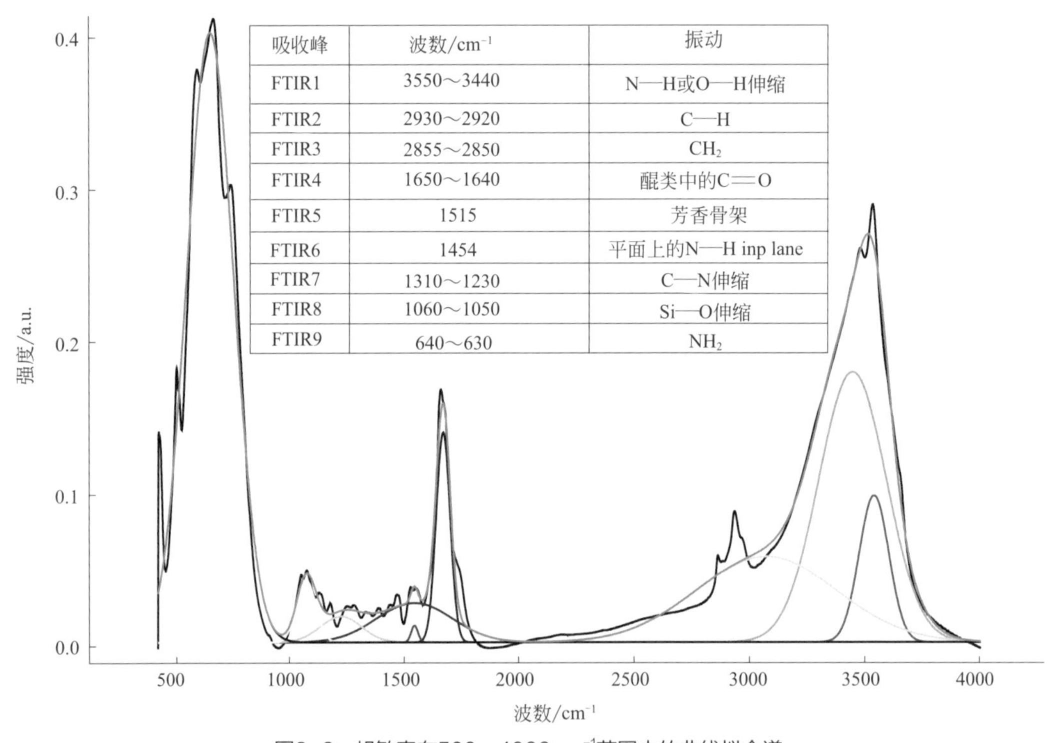

吸收峰	波数/cm^{-1}	振动
FTIR1	3550～3440	N—H或O—H伸缩
FTIR2	2930～2920	C—H
FTIR3	2855～2850	CH_2
FTIR4	1650～1640	醌类中的C═O
FTIR5	1515	芳香骨架
FTIR6	1454	平面上的N—H inp lane
FTIR7	1310～1230	C—N伸缩
FTIR8	1060～1050	Si—O伸缩
FTIR9	640～630	NH_2

图9-3 胡敏素在500～4000cm^{-1}范围内的曲线拟合谱

如图9-4所示，特征峰3550～3440cm^{-1}主要源于羧基和醇基的O—H伸缩振动[16]，填埋过程中该基团的强度百分比逐渐增大，表明在填埋过程中羧基和醇基的含量逐渐增大。2930～2920cm^{-1}和2855～2850cm^{-1}处的吸收峰分别归属于脂肪碳的C—H和CH_2伸缩振动[16]，填埋过程中其强度百分比变化不明显，说明填埋过程中脂肪碳的含量变化不大。在1650～1640cm^{-1}附近的特征吸收带与醌类化合物中的C═O有关[17]，填埋过程中其强度百分比逐渐增大，表明填埋场中含有不饱和键的醌类官能团的含量增加。1515cm^{-1}处的吸收峰来自芳香碳的伸缩振动，在填埋过程中其强度百分比逐渐增大，表明芳香碳含量随填埋深度的增加而增大。1454cm^{-1}处的吸收峰来源于氨基酸中的N—H伸缩振动；1310 ～ 1230cm^{-1}的特征吸收带主要与糖类C—O的伸缩振动有关；1060 ～ 1050cm^{-1}处的峰是由无机物引起的，可能是石英和黏土矿物的Si—O和Si—O—Si伸缩振动引起的[18]。上述两个的峰强度比例在填埋过程中都逐步增大。可见垃圾填埋场衍生的胡敏素含有羟基、羧基和醌基等活性官能团，这些官能团对PCP有转化作用。

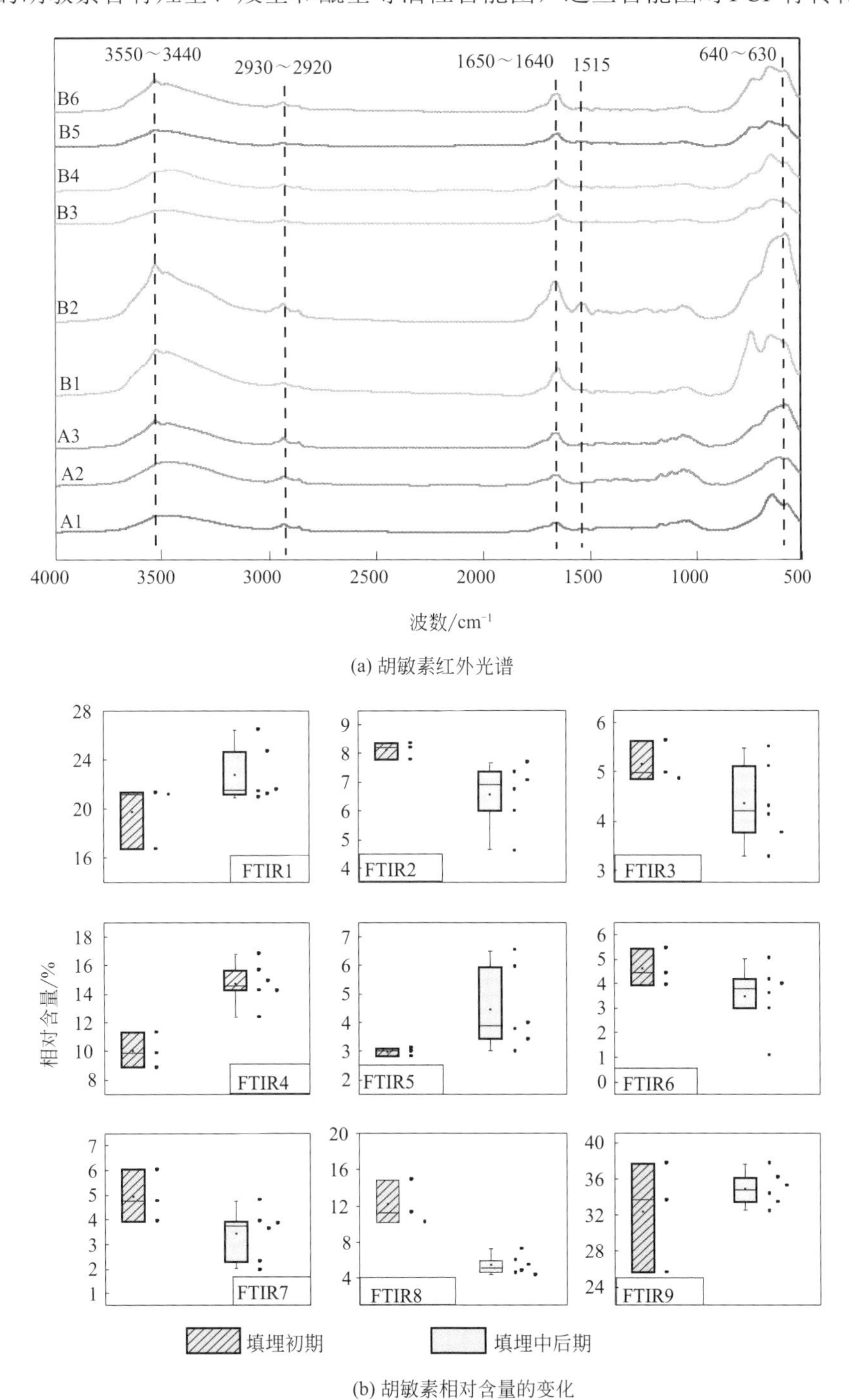

(a) 胡敏素红外光谱

(b) 胡敏素相对含量的变化

图9-4 胡敏素红外光谱及相对含量的变化

9.1.4 核磁共振光谱分析

^{13}C-NMR对确定碳的化学性质或碳在化学基团中的分布具有重要意义，它能研究填埋过程中骨架碳的变化规律[19-22]。在图9-5中给出了胡敏素的固态^{13}C-NMR谱和分布情况。一般来说，胡敏素的^{13}C-NMR谱可分为4个化学区域，具有一系列突出的峰：脂肪碳［δ(0～45)］、含氧脂肪碳［δ(45～110)］、芳香碳［δ(110～160)］和羧基/羰基碳［δ(160～220)］[21]。如图9-5所示，胡敏素的主要峰位于大约δ27、δ62、δ75、δ103和δ170处。根据Chai等[17]的研究，胡敏素δ27的峰归属于烷基碳；胡敏素δ62、δ75和δ103的峰都归因于含氧烷基碳；胡敏素δ170的峰归因于羧基碳。与红外光谱相似，可利用特征面积百分比的变化来揭示填埋过程中填埋中骨架碳的变化。

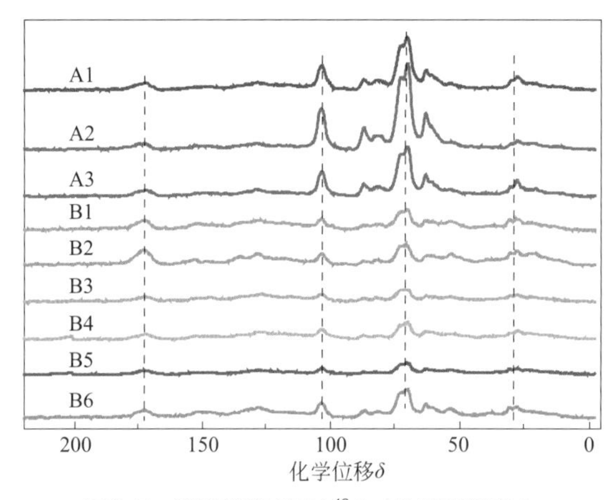

图9-5 填埋胡敏素固态^{13}C-NMR光谱变化

如图9-6所示，填埋初期的胡敏素的固态^{13}C-NMR光谱与填埋中后期的相比有显著差异，填埋中后期的信号峰强度明显降低。填埋过程中，胡敏素中的脂肪碳［δ(0～45)］

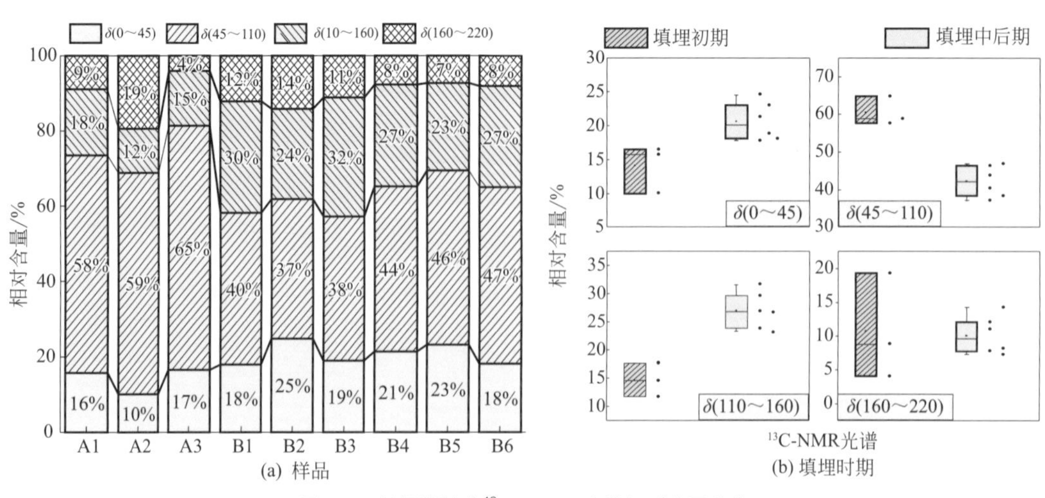

图9-6 填埋胡敏素^{13}C-NMR光谱相对含量变化

变化不明显，含氧脂肪碳［δ(45 ～ 110)］和羧基/羰基碳［δ(160 ～ 220)］随填埋的进行呈现先增后减、再增后减的趋势，潜在的原因可能是在填埋过程中含氧脂肪碳会作为碳源被微生物降解，促进微生物群落的生长和繁殖[21]。而芳香碳［δ(110 ～ 160)］在填埋初期呈现先增后减的趋势，在中后期具有波动性，但相比于填埋初期，中后期是呈现增加的趋势，可能是因为随着填埋的进行促进了固相腐殖质芳香碳的生成。

9.2 垃圾填埋微生物驱动胡敏素演化机制

胡敏素的分解和溶解腐殖质的形成主要是微生物活动的结果。因此，填埋过程中微生物群落及其活性的变化可能会导致胡敏素的组成和结构发生变化。使用冗余分析（RDA）分析了影响胡敏素组成的功能细菌群落（图9-7）。在5%水平上，细菌群落分布与NMR1、NMR3、C1、C2、C3、C4、FTIR1、FTIR4、FTIR7、FTIR8和FTIR9显著相关，29.2%（p=0.0022）、31.6%（p=0.006）、31.8%（p=0.008）、37.4%（p=0.004）、36.8%（p=0.002）、34.3%（p=0.002）。总变异分别为17.7%（p=0.025）、25.6%（p=0.018）、24.7%（p=0.04）、36.6%（p=0.006）和25.6%（p=0.094）。b6和b9条带对C1影响较大，b11和b14条带分别对C3和C2影响较大。b17条带与C4相关显著，b6、b11、b13条带与NMR1、NMR3相关较强。b15条带对FTIR1影响较大，b11、b13条带对FTIR4影响较大，b17条带与FTIR7显著相关，b14和b9条带分别对FTIR8和FTIR9影响较大。所有序列中有20条带的相似度均大于97%（表3-1）。b1、b8、b15和b17条带与变形菌门相关。b3、b4、b5、b6、b9、b11、b13、b14和b16条带与厚壁菌门相关。b7、b10条带为放线菌门，b18、b19、b20条带为拟杆菌门。由此可见，垃圾填埋场胡敏素中类蛋白和类富里酸物质的演化主要受厚壁菌门的影响，而类腐殖质的变化则与变形菌门有关。脂肪碳和芳香碳主要受厚壁菌门的影响。红外光谱表明，羧基、醇和糖类的相关振动主要受变形菌门的影响，苯醌官能团主要受厚壁菌门的影响。结果表明厚壁菌门对蛋白质的降解起到重要作用，并且可促进醌类物质的形成。变形菌门可降解纤维素和木质素类物质，从而产生水溶性芳香性物质，与氨基酸进一步缩合形成腐殖质类物质。总体而言，厚壁菌门和变形菌门是影响填埋胡敏素氧化-还原功能基团变化的主要菌种，在填埋过程中可降解氨基酸、羧基，促进胡敏素结构芳香化。微生物在整个填埋过程中起重要作用，不同的氧化-还原功能基团的形成是多种微生物菌群共同作用的结果，并且不同的填埋阶段不同的微生物所起的作用并不相同。

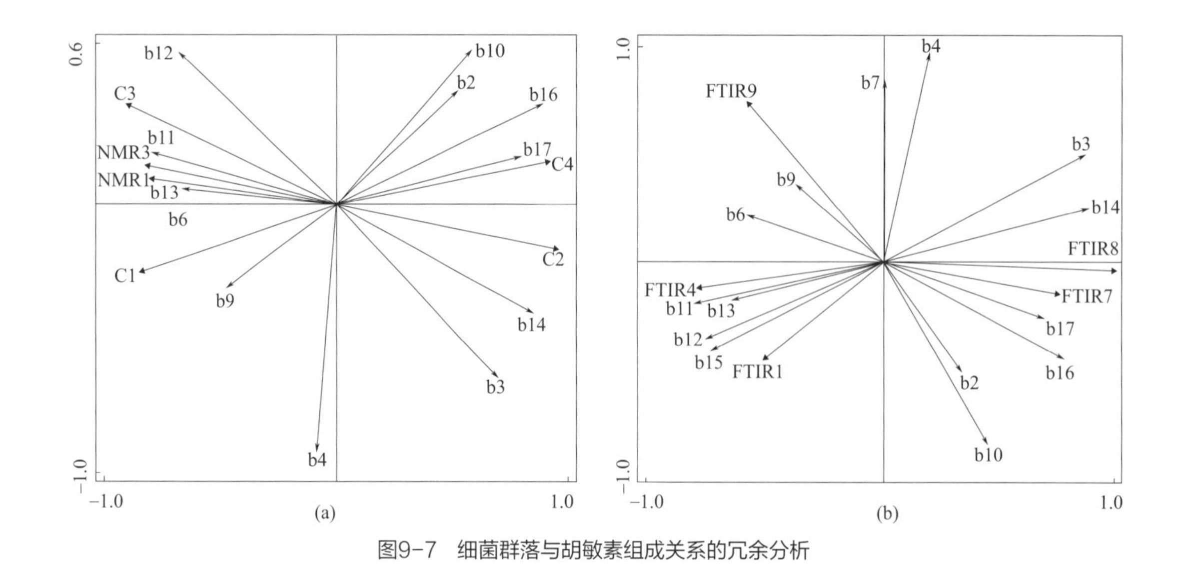

图9-7　细菌群落与胡敏素组成关系的冗余分析

9.3 胡敏素促进PCP还原脱氯特征

9.3.1 微生物还原条件下胡敏素促进PCP还原脱氯

胡敏素具有电子介导功能，能稳定地介导微生物对PCP的脱氯作用。如图9-8所示，在空白对照组中，只添加MR-1菌剂，经过41d的培养，大约有40%PCP被降解，表明MR-1对PCP具有生物脱氯作用，在缺氧环境中微生物以小分子有机物作为电子供体，以PCP作为最终的电子受体，微生物在该过程中可以获得供自己生长和代谢的能量，对PCP具有吸附和促进还原作用，但MR-1的PCP还原转化功能较为单一，还原转化PCP能力有限。只有胡敏素且高温灭菌的条件下，经过41d的培养，大约有40%～60% PCP被降解，表明胡敏素可以促使PCP进行化学脱氯，潜在的原因可能是胡敏素具有丰富的醌基、羧基、酚羟基等活性官能团，同时还可以作为电子供体，胡敏素含有的活性官能团和其具有的电子供体能力都有利于促进PCP还原脱氯。以MR-1作电子供体，同时添加不同填埋阶段的胡敏素作电子介导体，经过41d的培养，大约有80% PCP被降解，与空白对照组相比PCP降解率明显提高了20%～40%，表明了填埋胡敏素对PCP微生物还原脱氯具有促进作用。

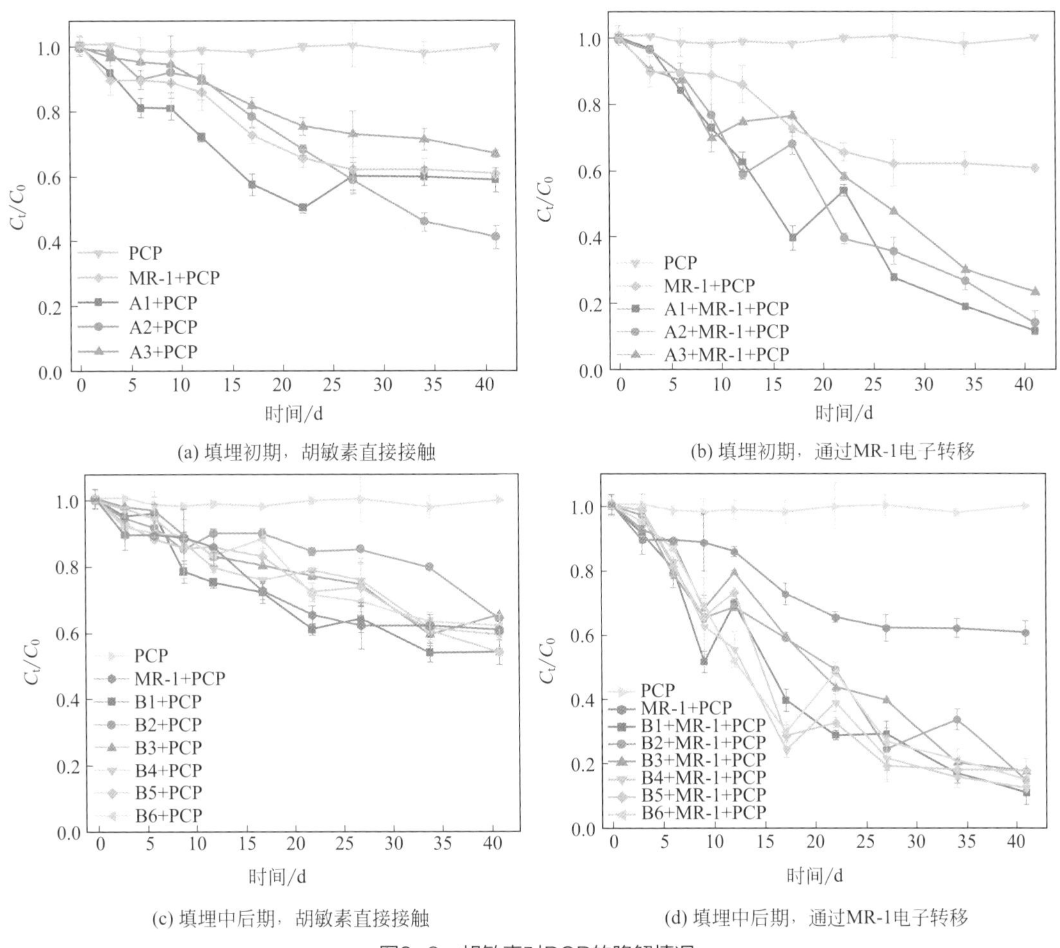

图9-8　胡敏素对PCP的降解情况

9.3.2　不同填埋阶段胡敏素对PCP还原脱氯的影响

如图9-9所示，在不同填埋阶段胡敏素促进PCP还原转化过程中共检测到6种产物，脱氯代谢产物包括2,3,4,6-四氯苯酚（2,3,4,6-TeCP）、2,4,6-三氯苯酚（2,4,6-TCP）、2,4,5-三氯苯酚（2,4,5-TCP）、2,6-二氯苯酚（2,6-DCP）、2,4-二氯苯酚（2,4-DCP）和4-氯苯酚（4-CP），所有处理中分别脱掉了1～4个氯。不同填埋年限的胡敏素的氧化-还原能力不同，促进PCP还原脱氯的能力也不同。填埋初期胡敏素中含有的电子转移功能基团的氧化-还原电势较高而还原能力较弱，使得对PCP深度脱氯能力较弱。填埋初期胡敏素样品的添加使得高氯代还原产物检出量较高而低氯代产物检出量较低。添加填埋中后期的胡敏素样品则呈现相反的现象，由此说明，相较于填埋初期，填埋中后期胡敏素样品中含有的电子转移功能基团的氧化-还原电势较低而还原能力较强，可以更为有效地促进PCP的深度脱氯。表明不同填埋年限的胡敏素氧化-还原性质存在差异，导致其对PCP也具有不同的降解能力。同时，不同填埋年限的胡敏素的电子转移能力不同，随填埋的进行表现出复杂的组成和结构变化，说明不同填埋年限的胡敏素对PCP有不同的降解能力可能与其电子转移能力和结构组成的演变有关。同时也计算了不同垃圾填埋场样品的脱氯效率，发现填埋中后期胡敏素的脱氯效率高于填埋初期。再一次验证了填埋中后期胡敏素的脱氯效果较好，不同填埋深度的胡敏素氧化-还原性能不同，对PCP的降解能力也不同。

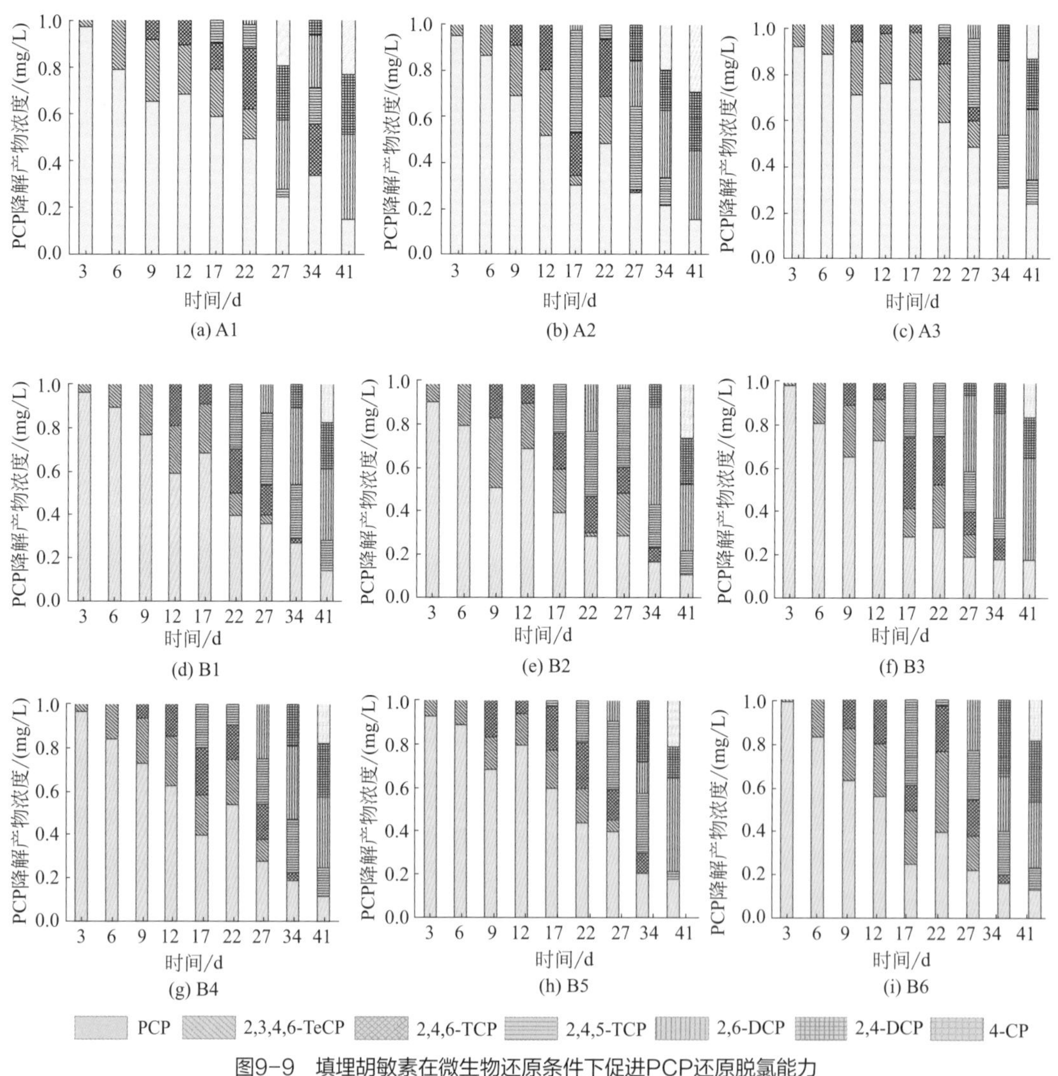

图9-9 填埋胡敏素在微生物还原条件下促进PCP还原脱氯能力

9.4 内部结构对胡敏素促进PCP脱氯的影响

为了揭示不同填埋阶段胡敏素对PCP降解的影响，对PCP不同降解产物含量与电子转移能力和组成结构官能团进行了相关性分析，结果如图9-10所示。PCP与C3呈显著负相关，与NMR2则呈显著正相关，表明胡敏素结构中含有的类胡敏酸物质促进了PCP的降解，而含氧脂肪碳则抑制了PCP的降解。胡敏素和PCP的相互反应可能会生成过氧自由基，过氧自由基是很强的氧化剂，对土壤中氯酚的降解有重要的作用，胡敏素对PCP的去除可能是受到氯酚类物质生成的过氧自由基的攻击。四氯产物（2,3,4,6-TeCP）和三氯产物（2,4,6-TCP）由于在整个降解过程是处于不断被还原和生成的动态过程中，在最后阶段并没有监测到其存在，所以无法进行相关性分析。三氯产物（2,4,5-TCP）与C3和FTIR1呈显著正相关，与C2、C4、FTIR6和FTIR7呈显著负相关，说明胡敏素结构中的类胡敏酸物质和羟基促进了三氯产物（2,4,5-TCP）的形成，而类蛋白物质则促进了三氯产物（2,4,5-TCP）的脱氯和降解。二氯产物（2,6-DCP）与EDC和C1呈正相关，与H/C值、FTIR2和FTIR3呈负相关，说明胡敏素结构中的类蛋白物质促进了二氯产物（2,6-DCP）的形成，而脂肪族结构则促进了二氯产物（2,6-DCP）的脱氯和降解。二氯产物（2,4-DCP）与FTIR2和FTIR3呈显著正相关，与ETC、EDC、H/C值、NMR1、FTIR4和FTIR5呈负相关，说明脂肪结构促进了二氯产物（2,4-DCP）的形成，而芳香性物质和醌基进一步降解了二氯产物（2,4-DCP）。一氯产物（4-CP）与C2、C4、NMR4、FTIR6、FTIR7和FTIR8呈显著正相关，与ETC、EDC、EAC、C1、NMR3和FTIR9呈显著负相关，表明类腐殖质物质和羧基/羟基碳有利于一氯产物（4-CP）的生成。由此表明，胡敏素的组成和结构对PCP降解能力的影响主要是由于填埋胡敏素具有电子转移能力特性，而胡敏素的电子转移特性主要源于其结构中含有的电子转移功能基团。可见胡

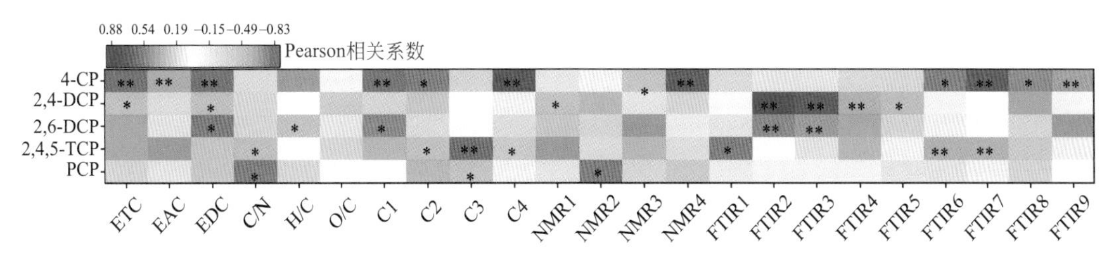

图9-10 垃圾填埋场中五氯苯酚及其降解产物与胡敏素电子传递能力、组成和结构参数之间的相关性分析

敏素含有的羟基、羧基和醌基等氧化-还原活性官能团，这些官能团对PCP降解有促进作用。

参考文献

[1] Wu D, Huang X H, Sun J Z. Antibiotic resistance genes and associated microbial community conditions in aging landfill systems[J]. Environmental science and Technology, 2017, 51: 12859-12867.

[2] Zhao R X, Feng J, Yin X L. Antibiotic resistome in landfill leachate from different cities of China deciphered by metagenomic analysis[J]. Water Research, 2018, 134: 126-139.

[3] Roden E E,Kappler A , Bauer I, et al. Extracellular electron transfer through microbial reduction of solid-phase humic substances[J]. Nature Geoscience, 2010, 3(6): 417-421.

[4] Sír M , Podhola M, Patočka T, et al . The effect of humic acids on the reverse osmosis treatment of hazardous landfill leachate [J]. Journal of Hazardous Materials, 2012, 207-208(7121): 86-90.

[5] Liu H L,Yang B X, Yu H X, et al. Investigation of toxicity mechanisms of phenol & chlorophenols to Daphnia Magna[J]. Environmental Pollution and Control, 2007, 29(1): 33-36.

[6] André V Z, Esther W Z, Comans R N J. Development of an automated system for isolation and purification of humic substances[J]. Analytical and Bioanalytical Chemistry, 2008, 391(6): 2365-2370.

[7] Natalia C, Tatiana M, Tatiana K. Impact of heat treatment on humic acid elemental content and thermal stability [J]. Humic Acid, 2015, 15: 288-291.

[8] Quiñones R, Bayline J L, Polvani D A, et al. Integrating elemental analysis and chromatography techniques by analyzing metal oxide and organic UV absorbers in commercial sunscreens[J]. Journal of Chemical Education, 2016, 93(8): 1434-1440.

[9] Lu X Q, Hanna J V, Johnson W D. Source indicators of humic substances: an elemental composition, solid state 13 C CP/MAS NMR and Py-GC/MS Study[J]. Applied Geochemistry, 2000, 15(7): 1019-1033.

[10] Zheng Z Y, Zheng Y, Tian X C, et al. Interactions between iron mineral-humic complexes and hexavalent chromium and the corresponding bio-effects [J]. Environmental Pollution, 2018, 241: 265-271.

[11] Chai X L, Hao Y X, Liu G X, et al. Spectroscopic studies of the effect of aerobic conditions on the chemical characteristics of humic acid in landfill leachate and its implication for the environment[J]. Chemosphere, 2013, 91(7): 1058-1063.

[12] 柴晓利，刘归香，赵欣，等. 生活垃圾填埋场垃圾腐殖质的组成和波谱特性[J]. 同济大学学报（自然科学版），2011，39(3): 390-394.

[13] Stedmon C A, Bro R. Characterizing dissolved organic matter fluorescence with parallel factor analysis: a tutorial[J]. Limnology and Oceanography Methods, 2008, 6(11): 572-579.

[14] Wu J, Zhang H, He P J, et al. Insight into the heavy metal binding potential of dissolved organic matter in MSW leachate using EEM quenching combined with PARAFAC analysis[J]. Water Research, 2011, 45(4): 1711-1719.

[15] Palencia M. Functional transformation of Fourier-transform mid-infrared spectrum for the improving of spectral specificity by simple algorithm based on wavelet-like functions[J]. Journal of Advanced Research, 2018, 14: 53-62.

[16] Qu X, Xie L, Lin Y, et al. Quantitative and qualitative characteristics of dissolved organic matter from eight dominant aquatic macrophytes in Lake Dianchi, China[J]. Environ Science and Pollution Research , 2013,

20(10): 7413-7423.

[17] Chai X L, Takayuki S, Cao X Y, et al. Spectroscopic studies of the progress of humification processes in humic substances extracted from refuse in a landfill[J]. Chemosphere, 2007, 69(9): 1446-1453.

[18] Lenz S, Böhm K, Ottner R, et al. Determination of leachate compounds relevant for landfill aftercare using FT-IR spectroscopy[J]. Waste Management, 2016, 55: 321-329.

[19] Newman R H, Tate K R. ^{13}C NMR characterization of humic acids from soils of a development sequence[J]. European Journal of Soil Science, 2010, 42(1): 39-46.

[20] Camille K, Maciel G E. Quantitation in the solid-state ^{13}C NMR analysis of soil and organic soil fractions[J]. Analytical Chemistry, 2003, 75(10): 2421-2432.

[21] Mao J D, Tremblay L, Gagné J P. Structural changes of humic acids from sinking organic matter and surface sediments investigated by advanced solid-state NMR: Insights into sources, preservation and molecularly uncharacterized components[J]. Geochimicaet Cosmochimica Acta, 2011, 75(24): 7864-7880.

[22] Hatcher P G. H-NMR and C-NMR spectroscopy of chernozem soil humic acid fractionated by combined size-exclusion chromatography and electrophoresis[J]. Chemistry and Ecology, 2010, 26(4): 315-325.

第10章 填埋腐殖土演变特征及促进污染转化特征

卫生填埋法因技术成熟、操作简单且处理量大等优点，成为当今世界上最主要的垃圾处理方式。在生活垃圾填埋过程中，会产生大量的矿化垃圾并堆积在填埋场，其筛下物含有大量的腐殖质类物质。填埋垃圾以及产生的渗滤液由于垃圾成分、填埋时间以及填埋环境等因素的影响，再加上填埋过程中发生的一系列物理、化学以及生物反应，导致了其中含有多种有毒害金属元素和有机污染物。已有研究报道腐殖质能促进五氯苯酚（PCP）脱氯，但是这些腐殖质都是经过提取纯化的有机质。虽说提取出来的腐殖质具有电子转移能力，但是在填埋场中，有机质是与无机矿物结合在一起的，更能反映真实的环境，这种结合物是否同样具有电子转移能力，是否能促进PCP脱氯尚不清楚。

重金属可因形态中某一个或几个方面不同而表现出不同的毒性和环境行为，尤其是重金属在土壤中的形态更具有重要意义，因为土壤的理化性质非常复杂，它和重金属可以发生多种类型的反应和作用。有机质因含有活性官能团从而具有络合能力和氧化-还原能力，但填埋垃圾中的有机质常常是以与矿物相结合的形式而存在，这些活性官能团可能会与矿物相结合，但它们是否还能够通过络合和氧化-还原能力加速重金属转化，目前尚不清楚。垃圾填埋场基质中含有多种难溶于水的氧化态重金属，而稳定的废弃物能否作为电子穿梭体，促进这些重金属从不溶性氧化态向相对可溶性还原态的转化尚不清楚。据我们所知，大多数重金属的研究集中在吸附、解吸和淋溶能力上，很少关注重金属在填埋中的形态分布。

因此，本章主要介绍填埋过程中腐殖土的结构、组成和电子转移能力的演变；腐殖土是否能促进PCP脱氯，以及腐殖土的结构、组成和电子转移能力对PCP脱氯能力影响；填埋过程中重金属形态的分布情况以及腐殖土的结构、组成和电子转移能力对重金属形态分布的影响。

10.1 垃圾填埋总有机质演变特征

10.1.1 元素组成分析

元素组成分析是判断腐殖土结构和性质最简单、最重要的方法之一。通过对元素进行分析，可以简单地判断腐殖土可能的组成与结构。对填埋垃圾样品中提取的腐殖土进行元素分析，9个样品的元素组成和原子比如表10-1所列，可以看出腐殖土的元素组成以O为主，其次为C。C、H、N、S的含量变化范围都不同，C为3.41%～16.86%，H为1.51%～3.73%，N为0.22%～1.02%，S为0.17%～0.94%。一般来说，C含量稍大，

H、N和S含量稍小[1]。

表10-1 填埋腐殖土元素组成分析

编号	N/%	C/%	H/%	S/%	C/N值	H/C值
A1	0.74	10.44	3.73	0.78	16.46	4.29
A2	0.77	16.86	3.48	0.94	25.55	2.47
A3	0.45	4.27	2.52	0.26	11.07	7.08
B1	0.26	3.41	2.03	0.17	15.30	7.15
B2	1.02	8.67	2.68	0.47	9.92	3.71
B3	0.22	3.76	1.51	0.17	19.94	4.81
B4	0.36	5.74	2.32	0.33	18.60	4.85
B5	0.26	4.05	1.96	0.18	18.17	5.81
B6	0.36	4.52	2.28	0.25	14.65	6.06

C/N值和H/C值可用于鉴定不同来源的腐殖物质的结构组成变化[2]。C/N值可以有效地表征腐殖土的不同来源，高的C/N值说明填埋场中的腐殖土主要来源于植物降解的产物[3]。无论填埋初期还是中后期，中层的C/N值较高，表明中层的腐殖土具有较高的稳定性和凝缩性，腐殖化程度较高。许多研究[4,5]认为H/C值可有效反映腐殖物质的芳香缩合度和成熟度。随填埋的进行，无论填埋初期还是中后期，H/C值都呈增大的趋势，说明芳香缩合度和成熟度随填埋的进行呈降低趋势，显示填埋场中有大量结构简单的降解产物。

10.1.2 三维荧光光谱分析

为了探讨填埋过程腐殖土的结构和组成变化特征，通过SPF-PARAFAC分析将腐殖土分解成各种不同的荧光组分，由上文中可知，组分C1（E_x/E_m = 230nm/330nm)属于类蛋白物质，组分C2［E_x/E_m = （270nm, 345nm）/415nm］属于类富里酸物质，组分C3（E_x/E_m = 230nm/470nm）和组分C4［E_x/E_m = （230nm, 270nm, 375nm）/445nm］属于类胡敏酸物质。计算每个填埋场样品中四种组分的含量，并将其标记为F_{max}。如图10-1所示，填埋腐殖土的主要成分是组分C1和组分C3，填埋前期组分C1和组分C3的F_{max}值均大于填埋中后期，而组分C2和组分C4则呈现相反的状态。表明在填埋初期，类蛋白物质含量较高，类富里酸物质和类胡敏酸物质主要出现在填埋中后期。

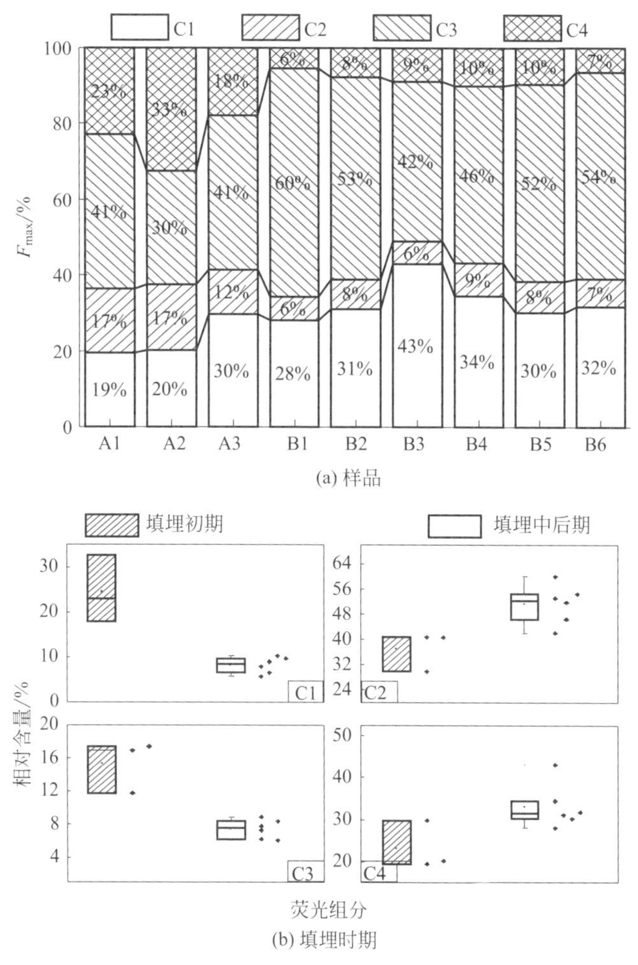

图10-1 平行因子分析识别腐殖土的4种荧光成分F_{max}的相对含量

10.1.3 红外光谱分析

采用红外光谱对腐殖土中所含的官能团进行鉴定，如图10-2所示，对吸收峰进行归属[6-8]，3400cm^{-1}处的吸收峰是羟基中氢键的伸缩振动，说明腐殖土中含有羟基[9]；2920cm^{-1}和2850cm^{-1}处的吸收峰为脂肪族结构中C—H的伸缩振动，说明含有脂肪族结构；1570～1540cm^{-1}处的吸收峰为C═O、芳环、β(N—H)的伸缩振动，即酰胺化合物的特征吸收谱带[10]；1430cm^{-1}处的宽带吸收峰主要为芳烃C═C的骨架振动、羧酸盐中COO—的反对称伸缩振动等相互叠加的吸收峰，说明含有芳香性的C═C以及氢键缔合的醌基及羧酸根离子[10]；1400～1600cm^{-1}有吸收峰，说明含有羧酸根离子；1030cm^{-1}处的强吸收峰为硅酸盐矿物和多糖C—O的伸缩振动[11]。可见腐殖土中含有羧基和羟基，这些官能团对有机污染物有吸附降解作用，因此可以减弱有机污染物在填埋垃圾中的毒性。总体来看，虽然9个样品的红外吸收光谱存在相似性，但是不同填埋年限的腐殖土波峰的峰形和峰强度有一定区别，体现出不同填埋深度的腐殖土特征官能团的性质差异。对不同波段吸收峰面积进行积分，用各官能团吸收峰积分面积百分比半定量表征填埋腐殖土含有的不同官能团的相对含量。FTIR2吸收峰的强度相对含量在填埋中后期高于填埋初期，FTIR4则呈现相反的趋势，这可能是由于随着腐殖化进程的加快，腐殖质类物质逐渐合成，苯环类化合物上的脂肪链不断地氧化分解成含氧官能团，如羰基、羧基和羟基等。其他大部分吸收峰的强度相对含量在填埋过程中变化趋势不大。

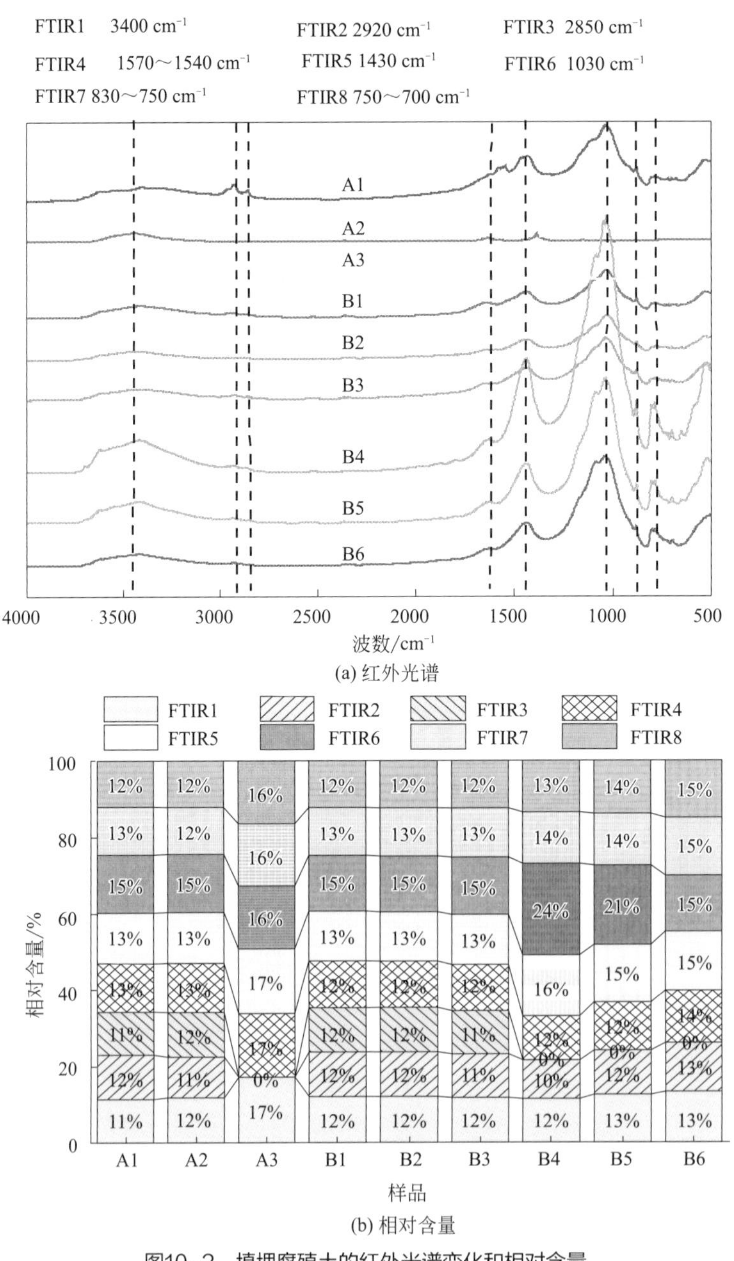

图10-2 填埋腐殖土的红外光谱变化和相对含量

10.1.4 核磁共振光谱分析

腐殖土的^{13}C-NMR光谱如图10-3所示，它们通过整合可以分四个化学区域，包括一系列突出的峰，如脂肪碳［δ(0～45)］、含氧脂肪碳［δ(45～110)］、芳香碳［δ(110～160)］和羧基/羰基碳［δ(160～220)］[12]。在脂肪碳区域，腐殖土的主要峰在大约在δ30和δ72处，分别与有机物中的次甲基和烷基有关。δ30处的信号强烈地表明腐殖土中次甲基的数量较多，而含氧烷基区的信号强度较高，表明腐殖土中有较多的糖类物质。在芳香碳区域，光谱范围显示了芳香环上的各种取代基。在δ112处的峰值是由烯烃碳造成的，在δ130处的峰值是由芳香碳和不饱和碳造成的。在羧基/羰基碳区，在δ172处出现峰值，表明腐殖土含有羧基碳和羧酸。虽然不同填埋深度腐殖土出现谱峰的位置基本相同，但是峰的大小、分辨率和化学位移存在着明显的差异。通过测量不同化学位移范围内共振信号的相对强度和光谱的积分面积来评价不同填埋深度腐殖土之间的差异。在所有样品中，脂肪碳和烷氧基是主要的碳组分，但是随着填埋的进行，烷氧基呈下降趋势。该结果表明，虽然烷氧基是填埋腐殖土分子中主要的组分，但是部分烷氧基的结构不稳定，在填埋过程中容易被微生物利用，当作碳源被消耗。在填埋过程中，芳香碳和羧基碳虽有波动性，但大致呈现增加趋势，表明随填埋的进行，腐殖土的芳香化程度和结构趋于复杂和稳定，腐殖质类物质逐渐合成。

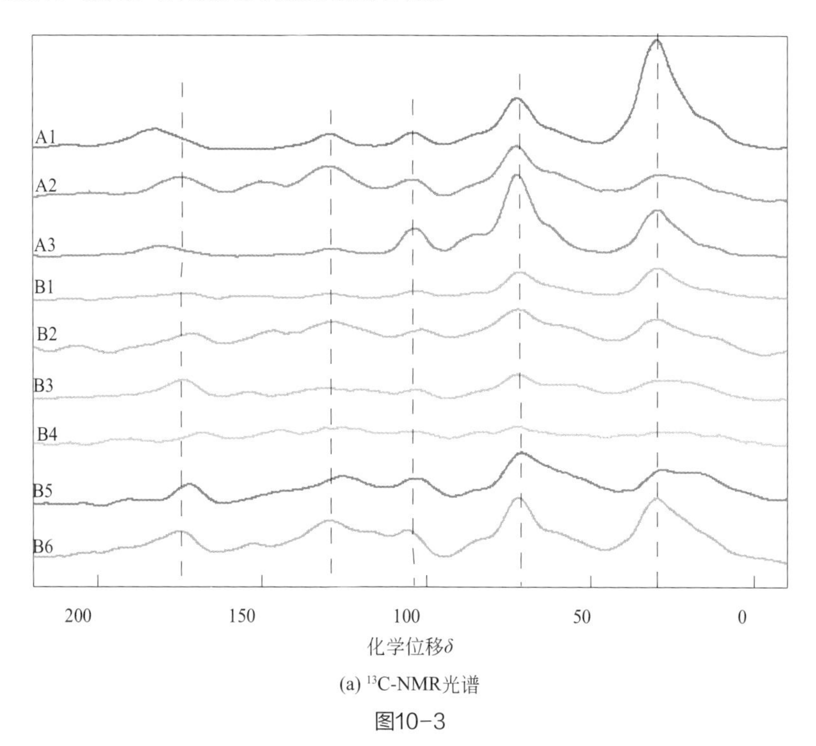

(a) ^{13}C-NMR光谱

图10-3

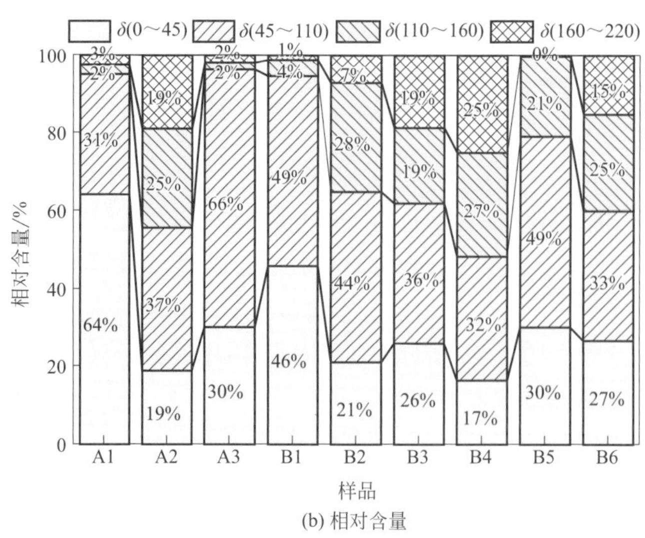

(b) 相对含量

图10-3　填埋腐殖土^{13}C-NMR光谱及相对含量

10.2 填埋总有机质促进PCP脱氯特征

10.2.1 微生物还原条件下腐殖土促进PCP还原脱氯

为了评估填埋腐殖土对PCP厌氧脱氯的影响，在MR-1存在的情况下，进行了添加和不添加腐殖土的实验。如图10-4所示，在既不存在MR-1又不存在腐殖土的情况下，PCP的浓度几乎不发生变化。在仅添加MR-1菌剂时，填埋腐殖土对PCP的促进还原作用随填埋进行整体呈下降趋势，并在反应的第25天达到相对稳定状态，大约有40% PCP被降解，这表明MR-1对PCP具有吸附和促进还原作用。Zhang等[13]表明五氯苯酚的脱氯是微生物活动所致，与上述结果一致。以MR-1作电子供体，同时添加不同填埋阶段腐殖土，PCP的降解率明显提高了20%～40%。表明了填埋腐殖土是进行脱氯的必要条件，对PCP微生物还原脱氯具有促进作用。以往的研究表明富铁、不溶性腐殖质对PCP的微生物还原脱氯具有稳定的电子介导能力，这说明填埋腐殖土对PCP微生物还原脱氯的促进作用可能与腐殖土中的一些矿物质有关[13]。

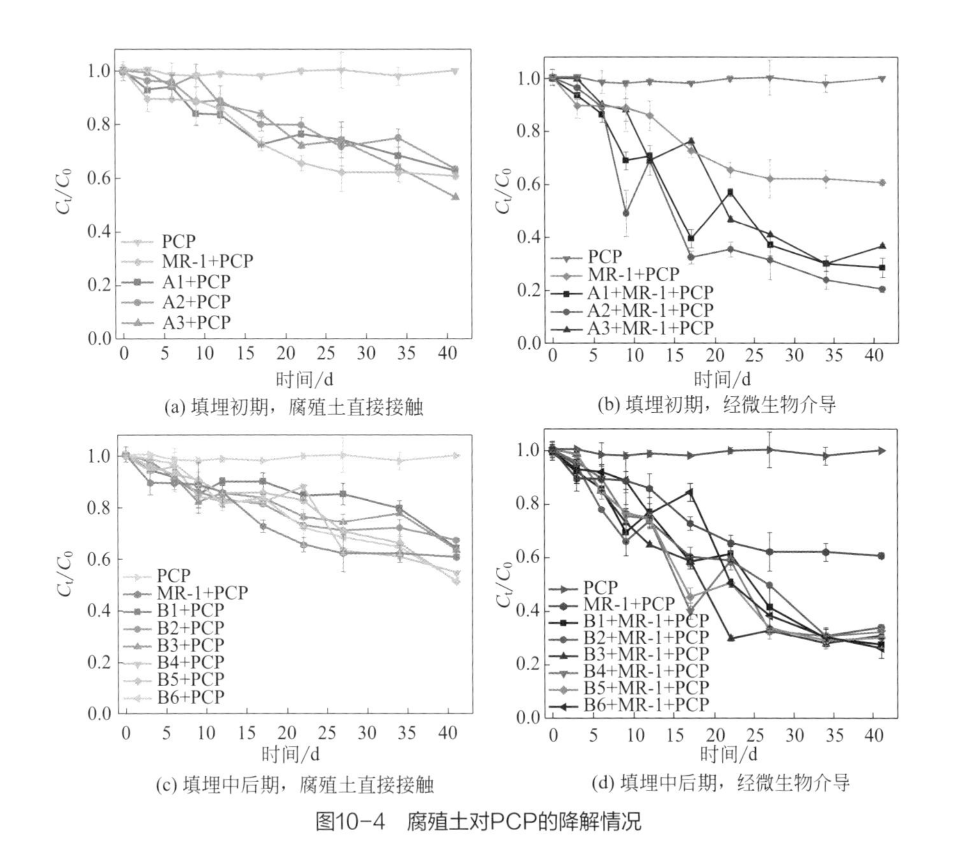

图10-4 腐殖土对PCP的降解情况

10.2.2 不同填埋阶段固态腐殖质对PCP还原脱氯的影响

在五氯苯酚（PCP）转化过程中，所有处理均产生脱氯代谢物，包括2,3,4,6-四氯苯酚（2,3,4,6-TeCP）、2,4,6-三氯苯酚（2,4,6-TCP）、2,4,5-三氯苯酚（2,4,5-TCP）、2,6-二氯苯酚（2,6-DCP）、2,4-二氯苯酚（2,4-DCP）和4-氯苯酚（4-CP）。PCP转化过程中产生的代谢物浓度的变化如图10-5所示。四氯苯酚（TeCP）在脱氯初期形成，最终消失，表明在脱氯过程中，TeCP的脱氯作用是存在的，并且是完全降解的。三氯苯酚（TCP）和二氯苯酚（DCP）是主要的代谢产物，主要是在中后期形成。一氯苯酚（CP）在脱氯过程的最后一天才形成。根据以上的结果，腐殖土具有电子介导功能，能稳定地介导微生物对PCP的脱氯作用。但不同填埋年龄的腐殖土表现出复杂的化学组成和结构，从而表现出不同的电子转移能力。腐殖土和微生物对PCP还原脱氯的促进作用可能与腐殖土中的某些矿物质有关。因此，为了揭示腐殖土中无机矿物和有机物对PCP降解的影响，分析了腐殖土组成结构与PCP不同降解产物的相关性。

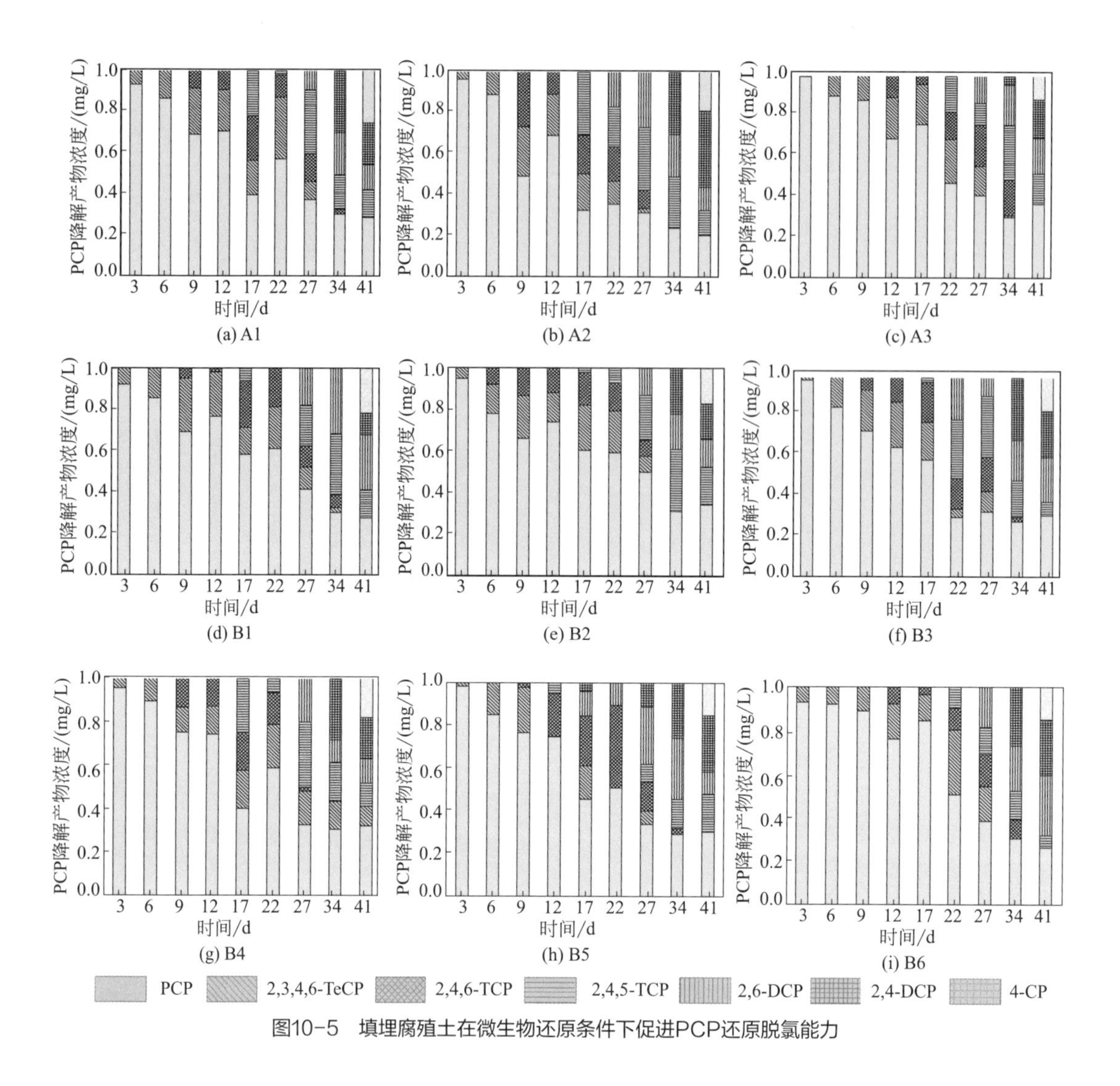

图10-5　填埋腐殖土在微生物还原条件下促进PCP还原脱氯能力

10.3 内部结构对腐殖土促进PCP脱氯的影响

为揭示填埋腐殖土的组成和结构对PCP脱氯能力的影响，对PCP不同降解产物含量与电子转移能力和组成结构官能团进行了相关性分析，结果如图10-6所示。PCP含量与C/N值呈显著负相关，与Fe_2O_3和SiO_2呈显著正相关，表明N有利于脱氯，而Fe_2O_3不利于脱氯。四氯产物（2,3,4,6-TeCP）与FTIR6呈显著正相关，与FeO呈显著负相关，表明2,3,4,6-TeCP的还原和生成与腐殖土中的硅酸盐矿物有关，氧化亚铁的存在可能导致

2,3,4,6-TeCP的降解。三氯产物（2,4,6-TCP）由于在整个降解过程是处于不断被还原和生成的动态过程中，在整个过程并没有监测到其存在，所以无法进行相关性分析。三氯产物（2,4,5-TCP）与EAC和NMR4呈显著负相关，表明腐殖土中的羧基/羟基碳含量越多，三氯产物（2,4,5-TCP）越容易被还原。二氯产物（2,6-DCP）与O/C值和ETC呈显著正相关，与C2和C4呈显著负相关。表明腐殖土中的烷基氧和羧基含量越高，越有助于二氯产物（2,6-DCP）的生成。二氯产物（2,4-DCP）与C/N值、C2和C4呈显著正相关，与C1和C3呈显著负相关。表明腐殖土中的类腐殖质物质有助于二氯产物（2,4-DCP）的生成。一氯产物（4-CP）与NMR1和FTIR3呈显著正相关，与FTIR1、FTIR5、FTIR7和FTIR8呈显著负相关。结果表明，腐殖土中的脂肪族结构和氧化亚铁能促进4-CP的生成，含氧官能团及铁矿物和硅酸盐矿物能加速4-CP的降解。总的来说，对于填埋腐殖土而言，里面含有有机质和无机矿物，腐殖土能促进PCP脱氯的原因可能是二者共同作用。氧化亚铁、铁矿物和硅酸盐矿物是影响PCP脱氯的主要无机矿物，其中对于高氯产物PCP和2, 3, 4, 6-TeCP来说，氧化亚铁能加速其还原降解；对低氯产物2, 6-DCP和4-CP来说氧化亚铁能促进其生成，铁矿物和硅酸盐矿物能加速其还原降解。

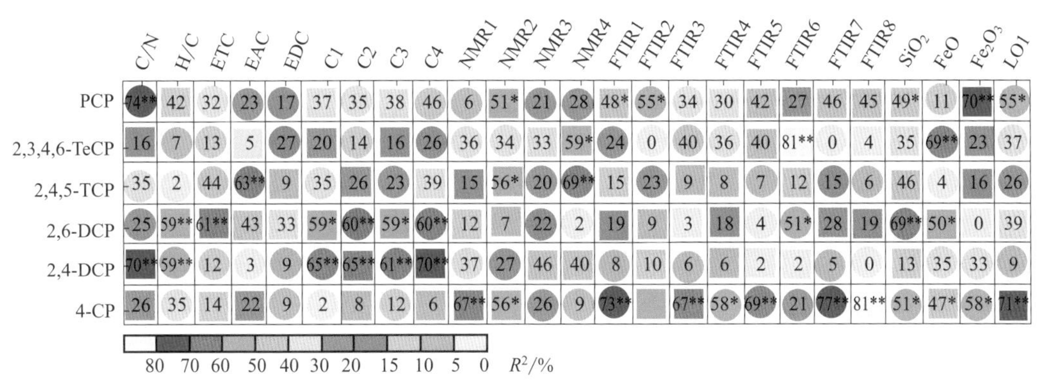

图10-6　垃圾填埋场中五氯苯酚及其降解产物与腐殖土电子传递能力、组成和结构参数之间的相关性分析

$*p<0.05$，$**p<0.01$；正方形和圆形分别表示正相关和负相关

10.4 垃圾填埋场重金属形态演化特征

采用BCR连续萃取法，研究了填埋腐殖土中Cu、Zn、Ni、Pb、Cu、Zn、As、Pb等重金属元素在填埋过程中的形态变化。图10-7显示了填埋过程中重金属（Zn、Cu、Ni、Pb、Cd和Cr）四种形态分布的变化。金属的F1（弱酸提取态）和F2（可还原态）形态稳定性差，容易被植物吸收利用。F3（可氧化态）和F4（残余态）形态稳定性强，不易

释放到环境中，很难被生物利用或潜在迁移性很小。这些重金属在填埋过程中富集，主要是由于填埋过程中有机物分解、CO_2释放以及矿化过程中的质量损失引起的。填埋样品中重金属的平均浓度按以下顺序排列（mg/kg）：Zn（554.329）＞Cu（127.465）＞Cr（79.651）＞Pb（48.091）＞Ni（30.347）＞Cd（0.414）。不同形态Cd中，F1的百分比在填埋初期随填埋时间的延长而增加，从20%增加到35%，随后呈现先减后增的趋势。随着填埋时间的延长，F2的比例普遍下降，从11%下降到5%，说明可还原态的Cd随填埋时间的延长其含量逐渐降低。同样，F3中的百分比也随填埋时间的延长而减少，从41%减少到29%。相比之下，F4中的百分比是随填埋时间的延长呈增加趋势。不同形态Ni中，F1和F2的百分比随填埋的进行变化趋势不明显；随着填埋时间的延长，F3的比例普遍下降，从39%下降到19%。说明氧化态的Ni随填埋时间的延长其含量逐渐降低，而F4的百分比在填埋初期随填埋时间的延长呈增加趋势，从28%增加到45%，随后呈现先减后增的趋势。这说明填埋中的腐殖质因含有羟基、羧基、醌基等活性官能团，能与环境中的重金属发生吸附、螯合和络合作用，从而使得Ni元素可以向稳定的F4转变。在填埋过程中，Pb和Cr主要是以F3和F4的形态存在，而F2的含量最低，即铁锰氧化物结合态的含量最低，说明Pb和Cr不易被铁锰矿物结合。Cu主要是以F3和F4的形态存在，这是因为Cu能和腐殖质形成络合物，并且与腐殖质中羟基和羧基等活性基团结合。在Cu和Zn的情况下，这两种重金属除了填埋起始阶段，F3的百分比大致是随填埋时间的延长呈增加趋势，F4的百分比变化则相反，意味着这两个重金属容易与有机物结合，尤其是Cu，它在6种重金属中有机结合态F3含量最高的，说明它最容易与有机物结合。在6种重金属中，Zn、Ni和Cd的F1含量较高，说明这3种重金属的弱酸可提取态含量高，生物可利用性高，其中Zn最高。

根据BCR提取的数据，计算填埋过程中胡敏素的还原分配指数（I_R）和生物可利用性因子（M_F）（图10-8），以评估金属的结合能力和迁移能力。一般来说，高I_R值和低M_F值表明土壤中的金属是稳定的，具有低的迁移率和生物有效性。填埋初期Cr、Cu和Zn的I_R值高于填埋中后期，Ni、Cd和Pb的I_R值变化不明显，填埋初期Cr、Ni、Zn和

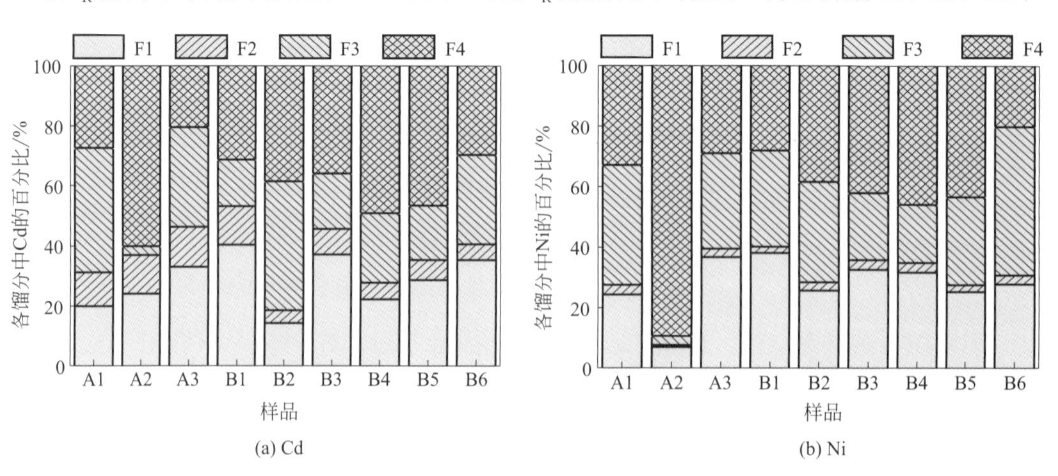

(a) Cd

(b) Ni

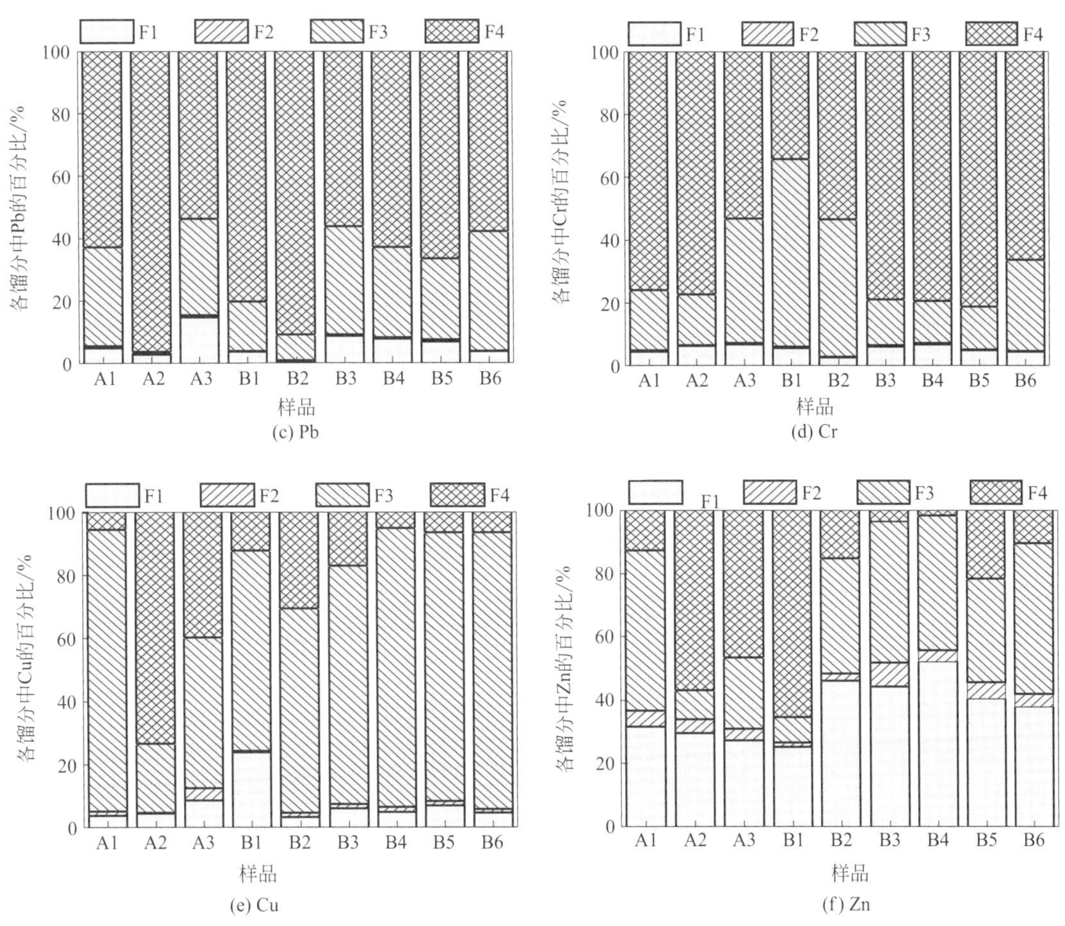

图10-7 垃圾填埋场中重金属的四种形态分布

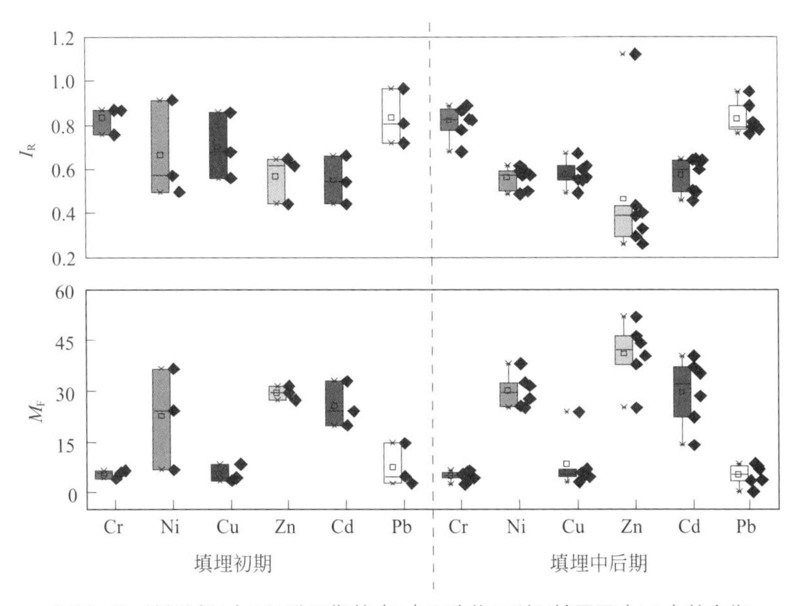

图10-8 填埋过程中还原分配指数（I_R）和生物可利用性因子（M_F）的变化

Cd的M_F值低于填埋中后期，Cu和Pb的M_F值变化不明显。综合分析，表明除了Pb的I_R值和M_F值均无明显变化，土壤中残留的大部分金属在填埋初期更稳定，与土壤的结合更紧密，从而降低了它们的潜在迁移率和生物利用度。在填埋中后期，随填埋的进行大部分重金属越来越不稳定，可能水溶性的小分子量腐殖质提高了重金属的迁移性和有效性。同时可以看出，Zn、Ni和Cd的生物利用性较高，且Zn是最高的，而Cr和Pb则比较低，这与上述的结论一致。

10.5 内部结构对腐殖土促进重金属形态转化的影响

采用了一系列反映腐殖土组成结构的参数来阐明不同形态重金属与腐殖土组成结构和电子转移能力的相关性，探讨了这些因素对填埋过程中重金属形态变化的影响，如图10-9所示。

Cr-F1与H/C值、NMR2、FTIR1、FTIR4、FTIR5、FTIR7、FTIR8呈显著正相关，与FTIR2呈显著负相关。Cr-F2与H/C值、NMR2、FTIR1、FTIR4、FTIR7、EAC和Fe_2O_3呈显著正相关，与C/N值、NMR3和FTIR2呈显著负相关。Cr-F3与NMR2和EAC呈显著正相关，与C/N值显著负相关。Cr-F4与FTIR5、FTIR6、SiO_2呈显著正相关，与C1、NMR1、EAC和FeO呈显著负相关。结果表明Cr的形态分布与腐殖土中的含氧含氮官能团、脂肪族结构及芳香碳有较强的相关性。同时Cr与EAC有相关性，说明填埋过程中，腐殖土促进了Cr(Ⅵ)的还原，使得可溶性的高价Cr向难溶性的低价Cr转变。

Ni-F1与H/C值、C1、C3、ETC、EAC呈显著正相关，与C2和C4显著负相关。Ni-F2与C1、C3、ETC呈显著正相关，与C2和C4显著负相关。Ni-F3与H/C值、C1、C3、NMR1、EAC呈显著正相关，与C/N值、C2和C4呈显著负相关。Ni-F4与C/N值、C2、C4呈显著正相关，与H/C值、C1、C3、ETC和EDC呈显著负相关。由上文叙述可知，Ni元素具有较强的潜在迁移能力。如图10-9所示，Ni-F4和腐殖土组成结构的相关性与其他几种形态刚好相反，说明腐殖土中的羟基、羧基、醌基等活性官能团可以促进Ni元素由不稳定态向稳定态转变。

Cu-F1与H/C值、ETC、EAC和FeO呈显著正相关。Cu-F2与H/C值、C1、FTIR5、FTIR7、FTIR8、ETC和Fe_2O_3呈显著正相关，与C/N值、C2和C4呈显著负相关。Cu-F3与H/C值、C1、ETC、EAC呈显著正相关，与C2和C4呈显著负相关。Cu-F4与C2、C4、FTIR3、呈显著正相关，与C1、C3和EDC呈显著负相关。表明电子转移能力有利

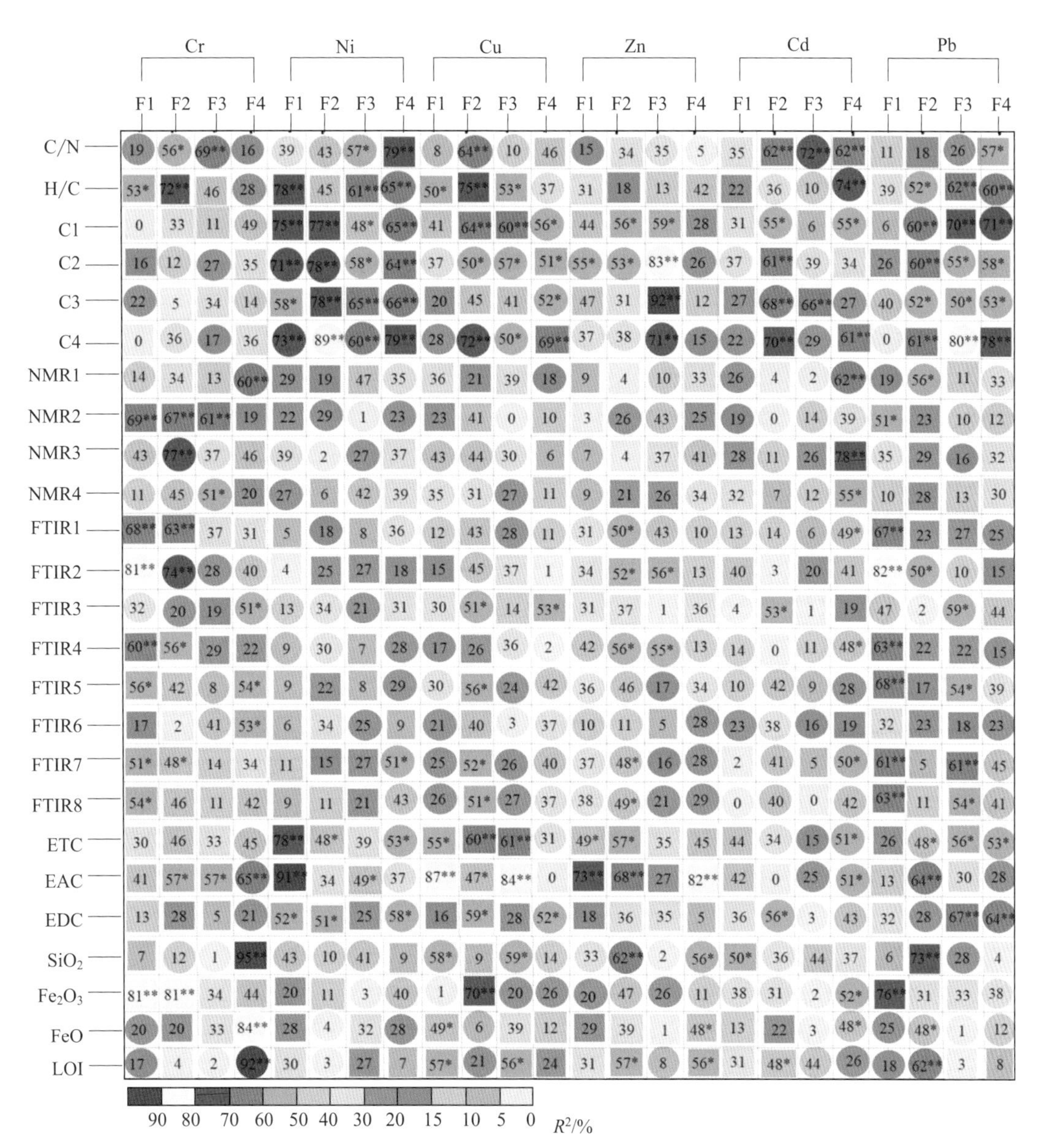

图10-9　不同形态重金属与填埋腐殖土组成结构参数的相关系数（R^2）

*$p<0.05$，**$p<0.01$；正方形和圆形分别表示正相关和负相关

于铁锰氧化物结合态重金属的形成，类蛋白物质与Cu结合能力强，这与上述的Cu最容易与有机物结合的结论相一致。

Zn-F1与ETC、EAC呈显著正相关，与C2呈显著负相关。Zn-F2与C1、FTIR2、EAC呈显著正相关，与C2、FTIR1、FTIR4、FTIR7、FTIR8和SiO_2呈显著负相关。Zn-F3与C1、C3、FTIR2呈显著正相关，与C2、C4和FTIR4呈显著负相关。Zn-F4与EAC和FeO呈显著正相关。结果表明Zn的形态与类腐殖质物质有关，可能是由于Zn在填埋中以二价阳离子的形式存在，而大多数有机物通常带负电荷，所以这些二价阳离子就容易与有机物结合。

Cd-F2与C/N值、C2、C4、FTIR3呈显著正相关，与C1、C3和EDC呈显著负相关。Cd-F3与C3呈显著正相关，与C/N值呈显著负相关。Cd-F4与C/N值、C4、NMR3、NMR4呈显著正相关，与H/C值、C1、NMR1、FTIR1、FTIR4、FTIR7、EAC和FeO呈显著负相关。Cd的平均浓度较低，对人类、植物和动物的毒害作用不大。

Pb-F1与NMR2、FTIR1、FTIR4、FTIR5、FTIR7、FTIR8和Fe_2O_3呈显著正相关，与FTIR2和FTIR3呈显著负相关。Pb-F2与C2、C4、SiO_2和Fe_2O_3呈显著正相关，与H/C值、C1、C3、NMR1、FTIR2、EAC、LOI和FeO呈显著负相关。Pb-F3与H/C值、C1、C3、FTIR5、FTIR7、FTIR8、EDC呈显著正相关，与C2、C4、FTIR3呈显著负相关。Pb-F4与C/N值、C2、C4呈显著正相关，与H/C值、C1、C3、ETC和EDC呈显著负相关。Pb元素比较稳定，潜在迁移能力较弱，但依旧会受到腐殖土结构的影响，主要受含氧官能团、脂肪碳以及类腐殖质物质的影响。

参考文献

[1] Golebiowska D, Mielnik L, Gonet S. Characteristics of humic acids in bottom sediments of Lobelia lakes[J]. Environment International, 1996, 22(5): 571-578.

[2] Esteves V I, Otero M, Duarte A C. Comparative characterization of humic substances from the open ocean, estuarine water and fresh water[J]. Organic Geochemistry, 2009, 40(9): 942-950.

[3] Filip Z, Alberts J J, Cheshire M V, et al. Comparison of salt marsh humic acid with humic-like substances from the indigenous plant species Spartina alterniflora (Loisel)[J]. Science of the Total Environment, 1988, 71(2): 157-172.

[4] Steelink C. Implications of elemental characteristics of humic substances. Humic substances in soil, sediment, and water［M］. 1985: 459-476.

[5] Muscolo A, Sidari M. Carboxyl and phenolic humic fractions affect Pinus nigra callus growth and metabolism[J]. Soil Science Society of America Journal, 2009, 73(4): 1119-1129.

[6] Gao H J, Jin Y Q, Dong Y H, et al. Influences of dissolved organic matter on fluoride fractions in soils[J]. Journal of Anhui Agricultural University, 2012, 39(3): 389-393.

[7] 吴景贵，吕岩，王明辉，等. 有机肥腐解过程的红外光谱研究[J]. 植物营养与肥料学报，2004，10（3）: 259-266.

[8] Peng Y, Xie H T, Li J, et al. Effect of No-Tillage with Different Stalk Mulching on Soil Organic Carbon and Mid-Infrared Spectral Characteristics[J]. Scientia Agricultura Sinica, 2013.

[9] 吴敏，朱睿，潘孝辉, 等. 腐殖土理化性质的研究[J]. 工业用水与废水，2009，40（1）: 61-63.

[10] 陈曦，张敬智，张雅洁，等. 小麦-玉米秸秆连续还田对土壤有机质红外光谱特征及氮素形态的影响[J]. 中国生态农业学报，2015,23（8）: 973-978.

[11] Boris J, Nierop K G J, Verstraten J M. Mobility of Fe(Ⅱ), Fe(Ⅲ) and Al in acidic forest soils mediated by dissolved organic matter: influence of solution pH and metal/organic carbon ratios[J]. Geoderma, 2003, 113(3): 323-340.

[12] Chai X L, Takayuki S, Cao X Y, et al. Spectroscopic studies of the progress of humification processes in humic substances extracted from refuse in a landfill[J]. Chemosphere, 2007, 69(9): 1446-1453.

[13] Zhang C F, Zhang D D, Li Z L, et al. Insoluble Fe-humic acid complex as a solid-phase electron mediator for microbial reductive dechlorination[J]. Environmental Science and Technology, 2014, 48(11): 6318-6325.

第11章

垃圾渗滤液有机物组成与转化特征

垃圾填埋会带来诸如渗滤液和填埋气体等污染问题。垃圾渗滤液中含有大量有害物质，在排入环境前需要进行充分的处理[1,2]。渗滤液的主要污染物是有机物和氮。溶解性有机物（DOM）占渗滤液中有机碳总量的85%以上，是渗滤液处理的主要成分[3,4]。对垃圾渗滤液中DOM的表征可以指导处理工艺的选择，为渗滤液的环境风险评价提供基础[5,6]。渗滤液成分随填埋年限变化很大，可能对渗滤液处理技术带来额外的挑战[1]，因此，调查渗滤液DOM在填埋过程中的变化是必要的。

分组法可以降低DOM的复杂性，是DOM分析的一种重要方式。根据DOM的各种性质，形成了很多种分组方法[7]。由于能够提供DOM组成有价值的信息，基于化合物疏水性的DOM分组方法在很多研究中得到了应用[8-10]。光谱学分析能够迅速提供有效的信息。荧光激发发射矩阵光谱能够提供很多关于DOM的组成和生化转化的重要信息，这种方法在表征自然界和人工介质DOM中得到了应用[11,12]。荧光分析为渗滤液中的DOM馏分表征提供了快速方法。前期的研究和其他学者[13-15]利用荧光激发发射矩阵（EEM）光谱和荧光区域积分（FRI）方法研究了渗滤液中DOM的成分和转化，该方法将EEM光谱分为不同区域，通过计算每个区域的体积来表征有机物的组成。渗滤液DOM常常包含重叠荧光基团[16]，这会造成FRI结果的偏差[17]。最近的研究[15,16,18]表明平行因子分析（PARAFAC）可以把EEM全谱分解成几个独立的荧光组分。因此，EEM结合PARAFAC可以有效地表征渗滤液DOM的成分和转化。尽管部分研究已经利用EEM结合PARAFAC法研究了DOM的成分和转化[15,16,18]，但据我们所知很少有人研究不同DOM组分的组成和降解潜力。

11.1 EEM结合FRI研究填埋场DOM组成和转化特征

11.1.1 渗滤液中DOM组分分布

根据分子的亲疏水特性，将垃圾渗滤液中的DOM分为疏水酸性组分（HOA）、疏水中性组分（HON）、疏水碱性组分（HOB）和亲水性组分（HIM）四类。三个样品的分组结果见表11-1。疏水性有机组分占主导地位，包括疏水酸性组分、疏水碱性组分和疏水中性组分，其DOC占总DOM的58.48%以上，这些疏水碳组分含量随填埋年限的延长而增加（从58.48%增加到68.84%）。HOA组分含量最高（＞51.90%），且含量随填埋时间的延长而增加（从51.90%增加到61.59%），说明它是废水有机物中的主要成分。HOB

组分含量最少，占DOC的2.77%，与Zhang等报道的结果一致[3]。HON组分在所有DOM样品中的比例接近，为3.81%～5.86%，在3个疏水性组分中处于中间值。在渗滤液中，HIM组分占DOC的31.16%以上，并且随着填埋年限的延长有下降的趋势（从41.52%下降到31.16%），说明随着填埋年限的延长，该组分可能已经分解或转化为疏水性组分。因此，渗滤液中疏水性物质的增多和亲水性物质的减少使得DOM性质稳定，导致生物渗滤液工艺无效。

表11-1　不同填埋年龄渗滤液的组成

类别	样品L1	样品L2	样品L3
疏水酸性组分（HOA）	51.90%	55.86%	61.59%
疏水中性组分（HON）	3.81%	5.86%	5.80%
疏水碱性组分（HOB）	2.77%	0.90%	1.45%
亲水性组分（HIM）	41.52%	37.39%	31.16%

11.1.2　渗滤液中DOM的结构特征

11.1.2.1　年轻填埋场渗滤液的DOM及其组分

不同填埋年限的DOM及其相应组分的EEM光谱如图11-1所示。从年轻渗滤液L1中浸提出的未分组DOM样品中检测出4个类蛋白荧光峰［峰B1、B2、T1和T2，图11-1（a）］，前期的研究[19-21]已经表明，B1和B2峰与类酪氨酸物质（作为自由分子或与氨基酸和蛋白质结合）相关，而T1和T2峰与以自由分子形式存在或结合在蛋白质、肽或腐殖质结构中的类色氨酸化合物有关。除类蛋白峰外，样品中也观察到一个腐殖酸类峰（峰C）；峰C部分被临近峰覆盖，导致其峰中心难以观察。前期的研究表明，峰C与类胡敏酸物质有关；城市生活垃圾中木质素和其他生物降解物质中的不同分子组分是此峰的潜在贡献者[22]。分组样品中，与未分组DOM样品最为相似的组分是HIM［图11-1(b)］。然而，相比于未分组DOM，HIM组分的C峰荧光区域更加明显。与年轻渗滤液DOM及其HIM组分相似，从样品L1中分离出的HOB组分出现4个类蛋白峰［图11-1(d)］；HOB组分的EEM光谱结构与上述样品的构型略有不同，因为HOB组分中的腐殖酸荧光区（峰C）不太明显。与上述样品相比，样品L1 HOA和HON组分中［图11-1(c)、(e)］只存在T1和T2荧光峰，表明类色氨酸物质是这些组分中的主要成分。

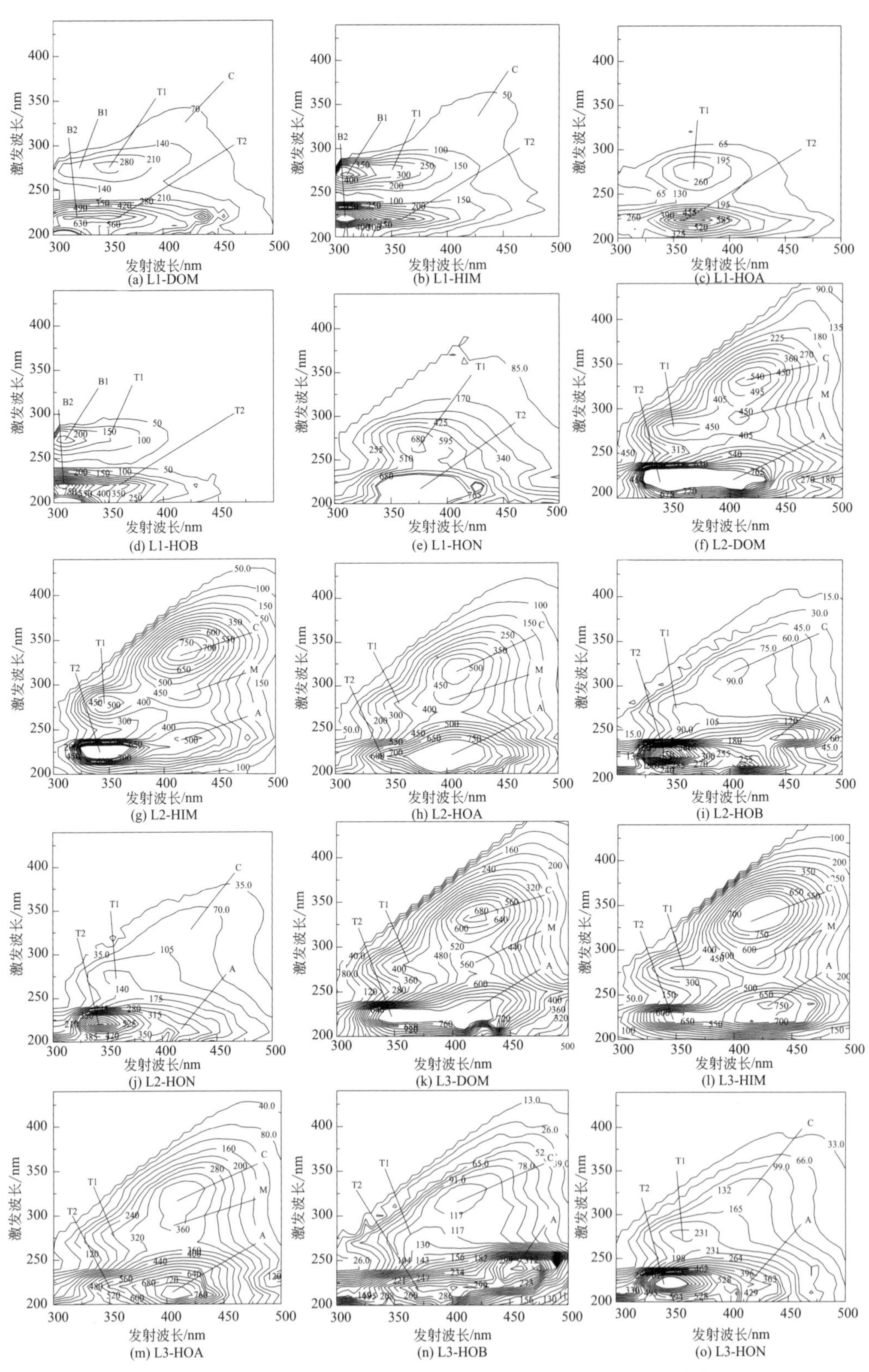

图11-1 不同年龄填埋渗滤液分离出的DOM及其相应组分的EEM光谱

FRI可以揭示DOM的结构和异构性，已被广泛地用于定量分析EEM光谱中的全波长荧光强度数据。将EEM分为六个区域（图11-2），短激发波长（＜250nm）和短发射波长（＜380nm）区域与类酪氨酸和类色氨酸化合物（区域Ⅰ和Ⅱ）有关[23]。另一方面，短激发波长（＜250nm）和长发射波长（＞380nm）区域与类腐殖酸物质有关（区域Ⅲ）[24]。长激发波长（＞250nm）和短发射波长（＜380nm）区域也与类酪氨酸和类色氨酸物质（区域Ⅳ和Ⅴ）有关[20,24]。此外，可溶性微生物副产物类物质发出的荧光通常出现在区域Ⅴ[25]。长激发波长（＞250nm）和长发射波长（＞380nm）的区域代表类腐殖酸有机组分（区域Ⅵ）[26]（图11-2）。每个区域内EEM的体积积分，依据该区域内的激发发射投影面积和DOC浓度进行归一化，得到归一化区域EEM体积（$P_{i,n}$）[25]。

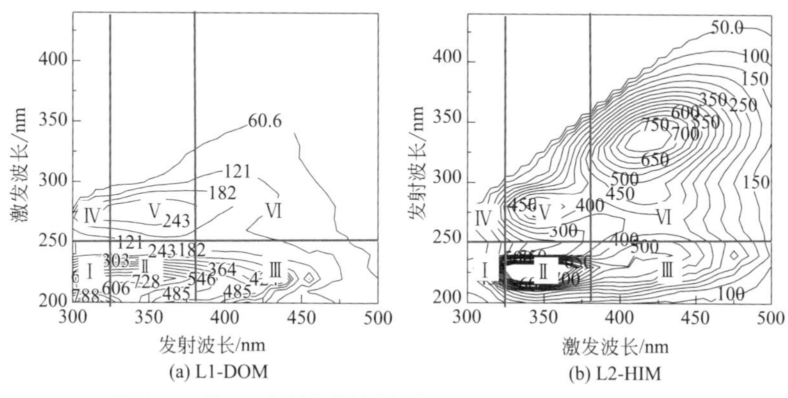

图11-2　基于已有激发发射波长边界条件确定的6个EEM区域

不同年龄渗滤液DOM及其相应组分的6个EEM区域的$P_{i,n}$分布如表11-2所列。对于未分组的DOM和从L1中提取的HIM和HOB组分，$P_{i,n}$的百分比最高和最低分别出现在区域Ⅰ和区域Ⅵ，表明类酪氨酸物质是3个样品的主要成分。与从L1样品中提取出的其他样品不同，HOA和HON组分的$P_{i,n}$最高百分比出现在区域Ⅱ，说明类色氨酸物质是这两种组分的主要成分。这个定量结果与绘制区域的区域Ⅱ中EEM峰值的位置一致［图11-1(c)、(e)］。与未分组DOM及L1分出的HIM、HON组分相似，$P_{i,n}$最低百分比出现在区域Ⅵ，说明酪氨酸在该组分内含量最低。

表11-2　不同填埋年龄渗滤液中分离出的DOM及其组分在6个EEM区域中$P_{i,n}$分布

样品	区域Ⅰ	区域Ⅱ	区域Ⅲ	区域Ⅳ	区域Ⅴ	区域Ⅵ	P_h/P_p[a]
L1-DOM	0.312	0.280	0.138	0.127	0.104	0.040	0.216
L1-HIM	0.320	0.183	0.070	0.266	0.122	0.039	0.122
L1-HOA	0.205	0.347	0.164	0.089	0.148	0.047	0.267
L1-HOB	0.468	0.233	0.050	0.175	0.066	0.009	0.063
L1-HON	0.137	0.338	0.230	0.065	0.161	0.070	0.428
L2-DOM	0.136	0.305	0.223	0.064	0.144	0.128	0.541
L2-HIM	0.088	0.265	0.167	0.082	0.200	0.197	0.573

续表

样品	区域Ⅰ	区域Ⅱ	区域Ⅲ	区域Ⅳ	区域Ⅴ	区域Ⅵ	P_h/P_p[a]
L2-HOA	0.120	0.278	0.296	0.047	0.135	0.125	0.726
L2-HOB	0.193	0.361	0.231	0.038	0.100	0.078	0.447
L2-HON	0.209	0.383	0.204	0.043	0.101	0.061	0.360
L3-DOM	0.105	0.266	0.261	0.054	0.144	0.169	0.756
L3-HIM	0.078	0.205	0.251	0.064	0.166	0.236	0.949
L3-HOA	0.135	0.274	0.286	0.050	0.131	0.124	0.695
L3-HOB	0.165	0.263	0.312	0.051	0.109	0.100	0.701
L3-HON	0.205	0.372	0.199	0.053	0.111	0.060	0.350

注：[a]$P_h/P_p=\sum_{\text{Ⅲ}+\text{Ⅵ}}/\sum_{\text{Ⅰ}+\text{Ⅱ}+\text{Ⅳ}+\text{Ⅴ}}$。

11.1.2.2 中等年龄和老填埋龄渗滤液的DOM及其组分

样品L2和L3的DOM及其相应组分的EEM光谱相似［图11-1(f)、(k)］。在这两个样品中，2个类蛋白荧光峰（峰B1和峰B2）消失，同时出现了1个类富里酸物质和1个类胡敏酸物质的荧光峰（峰A和峰M）。此外，峰C是从L2和L3中浸提的DOM的主峰。根据Marhuenda-Egea等[22]和He等[27]的研究，峰A和峰M分别与类富里酸和类胡敏酸物质有关。这些结果说明，类富里酸物质和类胡敏酸物质是L2和L3的DOM中的重要组成成分。与相应的DOM类似，从两个样品中分组出的HIM组分也表现出5个荧光峰［图11-1(g)、(l)］,但DOM和HIM组分的荧光强度存在一定差异。与相应DOM样品不同的是，从L2和L3中分组出的HOA组分中，类蛋白荧光峰（峰T1和峰T2）几乎消失［图11-1(h)、(m)］，而类富里酸和类胡敏酸的荧光峰（峰C和峰A）仍然存在。这些结果表明，HIM组分和HOA组分中包含有大量的类胡敏酸物质和类富里酸物质。从样品L2和L3 DOM分离出的HOB组分中均观察到T1、T2、C和A峰［图11-1(i)、(n)］，表明这两个组分由类蛋白、类胡敏酸和类富里酸物质组成。与对应的HOB组分相比，从L2和L3分离的HON组分中，类色氨酸峰变得更强，类富里酸峰几乎消失［图11-1(j)、(o)］。这些结果表明，从L2和L3提取的HON组分中，主要成分是类色氨酸物质。

L2和L3中DOM及其组分的FRI分析结果如表11-2所列。对于从L2中提取的未分组的DOM，区域Ⅱ和Ⅴ组合（类色氨酸物质）的$P_{i,n}$值为0.449，高于区域Ⅰ和Ⅳ（类酪氨酸物质）及区域Ⅲ和Ⅵ（类胡敏酸和类富里酸物质）的$P_{i,n}$值。与从L2提取的未分组的DOM相比，区域Ⅲ和Ⅵ的$P_{i,n}$值在L3提取的DOM中最高，表明样品L3中有略微腐殖化（类胡敏酸或类富里酸）的物质。从L2和L3样品DOM中分离出的HIM组分，有机物的分布与相应的非分组DOM相似。从L2和L3样品的DOM中分离的HOA组分，腐殖类区域和类富里酸区域（区域Ⅲ和Ⅵ）的$P_{i,n}$值分别为0.421和0.410，高于相应组分中类色氨酸区域（区域Ⅱ和Ⅴ）和类酪氨酸区域（区域Ⅰ和Ⅳ）的$P_{i,n}$值。结果表明，从L2和L3样品中提取出的HOA组分的主要物质是类胡敏酸物质和类富里酸物质。从L2样品DOM中提取的HOB和HON组分的色氨酸区域具有最高的$P_{i,n}$值，说明这两个组分中的主要物质是类色氨酸物质。与之类似，从L3中分组得到的HON组分的主要物质也是类色氨酸物质（区域Ⅱ和Ⅴ）。然而，类胡敏酸和类富里酸物质（区域Ⅲ和Ⅵ）在从L3提取的HOB组分有机质中占比很大（表11-2）。

11.1.3 填埋过程中DOM的转化

不同年龄的渗滤液中DOM及其对应组分的六个EEM区域的$P_{i,n}$值如图11-3所示。未分组DOM中Ⅰ区域和Ⅳ区域的$P_{i,n}$值随填埋处理时间的延长而显著减小，而Ⅲ区域和Ⅵ区域的$P_{i,n}$值在此期间显著增大，说明垃圾填埋过程中类酪氨酸物质减少，而类胡敏酸和类富里酸物质增多。这个结果表明，渗滤液中有机质的腐殖化程度随着填埋时间的推移而增加。Hudson等[21]认为，与类胡敏酸和类富里酸物质相比，类酪氨酸物质更容易被生物降解。垃圾填埋过程中，类酪氨酸物质减少，类胡敏酸和类富里酸物质增多，从而稳定了有机质。区域Ⅱ和Ⅴ（类色氨酸物质）的$P_{i,n}$值在填埋过程中并无规律可言。以自由分子或与蛋白质和肽结合形式存在的类色氨酸物质很容易被微生物利用，而与腐殖质结构结合的色氨酸则能抵抗生物降解。随着填埋年限的延长，不同构型的类色氨酸物质分布变化可能会导致Ⅱ区域和Ⅴ区域的$P_{i,n}$值的波动。HIM组分的转化率与未分组的DOM相似，HOA组分的区域Ⅱ和Ⅴ（类色氨酸物质）的$P_{i,n}$随填埋时间的延长而减小，其他区域的$P_{i,n}$值也受到干扰。对于HOB组分，类胡敏酸和类富里酸物质（区域Ⅲ

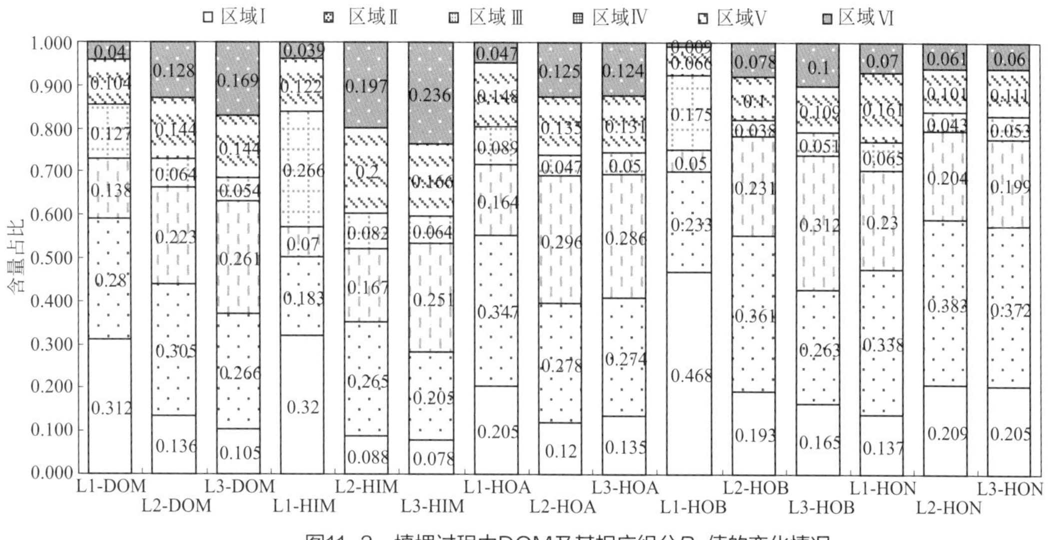

图11-3 填埋过程中DOM及其相应组分$P_{i,n}$值的变化情况

和Ⅵ）的$P_{i,n}$值随着填埋时间的延长而增加，而类酪氨酸物质（区域Ⅰ和Ⅳ）的$P_{i,n}$在填埋过程中减小。与其他样品相比，随着填埋年限的延长，HON组分中的类胡敏酸和类富里酸物质（区域Ⅲ和Ⅵ）减少，而HON组分中类色氨酸物质（区域Ⅱ和Ⅴ）和类酪氨酸物质（区域Ⅰ和Ⅳ）浓度的变化导致了填埋过程中$P_{i,n}$的波动。与从L2和L3 DOM分离的HON组分相比，L1 HON渗滤液中T1和T2峰的最大荧光中心略向长波移动［图11-1(e)］，这导致区域Ⅱ和Ⅵ的$P_{i,n}$值增大。

Huo等[28]通过荧光峰位置研究了渗滤液中DOM的组成和转化。然而，鉴别荧光峰中心位置有时是困难的[19,28]，这也导致了这种分析方法难以实现。DOM的组成和转化可以通过EEM结合FRI轻松实现，这使得两者的结合成为研究有机质转化的重要工具。

从L1中提取的DOM及其组分与L2、L3中提取的DOM及其组分明显不同。然而，L2和L3中DOM及其相应组分的EEM光谱相似。利用HCA分析了从L2和L3提取的DOM及其组分之间的差异，以更好地了解填埋后期有机物的转化特征（图11-4）。HCA是一种无监督的模式检测方法，可以将所有案例分成相对相似的较小组或簇。根据Zbytniewski等[29]的研究，样本之间的距离越小，说明它们之间的相似度越高。对于从L2和L3提取的样品，未分组的DOM样品之间的距离比HOA组分和HON组分之间的距离大。然而，未分组的DOM样品之间的距离小于HIM组分和HOB组分之间的距离。结果表明，未分组DOM在填埋过程中发生了显著变化。这些变化主要发生在HIM和HOB组分中；HOA和HON组分在整个过程中变化很小。

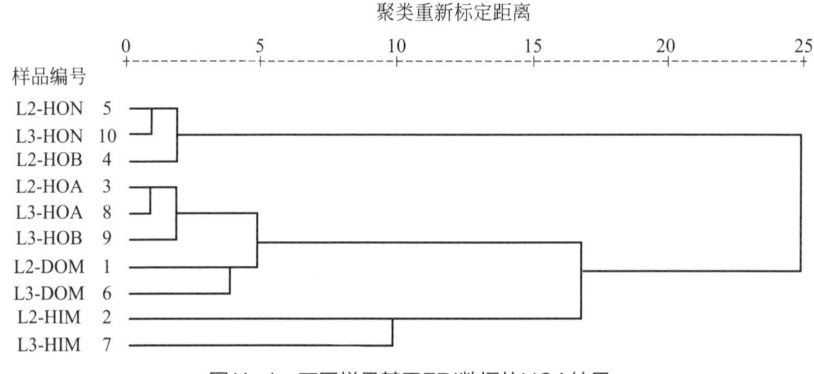

图11-4 不同样品基于FRI数据的HCA结果

HIM组分由类色氨酸、类胡敏酸和类富里酸物质组成。如前所述，类色氨酸物质容易被微生物利用，HIM组分中存在的类胡敏酸和类富里酸物质具有亲水性，与HOA组分相比，其分子量较低[9]，促进了类胡敏酸和类富里酸物质的微生物降解。HOB组分主要由类色氨酸物质组成，其表观分子量在100～200之间[30]。填埋过程中HOB组分容易被去除。这一结果与Lu等[30]报道的结果一致。HOA组分表现出3个类似于类胡敏酸物质的EEM峰。根据前期的研究[9,31]，HOA组分含有芘基官能团，其分子量在各组分中均为最大，延长了其在垃圾填埋过程中的滞留时间。HON组分还含有类色氨酸物质。然而，Chefet等[8]和Lu等[30]认为HON组分是HOA组分在生物合成过程中的前驱体，其分子量与HOA组分的分子量接近。因此，可以得出HON组分不易被微生物降解。

11.1.4 填埋过程中渗滤液处理工艺的选择

渗滤液成分复杂，随时间变化。尽管预测渗滤液的有效处理技术比较复杂，但渗滤液表征及其处理效率计算的参数已经被开发。BOD_5/COD是常用参数[32]，但BOD_5测试耗时长，会延误对潜在污染事件的分析。

峰B1、B2、T1和T2与微生物活性有关，代表不稳定有机底物或微生物活性产物的存在。前期的研究表明，类蛋白区域的荧光强度与有机物浓度相关，有机物具有很强的生物降解潜力[19,24,32]。相反，峰C、A和M与腐殖质和类富里酸物质有关，微生物不易利用这些物质[21]。Huo等[33]认为，类蛋白有机物易于通过生物处理去除，而反渗透法可去除类胡敏酸和类富里酸物质。因此，类富里酸和类胡敏酸物质区域（区域Ⅲ和Ⅵ）的$P_{i,n}$与类蛋白有机物区域的$P_{i,n}$（区域Ⅰ、Ⅱ、Ⅴ和Ⅳ）之比（P_h/P_p）可以预测污水的处理措施。P_h/P_p值越低，越适于使用生物法进行处理。从L1中提取出的DOM的P_h/P_p值为0.216，而从L2和L3中提取出的DOM的P_h/P_p值分别为0.542和0.753，表明随着填埋时间的延长，生物法处理废水的难度越大。结果表明，生物法是处理年轻填埋渗滤液的有效方法，而由于类富里酸和类胡敏酸有机化合物的含量较高，稳定的渗滤液更应使用物理化学法进行处理。

11.2 EEM结合PARAFAC研究填埋场DOM组成和转化特征

11.2.1 PARAFAC法表征DOM

从图11-5可以看出，PARAFAC结合EEM光谱鉴别出了5个荧光组分。组分C1具有1个荧光峰，其最大激发/发射（E_x/E_m）波长位于210nm/393nm处。另外，组分C1在254nm/393nm处存在一个肩峰。这个组分很少被报道，而且难以确定其来源。Li等[34]认为一个荧光团在不同的激发波长下可以出现多个峰，而不同的荧光团可以通过其发射

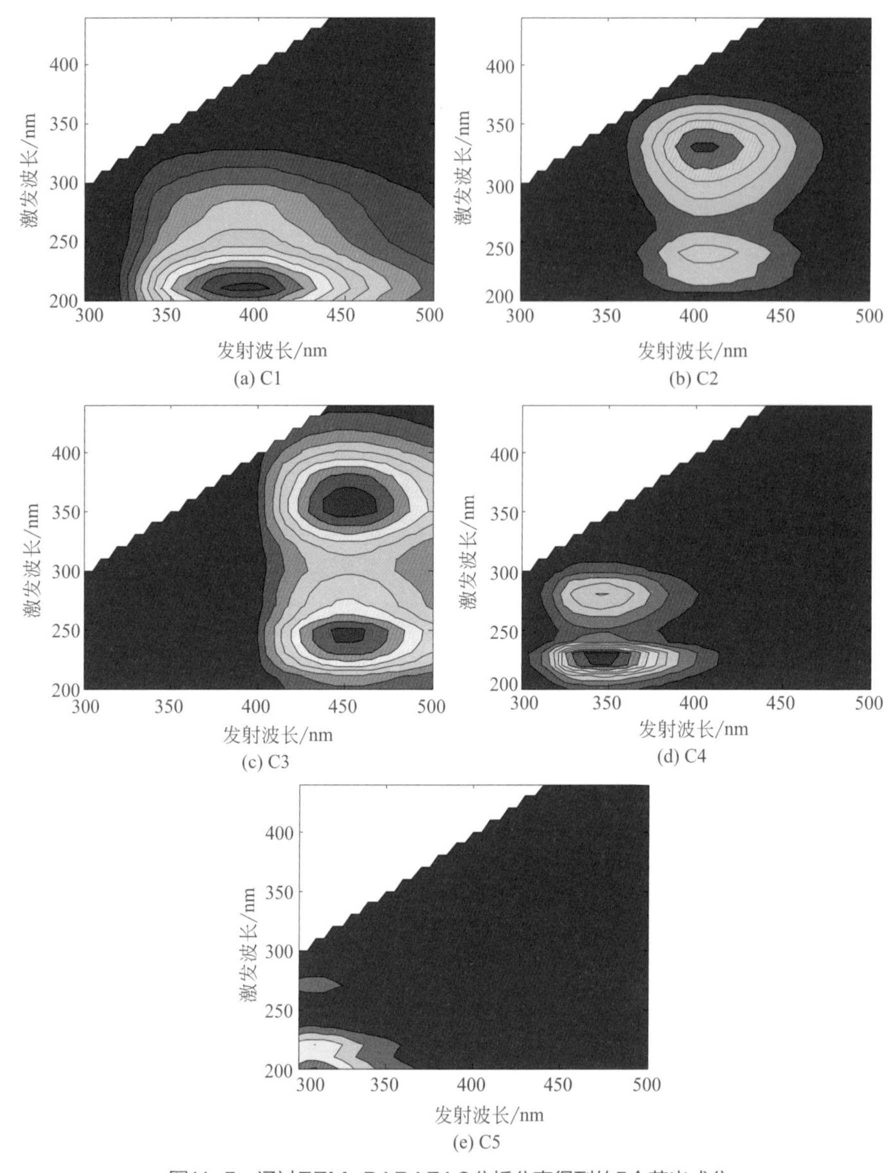

图11-5 通过EEM-PARAFAC分析分离得到的5个荧光成分

波长予以区别。前期的报道表明，芘及其衍生物具有多个EEM峰（E_x：240 ～ 243nm、262 ～ 272nm、306 ～ 343nm；E_m：373 ～ 398nm）。因此，组分C1可能来源于芘及其衍生物。组分C2在240nm和330nm处有两个激发峰，对应于405nm的相同发射峰。根据前期的报道[19]可知，这个成分可能是类富里酸物质。组分C3激发峰位于245nm和355nm，发射峰位于455nm，这可能是来源于高等维管植物的类胡敏酸物质[20,35]。组分C4（E_x/E_m = 225nm, 280nm/345nm）和组分C5（E_x/E_m = 220nm, 270nm/310nm）都对应于类蛋白物质[13,36,37]。进一步地，组分C4与类色氨酸物质相关，而组分C5与类酪氨酸物质有关[13,21]。通常来说，类富里酸物质和类胡敏酸物质（C2和C3）与DOM的稳定性有关[15,35]，而类蛋白物质（C4和C5）反映了微生物活性，代表生物可利用有机底物的存在[21]。

通过平行因子分析，计算了DOM及其组分的5种荧光组分的相对含量，并标记为F_{max}[15,16]。对不同荧光组分的F_{max}值进行了相关性分析，结果如表11-3所列。组分C1的F_{max}值与其他组分的F_{max}值无相关性，说明C1组分的变化与腐殖质和蛋白质物质的演化无关。然而，类富里酸物质（C2）与类胡敏酸物质（C3）表现出极显著的正相关（$p < 0.01$），表明类胡敏酸物质和类富里酸物质可能是同源的。前期的研究表明，类富里酸和类胡敏酸物质是有机物腐殖化的产物，来源于木质素的降解[15,27]。表11-3也表明，类色氨酸成分C4的F_{max}值与类富里酸成分C2（$p < 0.01$）和类胡敏酸成分C3（$p < 0.05$）呈显著正相关（$p < 0.01$）。Hudson等[21]认为类色氨酸物质可以作为“自由”分子存在，或者以其他方式结合在蛋白质、肽或者腐殖质结构中，Wang等[38]提出，类色氨酸物质可以被类胡敏酸物质捕获，通过弱分散力（如π-π相互作用和范德华力）形成超分子组装体。由此可见，垃圾渗滤液中的类色氨酸组分主要与类富里酸和类胡敏酸物质结合，以超分子组装结构形式存在。与类色氨酸物质不同，类酪氨酸物质（C5）与类富里酸物质（C2）、类胡敏酸物质（C3）呈显著负相关（$p < 0.05$）。Wang等[38]研究了DOM中类酪氨酸成分与类胡敏酸成分之间的相互作用，结果显示类胡敏酸物质的荧光可以显著猝灭类酪氨酸物质的荧光。综上所述，渗滤液中的类酪氨酸物质荧光可能被类富里酸物质和类胡敏酸物质的荧光猝灭。

表11-3　不同荧光成分之间的相关性分析（$n=15$）

项目		C1	C2	C3	C4	C5
C1	p	1	0	0	−0.26	0
	双尾检验		0.99	0.99	0.35	0.99
C2	p		1	0.96**	0.71**	−0.59*
	双尾检验			0	0	0.02
C3	p			1	0.63*	−0.61*
	双尾检验				0.01	0.02
C4	p				1	−0.44
	双尾检验					0.1
C5	p					1
	双尾检验					

注：1. ** 在0.01水平下显著相关（双尾）；
2. * 在0.05水平下显著相关（双尾）。

将某一组分的F_{max}值除以其对应的DOC浓度，计算出每单位DOC五种荧光成分的F_{max}值，得到归一化的F_{max}值，如图11-6、图11-7所示。组分C1、C2和C3的标准化F_{max}值均在年轻渗滤液DOM中最低，并在填埋过程中持续增加，表明类富里酸和类胡敏酸物质在填埋过程中增多。另一方面，组分C5的归一化F_{max}值在年轻渗滤液DOM中最高，从S1到S3急剧下降，表明类酪氨酸物质在填埋过程中减少。类色氨酸（C4）的标准化F_{max}值在填埋过程中呈现波动，即从S1上升到S2，从S2下降到S3，出现这种情况的原因需要进一步调查。

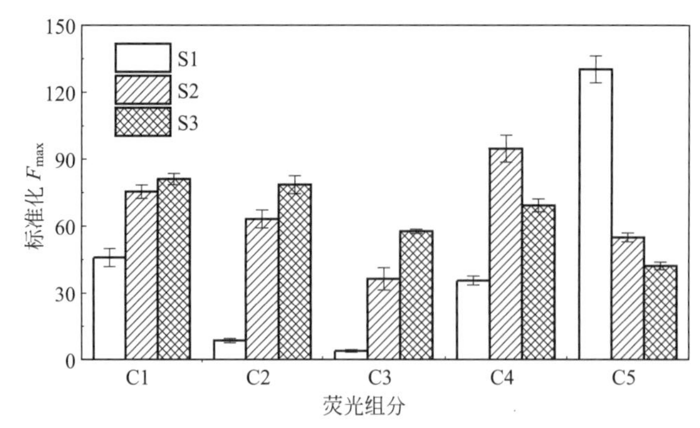

图11-6 渗滤液DOM中不同荧光组分的标准化F_{max}值

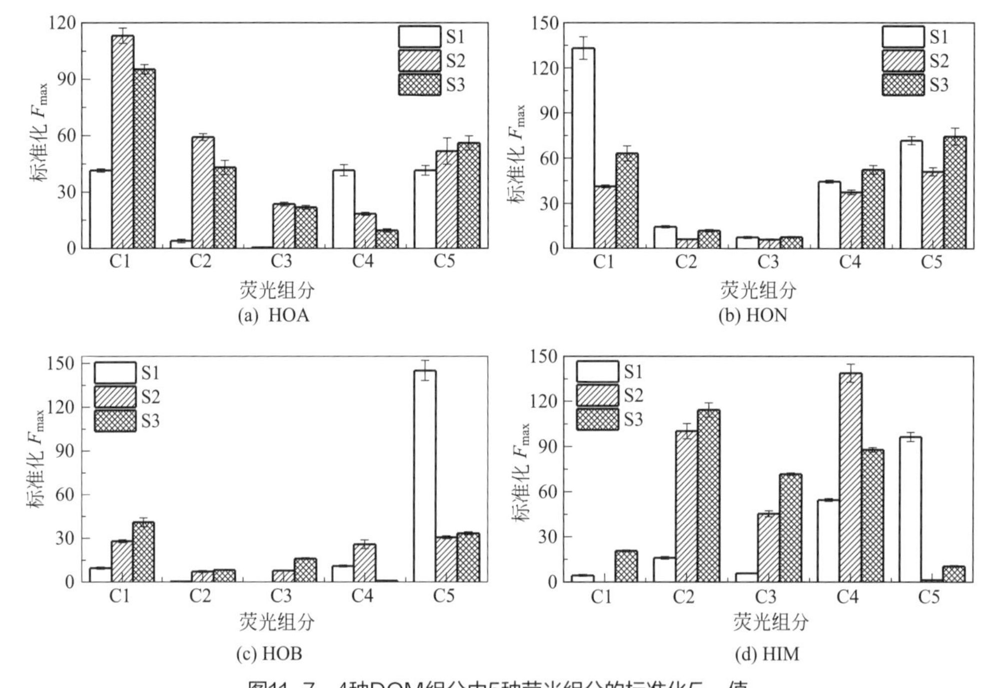

图11-7 4种DOM组分中5种荧光组分的标准化F_{max}值

11.2.2 DOM组分的PARAFAC分析

与渗滤液DOM相似，HOA组分的组分C1、C2、C3的标准化F_{max}值在年轻渗滤液中最小，而最大值出现在中等年龄渗滤液中。至于HOA中的C4和C5组分，类色氨酸成分（C4）的F_{max}标准值在S1～S3的过程中出现了下降的趋势。而类酪氨酸成分（C5）在填埋过程中稳定增多（图11-7）。由此说明，在填埋过程中，类色氨酸成分和类酪氨酸成分含量呈反比关系。HON组分中5种成分的F_{max}标准值最低值出现在中期渗滤液中，其原因还需要进一步研究。

对于HOB组分，其组分C1、C2、C3的标准化F_{max}值在年轻渗滤液中最小，并在填埋过程中持续上升，说明类富里酸和类胡敏酸物质在填埋过程中增多。另一方面，组分C4和C5的标准化F_{max}值在填埋过程中呈现波动。对于HIM组分，成分C2和C3的标准化F_{max}值在年轻渗滤液中最低，并且在S1～S3的过程中急剧上升，说明类富里酸和类胡敏酸物质在填埋过程中增多。另一方面，成分C1、C4和C5的标准化F_{max}值出现了显著的波动。

11.2.3 渗滤液组分降解潜力分析

类富里酸和类胡敏酸物质含量与类蛋白物质含量的比值经常被用来检测有机物的可生物降解性和絮凝性[13,39,40]。在这项研究中，计算了类富里酸和类胡敏酸物质的标准化F_{max}值与类色氨酸和类酪氨酸的标准化F_{max}值的比值［(C2+C3)/(C4+C5) 值］，并通过此值研究了渗滤液及其组分的降解潜力。如图11-8所示，渗滤液DOM的（C2+C3)/(C4+C5）值按照S1、S2、S3的顺序递增，说明随着填埋时间的延长，填埋渗滤液的降解潜力逐渐下降。这与Huo等[28]的研究结果一致，他们通过5d生化需氧量与化学需氧量的比值（BOD_5/COD）研究3个填埋时期的垃圾渗滤液的可生化降解潜力，并且发现随着填埋时间的延长，渗滤液的可生化降解潜力逐渐下降。与渗滤液DOM相比，从年轻渗滤液DOM分出的HON和HIM组分的（C2+C3)/(C4+C5）值增加，而HOA和HOB组分的（C2+C3)/(C4+C5）值降低，说明HON和HIM组分在年轻渗滤液有机物抗生物降解中起着重要作用。根据前期的研究[13]，年轻渗滤液中的HON组分占DOC总量的4%，HIM组分占42%。因此，HIM组分无疑是渗滤液处理过程的主要物质。相比于渗滤液DOM，从中等填埋年限分出的HOA和HIM的（C2+C3)/(C4+C5）值都增大了，而HON和HOB却显著减小。结果说明，与年轻渗滤液类似，中等年限渗滤液的HON和HOB组分也更容易被微生物利用。然而，由于组分C1和类富里酸物质的含量较高，中等年限渗滤液的HOA和HIM组分表现出较差的可生物降解性。此外，在中等填埋年限渗滤液中，HOA组分和HIM组分在DOC中的占比超过90%。因此，中等填埋年限渗滤液的处理过程中应着眼于HOA和HIM组分。对于老龄渗滤液，4种组分中只有HIM组分的（C2+C3)/(C4+C5）值高于DOM，表明在老龄渗滤液中，HIM具有最强的抗生物降解能力。根据我们前期的报道[14]，老龄渗滤液中HIM组分在DOC中的占比达到30%。总体来说，相比于疏水性组分，HIM组分是相对亲水的，并且其稳定有机质（如类富里酸和类胡敏酸物质）的含量较高，这使得其具有抗絮凝性和抗生物降解性。因此，渗滤液DOM处理过程中应注重HIM组分，此外，根据其亲水性和稳定性的特点可以通过深度氧化和膜技术对HIM组分进行去除。

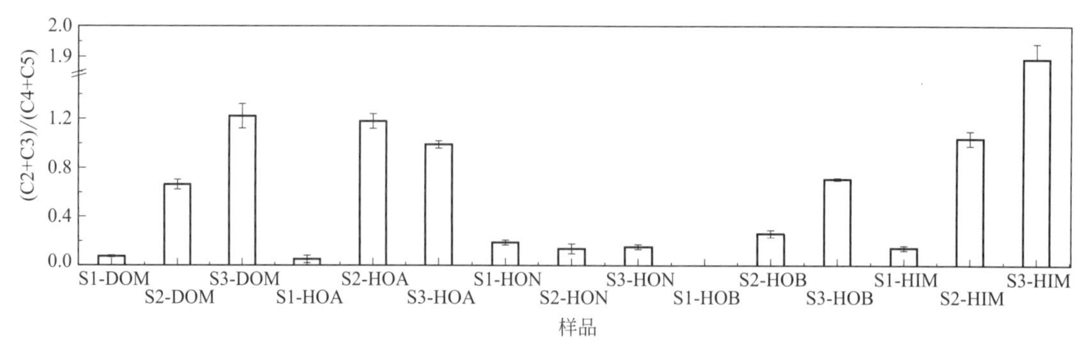

图11-8　类富里酸和类胡敏酸物质的F_{max}值与类蛋白物质的F_{max}值的比值

酪氨酸、色氨酸和木质素广泛存在于城市生活垃圾中。色氨酸和酪氨酸含有荧光基团，木质素的降解产物如酚类物质也包含荧光基团。城市生活垃圾在填埋过程中转变成类胡敏酸物质，而类胡敏酸物质也包含有荧光基团。因此，EEM光谱结合PARAFAC分析是研究渗滤液DOM组成、转化和稳定性的有效工具，相关结果可以推广至其他城市填埋垃圾。然而，荧光光谱的强度和峰位置与pH值、离子强度和重金属相关[16]。而且，不同的荧光基团会产生相互干扰，导致荧光强度减弱[38]。这些都不利于使用EEM光谱结合PARAFAC法表征DOM。由于渗滤液的成分不仅与填埋的城市生活垃圾有关，同时也与填埋年限有关，填埋垃圾渗滤液的成分复杂，相比于pH值和离子强度，由重金属和杂荧光分子造成的荧光猝灭更加不容易控制。

参考文献

[1] Lou Z Y, Zhao Y C, Yuan T, et al. Natural attenuation and characterization of contaminants composition in landfill leachate under different disposing ages[J]. Science of The Total Environment, 2009, 407: 3385-3391.

[2] He P J, Xue J F, Shao L M, et al. Dissolved organic matter (DOM) in recycled leachate of bioreactor landfill[J]. Water Research, 2006, 40: 1465-1473.

[3] Zhang L, Li A M, Lu Y F, et al. Characterization and removal of dissolved organic matter (DOM) from landfill leachate rejected by nanofiltration[J]. Waste Management, 2009, 29 (3): 1035-1040.

[4] Kang K H, Shin H S, Park H Y. Characterization of humic substances present in landfill leachates with different landfill ages and its implications[J]. Water Research, 2002, 36(16): 4023-4032.

[5] Thornton S F, Bright M I, Lerner D N, et al. Attenuation of landfill leachate by UK Triassic sandstone aquifer materials. 2. Sorption and degradation of organic pollutants in laboratory columns[J]. Journal of Contaminant Hydrology, 2000, 43(3-4): 355-383.

[6] Leenheer J A, Croue J P. Characterizing aquatic dissolved organic matter[J]. Environmental science and

technology, 2003, 37(1): 18-26.
[7] Gaffney J S, Marley N A, Clark S B. Humic and fulvic acids organic colloidal materials in the environment [J]. American Chemical Society, 1996: 1-16.
[8] Chefet B Z, Hadar Y, Chen Y. Dissolved organic carbon fractions formed during composting of municipal solid waste: properties and significance[J]. Acta Hydrochimica et Hydrobiologica, 1998, 26(3): 3172-3179.
[9] Seo D J, Kim Y J, Ham S Y, et al. Characterization of dissolved organic matter in leachate discharged from final disposal sites which contained municipal solid waste incineration residues[J]. Journal of Hazardous Materials, 2007, 148(3): 679-692.
[10] Zhang H, Qua J H, Liu H J, et al. Characterization of isolated fractions of dissolved organic matter from sewage treatment plant and the related disinfection by-products formation potential[J]. Journal of Hazardous Materials, 2009, 164(2-3): 1433-1438.
[11] Baker A. Fluorescence excitation-emission matrix characterization of some sewage-impacted rivers[J]. Environmental science and technology, 2001, 35(5): 948-953.
[12] Sheng G P, Yu H Q. Characterization of extracellular polymeric substances of aerobic and anaerobic sludge using three-dimensional excitation and emission matrix fluorescence spectroscopy[J]. Water Research, 2006, 40(6): 1233-1239.
[13] He X S, Xi B D, Wei Z M, et al. Fluorescence excitation-emission matrix spectroscopy with regional integration analysis for characterizing composition and transformation of dissolved organic matter in landfill leachates[J]. Journal of Hazardous Materials, 2011, 190(1-3): 293-299.
[14] Chai X L, Liu G X, Zhao X, et al. Fluorescence excitation-emission matrix combined with regional integration analysis to characterize the composition and transformation of humic and fulvic acids from landfill at different stabilization stages[J]. Waste Management, 2012, 32(3): 438-447.
[15] Wu H, Zhou Z, Zhang Y, et al. Fluorescence-based rapid assessment of the biological stability of landfilled municipal solid waste[J]. Bioresource Technology, 2012, 110: 174-183.
[16] Wu J, Zhang H, He P J, et al. Insight into the heavy metal binding potential of dissolved organic matter in MSW leachate using EEM quenching combined with PARAFAC analysis[J]. Water Research, 2011, 45(4): 1711–1719.
[17] He X S, Xi B D, Gao R T, et al. Using fluorescence spectroscopy coupled with chemometric analysis to investigate the origin, composition, and dynamics of dissolved organic matter in leachate-polluted groundwater[J]. Environmental Science and Pollution Research, 2015, 22: 1-8.
[18] Stedmon C A, Bro R. Characterizing dissolved organic matter fluorescence with parallel factor analysis: a tutorial[J]. Limnology and Oceanography Methods, 2008, 6(11): 572-579.
[19] Baker A, Curry M. Fluorescence of leachates from three contrasting landfills[J]. Water Research, 2004, 38(10): 2605-2613.
[20] Coble P G. Characterization of marine and terrestrial DOM in seawater using excitation-emission matrix spectroscopy[J]. Marine Chemistry, 1996, 51 (4): 325-346.
[21] Hudson N, Baker A, Wardb D, et al. Can fluorescence spectrometry be used as a surrogate for the biochemical oxygen demand (BOD) test in water quality assessment? An example from South West England[J]. Science of The Total Environment, 2008, 391 (1): 149-158.
[22] Marhuenda-Egea F C, Martinez-Sabater E, Jorda J, et al. Dissolved organic matter fractions formed during composting of winery and distillery residues: Evaluation of the process by fluorescence excitation-emission matrix[J]. Chemosphere, 2007, 68 (2): 301-309.
[23] Ahmad S R, Reynolds D M. Monitoring of water quality using fluorescence technique: Prospect of on-line process control[J]. Water Research, 1999, 33(9): 2069-2074.
[24] Mounier S, Braucher R, Benaim J Y. Differentiation of organic matter's properties of the Rio Negro basin by crossflow ultra-filtration and UV-spectrofluorescence[J]. Water Research, 1999, 33(10): 2363-2373.

[25] Chen W, Westerhoff P, Leenheer J A, et al. Fluorescence excitation–emission matrix regional integration to quantify spectra for dissolved organic matter[J]. Environmental science and technology, 2003, 37(24): 5701-5710.
[26] Artinger R, Buckau C, Geyer S, et al, Characterization of groundwater humic substances: Influence of sedimentary organic carbon[J]. Applied Geochemistry, 2000, 15 (1): 97-116.
[27] He X S, Xi B D, Wei Z M, et al. Spectroscopic characterization of water extractable organic matter during composting of municipal solid waste[J]. Chemosphere, 2011, 82(4): 541-548.
[28] Huo S L, Xi B D, Yu H C, et al. Characteristics of dissolved organic matter (DOM) in leachate with different landfill ages[J]. Journal of Environmental Sciences, 2008, 20 (4): 492-498.
[29] Zbytniewski R, Buszewski B. Characterization of natural organic matter (NOM) derived from sewage sludge compost. Part 2: multivariate techniques in the study of compost maturation[J]. Bioresource Technology, 2005, 96 (4): 479-484.
[30] Lu F, Chang C H, Lee D J, et al. Dissolved organic matter with multi-peak fluorophores in landfill leachate[J]. Chemosphere, 2009, 74 (4): 575-582.
[31] Sarah E H C, Treavor H B, Katherine C G, et al. Effect of landfill characteristics on leachate organic matter properties and coagulation treatability[J]. Chemosphere, 2010, 81 (7): 976-983.
[32] Baker A, Inverarity R. Protein-like fluorescence intensity as a possible tool for determining river water quality[J]. Hydrological Processes, 2004, 18 (15): 2927-2945.
[33] Huo S L, Xi B D, Yu H C, et al. Dissolved organic matter in leachate from different treatment processes[J]. Water and Environment Journal, 2009, 23 (1): 15-22.
[34] Li A Z, Zhao X, Mao R, et al. Characterization of dissolved organic matter from surface waters with low to high dissolved organic carbon and the related disinfection byproduct formation potential[J]. Journal of Hazardous Materials, 2014, 271: 228-235.
[35] Yu G H, Luo Y H, Wu M J, et al. PARAFAC modeling of fluorescence excitation-emission spectra for rapid assessment of compost maturity[J]. Bioresource Technology, 2010, 101(21): 8244-8251.
[36] Li W T, Xu Z X, Li A M, et al. HPLC/HPSEC-FLD with multi-excitation/emission scan for EEM interpretation and dissolved organic matter analysis[J]. Water Research, 2013, 47(3): 1246-1256.
[37] Lai B, Zhou Y X, Yang P. Treatment of wastewater from acrylonitrile- butadiene-styrene (ABS) resin manufacturing by biological activated carbon (BAC)[J]. Journal of Chemical Technology and Biotechnology, 2013, 88: 474-482.
[38] Wang Z G, Cao J, Meng F G. Interactions between protein-like and humic-like components in dissolved organic matter revealed by fluorescence quenching[J]. Water Research, 2015, 68: 404-413.
[39] Osburn C L, Handsel L T, Mikan M P, et al. Fluorescence tracking of dissolved and particulate organic matter quality in a river-dominated estuary[J]. Environmental Science and Technology, 2012, 46(16): 8628-8636.
[40] Yu H B, Song Y H, Liu R X, et al. Variation of dissolved fulvic acid from wetland measured by UV spectrum deconvolution and fluorescence excitation-emission matrix spectrum with self-organizing map[J]. Journal of Soils and Sediments, 2014, 14: 1088-1097.

第12章 垃圾渗滤液处理腐殖质去除与降解规律

垃圾填埋场渗滤液中含有大量的有机和无机污染物，包括难生化降解组分、异质性有机组分、氨氮、重金属和其他有毒物质[1,2]。未经处理的渗滤液可能渗入土壤和地下水，对收纳水造成不利影响[3,4]。在处理过程中老龄的填埋渗滤液最难处理，主要由于渗滤液中有很多难降解的芳香性物质（例如腐殖质）[5]。在传统的生物、化学和物理处理技术中，生物处理由于成本低廉而被广泛用于去除常规氮、磷等污染，但易导致难降解有机物和重金属的累积[6-8]。化学氧化系统，尤其是高级氧化过程（AOP），可以氧化和矿化难分解的有机污染物[9,10]。然而，AOP处理过程一般成本较高且会造成二次污染[1, 11]。此外，目前广泛应用的膜分离处理技术，也存在大量浓缩的渗滤液污染及处理过程中膜堵塞问题[12,13]。因此，为了在可承受的成本内实现有效处理高强度成熟渗滤液，结合传统和/或新型的物理、化学方法和生物工艺，往往能获得较佳的处理效果[14-17]。

处理后渗滤液出水水质评估，对于选择和优化渗滤液处理工艺非常重要。目前评估渗滤液的质量往往采用一些整体的评估指标，例如化学需氧量（COD）、生化需氧量（BOD）、总有机碳（TOC）和氨氮（NH_4^+-N）[18-20]。溶解性有机质（DOM）是渗滤液中有机物的主要成分，其占渗滤液TOC浓度的85%以上[17]。DOM浓度（以DOC为基准）为800～20000mg/L，甚至更高，其中腐殖质占DOM的72%[21,22]。腐殖质是一类顽固的芳香性物质，主要由轻微降解的木质素和氨基酸通过共价键与其他小分子异种分子通过非共价相互作用（范德华力、π-π作用、氢键和金属架桥）[23-26]。

了解渗滤液中芳香性物质的物理化学性质，例如极性、分子量和官能团，有助于预测其在工程系统中的行为，并开发出有效的渗滤液处理方法[27-30]。很少有学者研究分析渗滤液处理过程中芳香性物质的理化性质，并且他们大多数均利用光学技术确定DOM的特性[10,19,20,31]。例如，研究表明，有机物的分子量和极性特性在生物处理效率中起关键作用[29,30,32]，氧化效率和废水质量主要取决于DOM中反应性部分的浓度和类型[33,34]。

反相高效液相色谱（RPHPLC）和高效体积排阻色谱（HPSEC）用于确定DOM的极性和分子量[35,36]。然而，由于腐殖质成分的多样性，单独激发/发射波长下的RPHPLC或者HPSEC信号无法全面详细地反映DOM的组成。最近，Li等[28,37]证实色谱分离系统中检测器的荧光发射扫描模式可以提供有关DOM极性和分子量连续分布的更多组成信息。此外，最近开发了用于定量分析有机物中的反应性官能团并直接监测DOM氧化态变化的电化学方法[38,39]。因此，上述技术的结合有望在处理过程中全面揭示渗滤液DOM的极性、分子量和其在反应过程中的变化。

本章采用荧光激发发射矩阵（EEM）光谱结合平行因子分析（PARAFAC）、RPHPLC/HPSEC多发射技术、二阶导数FTIR和介导的电化学分析方法来表征从垃圾填埋场中收集的渗滤液中的芳香性物质。研究目的是探究组合处理过程中芳香性物质的逐步去除机理。此外，电化学和光学测量的结合可以为芳香性物质的固有反应性提供信息，并有助于优化渗滤液工程的处理效率。

12.1 老龄渗滤液中腐殖质的组合处理工艺

本章渗滤液样品采集于广东省罗定市的垃圾渗滤液处理厂，其处理流程主要由生物接触氧化（BCO）、Fe-C电解（ICME）、Fenton系统、絮凝系统和一体式活性污泥（IAS）系统组成，水力停留时间分别为6d、1.5h、2h、14.5h和3d。图12-1为渗滤液组合处理工艺流程的示意图。

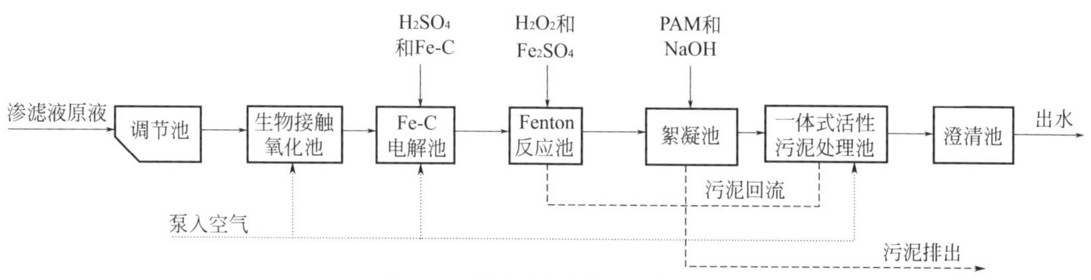

图12-1 渗滤液组合处理工艺流程

每个处理阶段的主要操作参数简要介绍如下。将垃圾渗滤液收集到调节池中以使水质和水量均匀，然后泵入BCO反应池。BCO单元中包含改性聚氨酯载体，将硝化细菌和反硝化细菌添加到待处理渗滤液中，以形成高活性生物膜。反应池溶解氧浓度控制在2～4mg/L之间，水力停留时间为6d。上清液进入ICME反应池，使用浓硫酸将pH值控制在2～3，并添加约150g/L的工业Fe-C滤料。在室温下以120r/min机械搅拌1.5h后，进入Fenton反应池，其以200r/min的转速加入过氧化氢（H_2O_2，质量分数27.5%）并混合2h。样品氧化完后，添加氢氧化钠（NaOH）溶液将pH值调节至9.0，然后添加少量聚丙烯酰胺（PAM，质量分数0.2%）进行絮凝（14.5h）。最后，将上清液排入IAS反应池中，在该反应池中保持3d的水力停留时间。其中IAS反应池的接种活性污泥是从当地市政污水处理厂在稳定运行条件下获得并扩增。表12-1为每个处理步骤后渗滤液［COD、NH_4^+-N、总氮（TN）等］的详细表征。从进水调节池以及BCO、ICME、Fenton、絮凝和IAS反应池的出水中提取渗滤液。样品以10000r/min离心10min，通过预清洗的0.45μm膜滤器过滤，然后在2～4℃的黑暗环境中保存直至进行分析。渗滤液的浓度和质量随时间变化很小，因为成熟渗滤液的有机组分主要是难处理的腐殖质[12, 23]。

表12-1　各处理单元渗滤液水质

项目	COD/(mg/L)	TN/(mg/L)	NH_4^+-N/(mg/L)
原液	1790±150	509.8±50	269.1±30
生物接触氧化出水	850±80	129.9±16	64.6±10
铁碳电解出水	740±55	82.1±12	57.1±10
Fenton出水	510±40	67.6±10	56.2±8
絮凝出水	400±35	55.4±6	44.3±5
一体式活性污泥出水	80±10	27.0±2	4.6±1
国家排放标准	100	40	25

12.2 组合处理工艺对老龄渗滤液中腐殖质的去除效率

图12-2为组合处理过程中各单元水质分析，其中，图12-2(a)显示了每个处理单元进水和出水中的溶解性有机质（DOM）浓度（按DOC计）及其芳香性指数（*SUVA*）去除率。可知随着反应的进行，渗滤液中的DOM含量急剧下降至约50%，尤其是在BCO和ICME处理之后。但是，BCO单元后渗滤液DOM的*SUVA*增大，这可能归因于非芳香性物质的优先降解，导致芳香性物质的富集。随后，在Fenton和絮凝处理之后渗滤液的芳香性急剧下降，这表明芳香性物质在此过程中被逐步分解和去除。

渗滤液中有多种芳香性物质，利用EEM光谱详细揭示了不同芳香性物质的降解和去除特性[19]。图12-3显示了每个处理单元中渗滤液芳香性物质的典型EEM光谱。在生化处理过程中，相比于腐殖质类成分（主要是聚合的芳香性物质），类蛋白成分（主要是含氮的芳香性物质）的荧光强度急剧降低。同时，在物理化学处理过程中的芳香性物质中，类腐殖质的峰在发射波长方面显示出蓝移（10～15nm）。这些结果表明，聚合芳烃结构的分子构型被破坏或重新排列。在EEM光谱中结合PARAFAC分析确定五个成分。组分C1被鉴定为可能与渗滤液来源DOM的芳香官能团和脂肪族官能团相关的腐殖酸类物质[19]。组分C3和组分C5为类色氨酸和类酪氨酸物质，这些物质可能源自微生物代谢或引入垃圾填埋场的固体废物[22]。

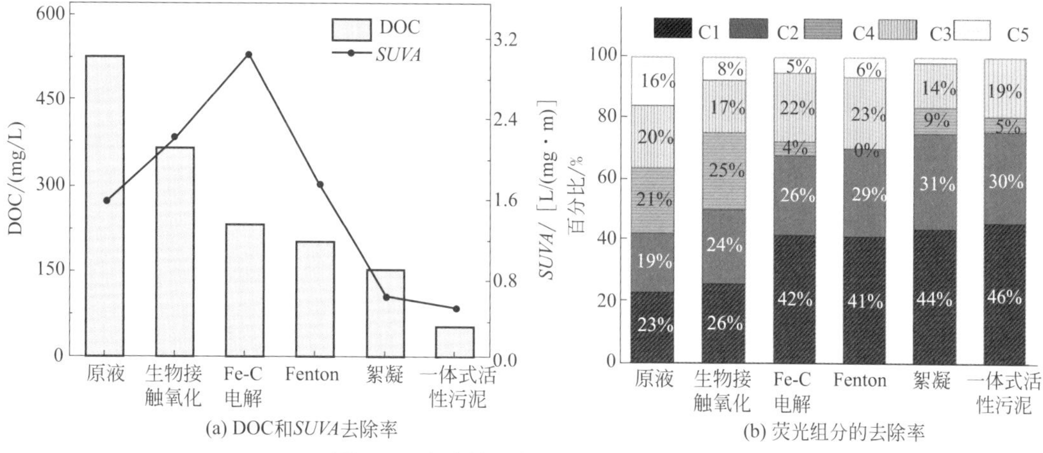

(a) DOC和SUVA去除率　　(b) 荧光组分的去除率

图12-2　组合处理过程中各单元水质分析

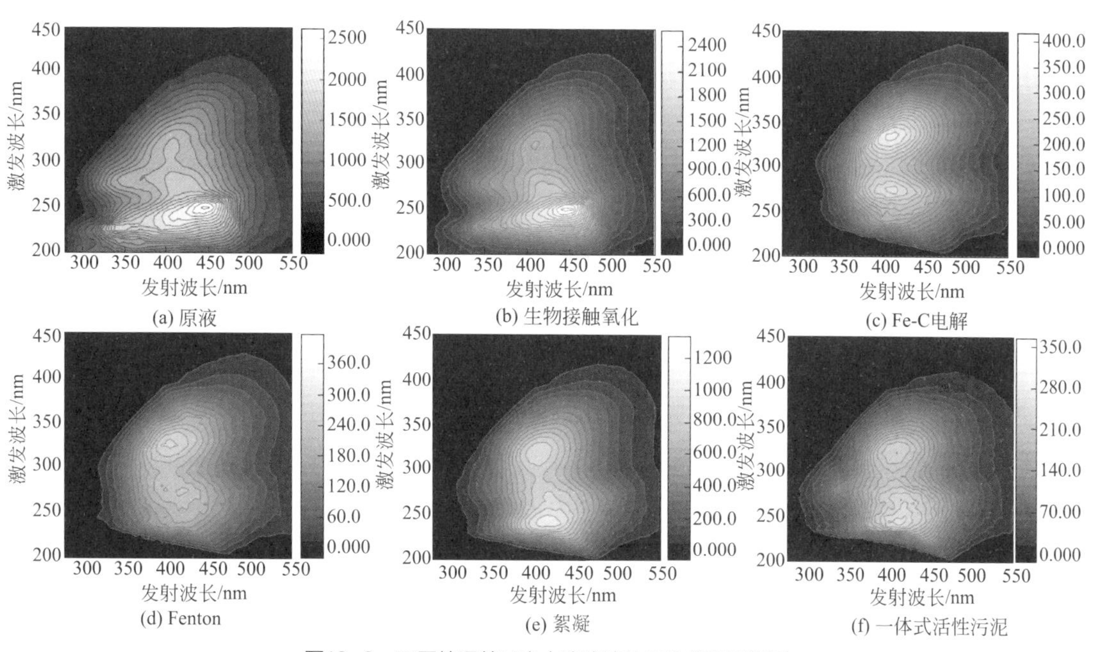

(a) 原液　　(b) 生物接触氧化　　(c) Fe-C电解

(d) Fenton　　(e) 絮凝　　(f) 一体式活性污泥

图12-3　不同处理单元出水渗滤液的三维荧光光谱图

根据图12-2(b)所示，组分C3和C5的比例在絮凝和IAS单元中分别降至14%和0%。相反，在ICME单元中C1和C2的比例大大增加。C4主要通过理化过程除去，在生物单元中略有增加。因此，ICME和Fenton工艺有效地破坏了腐殖质的结构，同时活性污泥的代谢释放了一些细胞碎片和胞外聚合物。由于微生物降解副产物的缩合和聚合，这些有机物可从低分子量脂肪族化合物转变为高分子量芳香性物质[8,24,26]。此外，在组合处理过程中芳香性物质的分解和转化可能引起芳香性物质的极性和分子量的变化。

12.3 渗滤液中芳香性物质的极性、分子量及官能团变化

12.3.1 渗滤液极性变化

各单元出水样品的RPHPLC图中鉴定出五个极性峰（图12-4）。极性峰的发射波长范围为370 ～ 510nm，在初始生物处理单元中强度最高，约为450nm。通常认为，发射波长大于380nm的为多环芳香性结构荧光峰，而小于380nm的则为含有羟基和氨基的苯环的荧光峰[37,40]。因此，老龄垃圾填埋场渗滤液中的极性成分主要由多环芳香性结构组成，难以通过生物处理去除。值得注意的是，在ICME和Fenton处理阶段中，非极性峰的数量先增加，然后减少，最大发射波长从450nm蓝移到425nm。经ICME单元处理后，亲水峰2减弱，并观察到另外两个疏水峰（峰4和峰5），最大发射波长为440nm，这可能是由聚合物芳香性结构之间的共价键断裂所致。随后，在Fenton过程中，此类疏水性芳香性馏分显著减少，表明芳香环在该过程中破裂并矿化（图12-5、表12-3）。在絮凝过程中，残留的疏水性成分被完全去除。此外，这些洗脱峰腐殖化指数（HIX）的降低（表12-2）表明，在组合处理过程之后，残余的芳香性有机组分的腐殖化程度降低。

表12-2　各处理过程的RPHPLC洗脱峰的腐殖化程度

样品	峰1	峰2	峰3	峰4	峰5
原液	0.972	0.921	0.952	—	—
生物接触氧化出水	0.978	0.946	0.602	—	—
Fe-C电解出水	—	0.807	0.743	0.792	0.812
Fenton出水	—	0.746	0.904	0.773	—
絮凝出水	—	0.938	0.774	—	—
一体式活性污泥出水	—	0.906	0.806	—	—

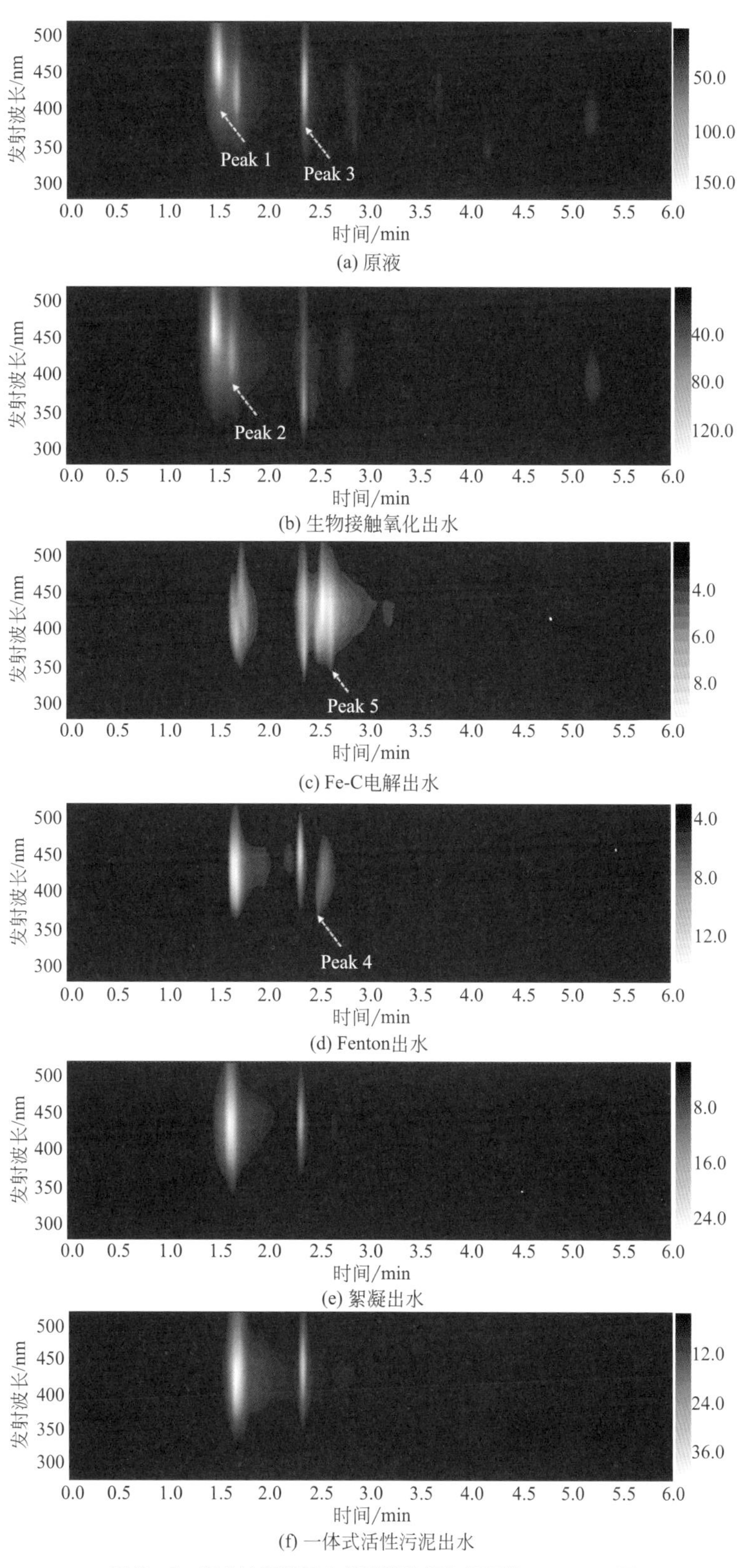

图12-4 各个处理单元中芳香性溶解有机质的RPHPLC图

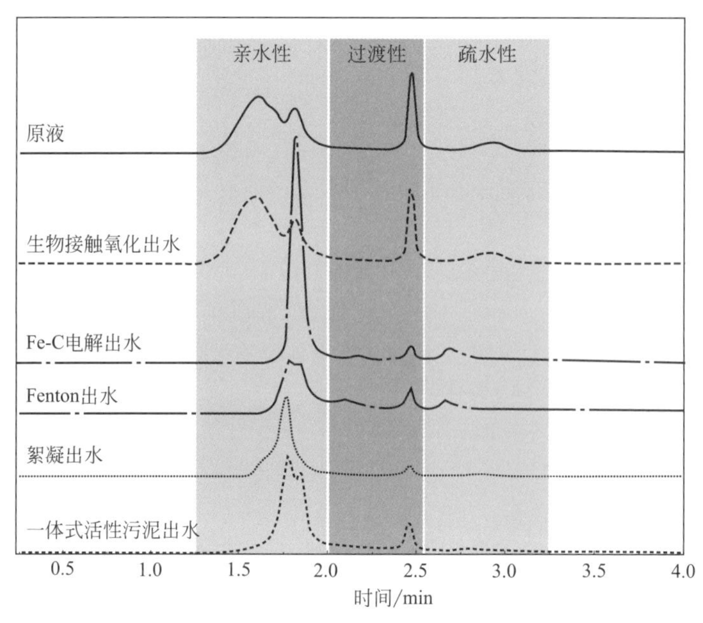

图12-5　不同处理单位渗滤液处理出水的RPHPLC-UV图

表12-3　基于高斯拟合方法的峰面积和不同极性分数的百分比

样品	亲水性	过渡性	疏水性
原液	45.04(76.99%)	9.91(16.94%)	3.55(6.07%)
生物接触氧化出水	54.61(76.69%)	9.45(13.27%)	7.15(10.04%)
Fe-C 电解出水	40.63(80.70%)	4.85(9.64%)	4.86(9.66%)
Fenton 出水	22.38(61.14%)	9.68(26.45%)	4.54(12.41%)
絮凝出水	26.40(90.13%)	1.60(5.46%)	1.29(4.40%)
一体式活性污泥出水	37.77(85.52%)	4.56(10.31%)	1.84(4.17%)

12.3.2　渗滤液分子量变化

渗滤液原液和BCO单元出水的HPSEC峰相似［图12-6(a)和图12-7］。根据体积排阻色谱机制，保留时间较短的馏分其表观分子量较高[28,41]。原始渗滤液中的主要芳香性物质，如大分子量（在7.2min和7.7min洗脱）腐殖质（发射波长 > 380nm）以及小部分蛋白物质（洗脱时间在7.5min，发射波长 < 380nm），在BCO单元中被去除。ICME废水的发射时间图仅显示两个低峰（洗脱时间分别为8.3min和9.2min），最大发射波长从460nm蓝移至440nm，表明聚合的芳香性结构被破坏并转化为低分子量芳香组分。经过Fenton处理后，出水的排阻色谱图没有显著变化，表明芳环的裂解对芳香性物质的总分子量分布影响较小。絮凝处理后只有一个洗脱峰，这表明絮凝过程有效地去除了大多数

异质有机分子。但是，IAS处理后，在8.3min和9.2min洗脱时间又出现了两个低峰，这表明在絮凝阶段形成的聚合亚稳组分被生物过程分解了。

芳香性物质的表观分子量分布范围约为150～7400（表12-4）。通常，在处理单元中，芳香性物质的M_n和M_w值急剧下降，但在絮凝处理后有所增加，这表明在组合过程中大分子量有机物可被有效地降解为低分子量有机物。研究表明M_w/M_n值越高，表示芳香性物质的分子量分布范围越广[42,43]。处理单元的M_w/M_n值在1.80～1.24范围内变化，这表明芳香性物质降解为相对异质的分子，以便在不同的处理单元中进行选择性去除。

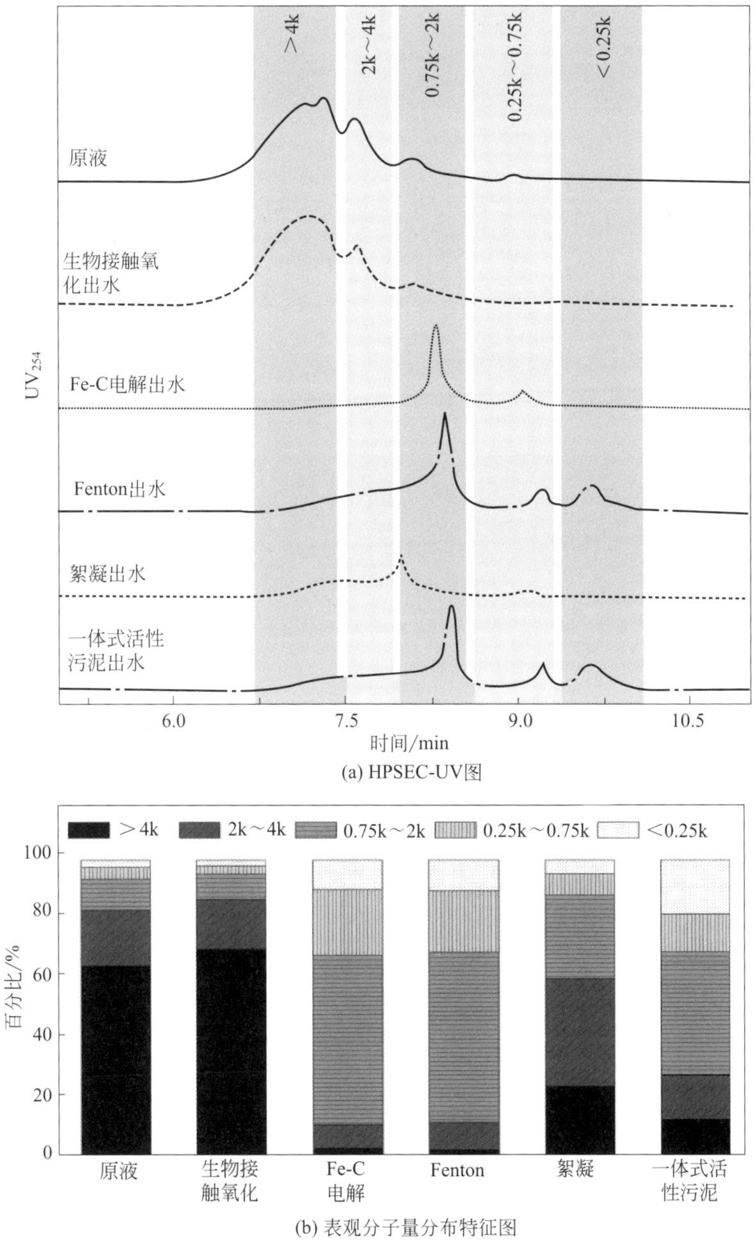

图12-6 各处理单元芳香性DOM的HPSEC-UV图及表观分子量分布特征图

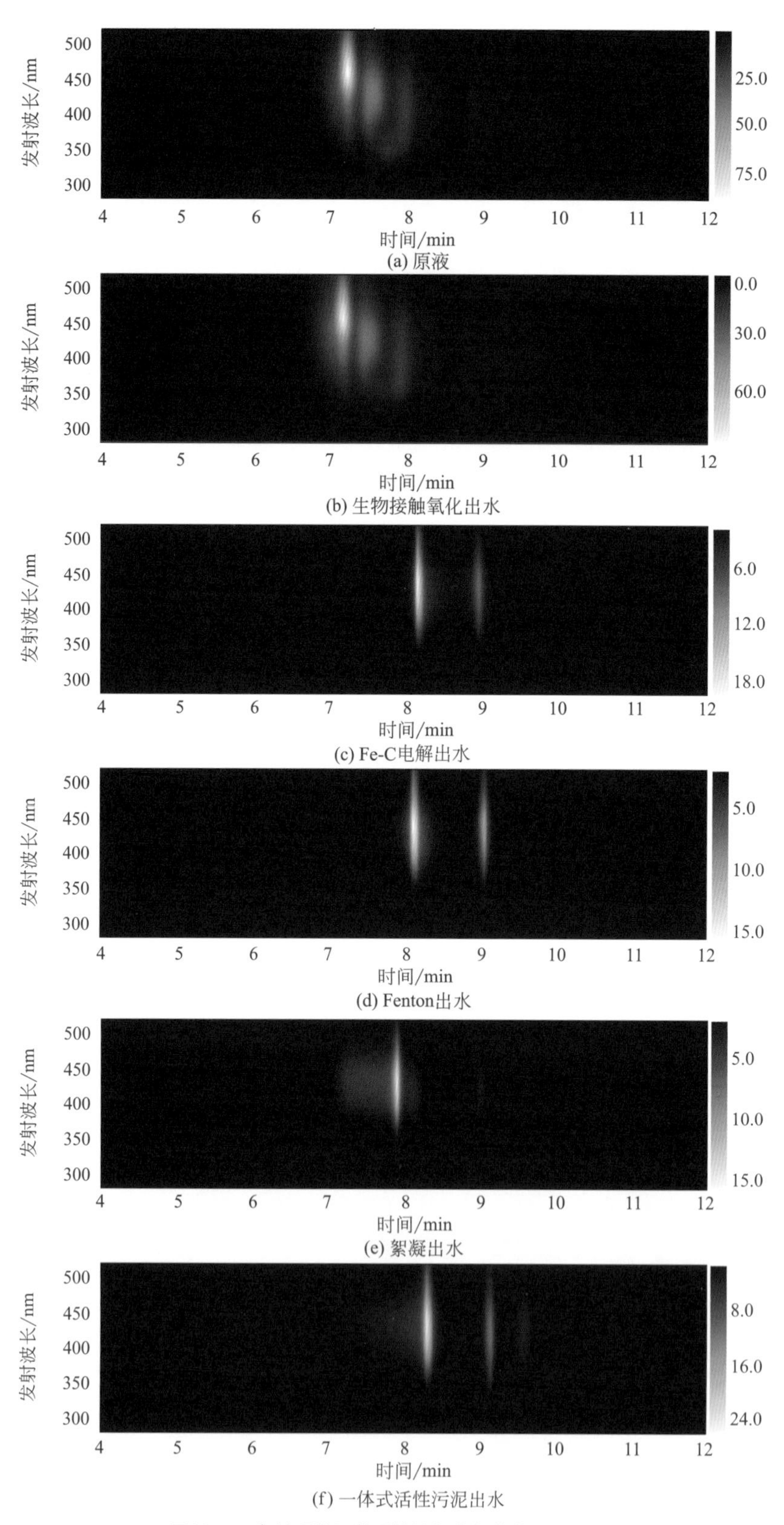

图12-7 各处理单元芳香性溶解有机物的HPSEC

表12-4 各处理单元出水芳香性物质的分子量分布特征

项目	分子量 $\times10^{-3}$	$M_n\times10^{-3}$	$M_w\times10^{-3}$	M_w/M_n
原液	0.46 ～ 7.23	3.49	5.12	1.46
生物接触氧化出水	0.25 ～ 7.40	3.25	5.33	1.64
Fe-C 电解出水	0.38 ～ 1.25	0.88	1.09	1.24
Fenton 出水	0.18 ～ 1.31	0.68	1.06	1.54
絮凝出水	0.18 ～ 1.96	1.04	1.65	1.58
一体式活性污泥出水	0.15 ～ 1.01	0.39	0.70	1.80

组合处理工艺中的表观分子量分布如图12-6(b)所示，分子量大于4000的芳香性物质分别占原渗滤液和BCO废水的64.2%和69.9%，而在ICME和Fenton废水中这一比例分别仅为2.7%和2.1%。分子量为750 ～ 2000的馏分是ICME和Fenton废水中的主要成分，分别占57.1%和57.4%。因此，可以得出结论，在ICME和Fenton过程中，大分子量的馏分被分解为低分子量的馏分，这对于提高渗滤液的生物降解性具有重要意义。同时，絮凝后渗滤液有机物的分子量增大，分子量大于2000的馏分是絮凝废水的主要成分（占69.0%）。这些结果表明，尽管絮凝工艺可以有效地去除絮凝剂架桥的大分子量馏分，但在凝结过程中会形成一些分子量为2000 ～ 4000的有机化合物，并且不会沉淀出来。IAS装置分解后，大部分高分子量组分被降解，分子量为750 ～ 2000的组分成为IAS出水中的主要成分。这些结果表明，在絮凝剂的相互作用下，异质分子可通过非共价键作用结合为一种亚稳态分子结构，但其易被微生物分解。此外，分子量在750 ～ 2000之间的腐殖质物质存在于所有随后的处理单元中，并且再次成为馏出物中的主要成分。

12.3.3 渗滤液分子官能团变化

FTIR用于表征芳香性物质官能团的分布，渗滤液DOM的FTIR光谱如图12-8所示。通常所有样品在约3420cm^{-1}处可观察到宽而强的吸收带，这与—OH（如醇、酚和羧酸）的伸缩振动有关[44-46]。所有样品的原始FTIR光谱在1800 ～ 400cm^{-1}之间，并显示出许多重叠的肩峰。由先前的研究报道可知，二阶导数可以在重叠的FTIR峰上提供增强的表观分辨率，并提供有关DOM官能团组成的更多信息[47-50]。因此，应用二阶导数（图12-9）以产生更尖锐的指向下方的峰，并且在表12-5中列出了峰的归属。

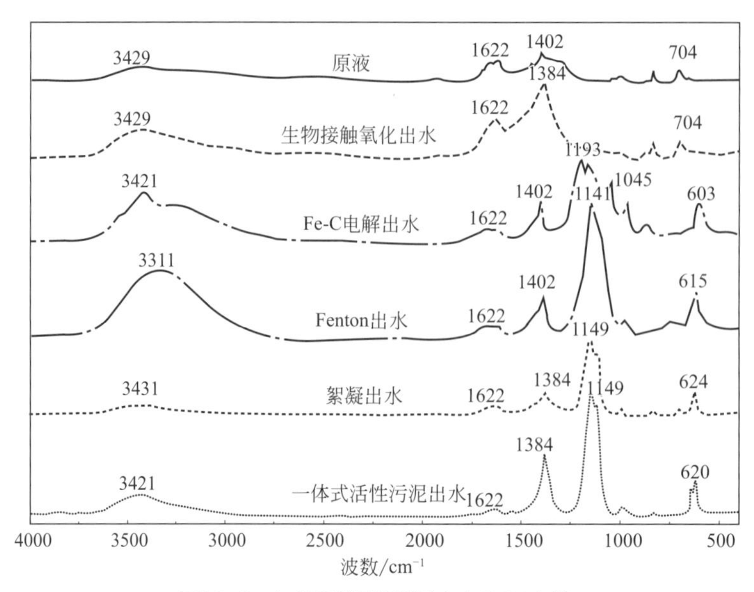

图12-8　各处理单元渗滤液出水FTIR光谱

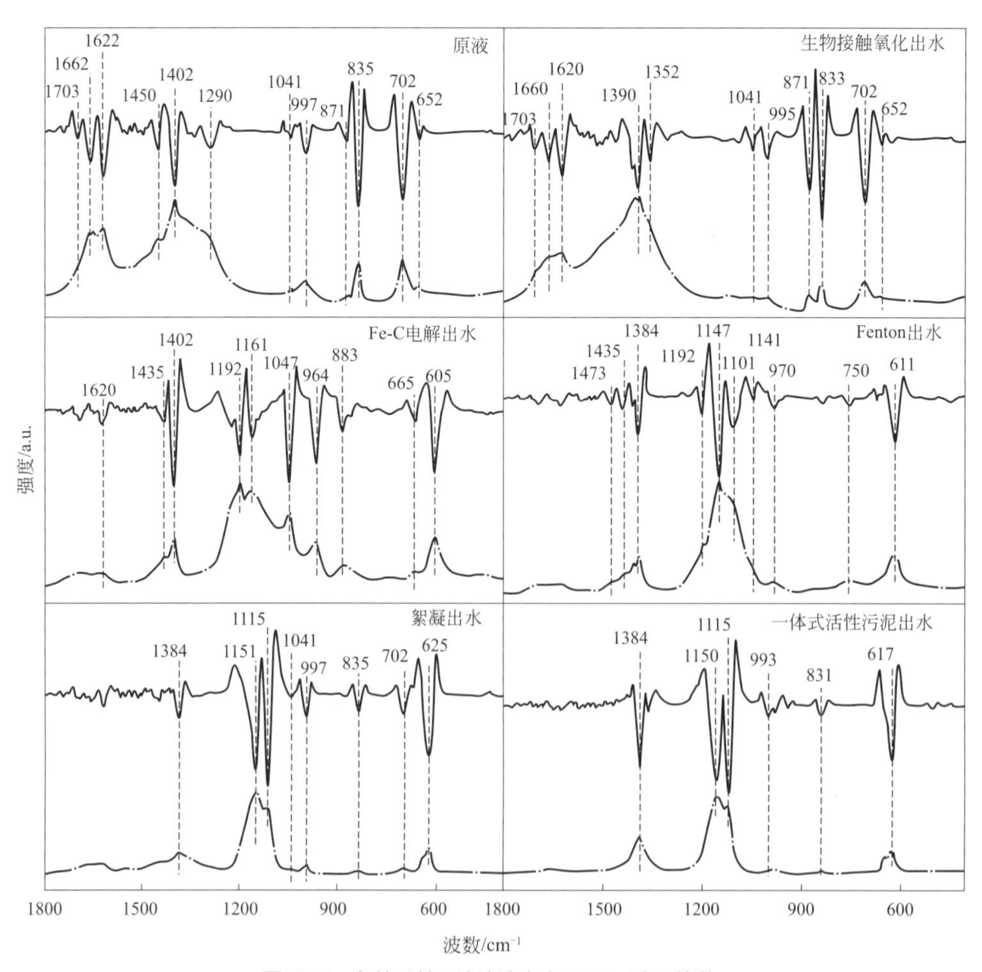

图12-9　各处理单元渗滤液出水FTIR二阶导数谱

表12-5 渗滤液FTIR各吸收峰归属

波数/cm^{-1}	对应官能团
3450～3200	O—H伸缩振动（醇类、酚类及羧基官能团）
1730～1710	C═O伸缩振动（羧酸官能团）
1690～1650	C═O伸缩振动（氨基官能团）
1630～1600	C═C伸缩振动（芳香环） C═O伸缩振动（芳香环、脂肪环、酮、醌基）
1470～1440	C—O—H弯曲振动（羧酸官能团） C—H弯曲振动（脂肪族）
1420～1390	O—H弯曲振动（羧酸官能团）
1385～1350	COO^-的对称弯曲振动（羧酸官能团） N—O的伸缩振动（硝酸盐）
1220～1150	C—O伸缩振动（羧酸、醇、酯、醚）、结构碳振动
1120～1000	C—O伸缩振动（多糖、脂类）、S═O振动
997～996	C═C弯曲振动（烯烃类）
880～870	C—O面外振动（碳酸盐）
836～820	NH_2面外振动（酰胺）
870～610	C—H伸缩振动或C—H弯曲振动
673～667、625～614	O—H面外振动（糖类）、C—X伸缩振动（卤代烷烃）

BCO单元出水在1703cm^{-1}、1402cm^{-1}和1290cm^{-1}处羧酸振动信号的消失或强度降低（图12-9），表明在BCO单元之后，羧酸化合物被部分除去。ICME单元之后1402cm^{-1}、1192cm^{-1}、1047cm^{-1}和605cm^{-1}处的谱带（图12-9）表明，当聚合的芳香性结构被ICME氧化破坏时，会生成新的含氧羧酸、酯、烷基和烷基卤化物，以上结果也进一步解释了ICME处理后样品的疏水性峰增强的原因。Fenton处理后1192cm^{-1}处谱带强度的降低表明，醇、酚、羧酸和含C═O键不对称振动的化合物在Fenton过程中被去除，而环状、脂环族、醌和酮化合物[10,51]中C═C的芳香环伸缩或C═O键伸缩振动引起1622cm^{-1}处的吸收带减弱，表明芳香环被羟基自由基氧化破坏。此结果与*SUVA*和色谱分析的结果一致。在絮凝过程之后，约1402cm^{-1}处的振动峰消失，并且在1149cm^{-1}和615cm^{-1}处的振动峰明显降低，这意味着酯和羧基通过絮凝被部分除去。IAS出水中1150cm^{-1}和1115cm^{-1}处的谱带强度证实，糖类由于微生物的存在而增多。这些结果表明，羧酸在BCO中优先被生物降解为CO_2，并通过絮凝进一步除去。此外，芳香环和共轭部分都可

以在ICME和Fenton单元中有效去除。IAS工艺可以去除脂肪族化合物和含胺化合物，尽管它不能有效去除糖类。

芳香性物质中活性官能团的类型及含量决定了有机物与氧化剂之间的相互作用程度以及处理过程中的氧化剂/絮凝剂量[33]。电子转移能力（ETC），包括电子接受能力（EAC）和电子供给能力（EDC），其可用于表征有机物中的活性官能团。酚醛、胺、苯胺、硫或烯烃被认为是具有抗氧化性能的主要电子供给部分[46,52]。芳香性物质上的醌和羧基被认为是有机质中的主要电子接受部分[47,53]。如图12-10所示，出水中的芳香性物质的ETC显著低于进水的ETC，表明该处理过程可以有效地减少芳香性物质的活性官能团。在BCO过程后，EAC下降，表明在生物过程中羧基被去除。在ICME处理后，ETC显著提高，表明连接不同芳香性结构的共价键被破坏并转变为含氧基团。在ICME中，EDC和EAC最高，并且在随后的过程中呈下降趋势。在Fenton过程中EAC和EDC的降低程度相当，这证实了羟基自由基的非选择性攻击可以实现芳香环的矿化。相比之下，EDC在絮凝液中衰减最大，表明该方法在去除抗氧化剂官能团（例如羟基苯环，硫或烯烃部分）方面具有更好的效果。EAC在IAS单元中衰减最大，表明有机物中电子接受部分具有更高的生物利用度。

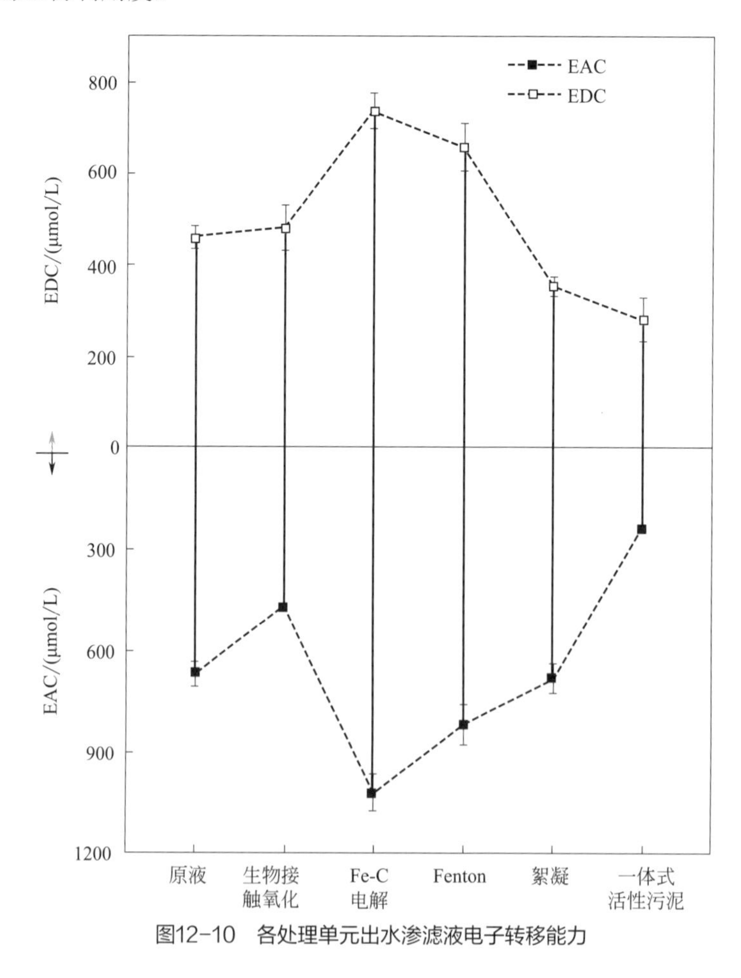

图12-10 各处理单元出水渗滤液电子转移能力

12.4 组合处理工艺对老龄渗滤液处理的优势及意义

与其他工艺相比，BCO-ICME-Fenton-絮凝-IAS工艺的组合能有效去除老龄渗滤液中的芳香性物质和氮（表12-6），且符合国家渗滤液处理排放标准。提出的组合处理工艺是处理垃圾渗滤液的有效方法，该方法可逐步分解和去除大量的芳香性物质。BCO工艺是组合工艺中的一级处理过程，可将芳香性物质组分中含氮的支状结构降低到相对较少的范围。随后的AOP处理（ICME-Fenton）作为二级处理，将生物稳定的大分子腐殖质共轭部分和芳香环破坏为可生物降解的形式。絮凝和IAS处理用作组合工艺的三级净化步骤，其物理拦截和生物降解作用可用于深度去除残留的颜色和有机物质。

表12-6　各处理工艺比较

处理工艺	原液/(mg/L)		出水去除率/%	
	COD	NH_4^+-N	COD	NH_4^+-N
本组合处理工艺	1790±50	269.1±30	95.6	98.3
絮凝-Fenton-生物滤池[54]	600～700	—	88.0	—
活性炭-SBR[3]	1655	600	64.1	81.4
Fenton-微滤-纳滤[55]	2863±426	1099±19	98.4	92.9
曝气-Fenton-SBR-絮凝[4]	3000～4000	1750～2530	92.8	98.0
絮凝-电Fenton-SBR[56]	1941	150.9	85	81
SBR-絮凝-Fenton-上流式生物接触氧化池[17]	3000	1100	97.3	99

老龄垃圾填埋场渗滤液的大分子芳烃组分（分子量＞4000）是主要的难降解有机物，采用ICME和Fenton组合的AOP可以将其分解为低分子量的易生化降解组分。ICME单元主要破坏连接聚合物芳香环的共价键，而Fenton工艺可能会进一步破坏苯环。尽管在AOP处理单元中破坏了大分子芳香性物质和脂肪族化合物，但生成的具有非芳香性结构的有机化合物仍需进一步研究。同时，DOC的减少及*SUVA*的减小表明在处理过程中有机组分的芳香性下降，导致持久性降低，从而提高了渗滤液的生物降解性[57]。分子量变化结果可以进一步证实，絮凝剂的非共价架桥作用将低分子量有机物或/和非腐殖质组分保持在亚稳态结构中，随后形成更多的缩聚结构以促进沉淀。此外，在三级处理中羧酸、含酚基和胺基的化合物以及脂肪族化合物迅速减少，表明残留的亚稳态有机

组分（2000 < 分子量 < 4000）已被有效地分解和去除。结果表明，低分子量难降解腐殖质（750 < 分子量 < 2000）是组合处理工艺中的主要残留有机物。以往有研究指出，膜法或吸附技术对去除此类物质有更好的效果[57,58]，添加此类技术将进一步提高渗滤液处理出水水质。

在联合处理过程中大量的极性官能团的分解致使浸出液中芳香性物质的整体疏水性提高了。通常认为羟基、羧基、氨基、肽和酯键是极性官能团。在该组合过程中，绝大部分羧基化合物在BCO中优先被生物降解，而AOP处理过程中形成的极性降解产物则通过絮凝过程进行分离。众所周知，亲水部分主要由极性基团组成，这些极性基团可以与金属离子形成配合物[35, 57]。因此，联合处理可显著降低垃圾渗滤液的络合能力。浸出液中芳香性物质的高度疏水性可导致较高的辛醇-水分配系数，这意味着处理后的渗滤液在排放时将首先被土壤有机物吸附。组合处理过程，特别是AOP和絮凝单元组合的处理过程，可以同时降低渗滤液的芳香性、络合能力和流动性，从而降低渗滤液的环境风险。

EDC和光学参数的变化可帮助理解芳香性物质上活性官能团的去除，并有助于确定最佳氧化剂投加量。与其他处理工艺相比，Fenton处理导致*SUVA*的相对损失要比EDC大，这表明与Fenton处理过程中供给电子的酚类部分相比，吸收紫外线的芳香性部分（非活化发色部分）的去除效率更高。絮凝过程中给电子基团的减少幅度较大，说明组合凝聚过程可以有效降低芳香性物质的抗氧化能力，从而减少氧化剂的消耗。因此，建议在渗滤液处理过程中的氧化处理之前设置凝结单元，可以有效减少氧化剂无效损失。此外，将ICME与Fenton氧化相结合可以提高氧化效率，尤其是Fenton难溶芳香性有机组分的矿化效率。

参考文献

[1] Cassano D, Zapata A, Brunetti G, et al. Comparison of several combined/integrated biological-AOPs setups for the treatment of municipal landfill leachate: minimization of operating costs and effluent toxicity[J]. Chemical Engineering Journal, 2011, 172: 250-257.

[2] Pivato A, Gaspari L. Acute toxicity test of leachates from traditional and sustainable landfills using luminescent bacteria[J]. Waste Management, 2006, 26: 1148-1155.

[3] Li H S, Zhou S Q, Sun Y B, et al. Advanced treatment of landfill leachate by a new combination process in a full-scale plant[J]. Journal of Hazardous Materials, 2009, 172: 408-415.

[4] Aziz S Q, Aziz H A, Yusoff M S, et al. Landfill leachate treatment using powdered activated carbon augmented sequencing batch reactor (SBR) process: optimization by response surface methodology[J]. Journal of Hazardous Materials, 2011, 189: 404-413.

[5] Bu L, Wang K, Zhao Q L, et al. Characterization of dissolved organic matter during landfill leachate treatment

by sequencing batch reactor, aeration corrosive cell-Fenton, and granular activated carbon in series[J]. Journal of Hazardous Materials, 2010, 179: 1096-1105.
[6] Naveen B P, Mahapatra D M, Sitharam T G, et al. Physico-chemical and biological characterization of urban municipal landfill leachate[J]. Environmental Pollution, 2017, 220: 1-12.
[7] Wiszniowski J, Robert D, Surmacz-Gorska J, et al. Landfill leachate treatment methods: a review[J]. Environmental Chemistry Letters, 2006, 4: 51-61.
[8] Miao L, Yang G Q, Tao T, et al. Recent advances in nitrogen removal from landfill leachate using biological treatments—a review[J]. Journal of Environmental Management, 2019, 235: 178-185.
[9] Gupta A, Zhao R, Novak J T, et al. Application of Fenton's reagent as a polishing step for removal of UV quenching organic constituents in biologically treated landfill leachates[J]. Chemosphere, 2014, 105: 82-86.
[10] Rodríguez F J, Schlenger P, García-Valverde M. Monitoring changes in the structure and properties of humic substances following ozonation using UV-Vis, FTIR and ^{1}H NMR techniques[J]. Science of The Total Environment, 2016, 54: 623-637.
[11] Di Iaconi C, Ramadori R, Lopez A. Combined biological and chemical degradation for treating a mature municipal landfill leachate[J]. Biochemical Engineering Journal, 2006, 31: 118-124.
[12] Renou S, Givaudan J G, Poulain S, et al. Landfill leachate treatment: review and opportunity[J]. Journal of Hazardous Materials, 2008, 150: 468-493.
[13] Tałałaj I A, Biedka P, Bartkowska I. Treatment of landfill leachates with biological pretreatments and reverse osmosis[J]. Environmental Chemistry Letters, 2019,17: 1177-1193.
[14] Gomes A I, Foco M L R, Vieira E, et al. Multistage treatment technology for leachate from mature urban landfill: full scale operation performance and challenges[J]. Chemical Engineering Journal, 2019, 376: 120573.
[15] Silva T F C V, Silva M E F, Cunha-Queda A C, et al. Multistage treatment system for raw leachate from sanitary landfill combining biological nitrification-denitrification/solar photo-Fenton/biological processes, at a scale close to industrial-biodegradability enhancement and evolution profile of trace pollutants[J]. Water Research, 2013, 47: 6167-6186.
[16] Vilar V J P, Rocha E M R, Mota F S, et al. Treatment of a sanitary landfill leachate using combined solar photo-Fenton and biological immobilized biomass reactor at a pilot scale[J]. Water Research, 2011, 45: 2647-2658.
[17] Liu Z P, Wu W H, Shi P, et al. Characterization of dissolved organic matter in landfill leachate during the combined treatment process of air stripping, Fenton, SBR and coagulation[J]. Waste Management, 2015, 41: 111-118.
[18] Carstea E M, Bridgeman J, Baker A, et al. Fluorescence spectroscopy for wastewater monitoring: a review[J]. Water Research, 2016, 95: 205-219.
[19] Yang X F, Meng L, Meng F G. Combination of self-organizing map and parallel factor analysis to characterize the evolution of fluorescent dissolved organic matter in a full-scale landfill leachate treatment plant[J]. Science of The Total Environment, 2019, 654: 1187-1195.
[20] He X S, Xi B D, Gao R T, et al. Insight into the composition and degradation potential of dissolved organic matter with different hydrophobicity in landfill leachates[J]. Chemosphere, 2016, 144: 75-80.
[21] Huo S L, Xi B D, Yu H C, et al. Characteristics of dissolved organic matter (DOM) in leachate with different landfill ages[J]. Journal of Environmental Sciences, 2008, 20(4): 492-498.
[22] Iskander S M, Zhao R, Pathak A, et al. A review of landfill leachate induced ultraviolet quenching substances: sources, characteristics, and treatment[J]. Water Research, 2018, 145: 297-312.
[23] Schellekens J, Buurman P, Kalbitz K, et al. Molecular features of humic acids and fulvic acids from contrasting environments[J]. Environmental Science and Technology, 2017, 51: 1330-1339.
[24] Zhao X Y, Tan W B, Peng J J, et al. Biowaste-source-dependent synthetic pathways of redox functional groups within humic acids favoring pentachlorophenol dechlorination in composting process[J]. Environment

International, 2020, 135: 105380.

[25] Li Y, Li J H, Deng C. Occurrence, characteristics and leakage of polybrominated diphenyl ethers in leachate from municipal solid waste landfills in China[J]. Environmental Pollution, 2014, 184: 94-100.

[26] Zhao R, Novak J T, Goldsmith C D. Evaluation of on-site biological treatment for landfill leachates and its impact: a size distribution study[J]. Water Research, 2012, 46: 3837-3848.

[27] Quaranta M L, Mende M D, MacKay A A. Similarities in effluent organic matter characteristics from Connecticut wastewater treatment plants[J]. Water Research, 2012, 46: 284-294.

[28] Li W T, Xu Z X, Li A M, et al. HPLC/HPSEC-FLD with multi-excitation/emission scan for EEM interpretation and dissolved organic matter analysis[J]. Water Research, 2013, 47: 1246-1256.

[29] Campagna M, Çakmakcı M, Büşra Yaman F, et al. Molecular weight distribution of a full-scale landfill leachate treatment by membrane bioreactor and nanofiltration membrane[J]. Waste Management, 2013, 33(4): 866-870.

[30] Yuan Z, He C, Shi Q, et al. Molecular insights into the transformation of dissolved organic matter in landfill leachate concentrate during biodegradation and coagulation processes using ESI FT-ICR MS[J]. Environmental Science and Technology, 2017, 51: 8110-8118.

[31] Zhang Z, Teng C Y, Zhou K G, et al. Degradation characteristics of dissolved organic matter in nanofiltration concentrated landfill leachate during electrocatalytic oxidation[J]. Chemosphere, 2020, 255: 127055.

[32] Romera-Castillo C, Chen M, Yamashita Y, et al. Fluorescence characteristics of size-fractionated dissolved organic matter: implications for a molecular assembly based structure [J]. Water Research, 2014, 55: 40-51.

[33] Lee Y, von Gunten U. Oxidative transformation of micropollutants during municipal wastewater treatment: comparison of kinetic aspects of selective (chlorine, chlorine dioxide, ferrateⅥ, and ozone) and non-selective oxidants (hydroxyl radical)[J]. Water Research, 2010, 44: 555-566.

[34] Wenk J, Aeschbacher M, Salhi E, et al. Chemical oxidation of dissolved organic matter by chlorine dioxide, chlorine, and ozone: effects on its opptical and antioxidant properties[J]. Environmental Science and Technology, 2013, 47: 11147-11156.

[35] Yu M D, He X S, Liu J M, et al. Characterization of isolated fractions of dissolved organic matter derived from municipal solid waste compost[J]. Science of The Total Environment, 2018, 635: 275-283.

[36] Yuan Y, He X S, Xi B D, et al. Polarity and molecular weight of compost-derived humic acid affect Fe(Ⅲ) oxides reduction[J]. Chemosphere, 2018, 208: 77-83.

[37] Li W T, Chen S Y, Xu Z X, et al. Characterization of dissolved organic matter in municipal wastewater using fluorescence PARAFAC analysis and chromatography multi-excitation/emission scan: A comparative study[J]. Environmental Science and Technology, 2014, 48: 2603-2609.

[38] Chon K, Salhi E, von Gunten U. Combination of UV absorbance and electron donating capacity to assess degradation of micropollutants and formation of bromate during ozonation of wastewater effluents[J]. Water Research, 2015, 81: 388-397.

[39] Önnby L, Salhi E, McKay G, et al. Ozone and chlorine reactions with dissolved organic matter - assessment of oxidant-reactive moieties by optical measurements and the electron donating capacities[J]. Water Research, 2018, 144: 64-75.

[40] Clesceri L S. Standard Methods for the Examination of Water and Wastewater[M]. Washington: American Public Health Association, 1998.

[41] Aftab B, Hur J. Unraveling complex removal behavior of landfill leachate upon the treatments of Fenton oxidation and MIEX® via two-dimensional correlation size exclusion chromatography (2D-CoSEC)[J]. Journal of Hazardous Materials, 2019, 362: 36-44.

[42] Stedmon C A, Bro R. Characterizing dissolved organic matter fluorescence with parallel factor analysis: a tutorial[J]. Limnology Oceanography: Methods, 2008, 6: 572-579.

[43] Stedmon C A, Markager S. Tracing the production and degradation of autochthonous fractions of dissolved

organic matter by fluorescence analysis[J]. Limnology Oceanography, 2005, 50: 1415-1426.
[44] Ohno T. Fluorescence inner-filtering correction for determining the humification index of dissolved organic matter[J]. Environmental Science and Technology, 2002, 36: 742-746.
[45] Chin Y P, Aiken G, O'Loughlin E. Molecular weight, polydispersity, and spectroscopic properties of aquatic humic substances[J]. Environmental Science and Technology, 1994, 28: 1853-1858.
[46] Aeschbacher M, Vergari D, Schwarzenbach R P, et al. Electrochemical analysis of proton and electron transfer equilibria of the reducible moieties in humic acids[J]. Environmental Science and Technology, 2011, 45: 8385-8394.
[47] Tan W B, Xi B D, Wang G A, et al. Increased electron-accepting and decreased electron-donating capacities of soil humic substances in response to increasing temperature[J]. Environmental Science and Technology, 2017, 51: 3176-3186.
[48] Cory R M, McKnight D M. Fluorescence spectroscopy reveals ubiquitous presence of oxidized and reduced quinones in dissolved organic matter[J]. Environmental Science and Technology, 2005, 39: 8142-8149.
[49] Abdulla H A N, Minor E C, Dias R F, et al. Changes in the compound classes of dissolved organic matter along an estuarine transect: A study using FTIR and ^{13}C NMR[J]. Geochimica et Cosmochimica Acta, 2010,74: 3815-3838.
[50] Yu M D, Jia J H, Liu X Y, et al. *p*-Arsanilic acid degradation and arsenic immobilization by a disilicate-assisted iron/aluminum electrolysis process[J]. Chemical Engineering Journal, 2019, 368: 428-437.
[51] Lee B M, Shin H S, Hur J. Comparison of the characteristics of extracellular polymeric substances for two different extraction methods and sludge formation conditions[J]. Chemosphere, 2013, 90: 237-244.
[52] Yuan Y, Zhang H,Wei Y Q, et al. Onsite quantifying electron donating capacity of dissolved organic matter[J]. Science of The Total Environment, 2019, 662: 57-64.
[53] Xiao X, Xi B D, He X S, et al. Redox properties and dechlorination capacities of landfill-derived humic-like acids[J]. Environmental Pollution, 2019, 253: 488-496.
[54] Lin S H, Chang C H C. Treatment of landfill leachate by combined electro-Fenton oxidation and sequencing batch reactor method[J]. Water Research, 2000, 34: 4243-4249.
[55] Wang Y Y, Chen S L, Gu X Y, et al. Pilot study on the advanced treatment of landfill leachate using a combined coagulation, Fenton oxidation and biological aerated filter process[J]. Waste Manage, 2009, 29: 1354-1358.
[56] Wagner G, Moravia W G, Amaral M C, et al. Evaluation of landfill leachate treatment by advanced oxidative process by Fenton' s reagent combined with membrane separation system[J]. Waste Manage, 2013, 33: 89-101.
[57] Deng Y, Chen N, Feng C P, et al. Research on complexation ability, aromaticity, mobility and cytotoxicity of humic-like substances during degradation process by electrochemical oxidation[J]. Environmental Pollution, 2019, 251: 811-820.
[58] Cingolani D,Fatone F, Frison N, et al. Pilot-scale multi-stage reverse osmosis (DT-RO) for water recovery from landfill leachate[J]. Waste Management, 2018, 76: 566-574.

第13章

垃圾渗滤液中有毒有机物降解和重金属去除特征

垃圾渗滤液成分复杂且污染物浓度高，属于高浓度有机废水，主要包含以腐殖酸类为代表的难降解有机物[1]，渗滤液化学需氧量高达10000～70000mg/L[2]，氨氮（NH_4^+-N）浓度高达500～2000mg/L[3]，以Cu^{2+}、Cd^{2+}、Pb^{2+}、Cr^{3+}和Zn^{2+}等为主的重金属离子浓度总和也高达上千毫克每升[4]。此外，渗滤液还具有可生化性差、色度高、pH偏酸性等特点[5]。因此，研发针对水质条件复杂的渗滤液无害化处理技术，具有极其重要的现实意义。本章介绍了基于过硫酸盐（peroxydisulfate, PDS）活化和光电催化的废水高级氧化技术，实现渗滤液中难降解有机质降解同步重金属去除。

13.1 基于光催化耦合PDS有机质降解技术

13.1.1 光催化/PDS活化材料的合成及表征

13.1.1.1 颗粒光催化/PDS活化材料的合成

使用改进的Hummer法合成多层氧化石墨烯（graphene oxide, GO）[6]。在100mL硫酸溶液中加入0.83g石墨烯粉末，在100r/min条件下持续搅拌2h，当溶液温度降至20℃以下时，向石墨烯-硫酸溶液中加入2.49g高锰酸钾粉末，在持续搅拌24h后，用超纯水将溶液稀释至100mL，并与16.6mL质量分数为30%的双氧水水溶液均匀混合，在10000r/min条件下离心15min，过滤后收集沉淀，使用盐酸和超纯水分别洗涤沉淀3次，最终获得多层GO。

使用水热法合成MoS_2量子点。将2g MoS_2粉末充分溶解于200mL *N*, *N*-二甲基甲酰胺溶液中，在100r/min条件下搅拌5min后，置于冰水混合物中超声分散4h，强化MoS_2粉末的剥离。剥离结束后，在室温条件下，静置沉淀24h，提取上层2/3上清液置于140℃油浴锅中，在100r/min条件下搅拌6h后，在12000r/min条件下离心15min，过滤后收集沉淀，放置在60℃烘箱中干燥24h，即获得MoS_2量子点。

使用煅烧法合成WO_3纳米颗粒。将2g钨酸铵置于坩埚中，在550℃马弗炉中煅烧4h，升温速率设定为5℃ /min，待冷却至室温后，溶解于50mL超纯水中，超声分散30min后，在10000r/min条件下离心10min，过滤后收集沉淀，在60℃烘箱中干燥24h，即获得WO_3纳米颗粒。

使用水热法制备MoS_2-还原氧化石墨烯（reduced graphene oxide, rGO）-WO_3（MRW）粉末。将50mg多层GO充分溶解在20mL乙醇中，超声分散1h后，加入制备好的25mg MoS_2量子点和12.5mg WO_3纳米颗粒，使用浓度为0.01mol/L的氢氧化钠水溶液和0.01mol/L的盐酸调节混合溶液pH值至10后，将混合溶液置于160℃马弗炉中保温24h，升温速率设定为5℃ /min，待冷却至室温后，过滤后收集沉淀，使用盐酸和超纯水分别洗涤沉淀3次，在60℃真空条件下干燥24h，即获得MRW粉末。

使用悬浮聚合法制备MRW颗粒。在85℃条件下，将4g海藻酸钠充分溶于100mL超纯水中后，在8000r/min条件下持续搅拌15min。将1g MRW粉末分散到海藻酸钠水溶液中，在100r/min条件下持续搅拌1h，得到MRW颗粒前驱体溶液，将前驱体溶液逐滴滴加到饱和$CaCl_2$水溶液中，整个过程在500r/min条件下进行，即获得MRW颗粒，其合成过程见图13-1。

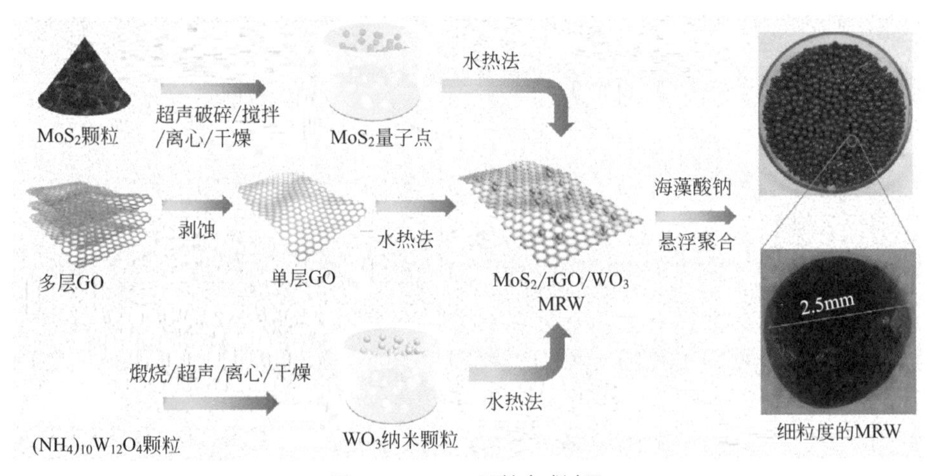

图13-1 MRW颗粒合成过程

13.1.1.2 颗粒光催化/PDS活化材料的表征手段

通过高分辨透射电子显微镜（high-resolution transmission electron microscopy, HRTEM, Tecnai G2 F20, FEI）观察材料形貌，并使用能量色散X射线探测器（energy dispersive X-ray detector, EDX, Tescan）测定材料表面元素分布；通过数字显微镜（Andonstar）观察MRW颗粒形貌结构；使用LabRAM Aramis Raman光谱仪测定样品在800～4000cm^{-1}范围内的拉曼光谱；使用Rigaku D/Max-B型X射线衍射仪以4°/min的扫描速率测定X射线衍射光谱（X-ray diffraction, XRD）；使用Axis Ultra Dld能谱仪测定X射线光电子能谱（X-ray photoelectron spectroscopy, XPS），光源为单色Al-Kα X射线源（hv = 1486.6eV），并对C 1s、W 4f、O 1s、Mo 3d和S 2p等感兴趣区以0.1eV的步长进行高分辨光谱的测定；使用配备有积分球的cary 5000（Agilent）在190～900nm范围内测定紫外-可见吸收扩散反射光谱（ultraviolet visible absorption diffuser reflectance spectrum, UV-vis DRS）；使用Elexsys E560

（Bruker）测定电子顺磁共振谱（electron paramagnetic resonance, EPR）。

在传统三电极体系中，使用电化学工作站（PGSTAT204，Metrohm）测定光电流响应曲线、Mott-Schottky曲线和电化学交流阻抗谱（electrochemical impedance spectroscopy, EIS）。工作电极制备流程如下：将10mg材料粉末均匀分散在5mL含有50μL全氟磺酸的乙醇溶液中，超声处理30min后，得到电极前驱体溶液。将前驱体溶液逐滴滴加到氧化铟锡（indium tin oxides, ITO, 1.0cm×1.0cm×0.1cm）表面，在室温条件下干燥12h。以铂箔电极（3.0cm×3.0cm×0.1cm）为对电极，以Ag/AgCl电极为参比电极。光源为配有420nm滤光片的300W氙灯（HSX-F300, NBeT），光照前光源需预热15min，保证输出光强的稳定。使用光强计（北京师范大学光电仪器厂，FA-Z）测定输出光强。记录6次连续开/关灯条件下的光电流和光电压响应信号，并记录MRW粉末在12000s内光电流密度信号，评价材料稳定性。Mott-Schottky曲线的测试频率为1000Hz、步长为20mV。EIS测试频率为10^{-2}～10^{5}Hz，在EIS测试前，所有样品均需要达到稳定状态，即获得稳定的开路电压（E_{ocp}）。所有光电化学测试均在0.5mol/L硫酸钠水溶液中进行。

13.1.1.3 颗粒光催化/PDS活化材料理化性质表征结果

根据XRD测试结果［图13-2(a)］可知，GO样品在10.92°处出现明显的特征衍射峰，表明成功合成GO[7]。基于晶相分析结果，MoS_2样品的XRD图谱中出现(002)、(004)、(105)、(101)、(106)、(110)、(107)、(200)、(201)、(108)、(203)、(0010)和(109)晶面对应的衍射峰，表明成功合成2H-MoS_2（pdf#65-0160）。WO_3样品的XRD图谱中出现(001)、(020)、(200)、(021)、(201)、(220)、(121)、(211)、(130)、(310)、(221)、(230)、(131)、(002)、(400)和(321)晶面对应的衍射峰，表明成功合成WO_3（pdf # 75-2072）。MRW在26.20°和44.53°处出现两个明显的rGO特征衍射峰，表明在水热作用下GO被还原成rGO[8]。同时，在10.90°处观察到信号较弱的GO特征衍射峰，表明GO水热还原过程不完全，MRW中仍存在少量GO。与GO、2H-MoS_2和WO_3相比，MRW中的特征衍射峰没有发生明显偏移，表明水热过程对MRW结构没有产生影响[9]。此外，MRW中出现信号强度较弱的副产物特征衍射峰，如暴露(630)和(141)晶面的$Mo_{0.3}W_{0.7}O_{2.765}$[10]。XRD结果表明成功合成GO、rGO、2H-MoS_2和WO_3，并证明MoS_2和WO_3成功负载在rGO上。拉曼光谱显示GO和MRW在1332cm^{-1}和1597cm^{-1}处出现明显的特征峰［图13-2(b)］，被分别认为是石墨D带和G带[11]。通常D带和G带分别表示sp^3缺陷以及sp^2碳-碳键的无序排列和对称伸缩振动[12]。水热还原作用后，I_D/I_G值由0.98（GO）提高到1.37（MRW），表明sp^2缺陷的减少和sp^3缺陷的增加，进一步证明成功合成rGO。

根据XPS全谱［图13-2(c)和图13-3］可知，W和O是WO_3表面的主要元素，Mo和S是MoS_2表面的主要元素，O、C、Mo、S和W是MRW表面的主要元素。再对所有样品的感兴趣区进行XPS高分辨光谱测试。测试结果分析前，所有样品均参照C 1s（284.6eV）进行标定。C 1s高分辨光谱中可以分离出3个特征峰，包括位于284.5eV处的C—C单键峰、位于286.5eV处的C—O单键峰和位于288.2eV处的O—C═O峰［图13-2(d)］。与GO相比，半峰宽宽度增加，表明还原和负载过程有助于sp^2和sp^3轨道的杂化[13]。W 4f高分辨光谱中可以分离出2个特征峰，包括位于35.4eV处的W $4f_{7/2}$峰和位于37.5eV处的W $4f_{5/2}$峰［图13-2(e)］，表明W主要以六价态形式存在[14]。O 1s高分辨光谱中可以分离出3个特征峰，包括位于530.3eV处的W—O键峰、位于531.5eV处的C—OH键峰和位于532.7eV处的*O键峰［图13-2(f)］。W—O键源于WO_3，C—OH—源于rGO表面化学吸附—OH，*O键源于物理吸附的水分子[15-17]。Mo 3d高分辨光谱中可以分离出2个特征峰，包括位于229.87eV处的Mo $3d_{3/2}$峰和位于233.07eV处的Mo $3d_{5/2}$峰[18]。由于S_2^{2-}的存在，S 2p高分辨光谱可以分离出2个特征峰，包括位于163.8eV处的S $2p_{1/2}$峰和位于

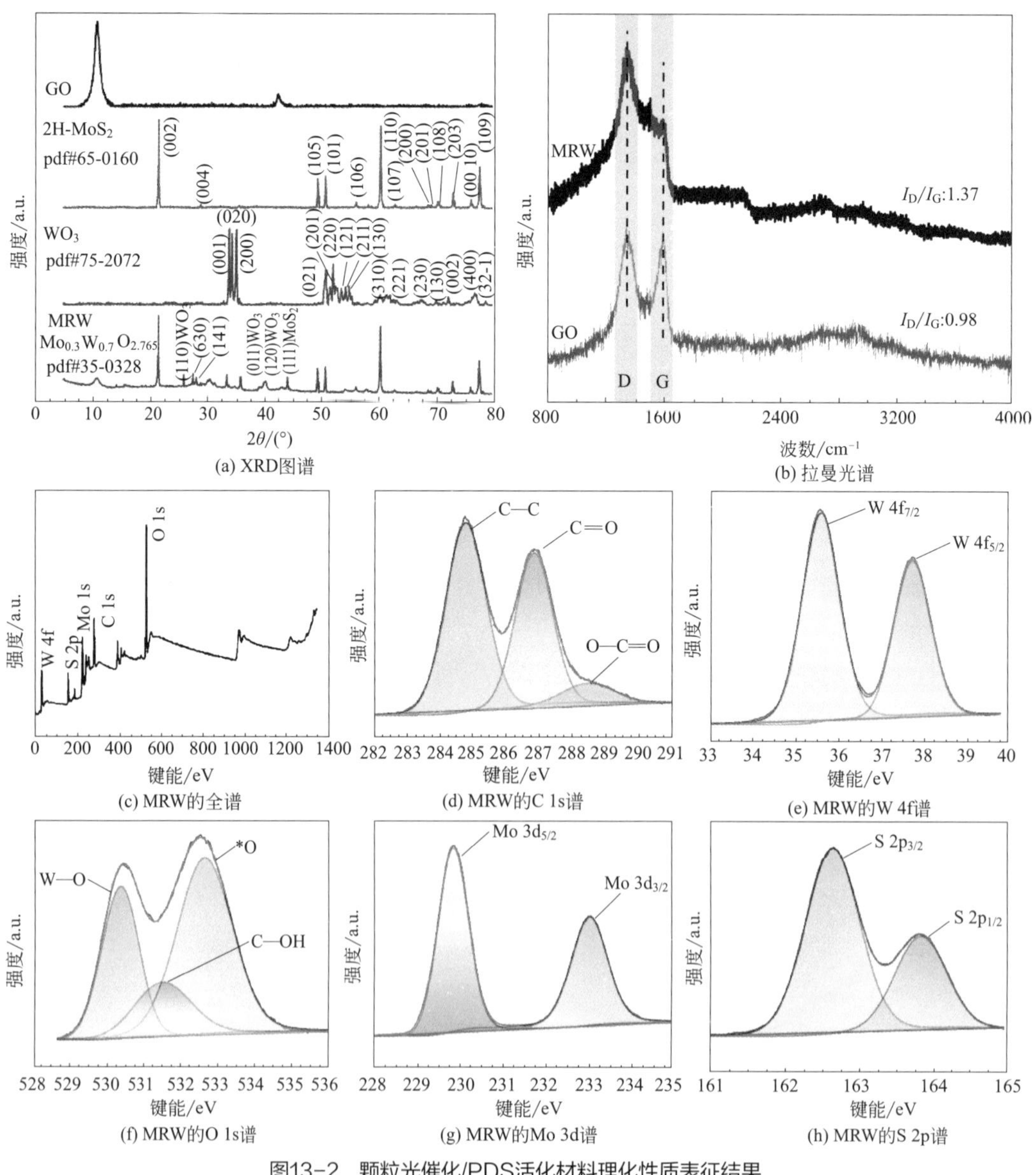

图13-2 颗粒光催化/PDS活化材料理化性质表征结果

S $2p_{3/2}$处的Mo $3d_{5/2}$峰[19]。根据峰面积积分结果（表13-1），Mo $3d_{5/2}$与Mo $3d_{3/2}$、S $2p_{3/2}$与S $2p_{1/2}$的峰面积比分别为3.0028∶2（标准值：3∶2）和1.9990∶1（标准值：2∶1），进一步证明了MoS_2的成功合成。

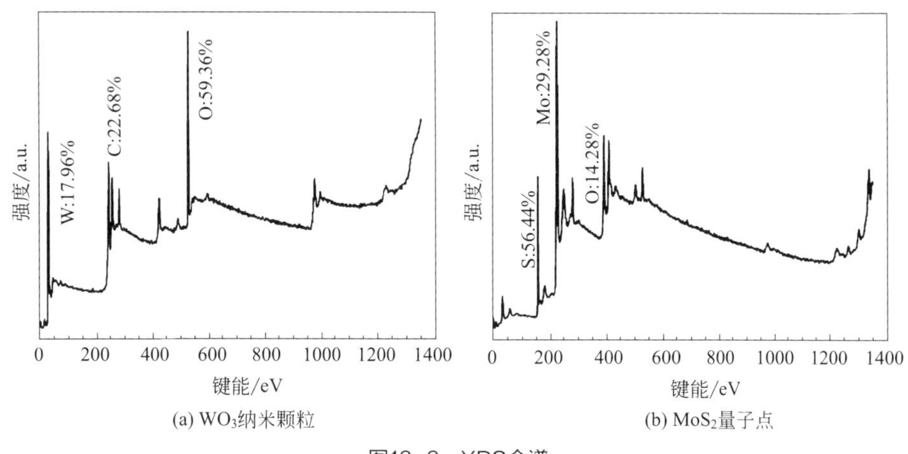

(a) WO_3纳米颗粒　　(b) MoS_2量子点

图13-3　XPS全谱

表13-1　XPS峰积分面积

样品			面积	样品			面积	样品			面积
MRW	W 4f	$4f_{7/2}$	94131	MRW1	W 4f	$4f_{7/2}$	44886	MRW2	W 4f	$4f_{7/2}$	91378
		$4f_{5/2}$	70632			$4f_{5/2}$	33468			$4f_{5/2}$	69102
	Mo 3d	$3d_{5/2}$	329820		Mo 3d	$3d_{5/2}$	309820		Mo 3d	$3d_{5/2}$	317852
		$3d_{3/2}$	219673			$3d_{3/2}$	207672			$3d_{3/2}$	221587
	S 2p	$2p_{3/2}$	78713		S 2p	$2p_{3/2}$	68549		S 2p	$2p_{3/2}$	73346
		$2p_{1/2}$	39377			$2p_{1/2}$	34356			$2p_{1/2}$	36749

注：1. MRW表示原始MRW。
2. MRW1表示循环实验后的MRW。
3. MRW2表示长期光电测试后的MRW。

根据HRTEM观测结果可知，WO_3纳米颗粒直径约为40～60nm［图13-4(a)］，且W和O均匀分布在颗粒表面［图13-4(b)、图13-4(c)］。MoS_2量子点直径主要分布在2～10nm范围内，显示出较好的正态分布规律［图13-4(d)］，具有明显的量子点尺寸特征。由于Mo和S在EDX光谱中的峰面积存在重合，对EDX测试结果进行分峰，得到S和Mo峰面积积分比值为1.9983［图13-4(e)］，进一步证明MoS_2量子点的成功合成。在MRW中可以观测到典型的rGO皱纹，同时观察到rGO表面均匀分散了部分纳米颗粒［图13-4(g)］，通过EDX结果证实分散的纳米颗粒主要是WO_3和MoS_2［图13-4(h)］，并发现MoS_2和WO_3的晶格间距分别为0.615nm和0.375nm［图13-4(i)］，表示MoS_2和WO_3暴露的晶面分别为(002)和(020)。此外，S和Mo峰面积积分比值为1.9876，表明MoS_2成功负载在rGO表面。

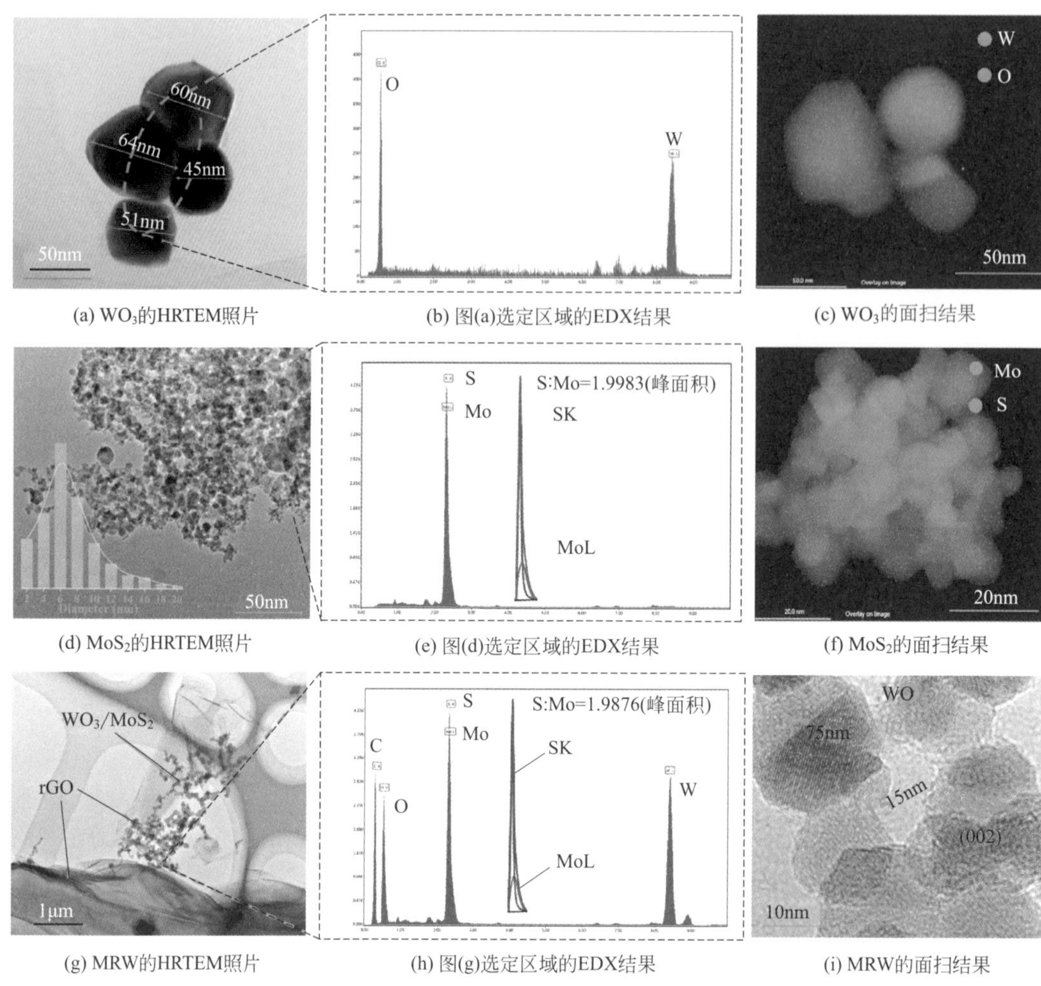

(a) WO_3的HRTEM照片　(b) 图(a)选定区域的EDX结果　(c) WO_3的面扫结果

(d) MoS_2的HRTEM照片　(e) 图(d)选定区域的EDX结果　(f) MoS_2的面扫结果

(g) MRW的HRTEM照片　(h) 图(g)选定区域的EDX结果　(i) MRW的面扫结果

图13-4　颗粒光催化/PDS活化材料形貌观测及能谱分析结果

13.1.1.4　颗粒光催化/PDS活化材料光电化学性质表征结果

与MoS_2（609nm）和WO_3（479nm）的吸收边相比，MRW的吸收边发生明显红移现象，达到900nm［图13-5(a)］。根据公式（13-1）计算可得，MRW、MoS_2和WO_3的禁带宽度（E_g）分别为1.38eV、2.04eV和2.59eV。通常E_g越小代表光吸收能力越强。因此，在可见光区和近红外区（420～900nm），GO、MRW和MoS_2光吸收能力明显强于WO_3，并遵循GO > MRW > MoS_2 > WO_3。众所周知，光吸收能力强弱与吸收边处的吸收系数相关［Kubelka-Munk方程，式（13-2）］。因此，MRW、MoS_2和WO_3的E_g分别为1.37eV、2.05eV和2.56eV［图13-5(b)］，与UV-vis DRS测试结果基本一致。

$$E_g = 1240/\lambda \tag{13-1}$$

$$\alpha h\nu = A(h\nu - E_g)^{n/2} \tag{13-2}$$

式中，λ表示波长；A表示比例常数；α表示吸收效率；h、ν和n分别表示Planck常数、频率和跃迁模式。

Mott-Schottky结果表明所有样品均具有n型半导体特性［图13-5(c)］，MRW、MoS_2和WO_3的平带电压值分别为0.79eV、0.53eV和0.93eV。通常平带电压值与费米能级相近，比n型半导体导带底（E_{CB}）高0.1～0.3eV[20]。因此，结合UV-vis DRS和价带XPS曲线，可以准确估算E_{CB}值。MRW、MoS_2和WO_3的价带位置（E_{VB}）分别为2.06eV、2.51eV和3.34eV［图13-5(d)］。因此，MRW、MoS_2和WO_3的E_{CB}值分别为0.69eV、0.46eV和0.78eV。与Mott-Schottky测试结果相比，MRW、MoS_2和WO_3的E_{CB}值分别降低了0.10eV、0.07eV和0.15eV，进一步验证价带XPS测试结果的准确性。能带结构分析结果表明，MRW具有较强的可见光吸收性能和潜在良好的PDS活化和光催化活性。

所有样品对光的响应较敏感［图13-5(e)］。但其中WO_3的光电流密度响应曲线与其他样品的变化规律截然不同。当WO_3受光后，光电流密度信号值迅速上升至最大值后逐渐降低，在关灯后光电流密度信号值迅速降低，并在暗态条件下显示出逐渐增加的变化趋势。结果表明，在光照条件下，WO_3电子-空穴复合能力较强，在暗态条件下显示出良好的电子转移能力。所有样品最大光电流密度遵循：MRW（7μA/cm^2）＞MoS_2（1.5μA/cm^2）＞WO_3（1μA/cm^2）＞GO（0.9μA/cm^2）。结果表明，MRW电子-空穴分离效率强和光生电荷载流子寿命长。为了评价MRW光电响应的稳定性，记录了MRW在12000s内光电流密度信号变化［图13-5(f)］。前期（0～7000s），随着测试时间的延长，光电流密度最大值逐渐增加，在7000s左右时，达到6.83μA/cm^2，表明MRW光电响应稳定性强。

众所周知，EIS高频区和EIS低频区分别与电荷转移过程和载流子扩散过程相关，电容弧半径越小，电极表面电子转移能力越强[21,22]。电容弧半径大小遵循：MRW＜MoS_2＜WO_3＜GO［图13-5(g)］。表明负载MoS_2和WO_3后，材料表面电子转移能力增强。此外，频率-相角曲线拐点值大小遵循：MRW＜MoS_2＜WO_3＜GO［图13-5(h)］。根据式（13-3）可知，所有样品中，MRW载流子寿命（τ）最长。此外，由于量子点材料的特殊性质[23]，MoS_2也显示出较长的载流子寿命。光生电子较长的寿命和快速的传输过程可以有效抑制电子-空穴复合，有助于提高材料的光电转化能力。

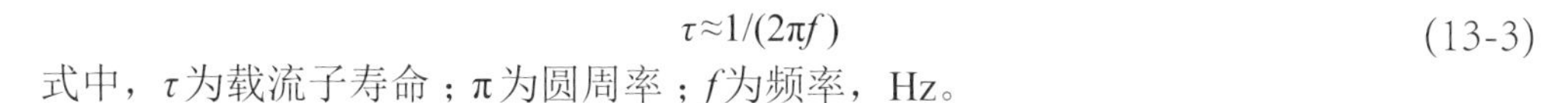

$$\tau \approx 1/(2\pi f) \tag{13-3}$$

式中，τ为载流子寿命；π为圆周率；f为频率，Hz。

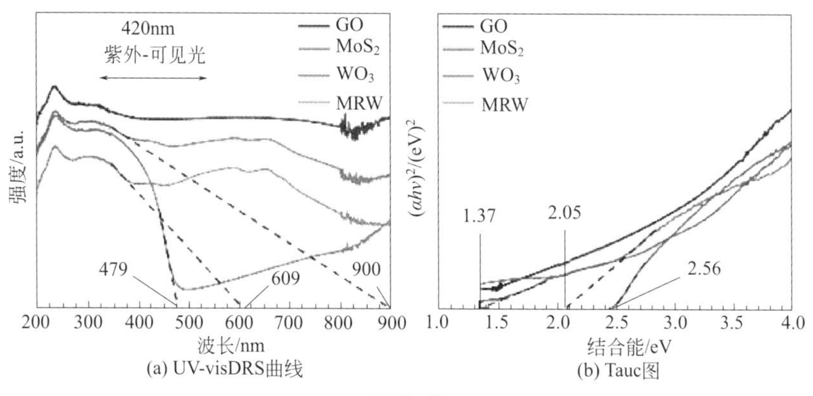

图13-5

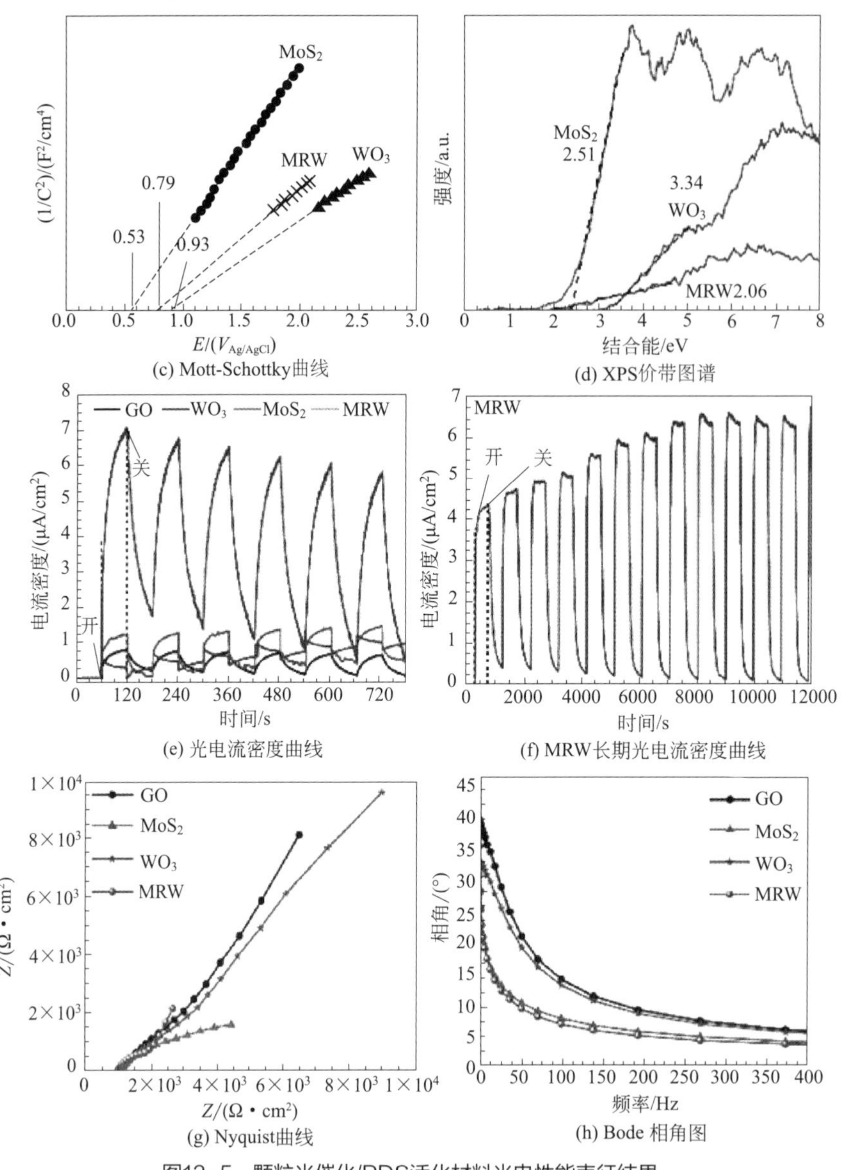

图13-5　颗粒光催化/PDS活化材料光电性能表征结果

13.1.2　颗粒光催化/PDS活化材料降解有毒有机物

为了评价光催化耦合PDS技术对难降解有机质协同催化降解效能，选取卡马西平（CBZ）代表微量有毒有机物，浓度设置为10μmol/L。反应体系见图13-6。降解实验开始前，将MRW粉末或MRW颗粒分散到含有CBZ的200mL超纯水中。在暗态条件下进行30min吸附-解吸实验，达到吸附-解吸平衡后，以平衡状态下的CBZ浓度作为协同催化降解阶段的初始浓度。向反应体系中加入PDS，并于受光后开始协同催化降解阶段。光源为配有420nm滤光片的300W氙灯。使用前光源需预热15min，保证输出光强的稳定。使用光强计将输出光强调整至150mW/cm^2。协同催化降解阶段进行90min，每5min提取1.2mL液体样品，通过0.22μm滤膜后，立即加入50μL甲醇猝灭活性自由基。所有使用的玻璃器皿均在450℃下煅烧2h以除去表面有机物。

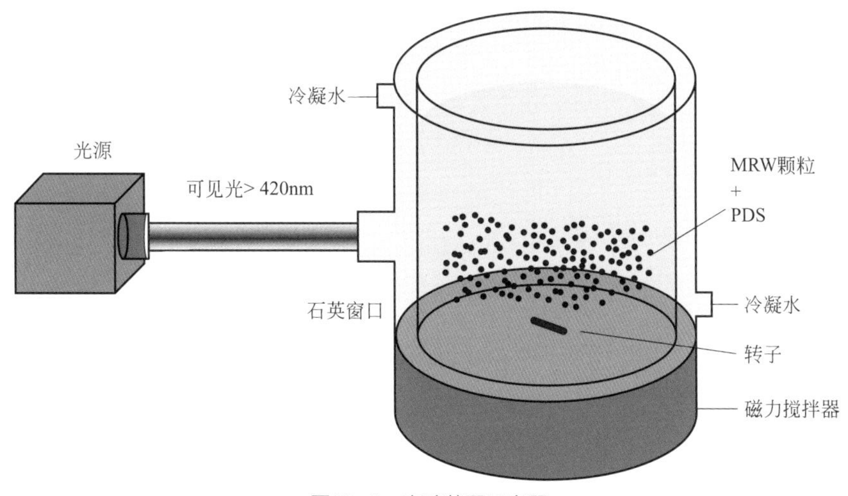

图13-6　实验装置示意图

使用配有紫外检测器的Ultimate 3000（Thermo）通过高效液相色谱法（high performance liquid chromatography, HPLC）测定CBZ浓度，采用C_{18}柱（4.6mm×250mm, 5μm, Waters）作为分离柱。流动相A为甲醇，流动相B为含有10%甲酸的水溶液，A∶B的体积比为60∶40，流速为1mL/min，紫外检测器波长设置为286nm，进样量为20μL；使用超高效液相色谱-质谱法（ultra-high performance liquid chromatography-mass spectrometry, UPLC-MS, 由AB Sciex TripleTOF 5600+质谱和Shimadzu LC-20AD组成）在电喷雾正离子模式下测定CBZ降解中间产物。为了避免纳米材料对测试结果的影响，所有样品在测试前均在12000r/min条件下高速离心15min，提取上层4/5的溶液进行测试。为了避免无机盐对测试结果的影响，使用固相萃取法去除样品中的无机盐，固相萃取柱为Oasis HLB（3mL/60mg, Waters）。首先使用20mL甲醇活化萃取柱，再使用40mL超纯水清洗萃取柱，除去残余甲醇，再将16mL目标溶液通过萃取柱，提取CBZ，再使用20mL超纯水洗脱溶解和吸附的杂质，再使用20mL甲醇溶解吸附的CBZ，最后使用氮气对洗脱的CBZ甲醇溶液进行吹脱。采用C_{18}柱（4.6mm×100mm, 2.5μm, Waters）作为分离柱，流速为0.4mL/min，进样量为20μL。流动相A为乙腈，流动相B为含有10%甲酸的水溶液。在0～8min内，流动相A由5%增加至95%，在8～10min内，流动相A由95%增加至100%，保持2min后，流动相A由100%降低至5%，保持3min。采用电感耦合等离子体原子发射光谱法（inductively coupled plasma atomic emission spectrometr, ICP-AES）测定SO_4^{2-}浓度。在ICP-AES测试前，所有样品均稀释至5mL并通过0.22μm滤膜。

此外，考察了影响PDS+MRW颗粒（0.125mmol/L+2.5mg/mL）体系的关键影响因素，包括光照强度和CBZ浓度。在CBZ浓度为10μmol/L的条件下，考察了光照强度为50mW/cm^2、100mW/cm^2、150mW/cm^2、200mW/cm^2和250mW/cm^2对PDS+MRW颗粒体系降解CBZ的影响。然后，在光照强度为10mW/cm^2的条件下，考察了CBZ浓度为5μmol/L、10μmol/L、15μmol/L、20μmol/L和25μmol/L对PDS+MRW颗粒体系降解CBZ的影响。每5min采集1.2mL液体样品。采用循环实验评价PDS+MRW粉末和PDS+MRW颗粒体系的稳定性。使用100μm筛网分离MRW颗粒。采用高速离心法（12000r/min，10min）-过滤法分离MRW粉末。所有循环实验CBZ、PDS+MRW粉末和PDS+MRW颗粒的初始浓度分别为10μmol/L、0.125mmol/L+0.5mg/mL和0.125mmol/L+2.5mg/mL。

13.1.2.1 颗粒光催化/PDS活化材料微量有毒有机物降解性能评价

由图13-7(a)可知，PDS、WO_3和MoS_2对CBZ基本没有吸附能力，MRW粉末和MRW颗粒对CBZ的吸收效率分别为4.72%和2.01%，但吸附效率远低于预期水平。由于rGO比表面积大，理论上吸附能力强[24]，但在负载WO_3和MoS_2后，部分吸附活性位点被遮蔽，导致rGO吸附效率降低[25,26]。此外，由于MRW粉末比表面积大，与CBZ接触充分，导致其对CBZ的吸附效率高于MRW颗粒。经过60min协同催化降解阶段，PDS、WO_3、MoS_2、MRW粉末和MRW颗粒对CBZ的去除效率分别为11.03%、16.94%、24.70%、41.61%和29.03%。由于PDS难以被可见光活化，WO_3、MoS_2、MRW粉末和MRW颗粒光催化活性弱，导致其对CBZ的降解效率低。但是，由于MRW粉末可见光吸收能力强、与CBZ有效接触面积大、光电转化能力强等原因，导致在所有合成的材料中MRW粉末显示出优异的CBZ降解效能，遵循：WO_3 < MoS_2 < MRW颗粒 < MRW粉末。

当在体系中加入PDS后，所有光催化/PDS活化材料对CBZ的降解效能均有所提升，其中WO_3、MoS_2、MRW粉末和MRW颗粒对CBZ的去除效率分别提升至38.07%、41.62%、88.06%和82.96%。在光催化/PDS活化材料+PDS体系中，PDS可以作为电子受体与光生电子结合，抑制光生电子和空穴的复合。PDS+MRW粉末和PDS+MRW颗粒体系显示出比PDS+WO_3和PDS+MoS_2体系更强的协同催化降解能力。并且，与PDS+MRW颗粒相比，PDS+MRW粉末对CBZ的降解效率更高。值得注意的是，实验初期（0～20min），CBZ降解速率快，说明光催化/PDS活化材料+PDS体系对高浓度有毒有机物的去除效果更为明显。结合SO_4^{2-}浓度变化规律可知［图13-7(b)］，PDS、PDS+MRW粉末和PDS+MRW颗粒三组残余SO_4^{2-}浓度分别为0.024mmol/L、0.472mmol/L和0.390mmol/L。较高的SO_4^{2-}浓度代表较高的$S_2O_8^{2-}$利用率，进一步证明了PDS+MRW粉末和PDS+MRW颗粒具有较强的有毒有机物降解效能。与现有催化剂相比，PDS+MRW表现出优异的协同催化降解性能（表13-2）。

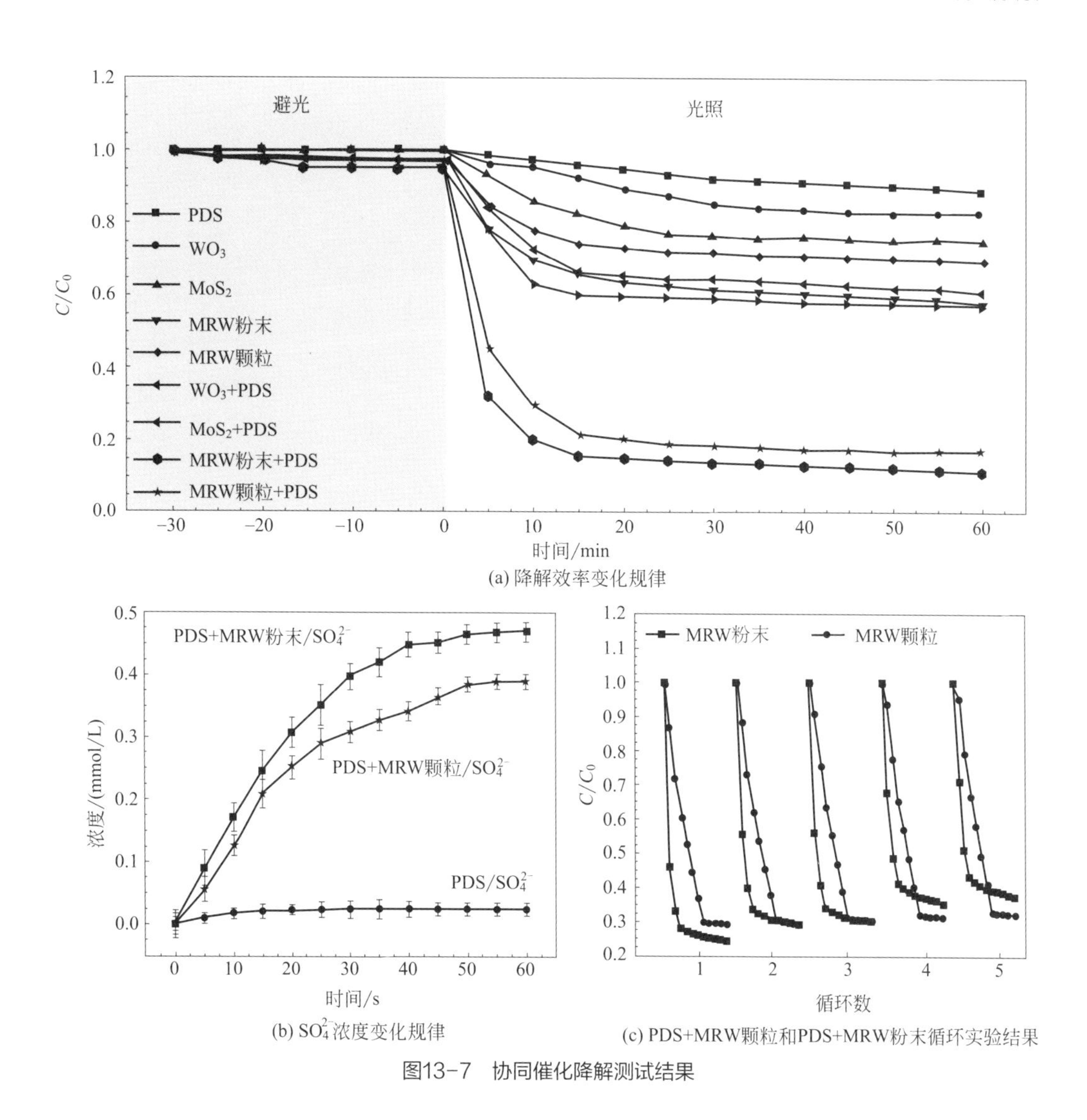

(a) 降解效率变化规律

(b) SO_4^{2-}浓度变化规律

(c) PDS+MRW颗粒和PDS+MRW粉末循环实验结果

图13-7 协同催化降解测试结果

表13-2 PDS+MRW颗粒系统与现有PDS+催化剂系统和商用催化剂之间的比较

材料	污染物	体积/mL	PDS/PMS/mmol/L	时间/min	效率/%	参考文献
合成催化剂						
$CuFe_2O_4$/g-C_3N_4：1g/L（粉末）	普萘洛尔：0.02mmol/L	50	PDS(1)	120	82.20	[27]
$Cu_{0.84}Bi_{2.08}O_4$：1g/L（粉末）	环丙沙星：40mg/L	40	PDS(4)	400	100.00	[28]
MoO_3/g-C_3N_4：30mg（粉末）	氧氟沙星：10mg/L	50	PDS(5)	120	94.40	[29]
含铁MOF(粉末)0.6g/L	酸橙：0.05mmol/L	200	PS(2)	90	100.00	[30]

续表

材料	污染物	体积/mL	PDS/PMS/mmol/L	时间/min	效率/%	参考文献
商用催化剂						
碳纳米管：1g/L	甲基橙：100mg/L	50	1.0mL饱和$Na_2S_2O_3$溶液	30	64.20	[31]
FeC：10mg/mL	啶虫脒：7.8μmol/L	100	PMS(6.5)	90	约95	[32]
PDS+MRW颗粒						
MRW颗粒：2.5g/L	CBZ：10μmol/L	200	PDS(0.125)	60	82.96	—

综上可知，MRW粉末对有毒有机物的降解能力强于MRW颗粒。众所周知，水分子可以透过MRW颗粒外层包裹的海藻酸钙外壳[33,34]，CBZ仍可以与海藻酸钙外壳表面上的MRW粉末接触，并且部分CBZ可以与MRW颗粒内部的MRW粉末接触，实现降解。此外，可见光能量会在透过海藻酸钙外壳时发生损失。因此，MRW粉末对CBZ的去除效率高于MRW颗粒。尽管如此，但是由于MRW颗粒直径为2.5mm，易于分离回收，使其具有潜在较强的稳定性。因此，通过循环实验测试PDS+MRW粉末和PDS+MRW颗粒体系对CBZ降解的稳定性。结果表明，随着循环次数的增加，PDS+MRW粉末对CBZ的降解效率从76%逐渐降低到63%。与之相比，PDS+MRW颗粒对CBZ的降解效率始终保持在72%～69%，显示出稳定的循环降解效能［图13-7(c)］。并且5次循环后，MRW颗粒表观形貌保持不变，质量几乎没有损失（图13-8）。与之相比，由于粉末难回收、易损失的特性，导致在循环实验后，MRW粉末的质量由0.0500g减少到0.03194g。结果表明，MRW颗粒比MRW粉末的循环稳定性更强。

图13-8 循环实验前后MRW颗粒光学照片

为了进一步评价MRW颗粒的稳定性，使用XPS测试循环实验前后的MRW颗粒的元素组成（图13-9）。与原始MRW颗粒相比，循环实验后的MRW颗粒所有峰没有发生偏移，但WO_3峰强度有所降低。S:Mo原子比从2.01增加到2.03。Mo $3d_{5/2}$:Mo $3d_{3/2}$和S $2p_{3/2}$:S $2p_{1/2}$的峰积分面积比分别为2.9837:2（标准值：3:2）和1.9952:1（标准值：2:1）。在12000s光电测试后，S:Mo原子比由2.01增加到2.02，Mo $3d_{5/2}$:Mo $3d_{3/2}$和S $2p_{3/2}$:S $2p_{1/2}$的峰积分面积比分别为2.8689:2（标准值：3:2）和1.9958:1（标准值：2:1）。此外，通过溶解-释放实验评价MRW粉末和MRW颗粒在暗态和光照条件下的稳定性。在MRW颗粒和MRW粉末释放后的溶液中均没有检测到Mo元素，表明MoS_2稳定性较强。然而，在所有样品中均检测到浓度较低的W元素（图13-10，< 50μg/L）。结合XPS和ICP-AES测试结果，可以发现MRW仅会释放出少量W元素，表明MRW颗粒稳定性较强。

众所周知，光催化效率与光照强度密切相关［图13-11(a)］。当光照强度为50mW/cm^2时，降解曲线与降解时间呈线性关系，说明当CBZ浓度为10μmol/L时，光照强度是降解反应的主要限制因素。随着光照强度的增加，降解速率和降解效率逐渐增大，并在降解初期显示出较高的降解速率。当光照强度增加到250mW/cm^2时，10min内降解了83%的CBZ，显示出快速且优异的降解特征。这是由于随着光照强度的增加，光生电子

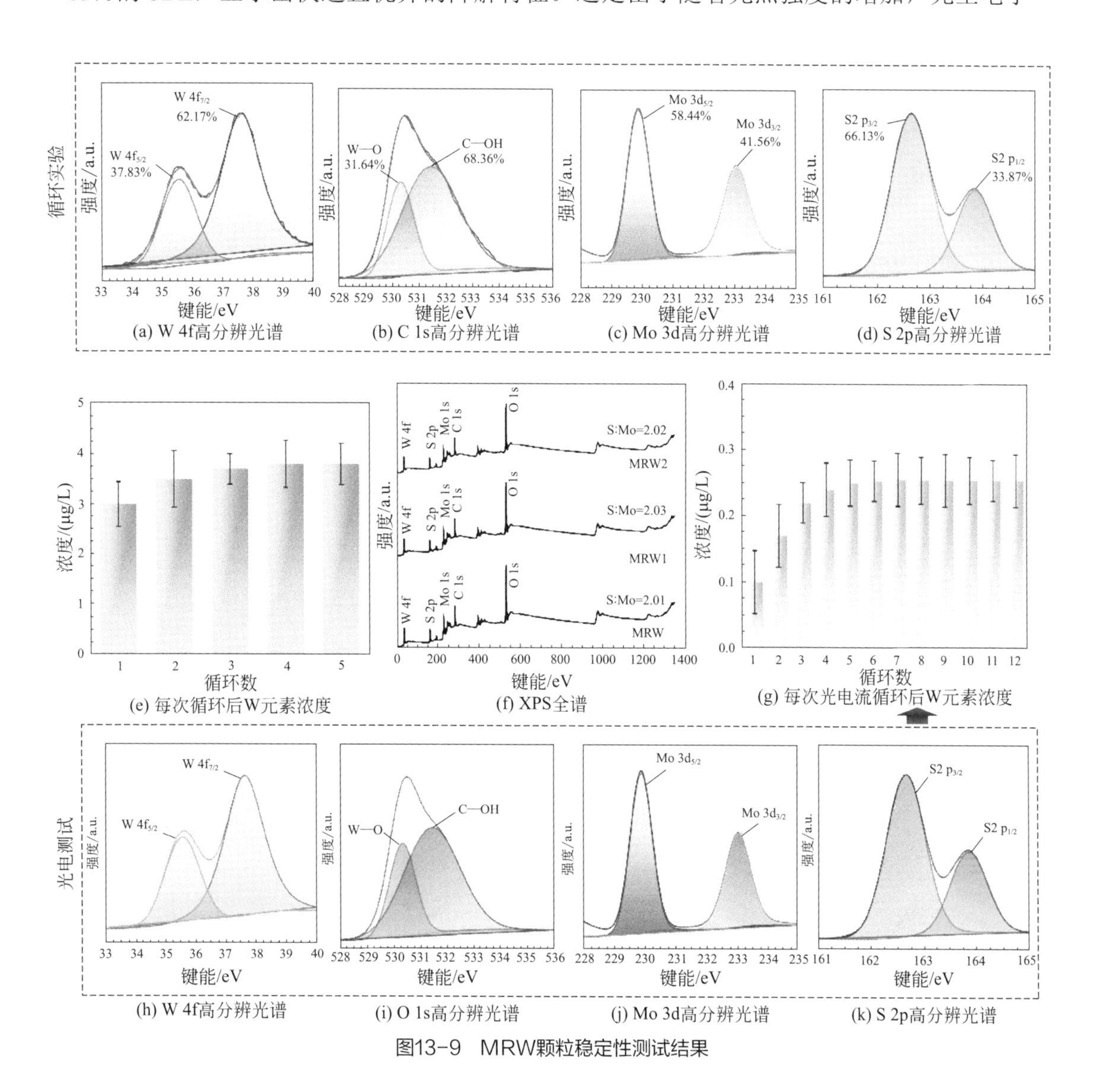

图13-9　MRW颗粒稳定性测试结果

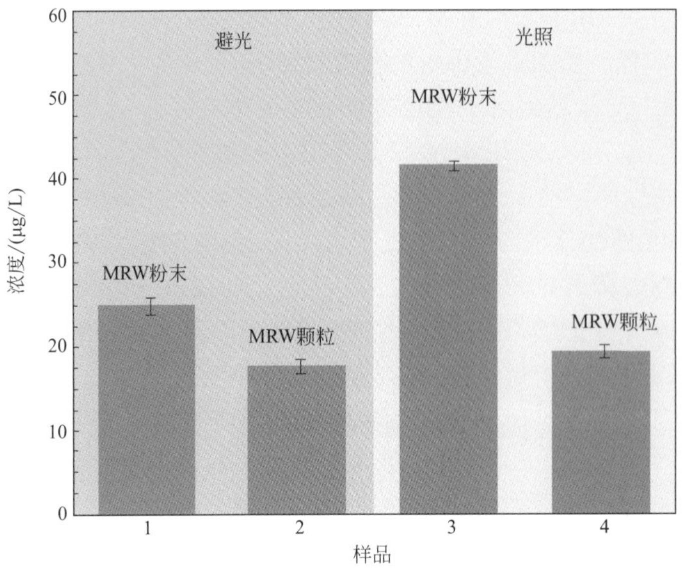

图13-10　溶解-释放实验中W元素在MRW粉末和MRW颗粒中的浓度变化

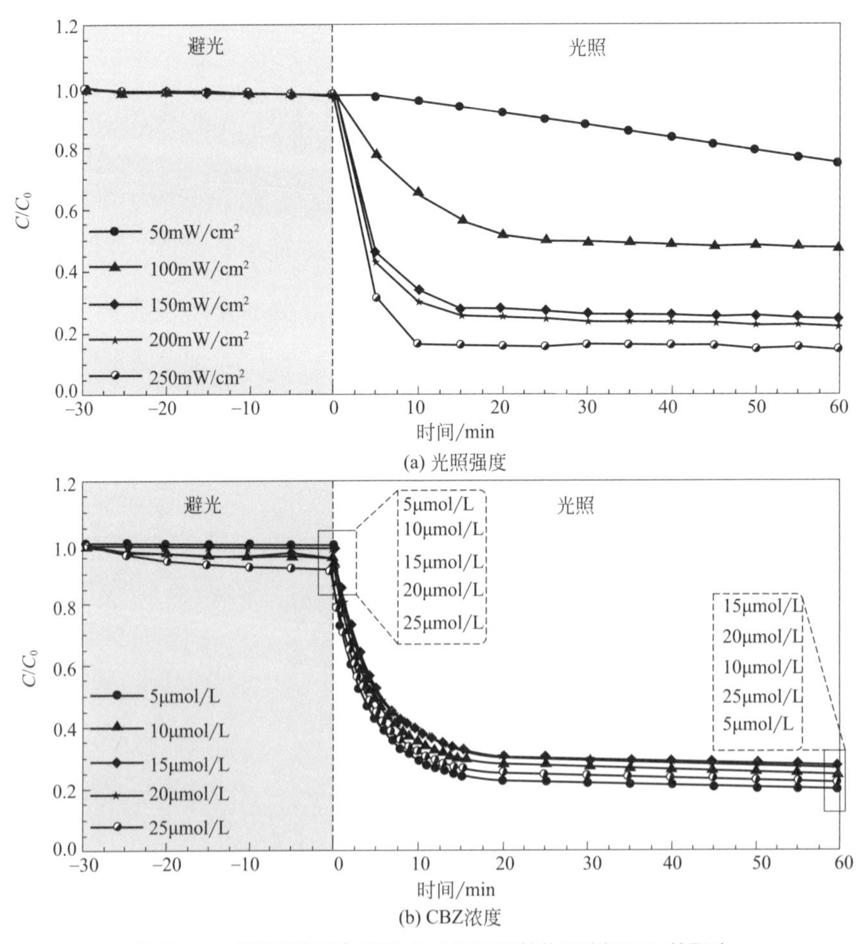

图13-11　关键影响因素对PDS+MRW颗粒体系降解CBZ的影响

和空穴数量逐渐增多，提升了降解效能。此外，CBZ浓度是影响降解效能的另一个关键因素［图13-11(b)］。MRW颗粒对CBZ的吸附量随着CBZ浓度的增大而增加。当光照强度为150mW/cm^{2}时，CBZ降解效率保持在73% ～ 81%间，表明CBZ浓度对PDS+MRW颗粒降解性能影响较小。

降解过程中共检测出11种中间产物，具体参数见表13-3。基于检测到的中间产物提出CBZ在MRW颗粒和PDS+MRW颗粒体系中的降解路径（图13-12）。对于MRW颗粒，降解5min后，检测出利卡西平(P1)和10,11-环氧卡马西平(P2)，位于杂环中心的烯烃双键在·OH作用下生成P1，并在脱水作用下进一步形成P2。降解15min后，在电子和空穴的共同作用下，P2转化为吖啶-9-甲醛(P4)。然而作为P2向P4转化的中间体，P3［10-(1-氨基乙烯基)-10,10*a*-二氢吖啶-9-甲醛］未被检测到。在去酮基化作用下，P4进一步转化为吖啶(P5)；在·OH作用下，P5又转化为吖啶酮(P6)。最终在降解45min后，在·OH作用下，P6转化为儿茶酚(P11)，并最终矿化为CO_2和H_2O[35-37]。

表13-3 中间产物测试结果

产物	分子式	结构式	LC-QTOF ESI(+), *m/z*, [M+H]$^+$	停留时间/min
CBZ	$C_{15}H_{12}N_2O$	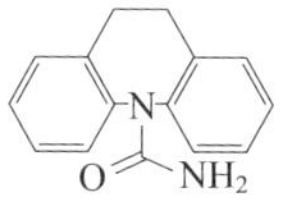 N, O, NH_2	237.13	6.041
P1	$C_{15}H_{12}N_2O_2$	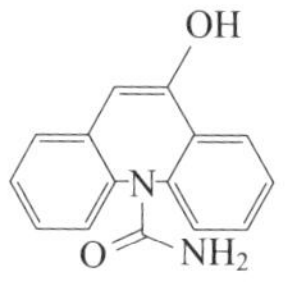 OH, N, O, NH_2	253.62	10.428
P2	$C_{15}H_{12}N_2O_2$	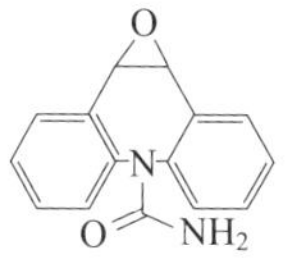 O, N, O, NH_2	253.75	10.449
P3	$C_{15}H_{12}N_2O_2$	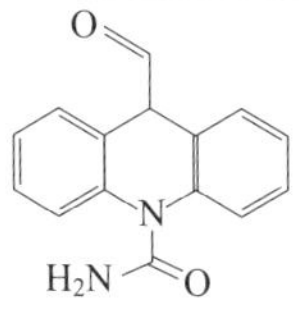 O, N, H_2N, O	253.27	10.436
P4	$C_{14}H_9NO$	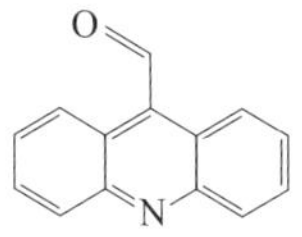 O, N	208.56	8.732
P5	$C_{13}H_9N$	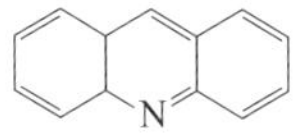 N	180.92	7.163
P6	$C_{13}H_9NO$	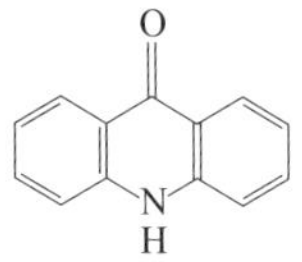 O, N, H	196.83	9.345

续表

产物	分子式	结构式	LC-QTOF ESI(+), *m/z*, [M+H]$^+$	停留时间/min
P7	$C_{15}H_{10}N_2O_2$	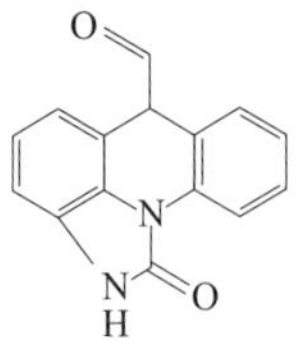	251.52	11.910
P8	$C_{15}H_9NO_2$	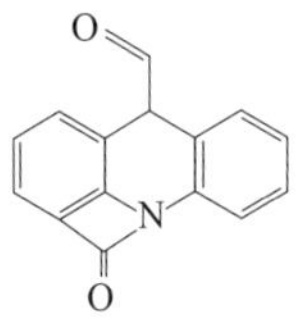	236.08	10.446
P9	$C_{14}H_9NO$	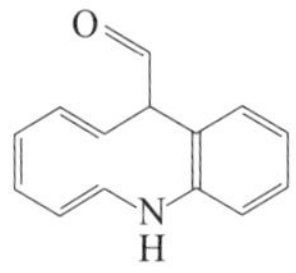	208.49	10.442
P10	$C_5H_6O_3$	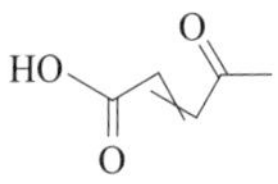	115.61	9.488
P11	$C_6H_6O_2$	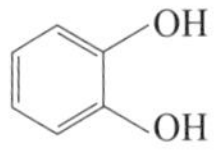	111.77	8.476

在MRW颗粒体系中加入PDS后，CBZ降解路径发生变化。CBZ降解路径由1条转化为2条。路径A与MRW颗粒体系中的降解路径相似，为CBZ→P1→P2→P3→P4→P5→P6→P10/P11→CO_2和H_2O。加入PDS后，在降解5min后，检测到P3。在·OH作用下，P6转化成P10和P11，而在MRW颗粒体系中只检测到P11。在PDS+MRW颗粒体系中可产生更多的·OH，导致产生不同的中间产物。值得注意的是，在PDS+MRW颗粒体系中，降解10min后检测到P5，而在MRW颗粒体系中降解20min才后检测到P5。因此，我们认为PDS+MRW颗粒体系比MRW颗粒体系降解速率更快、降解能力更强。这是由于PDS的加入，产生较多的SO_4^-·，与·OH发生协同降解效果。此外，路径B的中间体仅在PDS+MRW颗粒体系中检测到。由于中心环上的碳-碳双键具有高度的反应性和敏感性，在SO_4^-·和·OH存在条件下，产生P3。并在一系列的反应后（P3→P7→P8→P9），在脱酰胺（—$CONH_2$）作用下，P3最终转化为P9，并在酮基化作用下，进一步转化为P6。最后，在SO_4^-·和·OH的持续共同作用下生成CO_2和H_2O。

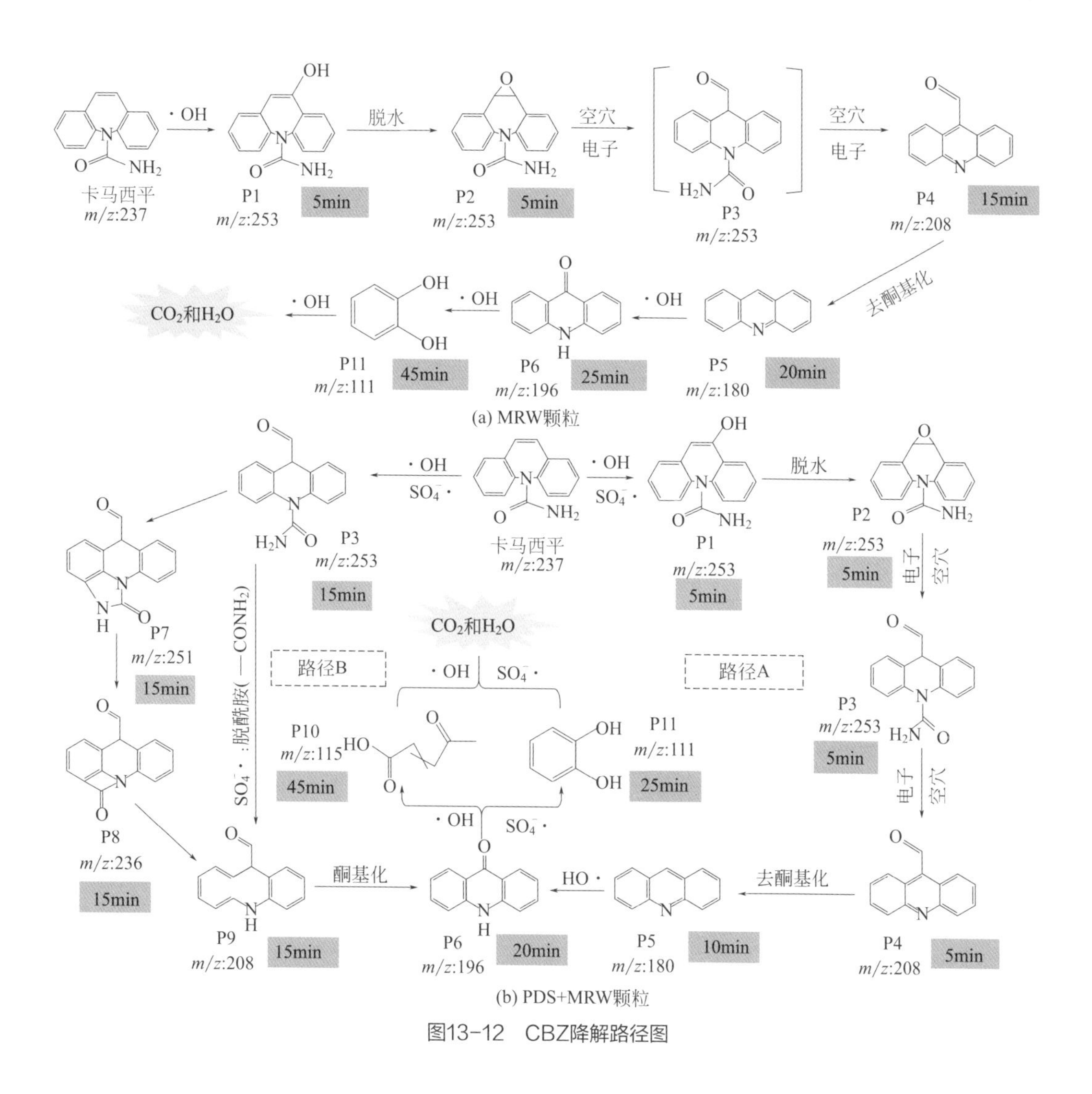

图13-12　CBZ降解路径图

13.1.2.2　颗粒光催化/PDS活化材料降解机理分析

为了揭示PDS+MRW颗粒体系在光照条件下对CBZ的协同催化降解机理，测定了其产生的高活性自由基的类型（图13-13）。在光照条件下，PDS样品中没有检测到明显的自由基信号。与之相比，明显的DMPO-OH特征峰（1:2:2:1）信号在MRW粉末和MRW颗粒中都有检测到。结果表明，MRW粉末和MRW颗粒主要产生·OH。而在PDS+MRW粉末和PDS+MRW颗粒体系中，可以同时检测出DMPO-OH和DMPO-SO_4特征峰，PDS+MRW粉末和PDS+MRW颗粒体系可同时产生SO_4^-·和·OH。进一步证实PDS在光照条件下可以被MRW活化。

基于上述分析结果，PDS+MRW颗粒体系在光照条件下降解CBZ的机理如下：在磁力搅拌的作用下，所有MRW颗粒均匀分散在溶液中，使PDS、MRW颗粒和CBZ充分接触，有助于获得优异的降解效能。MRW存在四种结构（图13-14）。MoS_2和WO_3同时

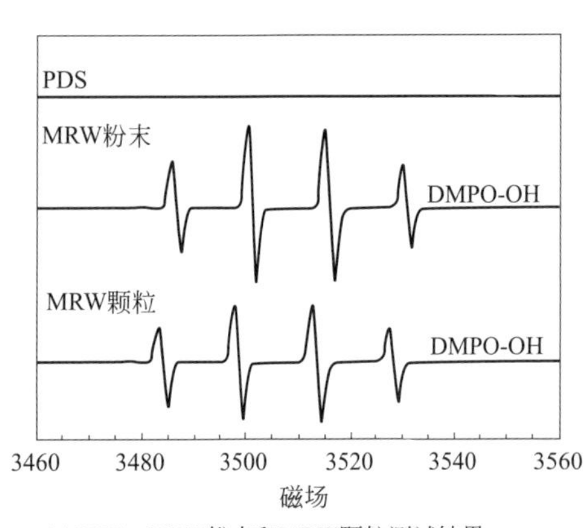

(a) PDS、MRW粉末和MRW颗粒测试结果

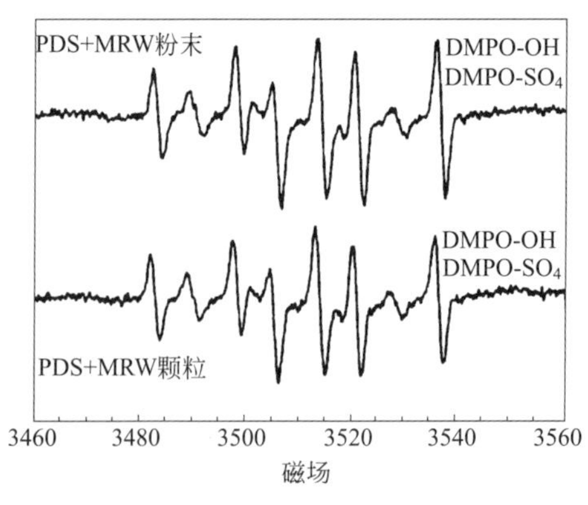

(b) PDS+MRW粉末和PDS+MRW颗粒测试结果

图13-13　EPR测试结果

负载在rGO表面，在可见光激发下，电子由E_{VB}转移到E_{CB}，由于rGO具有良好的导电性，光生电子进一步转移到rGO表面。两条路径可以消耗转移的光生电子：一是直接还原CBZ（路径C），另一个是活化PDS（路径F）。$S_2O_8^{2-}/SO_4^{-}\cdot$的氧化还原电位为1.45eV，$MoS_2$和$WO_3$的$E_{CB}$位置分别为0.46eV和0.78eV。因此，$S_2O_8^{2-}$可以被$MoS_2$和$WO_3$的$E_{CB}$上的光生电子活化，形成$SO_4^{-}\cdot$。$SO_4^{-}\cdot$湮灭的方式也有两种：一是直接氧化CBZ（路径D），另一种是转化为·OH后氧化CBZ（路径E）。与之相比，空穴的湮灭方式也有两种：一是直接氧化CBZ（路径A），另一种是H_2O反应形成·OH后氧化CBZ（路径B）。

此外，根据MoS_2、WO_3和rGO的相对位置，可以形成传统的MoS_2/WO_3 Ⅱ型异质结和MoS_2/rGO/WO_3 Z型异质结结构。对于MoS_2/WO_3 Ⅱ型异质结结构，在可见光激发下，电子和空穴分别聚集在WO_3的E_{CB}和MoS_2的E_{VB}处，降低了电子-空穴的复合效率。对于MoS_2/rGO/WO_3 Z型异质结结构，光生电子从WO_3的E_{CB}通过作为电子传输媒介的rGO，到达MoS_2的E_{VB}处，实现光生电子和空穴的分离。通常Z型异质结比Ⅱ型异质结和单一半导体具有更强的电子-空穴分离效率。结果表明，异质结结构促进了光照条件

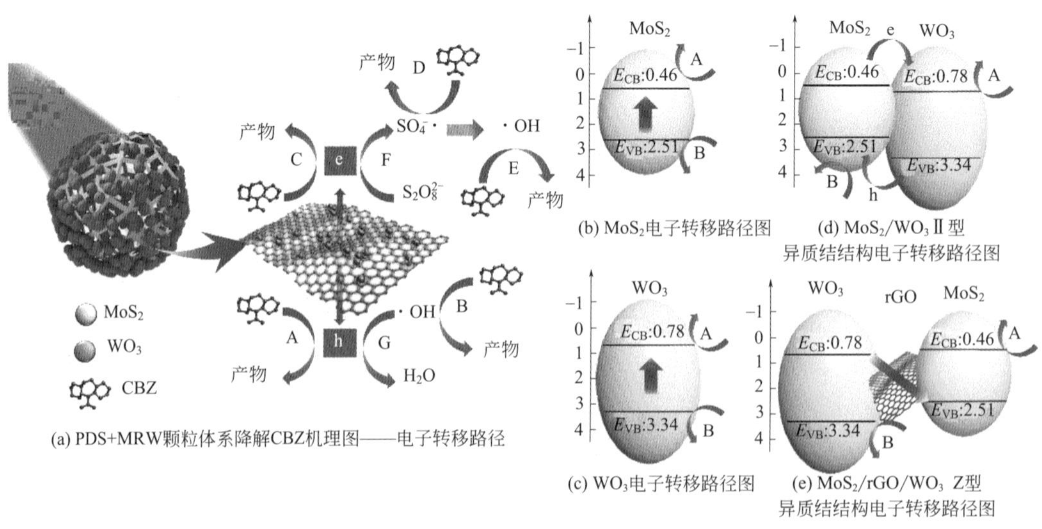

(a) PDS+MRW颗粒体系降解CBZ机理图——电子转移路径
(b) MoS_2电子转移路径图
(c) WO_3电子转移路径图
(d) MoS_2/WO_3 Ⅱ型异质结结构电子转移路径图
(e) MoS_2/rGO/WO_3 Z型异质结结构电子转移路径图

图13-14　降解机理图

下CBZ的降解。因此，PDS+MRW颗粒体系具有快速、优异的CBZ协同催化降解性能的主要原因包括：MRW颗粒在光照条件下可以作为PDS活化剂，产生SO_4^-•，降解CBZ；MRW颗粒在光照条件下具有良好的电子-空穴分离性能，产生•OH，降解CBZ。

此外，还通过一系列猝灭实验评价上述多个CBZ降解路径的贡献率（图13-15）。使用叔丁醇和对苯醌作为自由基猝灭剂和电子受体。在添加叔丁醇和对苯醌、没有添加PDS的条件下，CBZ的降解效率接近4%，此时CBZ的降解主要归结于空穴氧化作用。在添加对苯醌、没有添加PDS的条件下，CBZ的降解效率接近1%，此时CBZ的降解主要归结于光生电子的还原作用。在没有添加PDS和对苯醌的条件下，CBZ的降解效率接近37%，此时CBZ的降解主要归结于•OH的作用。在添加PDS和叔丁醇的条件下，CBZ的降解效率接近42%，此时CBZ的降解主要是归结于SO_4^-•的作用。猝灭实验结果表明，CBZ的主要降解路径是•OH和SO_4^-•的氧化。

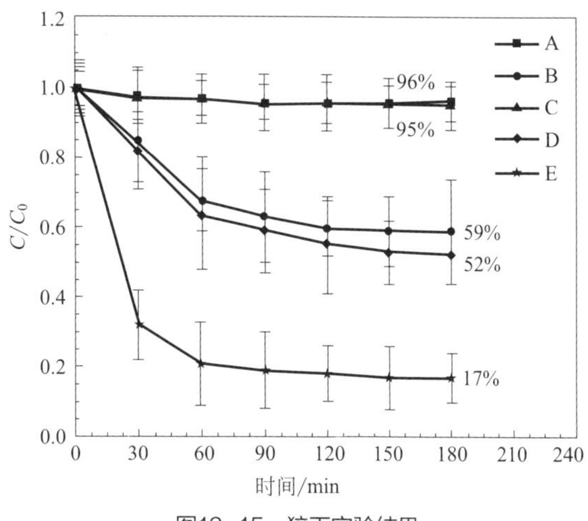

图13-15 猝灭实验结果

A—添加叔丁醇和对苯醌，没有添加PDS；B—添加对苯醌，没有添加PDS；C—没有添加PDS和对苯醌；D—添加PDS和叔丁醇；E—添加PDS，没有添加叔丁醇和对苯醌

13.2 基于光电催化技术难降解有机质降解同步重金属去除

13.2.1 光电催化电极材料的合成及表征

13.2.1.1 光电催化电极材料的合成

使用阳极氧化法制备TiO_2纳米管阵列（TiO_2 nanotube arrays, TNAs）。实验前，所有钛箔均在去离子水、丙酮和无水乙醇中分别超声清洗15min，去除钛箔表面的杂质和油脂。使用1000～3000目的金刚砂纸和抛光粉，通过抛光机（GP-2DE, Truer）对钛箔进

行物理抛光。将物理抛光后的钛箔浸没在含有1%氢氟酸和3%硝酸的水溶液中，浸泡3～5s，进行化学抛光，并置于超纯水中超声清洗15min待用。将处理好的钛箔和铂箔分别用作阳极和阴极，浸没在含有0.5%（质量分数）氟化铵的97%乙二醇水溶液中，在60V条件下预氧化10min。将氧化后的钛箔在去离子水溶液中超声清洗15min，去除钛板表面的氧化层。再在上述电解液中，在40V条件下预氧化30min，即获得TNAs前驱体。将TNAs前驱体放置在450℃马弗炉中焙烧2h，升温速率为5℃ /min，冷却至室温，即得到TNAs。

使用浸渍法合成碳量子点（CQDs）-TNAs（TC）复合电极。首先使用硫酸辅助的自下而上法合成CQDs。将2g葡萄糖与180mL硫酸和20mL超纯水均匀混合，放置在250mL以聚四氟乙烯为内衬的高压反应釜中，放置在550℃马弗炉中焙烧4h，升温速率设定为5℃ /min，待冷却至室温后，使用固体碳酸钠调节溶液pH至中性。在12000r/min条件下离心15min，取上清液通过固相萃取柱（Oasis HLB, 3mL/60mg, Waters, USA），经过活化、萃取、富集、洗脱、吹脱等过程后，获得CQDs粉末。将TNAs浸没在CQDs浓度为10g/L、含有体积分数为10%的3-巯基丙酸水溶液中，浸泡48h后，在80℃条件下固化24h，即得到TC复合电极。

使用原位聚合法合成聚苯胺（PANI）-TNAs（TP）和PANI-TC（TCP）复合电极。使用传统的三电极体系进行苯胺的原位聚合，TNAs和TC分别作为合成TP和TCP的工作电极，铂箔和Ag/AgCl电极分别作为对电极和参比电极，聚合电解液为含有0.2mol/L苯胺和0.05mol/L柠檬酸的丙酮溶液。聚合前，使用氮气对聚合电解液脱氧曝气30min。使用循环伏安法（cyclic voltammetry, CV）对苯胺进行原位聚合。电压设置范围为0～0.8V，循环圈数为10圈（图13-16），并在60℃条件下固化24h，即得到TP和TCP复合电极。

本章系统介绍了光催化电极在光电化学体系（photoelectrochemistry, PEC）和光催化体系中有机物降解同步重金属还原性能。因此，使用水热法合成了聚乙烯醇（polyvinyl

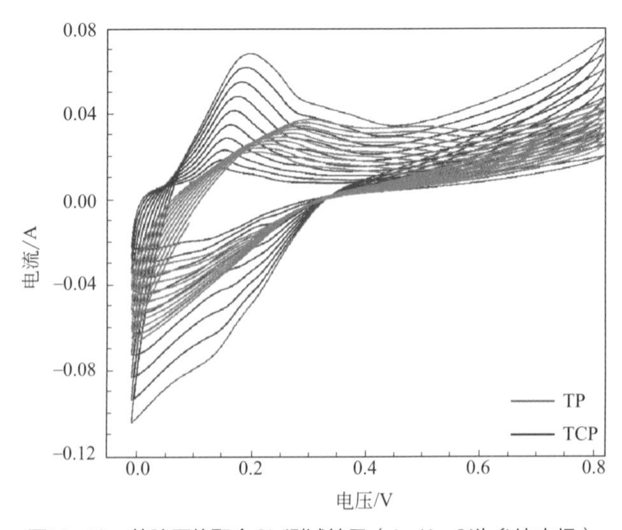

图13-16　苯胺原位聚合CV测试结果（Ag/AgCl为参比电极）

alcohol, PVA）强化rGO气凝胶（PVA-rGO）阴极。使用改进的Hummer法合成多层GO（见13.1.1.1部分）。将2g GO粉末和0.2g PVA混合并充分溶于150mL超纯水中，超声分散30min后，在180℃条件下保温8h，所得产物置于−20℃条件下冷冻2h，再置于室温（23℃）条件下解冻6h，10次冻融循环后，即获得PVA-rGO阴极。

13.2.1.2 光电催化电极材料的表征手段

通过冷场发射扫描电镜（field-emission scanning electron microscope, FESEM, Hitachi, 日本）观察电极使用前后的表面形貌，通过HRTEM（Tecnai G2 F20, FEI）观察制备的CQDs；使用Rigaku D/Max-B型X射线衍射仪以4°/min的扫描速率测试XRD；使用Axis Ultra Dld能谱仪测试XPS，光源为单色Al-Kα X射线源（$h\nu$=1486.6eV），并使用XPS测试电极价带位置；使用LabRAM Aramis Raman光谱仪在800～4000cm^{-1}范围内测试PVA-rGO阴极的拉曼光谱；通过FTIR测定CQDs和PANI表面官能团，测试范围为800～4000cm^{-1}；通过自动气体吸附分析仪（quantachrome instruments, USA）测定光阳极和PVA-rGO阴极比表面积；使用配备有积分球的cary 5000（Agilent）在200～800nm范围内进行UV-vis DRS测试；使用Elexsys E560（Bruker）进行EPR测试；使用荧光分光光度计（F7000, Hitachi, 日本），在激发波长为300nm的条件下，测试光致发光光谱（photoluminescence, PL）。

在传统三电极体系中，使用电化学工作站（PGSTAT204，Metrohm）测定材料的光电流响应曲线、Mott-Schottky曲线和EIS。使用制备的光阳极为工作电极，铂箔电极（3.0cm×3.0cm×0.1cm）和Ag/AgCl电极分别为对电极和参比电极。EIS测试频率为10^5～10^{-2}Hz，在EIS测试前，所有样品均需获得稳定的E_{ocp}。光源参数见第13.1.1.2节。使用电化学工作站测定连续光开/关的光电流和光电压信号，并记录偏压在−0.4～1V区间内逐渐增加时光电流信号的变化。Mott-Schottky曲线的测试频率为1000Hz、步长为20mV。所有光电化学测试均在0.5mol/L硫酸钠水溶液中进行。

13.2.1.3 光电催化电极材料的理化性质表征结果

在TNAs样品表面观察到规则的纳米管阵列，纳米管内径和外径分别为120nm和140nm，纳米管壁直径为10nm［图13-17(a)］。CQDs直径分布在4～7nm，晶格间距为0.23nm（图13-18），表明暴露的晶面主要是(100)晶面。10%（体积分数）巯基丙酸的添加，可以有效促进CQDs和TNAs的连接，在不阻挡TNAs管状结构的同时，在管壁上形成直径为10～20nm团聚的碳点，显示出明显的CQDs聚合现象［图13-17(b)］。在TP表面可以同时观察到明显的薄膜和TNAs管状结构［图13-17(c)］。FESEM观测结果表明，CQDs浸没过程和苯胺的原位聚合过程都不会对TNAs结构造成影响。与TP相比，TCP表面薄膜厚度增加［图13-17(d)］。TC和TCP合成条件完全一致，根据CV结果（图13-16），TCP氧化-

还原峰强度明显强于相同圈数下TP氧化-还原峰强度，并且氧化-还原峰强度随着圈数的增加逐渐降低，说明苯胺聚合量逐渐减少。此外，由于CQDs是在硫酸辅助下合成的，溶液中不可避免地存在SO_4^{2-}，导致峰出现偏移。结果表明，CQDs促进了苯胺在TNAs表面的原位聚合。此外，PVA-rGO阴极具有多孔结构（图13-19），显示出潜在的强吸附能力。

使用FTIR测定CQDs和PANI的表面官能团和化学键（图13-20）。PANI在3424cm^{-1}和3231cm^{-1}处出现特征峰，表明存在胺和亚胺。在2918cm^{-1}和2847cm^{-1}处出现特征峰，表明存在CH_2伸缩振动峰。在1667cm^{-1}和1600～1450cm^{-1}处出现特征峰，表明存在C═O和C═N伸缩振动峰。在1300cm^{-1}和1224cm^{-1}处出现特征峰，表明在芳香胺结构中存在C—N和C═N伸缩振动峰。在1119cm^{-1}处出现特征峰，表明醌型

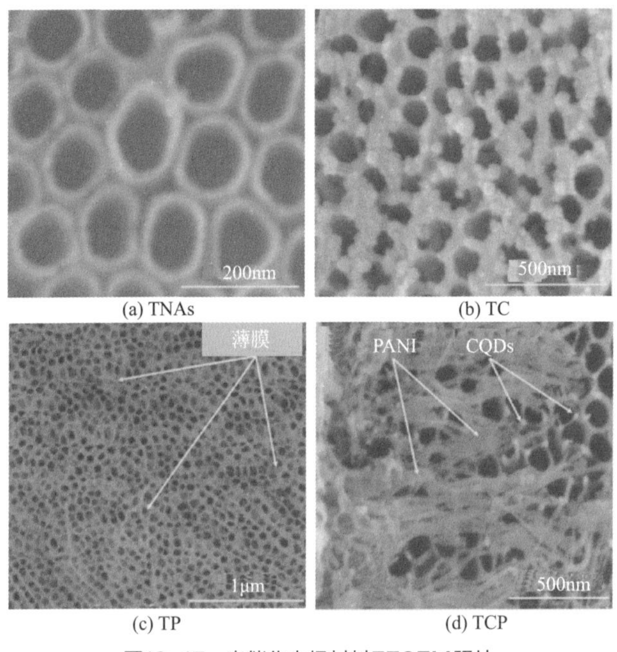

图13-17　光催化电极材料FESEM照片

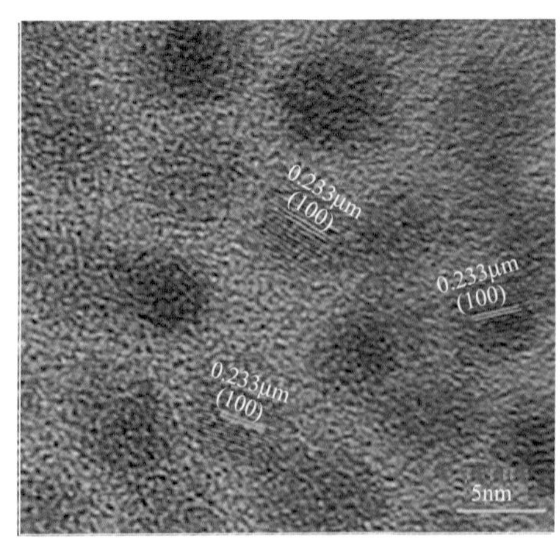

图13-18　CQDs的HRTEM照片

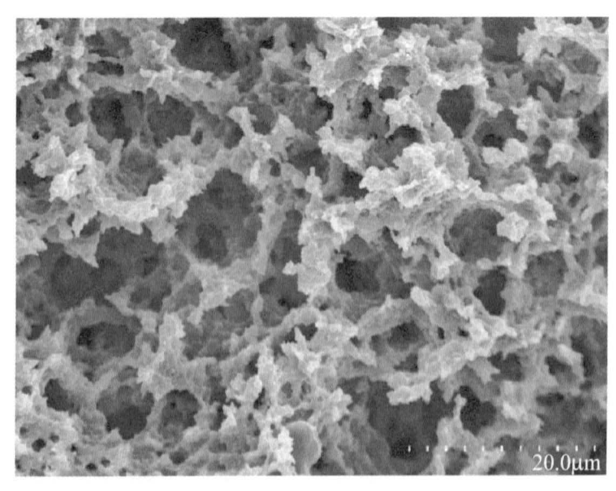

图13-19　PVA-rGO阴极的FESEM照片

环中电子离域程度高。在1025cm^{-1}处出现特征峰，是由仲芳胺C—N伸缩振动造成的[38-43]。在878cm^{-1}处出现特征峰，表明在PANI苯环结构中存在C—H伸缩振动峰。CQDs在3418cm^{-1}和2912cm^{-1}处出现特征峰，表明存在O—H和CH_2伸缩振动峰。在2300～2110cm^{-1}、1706cm^{-1}、1573cm^{-1}和1126cm^{-1}处出现特征峰，说明存在C≡C、C═O、C—C和C—O伸缩振动峰[44-48]。FTIR结果进一步证明苯胺成功的原位聚合和PANI与CQDs表面存在丰富的官能团。

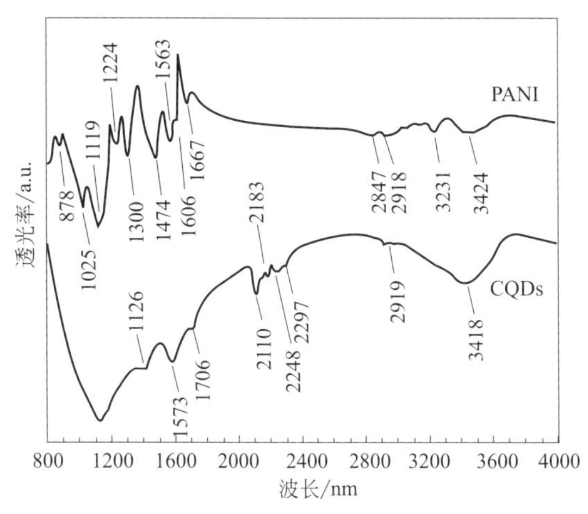

图13-20　CQDs和PANI的FTIR测试结果

根据XRD测试结果［图13-21(a)］可知，所有光阳极的XRD图谱在27.4°(110)、36.1°(101)、41.2°(111)、43.9°(210)、54.5°(211)、56.4°(220)、62.7°(002)、69.7°(112)和74.3°(320)处出现明显的特征衍射峰，表明TiO_2为金红石相（PDF＃21-1276）。同时，所有光阳极中也观察到较弱的Ti峰（PDF＃44-1294），主要是由钛箔基底引起的。与TNAs相比，在TC和TCP中没有观察到明显峰位置偏移和峰强度降低，说明CQDs和PANI的负载过程对TNAs结构没有产生明显影响。PANI的XRD图谱在20°～30°处出现宽峰，表明PANI的无定形非晶体形态特征[40]，表明PANI的成功合成。然而，TP和TCP样品在20°～30°处没有出现宽峰，这是由PANI负载量少以及TNAs信号强两方面原因共同造成的。

根据XPS全谱［图13-21(b)］可知，Ti和O是TNAs表面的主要元素，Ti、O和C是TC表面的主要元素，Ti、O和N是TP表面的主要元素，Ti、O、C和N是TCP表面的主要元素。再对所有样品的感兴趣区进行XPS高分辨光谱测试。测试结果分析前，将所有样品均参照C 1s（284.6eV）进行标定。Ti 2p高分辨光谱中可以分离出2个特征峰，包括位于458.7eV处的Ti $2p_{3/2}$峰和位于464.4eV处的Ti $2p_{1/2}$峰［图13-21(c)］[45]。两个特征峰中心的结合能差值为5.7eV，并且特征峰显示出对称的峰型，说明TNAs中的Ti主要以Ti^{4+}形式存在[49,50]。在负载PANI后，Ti $2p_{1/2}$峰和Ti $2p_{3/2}$峰位置均发生偏移，分别偏移至464.3eV和458.6eV。峰位置的偏移说明PANI的引入降低了金红石相TiO_2的表面电子密度，导致TiO_2表面上的电子易于向邻近原子上转移[51]。TC的Ti 2p高分辨光谱中可以分离出2个与TNAs

一致的特征峰，表明CQDs浸没过程对金红石相TiO_2晶格结构几乎没有影响。

TCP的C 1s高分辨光谱可以分离出4个特征峰，包括位于284.3eV处的sp^2轨道碳峰（C—C/C═C）、位于285.1eV处的C—OH键峰、位于285.9eV处的C—O/C═O键峰和位于288.1eV处的O—C═O键峰［图13-21(d)］[52,53]。同时，TCP的N 2p高分辨光谱可以分离出2个特征峰，包括位于399.6eV处的苯胺峰和位于402.5eV处的带正电荷的双极化态氮的峰［图13-21(e)］[53,54]。TC样品的C 1s高分辨光谱可以分离出4个特征峰，包括位于284.3eV处的sp^2轨道碳峰（C—C/C═C）、位于285.1eV处的C—OH键峰、位于285.9eV处的C—O/C═O键峰和位于288.3eV处的O—C═O键峰［图13-21(d)］。TP样品的N2p高分辨光谱可以分离出2个特征峰，包括位于399.5eV处的苯胺峰和位于401.7eV处的质子胺或亚胺峰［图13-21(e)］。质子胺或亚胺峰的出现表明氮被TiO_2上的—OH或苯胺与TiO_2之间的氢键质子化。N 2p和C 1s高分辨光谱结果进一步证明CQDs和PANI成功负载在TNAs上。TNAs的O 1s高分辨光谱可以分离出1个特征峰，即位于530.6eV处的Ti—O键峰［图13-21(f)］。与之相比，TCP的O 1s高分辨光谱还可以再分离出3个特征峰，包括位于531.4eV处的C—O键峰、位于531.9eV处的O—H键峰和位于533.6eV处的C═O键峰［图13-21(f)］。TC的O 1s高分辨光谱可以分离出4个特征峰，包括位于529.5eV处的Ti═O键峰、位于530.6eV处的Ti—O键峰、位于531.7eV处的C—O键峰和位于532.9eV处的O—H键峰［图13-21(f)］。TP的O 1s高分辨光谱可以分离出3个特征峰，包括位于530.5eV处的Ti—O键峰、位于531.9eV处的O—H键峰和位于533.6eV处的C═O键峰［图13-21(f)］[55-57]。O 1s高分辨光谱结果显示，在负载CQDs和PANI后，TNAs表面含氧官能团种类增加。

光催化电极结构对于光生电子-空穴的分离至关重要。因此，对TCP结构进行分析（图13-22）。巯基丙酸具有羧基（—COOH）和硫醇基（—SH）[51]。因此，在巯基丙酸作用下，CQDs可以直接与金红石相TiO_2结合。此外，由于CQDs表面丰富的官能团，可以同时与PANI和TiO_2结合，包括PANI-H…O-CQDs…O-TiO_2、PANI-N…O-CQDs、PANI-N…H-H…O-CQDs和PANI-H…O-CQDs。此外，TiO_2中的晶格氧可以通过氢键与PANI中的N结合（TiO_2-O…H…N-PANI），在苯胺的原位聚合过程中，易形成p-π离域共轭结构（氮原子p轨道具有非定域共轭苯环结构）[58]。因此，一部分CQDs可作为电子传输媒介，置于TNAs和PANI之间，形成具有Z型异质结结构的TCP。另一部分CQDs位于电极表面，形成具有Ⅱ型异质结结构的TNAs-PANI-CQDs。但是受到合成步骤的限制，TCP主要以具有Z型异质结结构的TNAs-CQDs-PANI为主。

GO和rGO的拉曼光谱结果表明，水热法可以将GO成功还原为rGO［图13-23(a)］。GO和rGO在$1300cm^{-1}$和$1600cm^{-1}$处均出现明显的特征峰，水热还原作用后，I_D/I_G峰强度比由0.97（GO）提高到1.27（rGO），表明sp^2缺陷的减少和sp^3缺陷的增多，进一步证明rGO的成功合成。PVA-rGO阴极氮气吸附脱附曲线显示出明显的Ⅳ型［图13-23(b)］，比表面积为$187m^2/g$，表明PVA-rGO阴极的多孔特性和强吸附特性。此外，所有光阳极的比表面积和孔隙率测试结果见表13-4。由于CQDs和PANI纳米线自身的高比表面积特性，导致在负载CQDs和PANI后，TNAs比表面积显著增大。

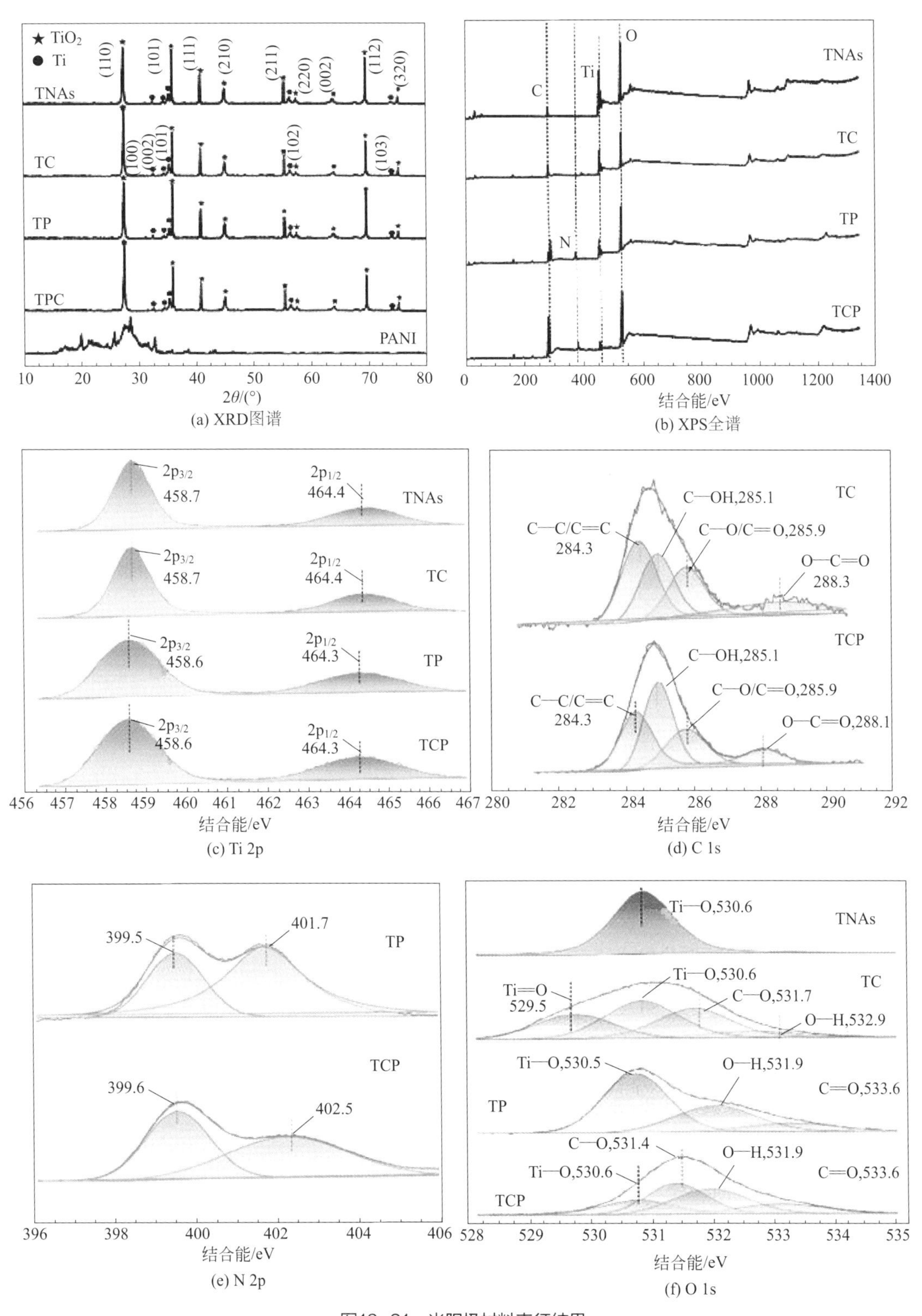

图13-21 光阳极材料表征结果

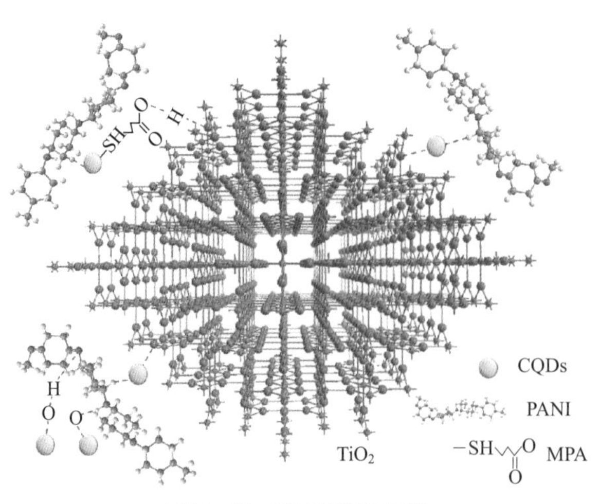

图13-22 TCP光阳极结构

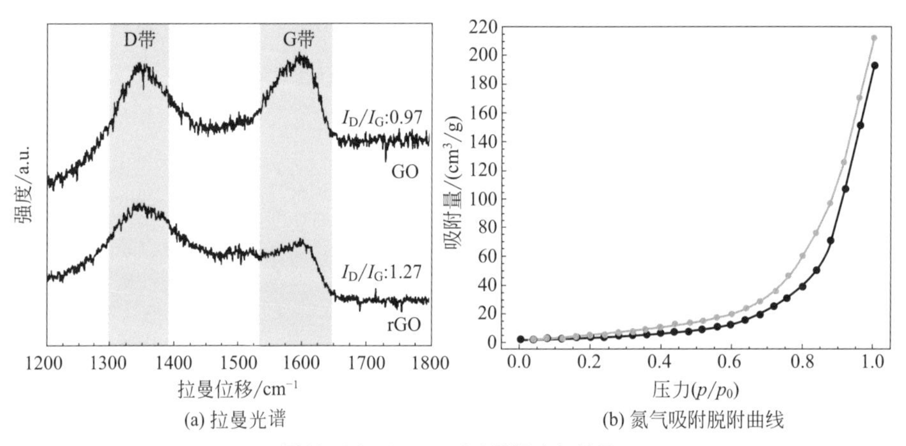

图13-23 PVA-rGO阴极表征结果

表13-4 光阳极比表面积和孔隙率测试结果

样品	比表面积/（m^2/g）	孔隙率/（cm^3/g）
TNAs	8.36±0.35	0.0251±0.009
TC	18.47±1.24	0.0268±0.015
TP	17.78±0.98	0.0261±0.022
TCP	22.41±1.02	0.0273±0.019

13.2.1.4 光电催化电极材料的光电化学性质表征结果

TNAs显示出与传统金红石相TiO_2相似的吸收边（413nm）[图13-24(a)]，根据公式（13-1）计算可得，TNAs的E_g为3.00eV，与其理论E_g保持一致[59,43]。在负载CQDs和PANI后，吸收边分别红移至424nm和439nm，对应的E_g分别为2.92eV和2.82eV。TNAs

与TP在200～800nm范围显示出相似的光吸收特性。但是，由于CQDs强光吸收特性，特别是在可见光及近红外光区，导致在波长大于420nm后，TC对光的吸收能力明显增强。TCP吸收边红移至470nm，对应的E_g为2.64eV，在所有制备的电极中，TCP显示出最强的光吸收特性。根据Tauc图分析结果［图13-24(b)］和公式（13-2）计算结果可知，TNAs、TC、TP和TCP的E_g分别为3.01eV、2.93eV、2.84eV和2.61eV，与UV-vis DRS结果保持一致。

Mott-Schottky结果表明所有电极均具有n型半导体特性［图13-24(c)］[60]，根据公式（13-4）计算可得，TNAs、TC、TP和TCP的平带电压值分别为−0.23eV、−0.32eV、−1.78eV和−1.91eV。因此，TNAs、TC、TP和TCP电极的E_{VB}分别为2.79eV、2.63eV、1.04eV和0.76eV。结合Mott-Schottky和价带XPS测试结果，TNAs、TC、TP和TCP的E_g分别为3.02eV、2.95eV、2.82eV和2.67eV。

$$1/C_{sc}^2 = 2\times[E - E_{fb} - (kT/q)]/(\varepsilon\varepsilon_0 q N_q A^2) \tag{13-4}$$

式中 N_q ——载流子密度，包括n型半导体施主密度（N_d）和p型半导体受主密度（N_a）；

ε ——钝化膜的介电常数；

ε_0 ——真空条件下的介电常数（8.85×10^{-14}F/cm）；

q ——元电荷（1.6029×10^{-19}C），其中−e为电子，+e为空穴；

A ——有效工作面积；

E_{fb}——平带电压；

k ——Boltzmann常数（1.389×10^{-23}J/K）；

T ——热力学温度。

在偏压为$0V_{Ag/AgCl}$条件下，测试了所有光阳极对光的响应变化规律。在5次灯开/关循环后，TCP、TP和TC的稳态电流密度分别达到0.885mA/cm^2、0.267mA/cm^{2}和0.109mA/cm^2，分别是原始TNAs（0.047mA/cm^2）的18.8倍、5.7倍和2.3倍［图13-25(a)］。TCP光电流密度的增量大于TC和TP的增量总和，表明PANI和CQDs的负载具有协同强化TNAs光电转换能力的作用。此外，所有光催化电极在第一次循环中显示出较高的瞬态光电流密度[61]，这是由于在刚受光时，光生电子和空穴分离效率高。但随着光生电子和空穴的复合，光电流密度值逐渐降低。当光生电子扩散速率与光生电子产生速率平衡时，光电流密度信号达到稳定状态。

为了揭示偏压对光阳极光电转化性能的影响，记录了瞬时光电流密度信号随偏压在$-0.4\sim1.0V_{Ag/AgCl}$区间内连续变化的响应规律［图13-25(b)］。TNAs和TC显示出与TP和TCP不同的光电流密度变化规律。在$-0.1V_{Ag/AgCl}$偏压下，TNAs和TC的光电流密度在受光后迅速升至最大值，分别达到0.404mA/cm^{2}和0.256mA/cm^2。随着偏压向正方向变化，光电流密度值逐渐降低。当偏压达到$0.95V_{Ag/AgCl}$时，TNAs和TC的光电流密度分别达到0.265mA/cm^{2}和0.167mA/cm^2。结果表明，偏压是影响TNAs和TC光电转换性能的主要因素之一。与之相反，TP和TCP的光电流密度随着偏压的正向移动

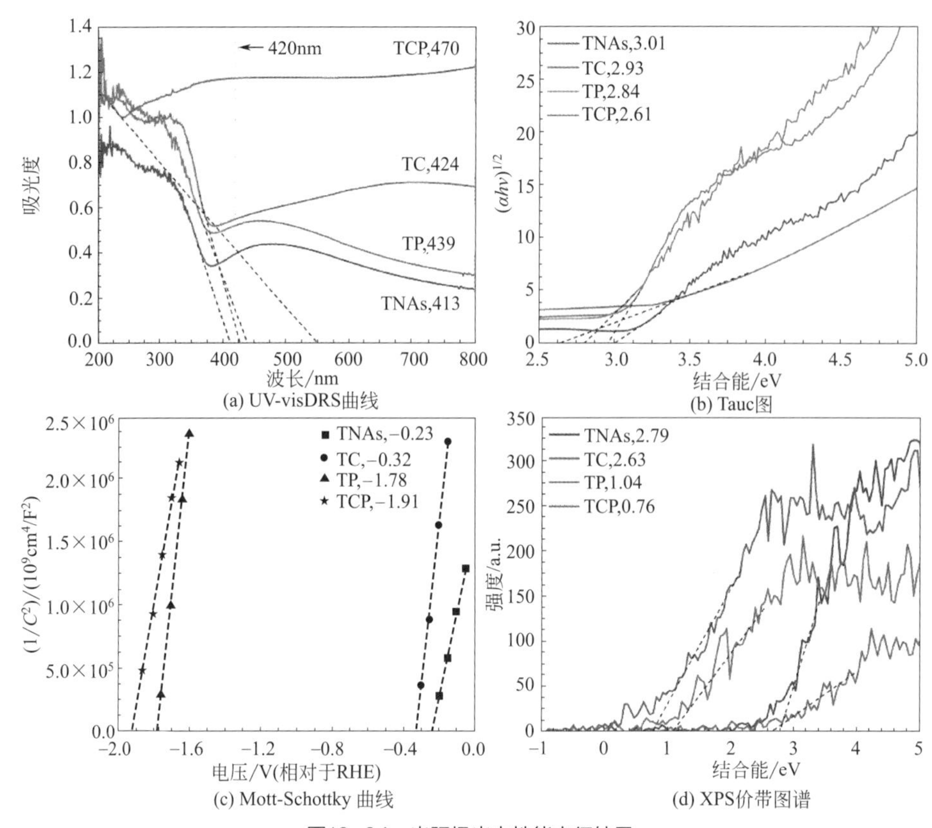

(a) UV-visDRS曲线
(b) Tauc图
(c) Mott-Schottky 曲线
(d) XPS价带图谱

图13-24 光阳极光电性能表征结果

（从$-0.4V_{Ag/AgCl}$到$1.0V_{Ag/AgCl}$）逐渐增加，当偏压达到$0.95V_{Ag/AgCl}$时，TCP和TP的光电流密度分别达到$1.595mA/cm^2$和$0.857mA/cm^2$。其中TCP的光电流密度值分别是TNAs和TC的9.5倍和5.1倍，在$-0.4 \sim 1.0V_{Ag/AgCl}$电压区间内遵循：TNAs < TC < TP < TCP。结果表明，CQDs和PANI的改性有助于提升TNAs的光电转换能力。

在EIS测试前，所有电极需获得稳定的E_{OCP}（图13-26）。E_{OCP}变化幅度越大，表示电极和溶液界面电子转移过程越强。在光照条件下，TNAs、TC、TP和TCP的E_{OCP}分别

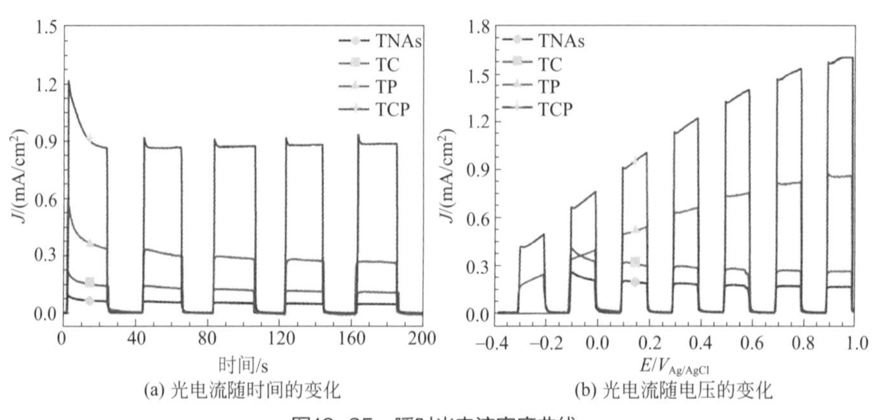

(a) 光电流随时间的变化
(b) 光电流随电压的变化

图13-25 瞬时光电流密度曲线

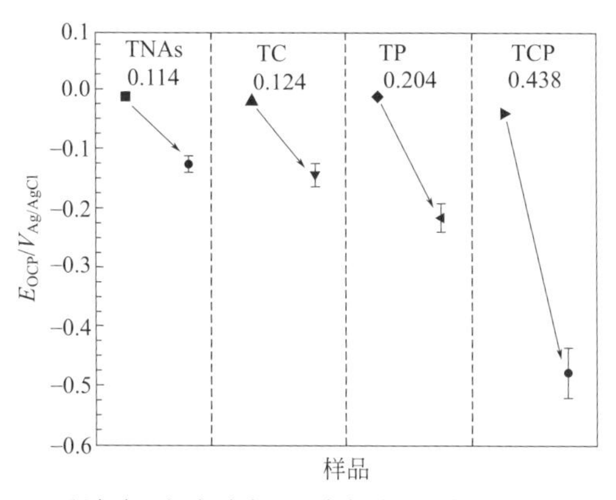

图13-26 所有光阳极在暗态和受光条件下浸泡3600s后的E_{OCP}值

降低了0.144$V_{Ag/AgCl}$、0.124$V_{Ag/AgCl}$、0.204$V_{Ag/AgCl}$和0.438$V_{Ag/AgCl}$。结果表明，TCP显示出潜在优异的光电转化性能。

所有光阳极的Nyquist曲线均显示出不完整的电容弧［图13-27(a)和图13-27(b)］，表明电极-溶液界面过程受电子传递控制[62]。在受光后，所有光阳极的阻抗值降低两个数量级以上（表13-5），表明负载过程有助于强化TNAs表面电子转移能力，遵

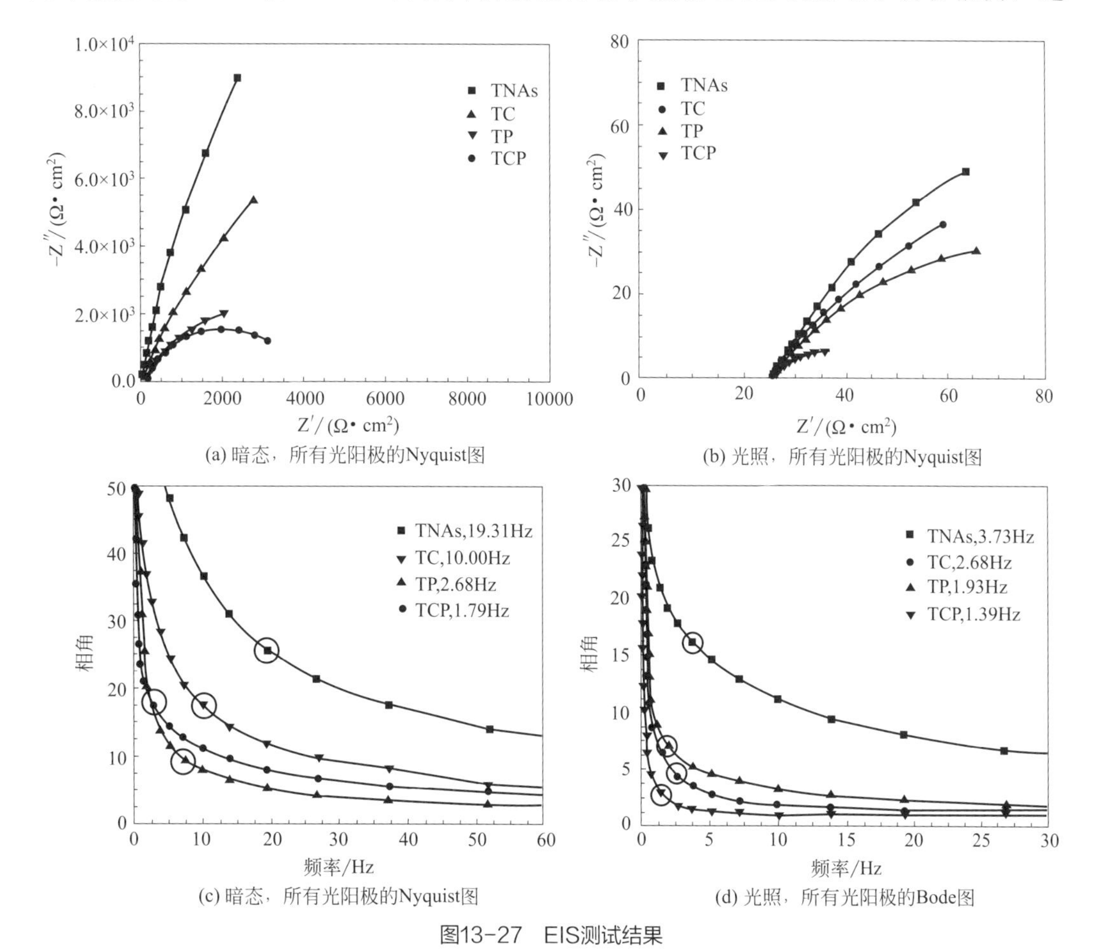

图13-27 EIS测试结果

循：TNAs ($137\,\Omega\cdot cm^2$) > TP ($109\,\Omega\cdot cm^2$) > TC ($93\,\Omega\cdot cm^2$) > TCP ($22\,\Omega\cdot cm^2$)。此外，TNAs阻抗拐点频率从19.31Hz降低到3.73Hz，TC阻抗拐点频率从10.00Hz降低到2.68Hz，TP阻抗拐点频率从2.68Hz降低到1.93Hz，TCP阻抗拐点频率从1.79Hz降低到1.39Hz［图13-27(c)和图13-27(d)］，根据公式（13-3）可知，载流体寿命随着拐点频率的降低而升高，快速电子迁移速率有助于抑制光生电子-空穴的复合[63]，计算结果与光电流密度测试结果一致。此外，在光照条件下，相角最大值逐渐降低（图13-28）。结合Nyquist结果可知，CQDs和PANI的负载强化了电极表面电子转移过程。同时，TCP相角最大峰值向低频区迁移程度最大，表明在所有制备的电极中，TCP电子转移能力最强。

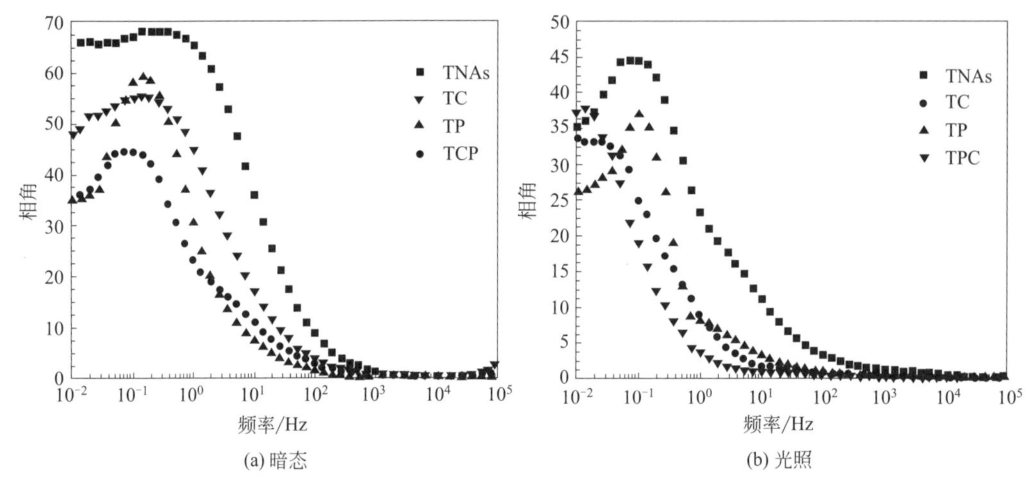

图13-28　Bode相角图

表13-5　EIS测试拟合结果

样品	$R_s/(\Omega\cdot cm^2)$	CPE		$R_p/(\Omega\cdot cm^2)$
		$Y_0/10^6[s^n/(\Omega\cdot cm^2)]$	n	
暗态				
TNAs	12.17	52.80	0.999	30144
TC	13.69	67.52	0.987	21542
TP	13.88	57.72	0.991	5842
TCP	12.73	62.11	0.994	3996
光照				
TNAs	27.96	42.95	0.962	137
TC	26.66	18.33	0.957	109
TP	26.13	11.05	0.959	93
TCP	25.84	3.12	0.941	22

13.2.2 光电催化电极材料同步降解有毒有机物和去除重金属评价

为了评价光阳极材料在光催化体系和PEC体系中有机物降解同步重金属还原性能，共设置了16个实验组（表13-6），使用传统的光催化反应体系、PEC-单池、PEC-双池1和PEC-双池2四种反应体系（表13-7）。在水质净化实验开始前，所有电极在暗态环境中，在电解液中（溶解氧：1.23mg/L±0.08mg/L；pH值：6.98±0.1）浸泡60min（-60～0min），达到吸附-解吸平衡稳定状态。将光阳极受光，启动催化降解阶段（0～60min）。光源为配有420nm滤光片的300W氙灯。使用前光源需预热15min，保证输出光强的稳定。使用光强计将输出光强度调整至100mW/cm^2。在吸附-解吸阶段每20min取1.5mL水样，在催化降解阶段每10min取1.5mL水样，所有水样均透过0.22μm滤膜。使用HPLC测定CBZ浓度（测试方法见13.1.2部分相关内容）。使用二苯基卡巴肼法测定Cr(Ⅵ)浓度，紫外检测器波长为540nm，进样体积为20μL。使用UPLC-MS测定CBZ降解中间产物（测试方法见13.1.2部分相关内容）。使用标准非净化有机碳法测试总有机碳浓度（total organic carbon, TOC）。通过循环实验研究光阳极的稳定性，实验条件与水质净化条件一致。此外，研究了光照强度、工作电极有效面积和底物浓度对有机物降解同步重金属还原的影响。通过投加过量的叔丁醇（TBA）、苯醌（$C_6H_4O_2$）进行猝灭实验。所有使用的玻璃器皿均在450℃下焙烧2h除去表面有机物。

表13-6 实验设置

组号	光阳极	阴极	反应体系
G1	TNAs	—	光催化反应体系
G2	TC	—	光催化反应体系
G3	TP	—	光催化反应体系
G4	TCP	—	光催化反应体系
G5	TNAs	rGO	PEC-单池
G6	TC	rGO	PEC-单池
G7	TP	rGO	PEC-单池
G8	TCP	rGO	PEC-单池
G9	TNAs	rGO	PEC-双池1
G10	TC	rGO	PEC-双池1
G11	TP	rGO	PEC-双池1
G12	TCP	rGO	PEC-双池1
G13	TNAs	rGO	PEC-双池2
G14	TC	rGO	PEC-双池2
G15	TP	rGO	PEC-双池2
G16	TCP	rGO	PEC-双池2

注：“—”表示没有电极。

表13-7　反应体系描述

反应体系	描述
光催化反应体系	（1）工作电极面积：$1cm^2$(1cm×1cm)； （2）CBZ浓度：10μmol/L； （3）Cr(Ⅵ)浓度：0.68mmol/L(100mg/L $K_2Cr_2O_7$)； （4）光照强度：$100mW/m^2$；波长＞420nm； （5）反应器容积：400mL
PEC-单池	（1）光阳极面积：$1cm^2$(1cm×1cm)； （2）rGO阴极直径：5cm；高度：0.5cm； （3）CBZ浓度：10μmol/L； （4）Cr(Ⅵ)浓度：0.68mmol/L(100mg/L $K_2Cr_2O_7$)； （5）光照强度：$100mW/m^2$；波长＞420nm； （6）反应器容积：400mL
PEC-双池1	（1）光阳极面积：$1cm^2$(1cm×1cm)； （2）rGO阴极直径：5cm；高度：0.5cm； （3）PEC反应器（光阳极）：容积（400mL），CBZ（10μmol/L），Cr(Ⅵ)（0.68mmol/L）； （4）暗态反应器（rGO阴极）：容积（400mL），CBZ（10μmol/L），Cr(Ⅵ)（0.68mmol/L）； （5）光照强度：$100mW/m^2$；波长＞420nm； （6）PEC反应器和暗态反应器用盐桥相连
PEC-双池2	（1）光阳极面积：$1cm^2$(1cm×1cm)； （2）rGO阴极直径：5cm；高度：0.5cm； （3）PEC反应器（光阳极）：容积（400mL），CBZ（10μmol/L）； （4）暗态反应器（rGO阴极）：容积（400mL），CBZ（10μmol/L）； （5）光照强度：$100mW/m^2$；波长＞420nm； （6）PEC反应器和暗态反应器用盐桥相连

13.2.2.1　卡马西平降解同步重金属还原效果评价

所制备的光阳极在不同反应体系中对CBZ和Cr(Ⅵ)的吸附能力见图13-29和表13-8。所有光阳极对CBZ和Cr(Ⅵ)的吸附能力较弱。与TNAs相比，改性后光阳极对CBZ和Cr(Ⅵ)的吸附能力均有所提升。这是由于CQDs和PANI表面丰富的官能团促进了CBZ和Cr(Ⅵ)的吸附。

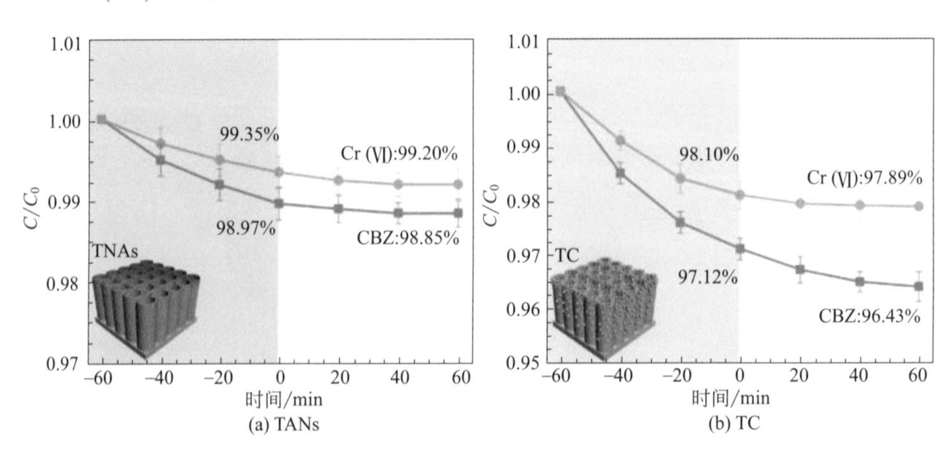

(a) TANs　　(b) TC

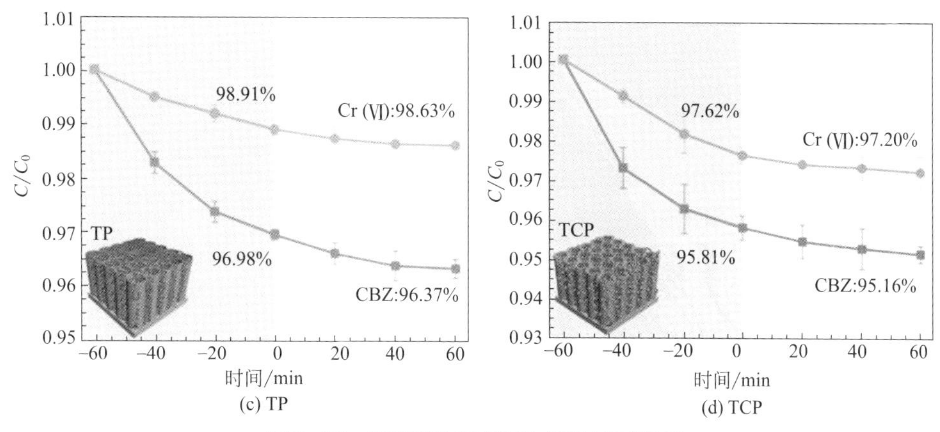

图13-29　光阳极对CBZ和Cr(Ⅵ)的吸附效果

表13-8　光阳极对CBZ和Cr(Ⅵ)的吸附效率

电极	CBZ/%		Cr(Ⅵ)/%	
	60min	120min	60min	120min
TNAs	1.03	1.15	0.65	0.80
TC	2.88	3.57	1.90	2.11
TP	3.02	3.63	1.09	1.37
TCP	4.19	4.84	2.38	2.80
rGO	25.62	33.68	10.24	12.78

表观吸附、降解/还原效率见表13-9，相应的动力学计算结果见表13-10。为了评价实际光阳极对CBZ的降解和对Cr(Ⅵ)的还原能力，实际吸附、降解/还原效率见表13-11，相应的动力学计算结果见表13-12。所有电极在光催化体系中对CBZ和Cr(Ⅵ)的吸附、CBZ降解、Cr(Ⅵ)还原效果见图13-30。与TNAs［CBZ：8.33%，Cr(Ⅵ)：2.64%］相比，TC［CBZ：14.44%，Cr(Ⅵ)：4.07%］和TCP［CBZ：44.67%，Cr(Ⅵ)：11.94%］的水质

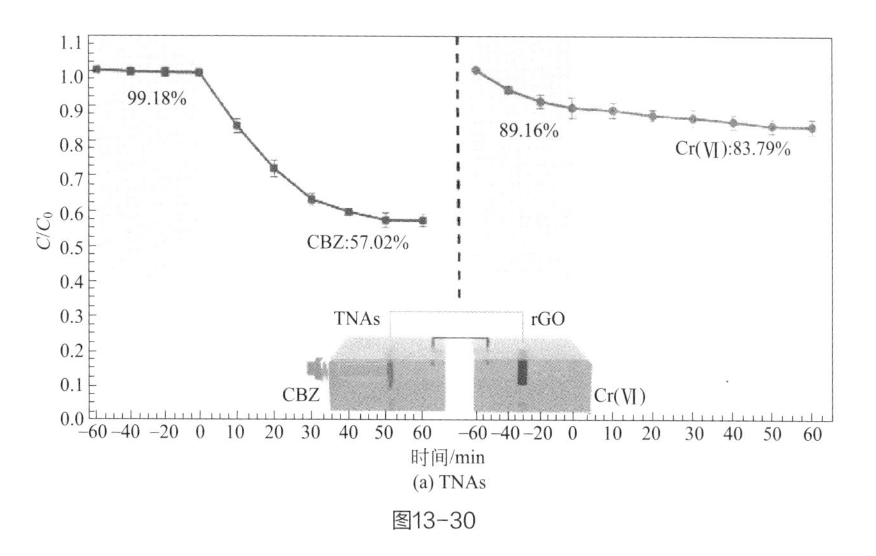

图13-30

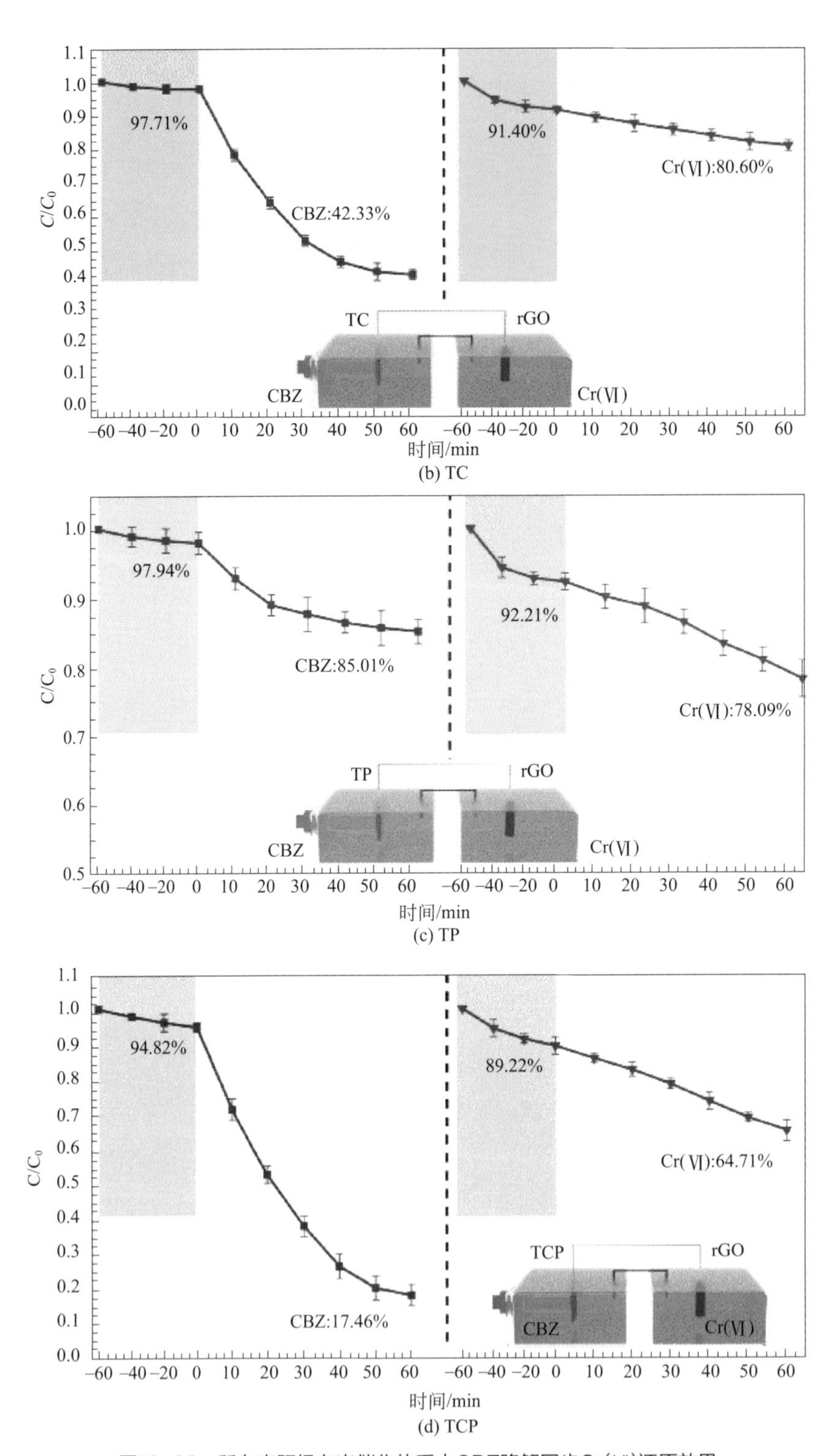

图13-30　所有光阳极在光催化体系中CBZ降解同步Cr(Ⅵ)还原效果

净化性能显著提升。然而，TP［CBZ：0.92%；Cr(Ⅵ)：3.94%］水质净化表现不理想。这与光催化活性测试结果不同（TCP > TP > TC > TNAs）。为了揭示其原因，测定了所有光阳极在光照条件下的EPR，检测自由基产生种类。在TNAs、TC和TP中均检测到典型的DMPO-OH（•OH）和DMPO-O_2（•O_2^-），在TP的检测结果中没有出现明显的特征峰。

表13-9　表观吸附、降解/还原效率

组号	光阳极	阴极	吸附/%		降解/还原/%	
			CBZ	Cr(Ⅵ)	CBZ	Cr(Ⅵ)
G1	TNAs	—	0.93	0.70	9.30	3.47
G2	TC	—	2.75	2.05	17.46	6.24
G3	TP	—	2.90	1.57	4.39	5.72
G4	TCP	—	3.87	2.80	47.44	14.81
G5	TNAs	rGO	26.80	12.09	58.43	18.17
G6	TC	rGO	27.58	13.11	68.94	23.46
G7	TP	rGO	27.13	13.87	36.11	25.91
G8	TCP	rGO	28.33	14.39	90.21	38.91
G9	TNAs	rGO	0.99, 24.88	0.50, 9.66	44.29, 33.53	1.39, 15.64
G10	TC	rGO	2.47, 25.25	2.01, 10.99	60.19, 33.02	3.05, 21.02
G11	TP	rGO	2.87, 24.83	1.81, 8.26	15.09, 34.12	2.94, 22.62
G12	TCP	rGO	4.57, 25.18	2.88, 10.82	84.67, 33.68	4.48, 34.82
G13	TNAs	rGO	0.82	10.84	42.98	16.21
G14	TC	rGO	2.29	8.60	57.67	19.40
G15	TP	rGO	2.06	7.79	14.99	21.91
G16	TCP	rGO	5.18	10.78	82.54	35.29

注：1.“—”表示没有电极。
2. G9 ~ G12：光阳极效率，阴极效率。

表13-10　表观动力学计算结果

组号	光阳极	阴极	k_{obs}/min^{-1}	
			CBZ	Cr(Ⅵ)
G1	TNAs	—	0.00162	0.00045
G2	TC	—	0.00263	0.00075
G3	TP	—	0.00023	0.00072
G4	TCP	—	0.01000	0.00213
G5	TNAs	rGO	0.00961	0.00113
G6	TC	rGO	0.01428	0.00207
G7	TP	rGO	0.00217	0.00254
G8	TCP	rGO	0.03333	0.00542
G9	TNAs	rGO	0.00951, 0.00202	0.00015, 0.00166

续表

组号	光阳极	阴极	k_{obs}/min^{-1}	
			CBZ	Cr(Ⅵ)
G10	TC	rGO	0.01523, 0.00188	0.00018, 0.00212
G11	TP	rGO	0.00216, 0.00219	0.00021, 0.00279
G12	TCP	rGO	0.03101, 0.00184	0.00029, 0.00504
G13	TNAs	rGO	0.00934	0.00111
G14	TC	rGO	0.01434	0.00212
G15	TP	rGO	0.00220	0.00277
G16	TCP	rGO	0.02988	0.00545

注：1.“—”表示没有电极。
2. G9 ~ G12：光阳极效率，阴极效率。

表13-11　实际吸附、降解/还原效率

组号	光阳极	阴极	降解/还原/%	
			CBZ	Cr(Ⅵ)
G1	TNAs	—	8.33	2.64
G2	TC	—	14.44	4.07
G3	TP	—	0.92	3.94
G4	TCP	—	44.67	11.94
G5	TNAs	rGO	35.03	4.23
G6	TC	rGO	48.36	9.16
G7	TP	rGO	3.65	11.16
G8	TCP	rGO	77.63	25.68
G9	TNAs	rGO	43.61, 3.45	0.74, 4.08
G10	TC	rGO	58.49, 2.33	0.85, 8.73
G11	TP	rGO	11.97, 4.30	0.87, 13.11
G12	TCP	rGO	83.29, 3.30	1.23, 23.70
G13	TNAs	rGO	42.39	3.48
G14	TC	rGO	55.99	9.28
G15	TP	rGO	12.59	12.77
G16	TCP	rGO	80.94	24.93

注：1.“—”表示没有电极。
2. G9 ~ G12：光阳极效率，阴极效率。

表13-12　实际动力学计算结果

组号	光阳极	阴极	k_{obs}/min^{-1}	
			CBZ	Cr(Ⅵ)
G1	TNAs	—	0.00150	0.00044
G2	TC	—	0.00247	0.00069
G3	TP	—	0.00013	0.00066
G4	TCP	—	0.00925	0.00204
G5	TNAs	rGO	0.00445	0.00048
G6	TC	rGO	0.00645	0.00130
G7	TP	rGO	0.00002	0.00165
G8	TCP	rGO	0.01214	0.00406
G9	TNAs	rGO	0.00934, 0.00009	0.00012, 0.00057
G10	TC	rGO	0.01400, 0.00002	0.00014, 0.00134
G11	TP	rGO	0.00203, 0.00016	0.00018, 0.00205
G12	TCP	rGO	0.02647, 0.00021	0.00002, 0.00393
G13	TNAs	rGO	0.00908	0.00049
G14	TC	rGO	0.01327	0.00142
G15	TP	rGO	0.00208	0.00204
G16	TCP	rGO	0.02546	0.00420

注：1.“—”表示没有电极。
2. G9 ～ G12：光阳极效率，阴极效率。

通过能带结构分析高活性自由基产生机理。TNAs的E_{CB}（−0.23V_{NHE}）和E_{VB}（2.79V_{NHE}）分别低于和高于O_2/·O_2^-（−0.13V_{NHE}）和H_2O/·OH（2.38V_{NHE}），在理论上具有同时产生·O_2^-和·OH的能力。然而TNAs的E_{CB}与O_2/·O_2^-接近，导致·O_2^-产生能力较弱。因此，在TNAs的EPR中仅检测出较强的·OH特征峰［图13-31(a)］。类似地，在TC的EPR中仅检测出较强的·OH特征峰［图13-31(b)］。基于苯类和醌类化合物中的π-π*跃迁，使PANI显示出半导体特性。TP显示出传统Ⅱ型异质结结构［图13-31(c)］。PANI的HOMO轨道和LUMO轨道位置分别低于TNAs的E_{CB}和E_{VB}。因此，电子和空穴分别聚集在TNAs的E_{CB}和PANI的HOMO轨道上。PANI的HOMO轨道（0.62V_{NHE}）低于H_2O/·OH，导致聚集在PANI的HOMO轨道上的空穴不能产生·OH，只能通过氧化作用降解CBZ［式（13-5）～式（13-10）］。与此同时，TNAs的E_{CB}上聚集的电子用于Cr(Ⅵ)的还原［式（13-11）］，并伴随着一系列副反应，包括·O_2^-和H_2O_2的产生［式（13-12）～式（13-14）］。然而，由于TNAs的E_{CB}高于O_2/·O_2^-，因此，在EPR测试结果中没有出现明显的·O_2^-特征峰。因此，CBZ主要依靠PANI的HOMO轨道上的空穴氧化降解，导致CBZ降解效率低。然而，较强的光催化活性代表TP优异的光电转化能力，导致较高的Cr(Ⅵ)还原效率。

$$\text{PANI}+\text{光子}\longrightarrow e^-\ (\pi^*\text{-轨道, PANI}_{\text{LUMO}})+h^+\ (\pi\text{-轨道, PANI}_{\text{HOMO}}) \tag{13-5}$$

$$\text{TNAs}+\text{光子}\longrightarrow e^-(\text{TNAs}_{\text{CB}})+h^+(\text{TNAs}_{\text{VB}}) \tag{13-6}$$

$$e^-(\pi^*\text{-轨道, PANI}_{\text{LUMO}})+\text{TNAs}_{\text{CB}}\longrightarrow e^-(\text{TNAs}_{\text{CB}})+\pi^*\text{-轨道, PANI}_{\text{LUMO}} \tag{13-7}$$

$$h^+(\text{TNAs}_{\text{VB}})+\pi\text{-轨道, PANI}_{\text{HOMO}}\longrightarrow h^+(\pi\text{–轨道, PANI}_{\text{HOMO}})+\text{TNAs}_{\text{VB}} \tag{13-8}$$

$$h^++\text{CBZ}\longrightarrow\text{降解产物} \tag{13-9}$$

$$H_2O+h^+\longrightarrow \bullet OH+H^+ \tag{13-10}$$

$$\text{Cr(VI)}+3e^-(\text{TNAs}_{\text{CB}})\longrightarrow \text{Cr(III)}+\text{TNAs}_{\text{CB}} \tag{13-11}$$

$$O_2+e^-\longrightarrow \bullet O_2^- \tag{13-12}$$

$$O_2+2e^-+2H^+\longrightarrow H_2O_2 \tag{13-13}$$

$$O_2+4e^-+4H^+\longrightarrow 2H_2O \tag{13-14}$$

对于TCP电极，光生电子从TNAs的E_{CB}通过电子媒介CQDs，转移至PANI的HOMO轨道，与HOMO轨道上的空穴复合。导致光生电子最终聚集在PANI的LUMO轨道（−2.14V_{NHE}），用于Cr(Ⅵ)的还原。空穴聚集在TNAs的E_{VB}（2.79V_{NHE}），用于产生•OH。Cr(Ⅵ)在PANI的LUMO轨道上的直接还原为主反应，•O_2^-和H_2O_2的产生为副反应。此外，PANI的LUMO轨道位置低于TNAs的E_{CB}，有助于•O_2^-的产生。因此，在所有制备的电极中，TCP显示出最优异的CBZ降解同步Cr(Ⅵ)还原效能。

由EPR结果可知，•OH和•O_2^-氧化是CBZ降解的主要过程。然而，在降解过程中伴随有大量副反应，因此，采用猝灭实验确定各过程的贡献率（图13-32）。在空白对照组和添加TBA组中，CBZ的降解效率分别为15.33%和81.91%，因此，66.58%的CBZ通过•OH氧化过程去除。3.83%和13.27%的CBZ通过空穴氧化和•O_2^-氧化过程去除。此外，0.99%的CBZ通过其他过程去除，包括H_2O_2氧化和电子还原等。经归一化处理后，•OH、•O_2^-、空穴和其他氧化过程占比分别为78.63%、15.67%、4.52%和1.18%。结果表明，•OH氧化过程是TCP降解CBZ的主要途径。

由于电极比表面积比粉末小，与污染物的有效接触面积小，导致其水质净化效率低［TCP，CBZ：44.67%；Cr(Ⅵ)：11.94%］。为了强化光阳极有机物降解同步重金属还原效能，使其与PVA-rGO阴极相连，构建PEC体系。与光阳极相比，PVA-rGO阴极吸附能力强（图13-33和表13-8）。TNAs-rGO对CBZ降解和Cr(Ⅵ)还原能力分别达到35.03%和4.23%，TC-rGO对CBZ降解和Cr(Ⅵ)还原能力分别达到48.36%和9.16%，TP-rGO对CBZ降解和Cr(Ⅵ)还原能力分别达到3.65%和11.16%，TC-rGO对CBZ降解和Cr(Ⅵ)还原能力分别达到77.63%和25.68%。结果表明，PEC-单池通过强化光生电子的定向转移（路径Ⅵ，图13-34），抑制了光生电子-空穴复合，强化光阳极CBZ降解和Cr(Ⅵ)还原能力。

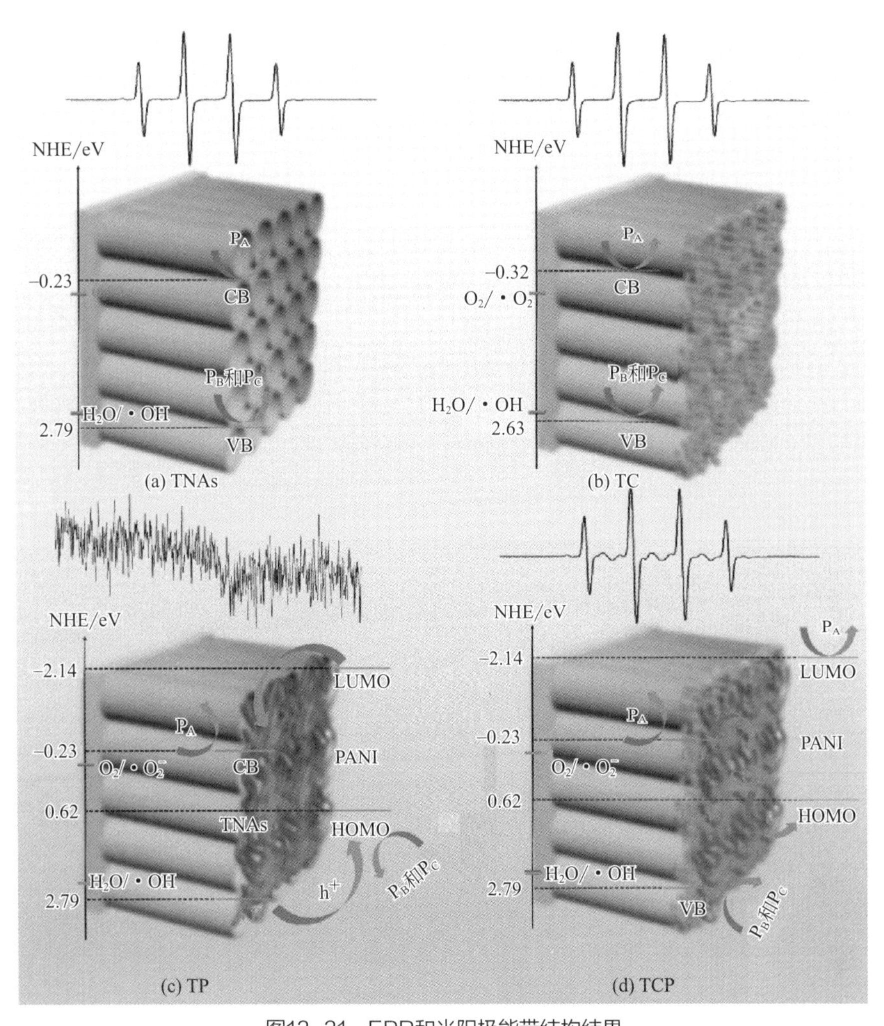

图13-31 EPR和光阳极能带结构结果

P_A、P_B和P_C分别代表Cr(Ⅵ)还原过程、CBZ直接氧化过程和CBZ间接氧化过程

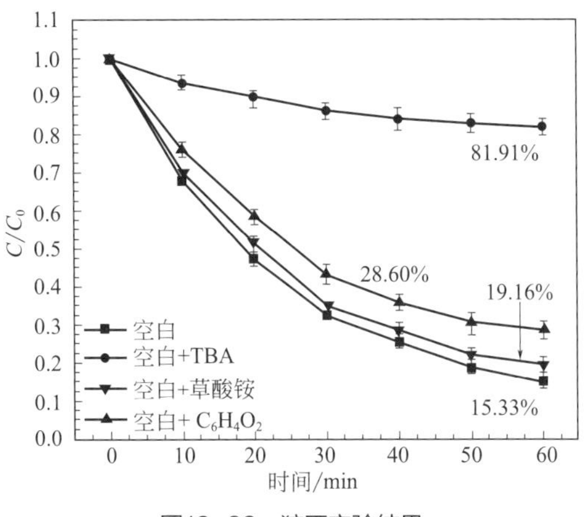

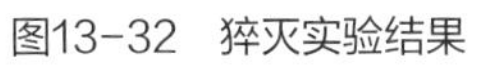

图13-32 猝灭实验结果

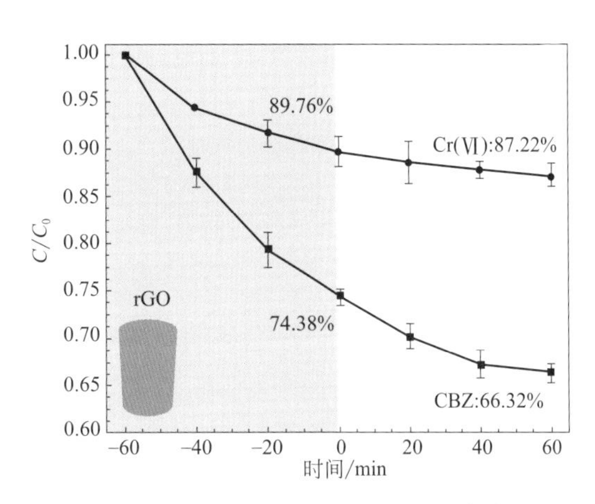

图13-33 PVA-rGO阴极对CBZ和Cr(Ⅵ)的吸附能力

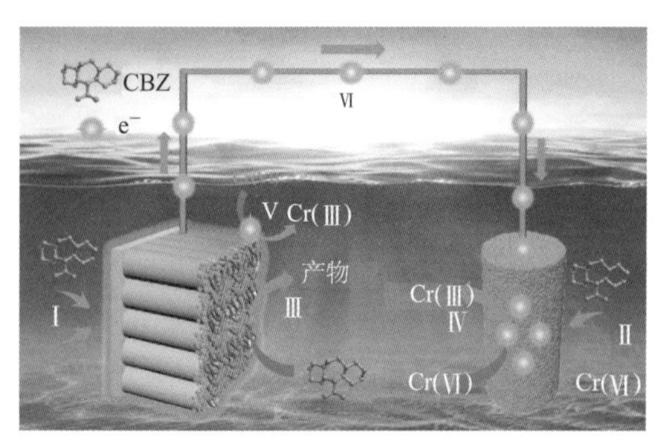

图13-34　可见光驱动TCP在PEC-单池中CBZ降解和Cr(Ⅵ)还原机理

Ⅰ，Ⅱ—TCP光阳极和PVA-rGO阴极对CBZ和Cr(Ⅵ)的吸附过程；
Ⅲ—TCP光阳极对CBZ的降解过程；Ⅳ，Ⅴ—TCP光阳极和PVA-rGO阴极对Cr(Ⅵ)的还原过程；
Ⅵ—电子通过外电路转移过程

在PEC-单池反应体系中，由于光阳极和阴极同时浸泡在同一电解质中，导致其可能存在阴阳极相互干扰的情况。因此，将光阳极和阴极分别浸泡在不同反应池中，构成PEC-双池1和PEC-双池2体系。与PEC-单池反应体系相比，PEC-双池1（图13-35）和PEC-双池2（图13-36）体系CBZ降解同步Cr(Ⅵ)还原能力增强，且PEC-双池1体系对CBZ的降解效能强于PEC-双池2体系。与PEC-双池2体系的光阳极反应池相比，PEC-双池1体系的光阳极反应池中添加了Cr(Ⅵ)，提高了有机物降解效能。这是由于Cr(Ⅵ)可以作为电子受体，与TNAs的E_{CB}或PANI的HOMO轨道上聚集的光生电子反应（路径Ⅴ，图13-34），抑制光生电子-空穴的复合。因此，PEC-双池1体系的光阳极反应池中CBZ降解效率略高于PEC-双池2体系。然而TP在PEC-双池体系中CBZ降解效率低，这是由于不同的CBZ降解机制造成的，TP对CBZ的降解主要依靠空穴氧化，而不是自由基过程。此外，考虑到CBZ降解与氧化和催化过程相关，可以用一级动力学模型分析CBZ的降解过程［式（13-15）～式（13-17）］。G12的动力学常数最大（0.03101min^{-1}，表13-10；0.02647min^{-1}，表13-12）。结果表明，PEC-双池1体系的水质净化能力强于其他反应体系。

$$d[CBZ]/dt=(k_1[\bullet OH]+k_2[\bullet O_2^-]+k_3[h^+]+k_4[其他])[CBZ] \tag{13-15}$$

$$k_{app}=k_1[\bullet OH]+k_2[\bullet O_2^-]+k_3[h^+]+k_4[其他] \tag{13-16}$$

$$-\ln([CBZ_t]/[CBZ_0])=k_{app}t \tag{13-17}$$

式中，k_1、k_2、k_3和k_4是$\bullet OH$、$\bullet O_2^-$、h^+和副反应的一级反应动力学常数；k_{app}是表观反应速率常数，min^{-1}；CBZ_0和CBZ_t分别是CBZ在初始和t时刻时的浓度。

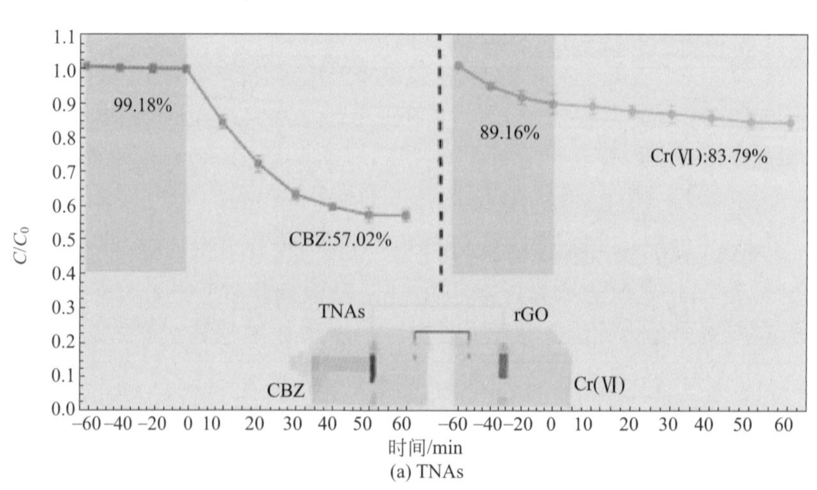

(a) TNAs

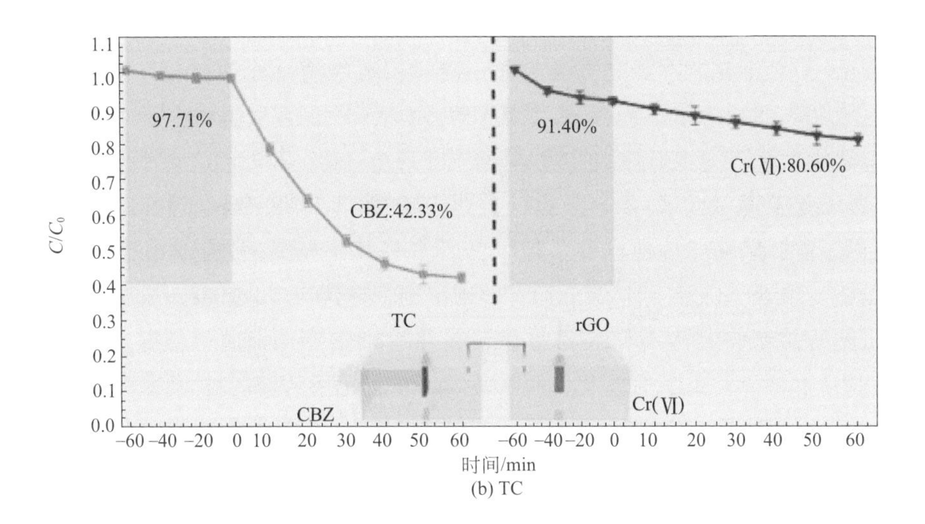

(b) TC

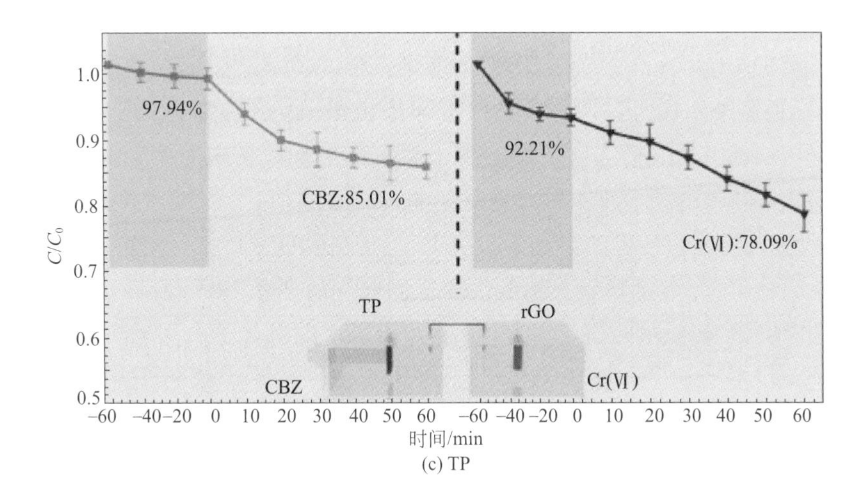

(c) TP

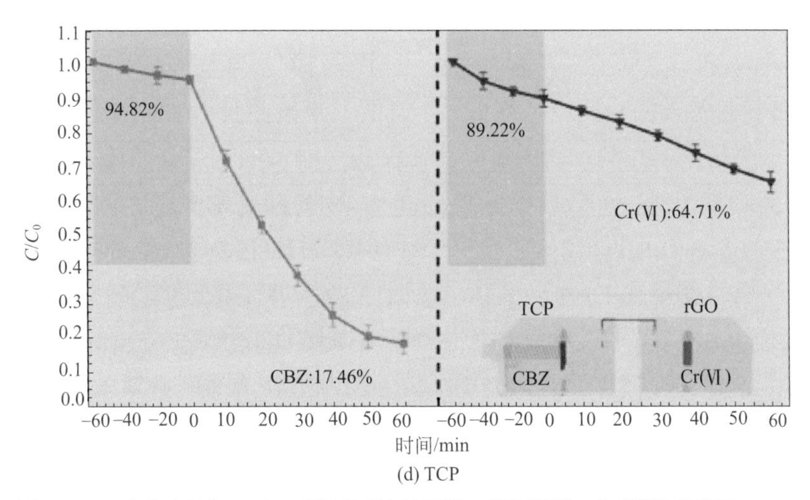

(d) TCP

图13-35　所有电极在PEC-双池1体系中的吸附、CBZ降解、Cr(Ⅵ)还原效果

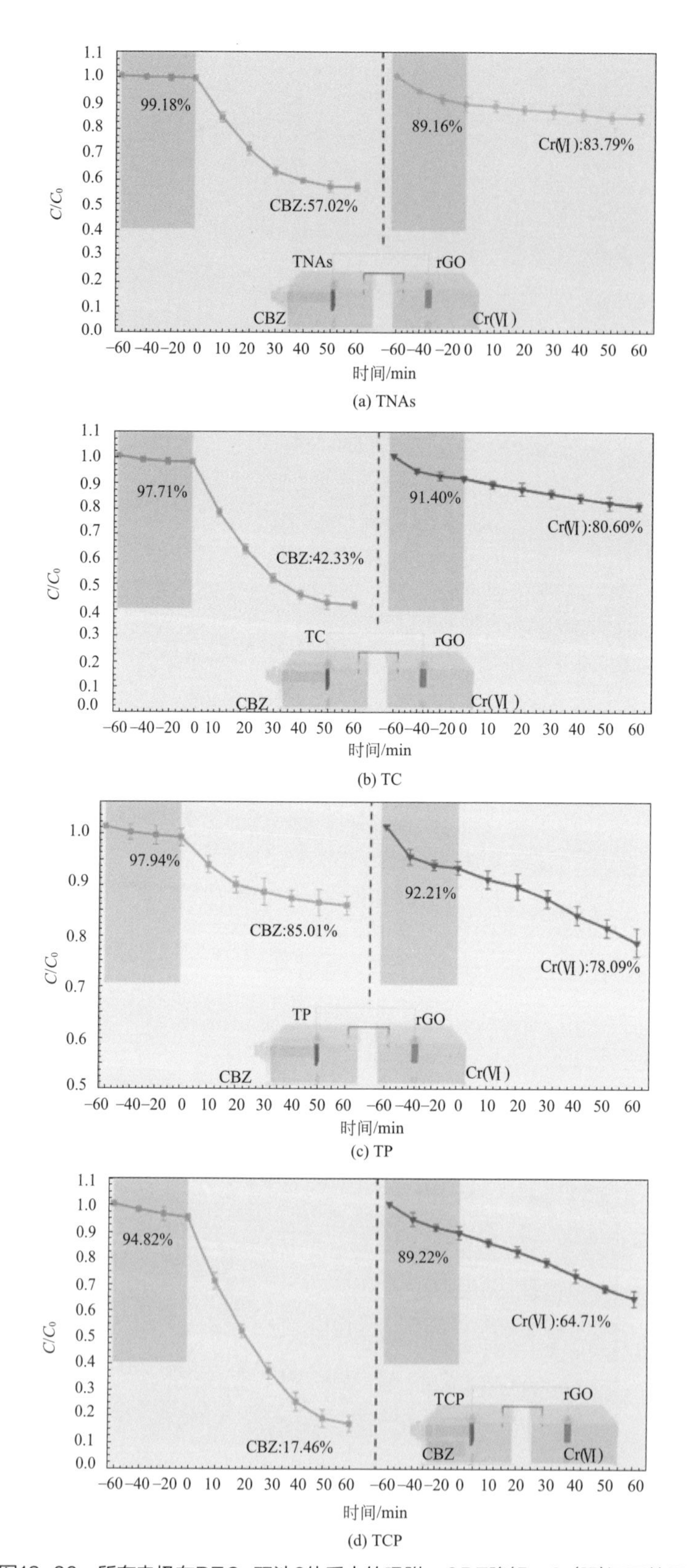

(a) TNAs

(b) TC

(c) TP

(d) TCP

图13-36 所有电极在PEC-双池2体系中的吸附、CBZ降解、Cr(Ⅵ)还原效果

13.2.2.2 光阳极稳定性评价

在所有制备的电极中，TCP水质净化能力最强。因此，选取TCP电极进行稳定性测试和关键影响因素分析。由图13-37(a)可知，在PEC-单池反应体系中，受到PVA-rGO阴极对CBZ强吸收能力的影响，导致TOC在初期快速降低，在中后期降低速率减慢。此外，PEC单池的矿化效能（37.8%）远低于PEC-双池1的52.56%和PEC-双池2的49.39%，表明PEC-双池体系有助于发挥光阳极的水质净化效能。所有体系在5次循环实验过程中的TOC去除率、CBZ降解率和Cr(Ⅵ)还原率分别见图13-37(b)、(c)、(d)。每次循环紧接着上一次循环进行，中间没有任何洗脱、解吸过程。在PVA-rGO阴极存在条件下，只有在第1次循环过程中显示出较高的效率，在第2次循环过程中效率快速降低，说明吸附过程仅在第1次循环实验过程中起到显著作用，在后面的循环周期中以光催化过程为主导。此外，通过观察TCP在实验前后的表面形貌（图13-38），发现在实验后的TCP表面仍可以观察到较厚的负载层，显示出较好的循环稳定性。

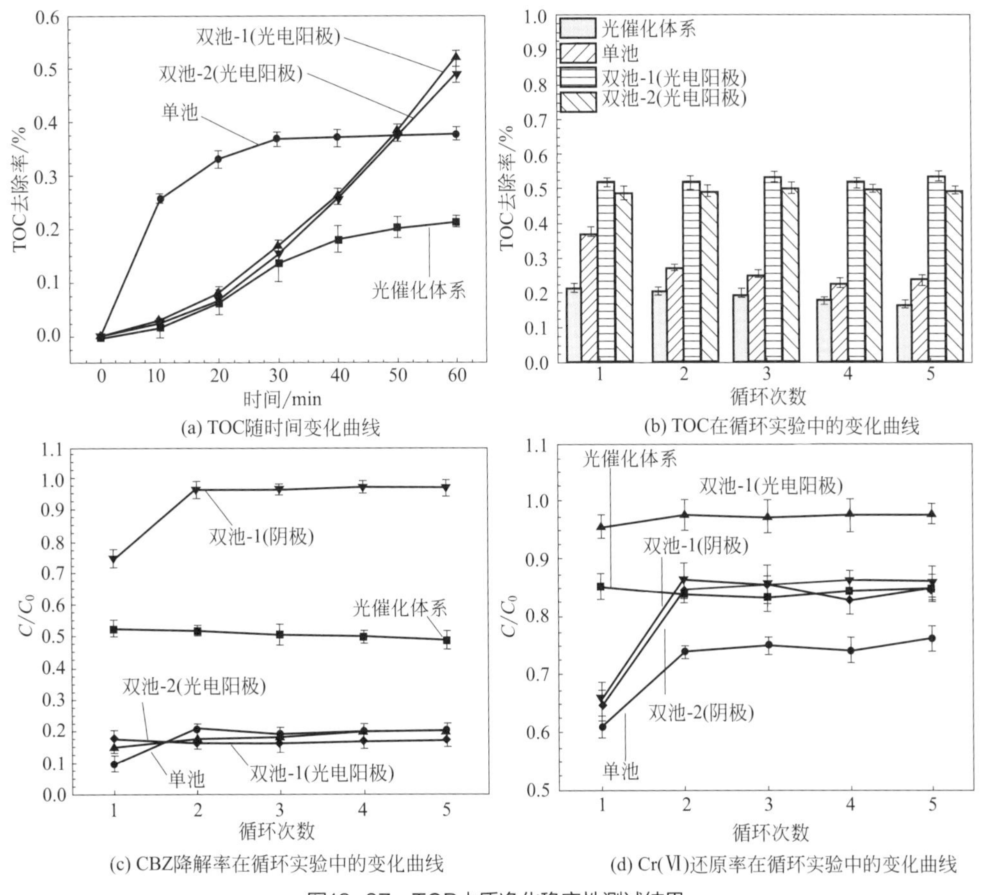

图13-37 TCP水质净化稳定性测试结果

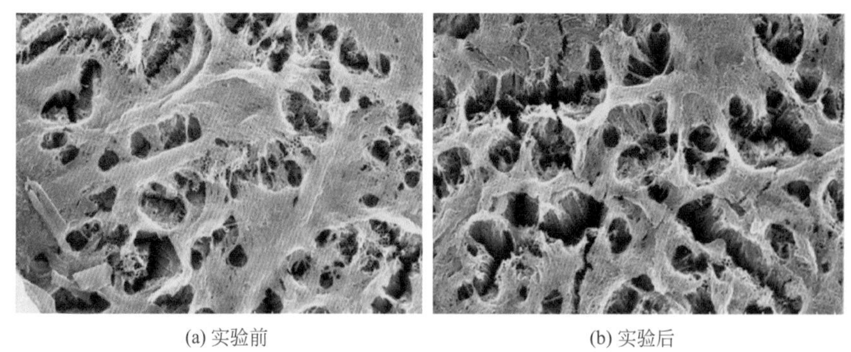
(a) 实验前　　(b) 实验后

图13-38　TCP在循环实验前后的表面形貌

13.2.2.3 关键影响因素分析

评价光照强度、光阳极工作面积和底物浓度对TCP水质净化性能的影响。随着光照强度（从100mW/m^2增加到300mW/m^2，图13-39）和光阳极工作面积（从1cm^2增加到4cm^2，图13-40）的增加，CBZ降解和Cr(Ⅵ)还原效率逐渐增加，光阳极光吸收量提高，

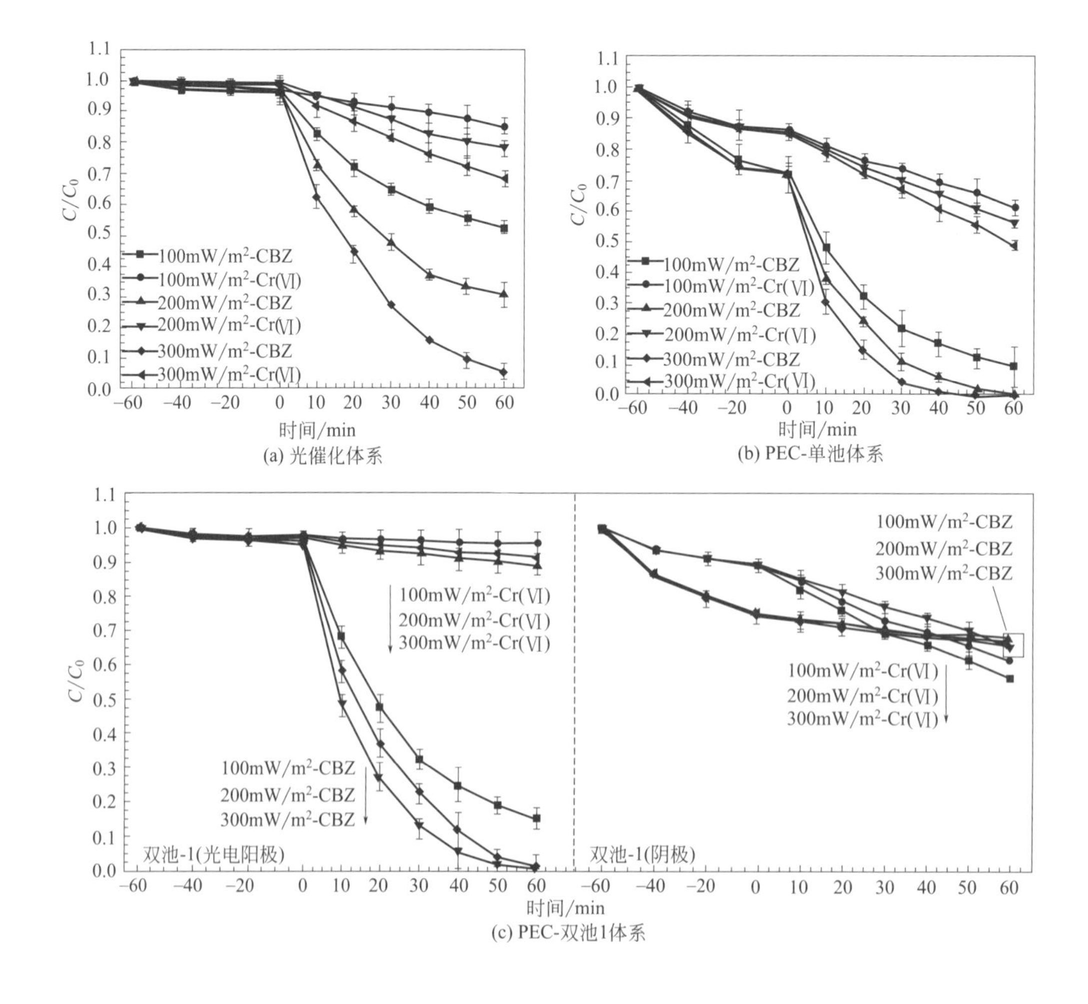

(a) 光催化体系
(b) PEC-单池体系
(c) PEC-双池1体系

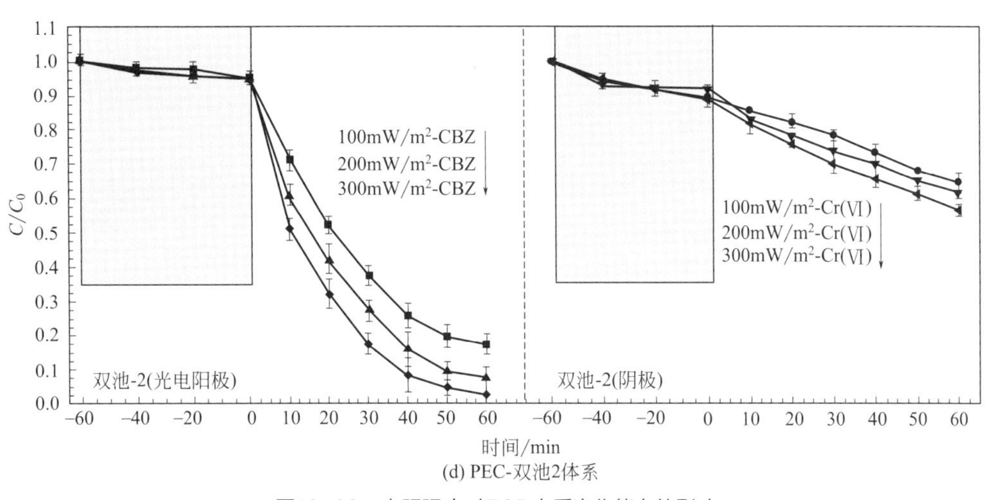

(d) PEC-双池2体系

图13-39 光照强度对TCP水质净化能力的影响

电子-空穴对产生量增加，水质净化能力增强。结果表明，工作面积对水质净化的影响强于光照强度。此外，底物浓度是另一个重要影响因素。随着CBZ和Cr(Ⅵ)浓度的增加，

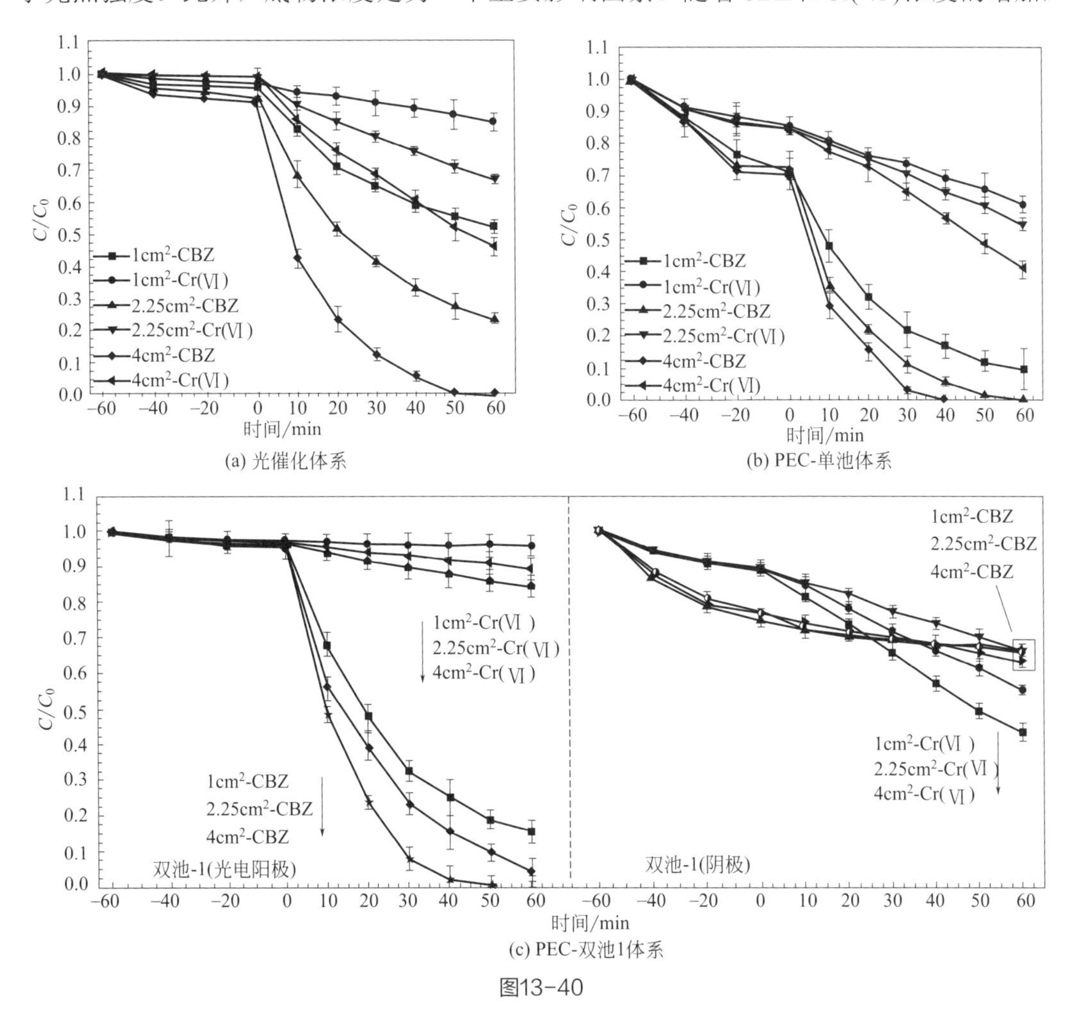

(c) PEC-双池1体系

图13-40

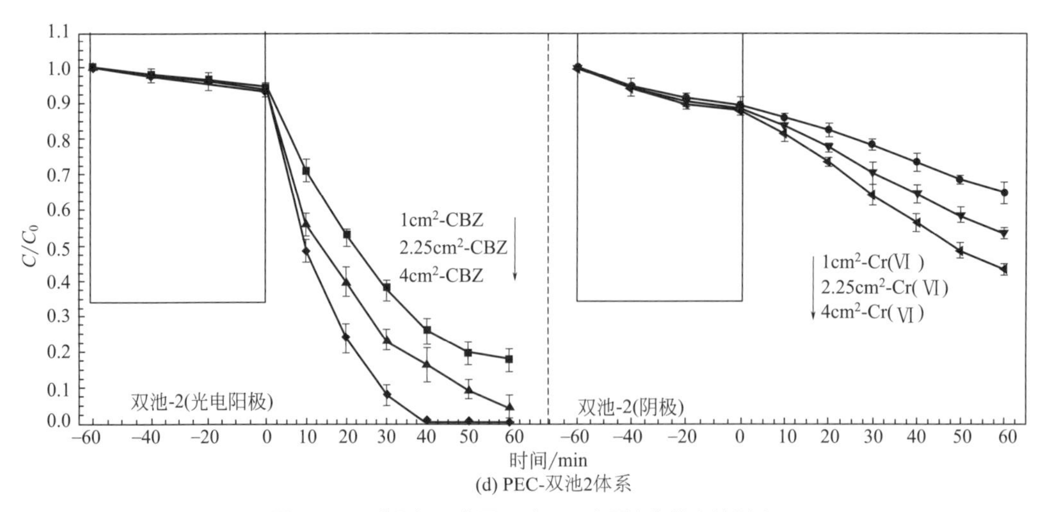

(d) PEC-双池2体系

图13-40 光阳极工作面积对TCP水质净化能力的影响

CBZ降解和Cr(Ⅵ)还原效率逐渐降低（图13-41），说明在光照强度为100mW/m²、工作面积为1cm²条件下，CBZ浓度是限制性因素。

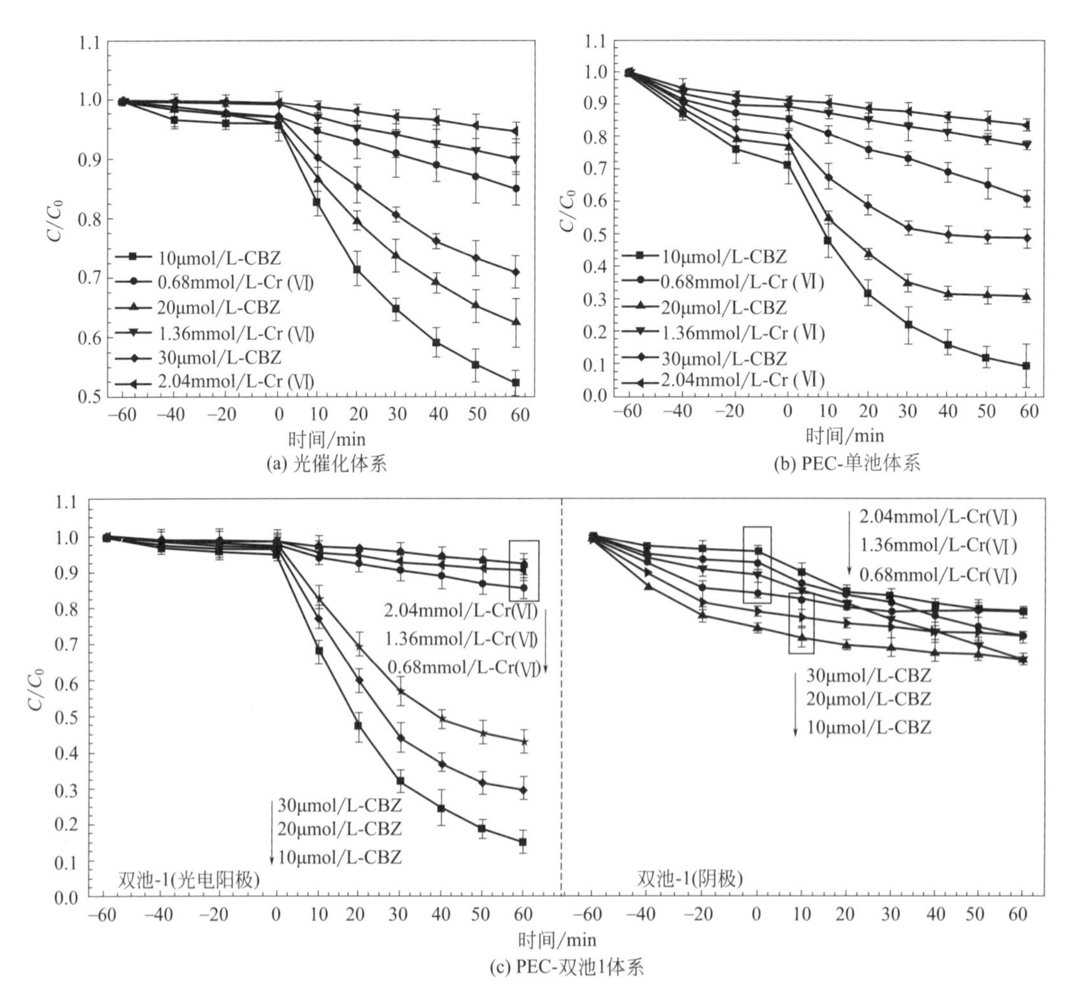

(c) PEC-双池1体系

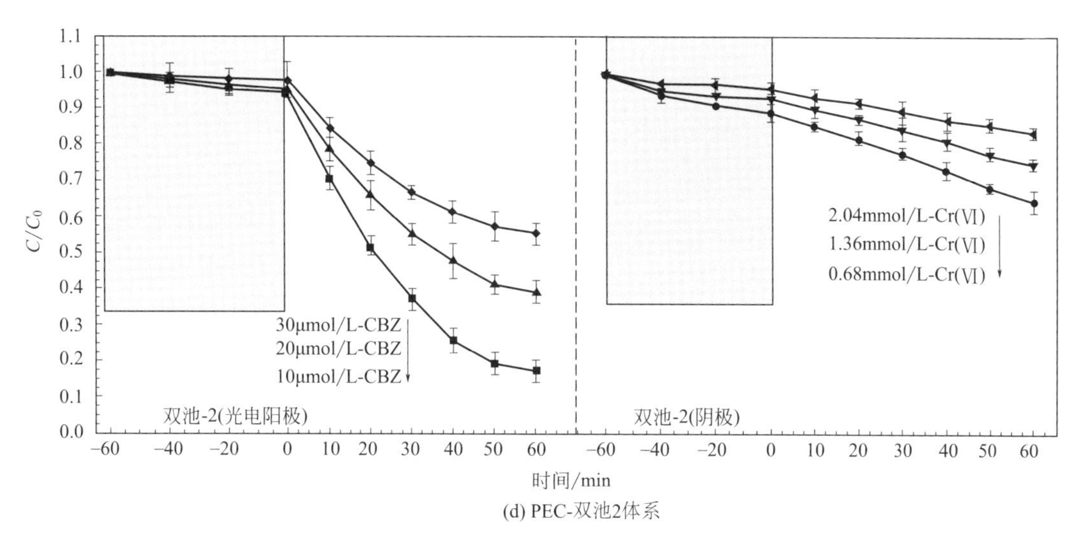

(d) PEC-双池2体系

图13-41　底物浓度对TCP水质净化能力的影响

13.2.2.4　有毒有机物降解路径分析

TCP在不同反应体系中对CBZ的降解过程中共检测到10个中间产物。在光催化体系中未检测到P7和P10，在PEC-单池体系中未检测到P9，在PEC-双池1体系中未检测到P2、P6和P10，在PEC-双池2体系中未检测到P10（图13-42）。然而这些未检测到的中间产物并不影响降解路径的判断。在·OH作用下，位于杂环中心的烯烃双键破裂，生成P1（利卡西平）。同时，CBZ双键受到破坏后形成P3［10-(1-氨基乙烯基)-10,10*a*-

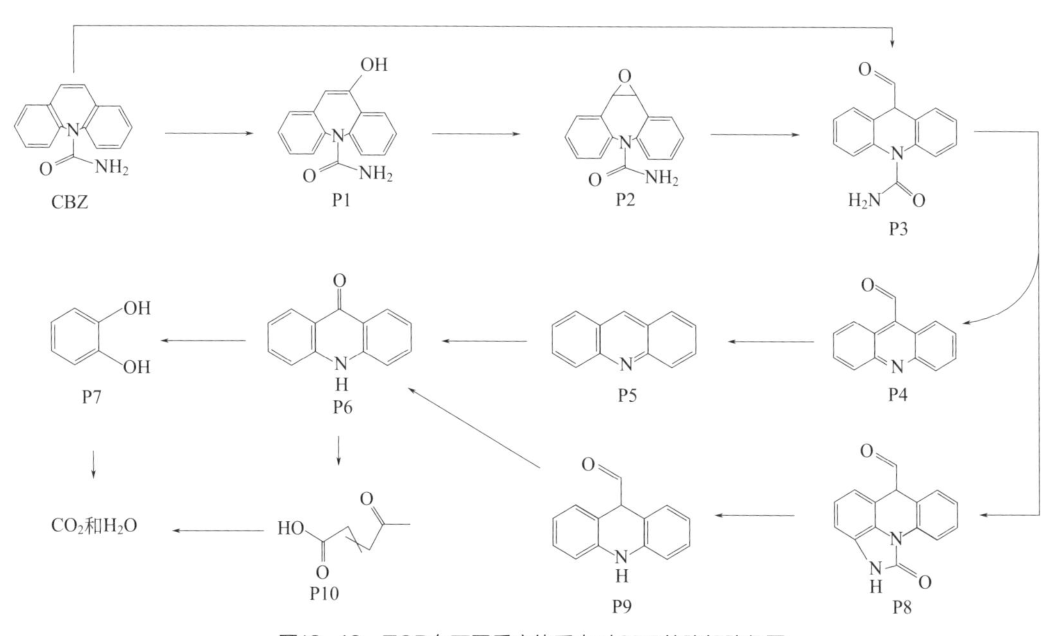

图13-42　TCP在不同反应体系中对CBZ的降解路径图

二氢吖啶-9-甲醛]。P1在脱水作用下生成P2（10,11-环氧卡马西平），并在脱氨基作用下生成P3。在·OH作用下，P3可以进一步转化成P8，并且在脱氨基作用下，P3可以转化为P4（吖啶-9-甲醛）。在酮基化作用下，P4可以进一步转化成P5（吖啶），并在·OH作用下进一步转化成P6（吖啶酮）。同时在·OH和酮基化作用下，P8可以转化成P6。根据先前的文献报道，P9应该是P6转化成P8的中间产物，但是在体系中未被检测到。在·OH作用下，P6发生破坏，生成P10和P7，并最终在·OH作用下，P7和P10转化成水和二氧化碳，实现CBZ的矿化。

基于PDS活化和光电催化的废水高级氧化技术，实现微量有毒有机物降解同步重金属去除。通过耦合光催化和PDS活化技术，在15min内，降解80%的难降解有机物，并获得了高效的循环特性，以及良好的回收性能。通过构建Z型电极，并评价其在不同降解体系中有毒有机物降解同步重金属还原性能，发现在PEC体系中，CBZ降解效率达到77.63%～83.29%，同时Cr(Ⅵ)还原效率达到23.70%～25.68%。其中难降解有机质主要依靠自由基过程实现降解，而重金属主要依靠光生电子的强还原能力实现还原。

参考文献

[1] Yu X, Sui Q, Lyu S G, et al. Do high levels of PPCPs in landfill leachates influence the water environment in the vicinity of landfills? A case study of the largest landfill in China[J].Environment International, 2019, 135: 105-404.

[2] Gu N N, Liu J Y, Ye J J, et al. Bioenergy, ammonia and humic substances recovery from municipal solid waste leachate: a review and process integration[J].Bioresouse Technology, 2019, 293: 122-159.

[3] Iskander S M, Brazil B, Novak J T, et al. Resource recovery from landfill leachate using bioelectrochemical systems: opportunities, challenges, and perspectives[J]. Bioresouse Technology, 2016, 201: 347-354.

[4] Luo H W, Zeng Y F, Cheng Y, et al. Recent advances in municipal landfill leachate: a review focusing on its characteristics, treatment, and toxicity assessment[J].Science of The Total Environment, 2020, 703: 135-468.

[5] Luo J H, Qian G R, Liu J Y, et al. Anaerobic methanogenesis of fresh leachate from municipal solid waste: a brief review on current progress[J]. Renewable and Sustainable Energy Reviews, 2015, 49: 21-28.

[6] Nagakawa H, Ochiai T, Konuma S, et al. Visible-light overall water splitting by CdS/WO_3/$CdWO_4$ tricomposite photocatalyst suppressing photocorrosion[J]. ACS Applied Energy Materials, 2018, 1: 6730-6735.

[7] Du J, Wang L X, Bai L, et al. Effect of Ni nanoparticles on HG sheets modified by GO on the hydrogen evolution reaction[J]. ACS Sustainable Chemistry and Engineering, 2018, 6: 10335-10343.

[8] Gu M B, Sui Q, Farooq U, et al. Degradation of phenanthrene in sulfate radical based oxidative environment by nZVI-PDA functionalized rGO catalyst[J]. Chemical Engineering Journal , 2018, 354: 541-552.

[9] Jo W K, Selvam N C S. Z-scheme CdS/g-C_3N_4 composites with rGO as an electron mediator for efficient photocatalytic H_2 production and pollutant degradation[J]. Chemical Engineering Journal, 2017, 317: 913-924.

[10] Gao Y, Han W, Long X Y, et al. Preparation of hydrodesulfurization catalysts using MoS_3 nanoparticles as a precursor[J]. Applied Catalysis B: Environmental, 2018, 224: 330-340.

[11] Gao W, Zhang W Y, Tian B, et al.Visible light driven water splitting over $CaTiO_3$/Pr^{3+}-Y_2SiO_5/rGO catalyst in

reactor equipped artificial gill[J].Applied Catalysis B: Environmental, 2018, 224: 553-562.

[12] Ge R Y, Li W X, Huo J J, et al. Metal-ion bridged high conductive RGO-M-MoS_2 (M = Fe^{3+}, Co^{2+}, Ni^{2+}, Cu^{2+} and Zn^{2+}) composite electrocatalysts for photo-assisted hydrogen evolution[J].Applied Catalysis B: Environmental, 2019, 246: 129-139.

[13] Chen L W, Ding D, Liu C, et al. Degradation of norfloxacin by $CoFe_2O_4$-GO composite coupled with peroxymonosulfate: a comparative study and mechanistic consideration[J].Chemical Engineering Journal, 2018, 334: 273-284.

[14] Gong H Q, Zheng F, Xu J H, et al. Preparation and supercapacitive property of molybdenum disulfide (MoS_2) nanoflake arrays-tungsten trioxide (WO_3) nanorod arrays composite heterojunction: a synergistic effect of one-dimensional and two-dimensional nanomaterials[J]. Electrochimica Acta, 2018, 263: 409-416.

[15] Yu W L, Chen J X, Shang T T, et al. Direct Z-scheme g-C_3N_4/WO_3 photocatalyst with atomically defined junction for H_2 production[J]. Applied Catalysis B: Environmental, 2017, 219: 693-704.

[16] Zhang J, Ma Y, Du Y L, et al.Carbon nanodots/WO_3 nanorods Z-scheme composites: remarkably enhanced photocatalytic performance under broad spectrum[J].Applied Catalysis B: Environmental, 2017, 209: 253-264.

[17] Zhou H R, Wen Z P, Liu J, et al. Z-scheme plasmonic Ag decorated WO_3/Bi_2WO_6 hybrids for enhanced photocatalytic abatement of chlorinated-VOCs under solar light irradiation[J].Applied Catalysis B: Environmental, 2019, 242: 76-84.

[18] Zhang K, Jin B J, Gao Y J, et al. Aligned heterointerface-induced 1T-MoS_2 monolayer with near-ideal gibbs free for stable hydrogen evolution reaction[J].Small, 2019, 15(21): 1804903.

[19] Yang S H, Wang Y W, Zhang H J, et al. Unique three-dimensional Mo_2C@MoS_2 heterojunction nanostructure with S vacancies as outstanding all-pH range electrocatalyst for hydrogen evolution[J].Journal of Catalysis, 2019, 371: 20-26.

[20] Zhou G, Wu M F, Xing Q J, et al. Synthesis and characterizations of metal-free semiconductor/MOFs with good stability and high photocatalytic activity for H_2 evolution: a novel Z-scheme heterostructured photocatalyst formed by covalent bonds[J].Applied Catalysis B: Environmental, 2018, 220: 607-614.

[21] Cui J, Yang Y, Yuan X Q, et al.Toward a slow-release borate inhibitor to control mild steel corrosion in simulated recirculating water[J].ACS Applied Materials and Interfaces, 2018, 10: 4183-4197.

[22] Wang H, Ye H L, Zhang B H, et al.Electrostatic interaction mechanism based synthesis of a Z-scheme BiOI-CdS photocatalyst for selective and sensitive detection of Cu^{2+}[J].Journal of Materials Chemistry A, 2017, 5(21): 10599-10608.

[23] Wang J F, Chen J, Wang P F, et al. Robust photocatalytic hydrogen evolution over amorphous ruthenium phosphide quantum dots modified g-C_3N_4 nanosheet[J].Applied Catalysis B: Environmental, 2018, 239: 578-585.

[24] Moztahida M, Jang J, Nawaz M, et al. Effect of rGO loading on Fe_3O_4: a visible light assisted catalyst material for carbamazepine degradation[J].Science of The Total Environment, 2019, 667: 741-750.

[25] Lu N, Wang P, Su Y, et al. Construction of Z-Scheme g-C_3N_4/rGO/WO_3 with in situ photoreduced graphene oxide as electron mediator for efficient photocatalytic degradation of ciprofloxacin[J]. Chemosphere, 2019, 215: 444-453.

[26] Ma D, Wu J, Gao M C, et al. Hydrothermal synthesis of an artificial Z-scheme visible light photocatalytic system using reduced graphene oxide as the electron mediator[J].Chemical Engineering Journal, 2017, 313: 1567-1576.

[27] Li R B, Cai M X, Xie Z J, et al. Construction of heterostructured $CuFe_2O_4$/g-C_3N_4 nanocomposite as an efficient visible light photocatalyst with peroxydisulfate for the organic oxidation[J]. Applied Catalysis B: Environmental, 2019, 244: 974-982.

[28] Tang H, Dai Z, Xie X D, et al. Promotion of peroxydisulfate activation over $Cu_{0.84}Bi_{2.08}O_4$ for visible light induced photodegradation of ciprofloxacin in water matrix[J].Chemical Engineering Journal, 2019, 356: 472-482.

[29] Chen D N, Xie Z J, Zeng Y Q, et al. Accelerated photocatalytic degradation of quinolone antibiotics over Z-scheme MoO_3/g-C_3N_4 heterostructure by peroxydisulfate under visible light irradiation: mechanism; kinetic; and products[J].Journal of the Taiwan Institute of Chemical Engineers, 2019, 104: 250-259.
[30] Gao Y W, Li S M, Li Y X, et al. Accelerated photocatalytic degradation of organic pollutant over metal-organic framework MIL-53(Fe) under visible LED light mediated by persulfate[J]. Applied Catalysis B: Environmental, 2017, 202: 165-174.
[31] Sun B J, Ma W J, Wang N, et al. Polyaniline: a new metal-free catalyst for peroxymonosulfate activation with highly efficient and durable removal of organic pollutants[J].Environmental Science and Technology, 2019, 53(16): 9771-9780.
[32] Duan P J, Ma T F, Yue Y, et al. Fe/Mn nanoparticles encapsulated in nitrogen-doped carbon nanotubes as a peroxymonosulfate activator for acetamiprid degradation[J]. Environmental Science-Nano, 2019, 6: 1799-1811.
[33] Cheng Y, Luo X L, Betz J, et al. Mechanism of anodic electrodeposition of calcium alginate[J].Soft Matter, 2011, 7(12): 5677-5684.
[34] Hecht H, Srebnik S. Structural characterization of sodium alginate and calcium alginate[J]. Biomacromolecules, 2016, 17: 2160-2167.
[35] Zhang L, Zhao X F, Niu C G, et al. Enhanced activation of peroxymonosulfate by magnetic Co_3MnFeO_6 nanoparticles for removal of carbamazepine: efficiency, synergetic mechanism and stability[J].Chemical Engineering Journal, 2019, 362: 851-864.
[36] Duan Y, Deng L, Shi Z, et al. Assembly of graphene on Ag_3PO_4/AgI for effective degradation of carbamazepine under visible-light irradiation: mechanism and degradation pathways[J].Chemical Engineering Journal, 2019, 359: 1379-1390.
[37] Zheng M, Li Y M, Ping Q, et al. MP-UV/CaO_2 as a pretreatment method for the removal of carbamazepine and primidone in waste activated sludge and improving the solubilization of sludge[J]. Water Research, 2019, 151: 158-169.
[38] Xu X Q, Liu R X, Cui Y H, et al. PANI/FeUiO-66 nanohybrids with enhanced visible-light promoted photocatalytic activity for the selectively aerobic oxidation of aromatic alcohols[J]. Applied Catalysis B: Environmental, 2017, 210: 484-494.
[39] Sarkar N, Sahoo G, Das R, et al. Anticorrosion performance of three-dimensional hierarchical PANI@BN nanohybrids[J]. Industrial and Engineering Chemistry Research, 2016, 55: 2921-2931.
[40] Lin Y, Wu S H, Yang C P, et al. Preparation of size-controlled silver phosphate catalysts and their enhanced photocatalysis performance via synergetic effect with MWCNTs and PANI[J]. Applied Catalysis B: Environmental, 2019, 245: 71-86.
[41] Vellaichamy B, Periakaruppan P, Nagulan B.Reduction of Cr^{6+} from wastewater using a novel in situ-synthesized PANI/MnO_2/TiO_2 nanocomposite: renewable, selective, stable, and synergistic catalysis[J]. ACS Sustainable Chemistry & Engineering, 2017, 5: 9313-9324.
[42] Mahmoodi R, Hosseini M G, Rasouli H.Enhancement of output power density and performance of direct borohydride-hydrogen peroxide fuel cell using Ni-Pd core-shell nanoparticles on polymeric composite supports (rGO-PANI) as novel electrocatalysts[J]. Applied Catalysis B: Environmental, 2019, 251: 37-48.
[43] Wang Z M, Peng X Y, Huang C Y, et al. CO gas sensitivity and its oxidation over TiO_2 modified by PANI under UV irradiation at room temperature[J]. Applied Catalysis B: Environmental, 2017, 219: 379-390.
[44] Yu H J, Zhao Y F, Zhou C, et al. Carbon quantum dots/TiO_2 composites for efficient photocatalytic hydrogen evolution[J]. Journal of Materials Chemistry A, 2014, 2: 3344-3351.
[45] Pan J Q, Sheng Y Z, Zhang J X, et al. Preparation of carbon quantum dots/TiO_2 nanotubes composites and their visible light catalytic applications[J].Journal of Materials Chemistry A, 2014, 2: 18082-18086.
[46] Zhao S Y, Li C X, Liu J, et al. Carbon quantum dots/SnO_2-Co_3O_4 composite for highly efficient electrochemical water oxidation[J].Carbon, 2015, 92: 64-73.
[47] Yang P, Zhu Z Q, Chen M Z, et al. Microwave-assisted synthesis of xylan-derived carbon quantum dots for

tetracycline sensing[J].Optical Materials, 2018, 85: 329-336.
[48] Song Z Q, Quan F Y, Xu Y H, et al. Multifunctional N, S co-doped carbon quantum dots with pH- and thermo-dependent switchable fluorescent properties and highly selective detection of glutathione[J]. Carbon, 2016, 104: 169-178.
[49] Song T, Zhang P Y, Wang T T, et al. Constructing a novel strategy for controllable synthesis of corrosion resistant Ti^{3+} self-doped titanium-silicon materials with efficient hydrogen evolution activity from simulated seawater[J]. Nanoscale, 2018, 10: 2275-2284.
[50] Wang J G, Zhang P, Li X, et al. Synchronical pollutant degradation and H_2 production on a Ti^{3+}-doped TiO_2 visible photocatalyst with dominant (001) facets[J].Applied Catalysis B: Environmental, 2013, 134-135: 198-204.
[51] Yang K, Huang K, He Z J, et al. Promoted effect of PANI as electron transfer promoter on CO oxidation over Au/TiO_2[J].Applied Catalysis B: Environmental, 2014, 158-159: 250-257.
[52] Moradlou O, Rabiei Z, Banazadeh A, et al. Carbon quantum dots as nano-scaffolds for alpha-Fe_2O_3 growth: Preparation of Ti/CQD@alpha-Fe_2O_3 photoanode for water splitting under visible light irradiation[J]. Applied Catalysis B: Environmental, 2018, 227: 178-189.
[53] Li J Z, Liu K, Xue J L, et al. CQDs preluded carbon-incorporated 3D burger-like hybrid ZnO enhanced visible-light-driven photocatalytic activity and mechanism implication[J]. Journal of Catalysis, 2019, 369: 450-461.
[54] Jeyaranjan A, Sakthivel T S, Neal C J, et al.Scalable ternary hierarchical microspheres composed of PANI/rGO/CeO_2 for high performance supercapacitor applications[J]. Carbon, 2019, 151: 192-202.
[55] Ghosh K, Yue C Y, Sk M M, et al. Development of 3D urchin-shaped coaxial manganese dioxide@polyaniline (MnO_2@PANI) composite and self-assembled 3D pillared graphene foam for asymmetric all-solid-state flexible supercapacitor application[J].ACS Applied Materials and Interfaces, 2017, 9: 15350-15363.
[56] Chen N N, Ni L, Zhou J H, et al. Sandwich-like holey Graphene/PANI/Graphene nanohybrid for ultrahigh-rate supercapacitor[J].ACS Applied Energy Materials, 2018, 1: 5189-5197.
[57] Radoičić M, Ćirić-Marjanović G, Spasojević V, et al. Superior photocatalytic properties of carbonized PANI/TiO_2 nanocomposites[J].Applied Catalysis B: Environmental, 2017, 213: 155-166.
[58] Jiang G D, Geng K, Wu Y, et al. High photocatalytic performance of ruthenium complexes sensitizing g-C_3N_4/TiO_2 hybrid in visible light irradiation[J].Applied Catalysis B: Environmental, 2018, 227: 366-375.
[59] Su J Y, Zhu L, Chen G H. Ultrasmall graphitic carbon nitride quantum dots decorated self-organized TiO_2 nanotube arrays with highly efficient photoelectrochemical activity[J].Applied Catalysis B: Environmental, 2016, 186: 127-135.
[60] Wang Y X, Rao L, Wang P F, et al. Photocatalytic activity of N-TiO_2/O-doped N vacancy g-C_3N_4 and the intermediates toxicity evaluation under tetracycline hydrochloride and Cr(Ⅵ) coexistence environment[J]. Applied Catalysis B: Environmental, 2020, 262: 118308.
[61] Huo Y N, Yang X L, Zhu J, et al. Highly active and stable CdS-TiO_2 visible photocatalyst prepared by in situ sulfurization under supercritical conditions[J].Applied Catalysis B: Environmental, 2011, 106(1-2): 69-75.
[62] Zhang S B, Li M, Zhao J K, et al. Plasmonic AuPd-based Mott-Schottky photocatalyst for synergistically enhanced hydrogen evolution from formic acid and aldehyde[J].Applied Catalysis B: Environmental, 2019, 252: 24-32.
[63] Banisharif A, Khodadadi A A, Mortazavi Y, et al. Highly active Fe_2O_3-doped TiO_2 photocatalyst for degradation of trichloroethylene in air under UV and visible light irradiation: experimental and computational studies[J].Applied Catalysis B: Environmental, 2015, 165: 209-221.

第14章

有机污染物在填埋场复合衬垫中的运移规律

土工膜和下伏压实黏土组成的复合衬垫已被广泛用作填埋场底部的衬垫系统。土工膜能减小污染物通过衬垫系统发生对流作用的横截面积；土工膜下方的黏土衬垫往往渗透性很小，从而又抑制了通过膜缺陷引起的污染物渗漏。因此，复合衬垫对于防止污染物的对流运移是较为有效的[1]。国外对控制较好的填埋场（水头较低，压实黏土和土工膜的施工质量较好）的监测数据亦表明污染物通过复合衬垫的渗漏率比较小[2,3]。但是，有机污染物却能在完整的复合衬垫中发生扩散运移。对于施工质量较好的复合衬垫，土工膜的缺陷和漏洞很少，此时，在低水头作用下由对流作用引起的污染物的渗漏量往往要比由扩散作用引起的渗漏量小4～6个数量级[4, 5]。因此，在研究有机污染物在复合衬垫中的运移问题时，往往忽略由土工膜缺陷引起的渗漏，而认为有机污染物主要以扩散的方式在复合衬垫中运移。

14.1 有机污染物通过土工膜的扩散运移

污染物在土工膜中的扩散过程是通过材料聚合物分子之间的间隙空间进行[6]。一般认为当化学物质在完整土工膜中运移时，主要有以下3个连续过程（图14-1）：a.化学物质在土工膜和渗滤液之间的分配过程；b.化学物质在土工膜中的扩散；c.化学物质在土工膜和下伏介质孔隙水之间的分配过程[7, 8]。

Park及Rowe[7,9]的研究都表明有机化合物在土工膜中的扩散速度相当快。Park等[7]的试验研究和计算结果表明有机化学物质通过0.75mm土工膜的击穿时间只有短短的一

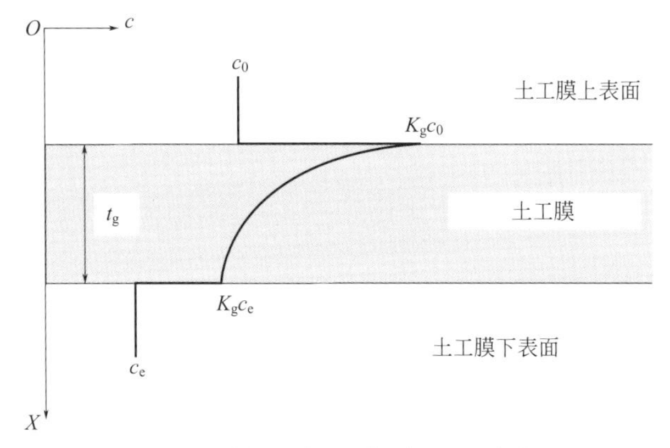

图14-1　污染物通过土工膜扩散的3个连续过程

天，且经过大约一个星期后污染物的通量就已经达到了稳态。相反地，Haxo和Rowe[9, 10]的研究均表明无机污染物则基本上不能通过土工膜扩散。

针对化学物质在土工膜和渗滤液之间的分配过程，当土工膜与渗滤液接触足够的时间后，土工膜中渗滤液的平衡浓度C_g和邻近流体的平衡浓度C_f有一个确定的关系（式14-1）。这一关系通常采用Nernst分布方程表示[6]，并采用线性的形式（Henry定律）：

$$C_g=S_{gf}C_f \tag{14-1}$$

式中　S_{gf}——分配系数或Henry系数，其值主要受流体的化学组成、土工膜分子结构及环境温度的影响。

对于第二阶段，即吸附在土工膜上的污染物在土工膜中的扩散过程；这一过程也常用Fick定律进行模拟：

$$J_G=-D_g\frac{\partial C_g}{\partial z} \tag{14-2}$$

式中　J_G——污染物通过土工膜的质量通量；

D_g——污染物在土工膜中的扩散系数。

应用质量守恒定律可以得到瞬态的扩散方程：

$$\frac{\partial C_g(z,t)}{\partial t}=D_g\frac{\partial^2 C_g(z,t)}{\partial z^2} \tag{14-3}$$

污染物在土工膜中扩散的最后一个过程即为污染物在土工膜中的解吸过程，这一阶段同样可以采用Henry定律进行模拟：

$$C'_g=S'_{gf}C_f \tag{14-4}$$

式中　S'_{gf}——污染物在土工膜和下伏介质孔隙流体的分配系数。

目前关于S'_{gf}值的报道相对较少，通常认为S'_{gf}和S'_{gf}相等[11]。

若将方程式（14-2）代入方程式（14-3）得到：

$$J_G=-D_g\frac{\partial C_g}{\partial z}=-S_{gf}D_g\frac{\partial C_f}{\partial z}=-P_g\frac{\partial C_f}{\partial z} \tag{14-5}$$

$$P_g=S_{gf}D_g \tag{14-6}$$

在聚合物领域往往称P_g为土工膜的渗透率[12]，但这个渗透率和传统土力学中的水力传导系数或多孔介质的渗透系数是有本质区别的。P_g和达西定律没有任何关系，P_g只是表示污染物在土工膜中的质量传递系数。稳态的扩散试验可以得到P_g值的大小，而瞬态的扩散试验则可以同时得到D_g和S_{gf}的值[6]。

影响扩散系数和分配系数的其中一个最主要的因素是入渗污染物和聚合物的相似度。强极性分子（如水、乙醇等）通过土工膜的渗透率（P_g）可能非常小，而与聚乙烯较为类似的非极性分子（如烃类化合物等）则具有较大的渗透率。总的来说，渗透率按照以下的顺序递增：醇 < 酸 < 硝基派生物 < 醛 < 酮 < 酯 < 醚 < 芳香烃 < 卤代烃[13]。

有机污染物在土工膜中的扩散系数和分配系数主要取决于污染物本身的性质[14]。污染物和土工膜的亲和力常采用正辛醇/水分配系数（$\lg K_{ow}$）表示；$\lg K_{ow}$ 指的是某一有机污染物在正辛醇相和水相的浓度之比；$\lg K_{ow}$ 的范围一般在 $-3 \sim 7$ 之间，$\lg K_{ow}$ 值较低的化合物是较亲水的。对于有机污染物，S_{gf} 随着污染物分子量的增大而增大，且随着疏水性的增强或 $\lg K_{ow}$ 的增大而增大[15]。Rowe在总结前人试验数据的基础上[6]，得到了土工膜扩散系数、分配系数和渗透率的简单经验公式，如表14-1所列。

表14-1　有机污染物稀溶液通过HDPE土工膜的分配系数、扩散系数和渗透率的经验关系式[6]

<table>
<tr><th>方法</th><th>参数</th><th colspan="2">关系式</th><th>r^2</th></tr>
<tr><td rowspan="3">正辛醇/水分配系数</td><td>S_{gf}</td><td colspan="2">$\lg S_{gf} = -1.1523+1.2355\lg K_{ow}$</td><td>0.97</td></tr>
<tr><td>D_g</td><td colspan="2">$\lg D_g = -12.3624+0.9205\lg K_{ow}-0.3424(\lg K_{ow})^2$</td><td>0.72</td></tr>
<tr><td>P_g</td><td colspan="2">$\lg P_g = -13.4476+2.2437\lg K_{ow}-0.3910(\lg K_{ow})^2$</td><td>0.84</td></tr>
<tr><td rowspan="5">分子量 M_w</td><td rowspan="4">S_{gf}</td><td>氧化物</td><td>$\lg S_{gf} = -3.8883+0.0363\lg M_w$</td><td>0.81</td></tr>
<tr><td>氯化物</td><td>$\lg S_{gf} = -2.0467+0.0305\lg M_w$</td><td>0.94</td></tr>
<tr><td>芳香性物质</td><td>$\lg S_{gf} = -0.0776+0.0322\lg M_w$</td><td>0.95</td></tr>
<tr><td>脂肪族</td><td>$\lg S_{gf} = -0.1107+0.0442\lg M_w$</td><td>0.91</td></tr>
<tr><td>P_g</td><td colspan="2">$\lg P_g = -25.6933+0.2633M_w-1.099\times10^{-3}M^2_w$</td><td>0.81</td></tr>
</table>

扩散系数的大小还和污染物的浓度相关，浓度越大则扩散系数越大。这是因为更多的有机物进入土工膜后会导致土工膜内部聚合物的结构发生改变[16]。扩散系数的这种浓度相关性可采用式（14-7）表示[17]：

$$D_g(C)=D_{c0}e^{(B_cC)} \tag{14-7}$$

式中　D_{c0} ——$C\to0$时的浓度；

B_c ——由试验确定的常数。

结晶聚合物中晶体部分往往被认为是扩散屏障，而扩散主要通过非晶体部分进行；因此如果增大土工膜的结晶度可能会使土工膜的扩散系数和分配系数有所减小。例如，二甲苯在超低密聚乙烯膜（VLDPE）中的渗透率比其在高密聚乙烯膜（HDPE）中的扩散系数大2倍[6]。

另外，污染物在土工膜中的扩散系数和分配系数随着环境温度的升高而增大。对于温度变化在一个较小的范围时，可以采用Arrhenius方程描述扩散系数和分配系数与温度的关系[18]：

$$S_{gf}=S_{gf0}e^{(-\Delta H_s/RT)} \quad (14\text{-}8)$$

$$D_g=D_{g0}e^{(-E_d/RT)} \quad (14\text{-}9)$$

$$P_g=P_{g0}e^{(-E_p/RT)} \quad (14\text{-}10)$$

式中 ΔH_s——聚合物中污染物溶液的热焓；

E_d，E_p——扩散和渗透的活化能；

S_{g0}，D_{g0}，P_{g0}——标准温度下的分配系数、扩散系数和渗透率。

Chao给出几种疏水性有机污染物的E_d值范围在37.39～56.55kJ/mol之间[19]，E_p的范围在46.77～78.55kJ/mol，而ΔH_s则在9.6～22.53kJ/mol之间。

国内外众多的研究者试验研究了污染物在土工膜中的扩散过程，并给出了相应的扩散系数和分配系数，表14-1为关于高密聚乙烯（HDPE）土工膜部分数据一个小结和汇总。图14-2和图14-3给出了有机污染物在HDPE土工膜中的扩散系数和分配系数的统计箱型图。从这些数据不难看出，有机污染物在土工膜中的渗透率要比强极性的氯离子和水大好几个数量级；疏水性的污染物如苯、甲苯和二氯甲烷等的渗透率普遍比亲水性的有机污染物大1～3个数量级，如浓度为2mg/L的苯在土工膜中的渗透率P_g为$1.05\times10^{-11}m^2/s$，浓度为500～900mg/L的乙酸在土工膜中的渗透率则为$2.31\times10^{-14}m^2/s$；污染物溶液的浓度对其在土工膜中的渗透率也有重要的影响，如100mg/L苯在土工膜中的扩散系数和分配系数分别是2mg/L苯的2.1倍和3.04倍。

在实际填埋场设计计算时，亲水性有机污染物如乙酸和丙酮等和土工膜之间的分配系数的典型值为0.01～0.02；疏水性有机污染物如甲苯和二氯甲烷之类，其和土工膜之间的分配系数的典型值为10～300；氯离子等无机成分的分配系数则在0.0001～0.001之间，平均值为0.008，但这方面的数据相对较少。至于扩散系数，不同类型溶质的变化不是很大，实际设计时可选择的范围的是$(0.25\sim0.9)\times10^{-12}m^2/s$。

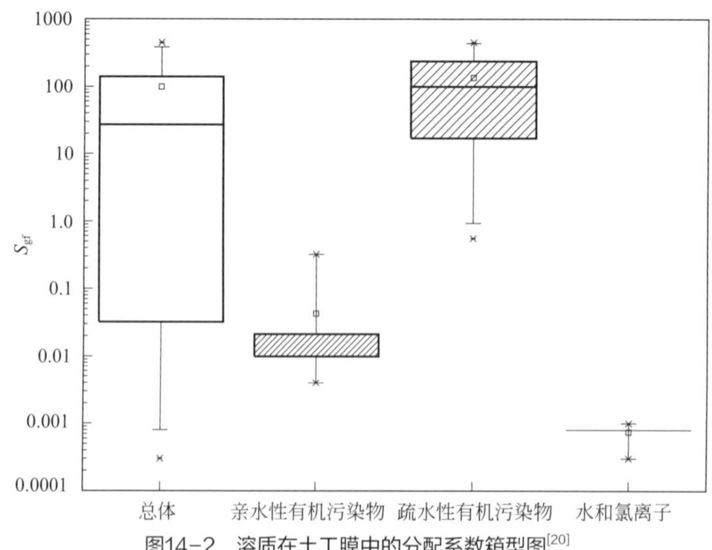

图14-2 溶质在土工膜中的分配系数箱型图[20]

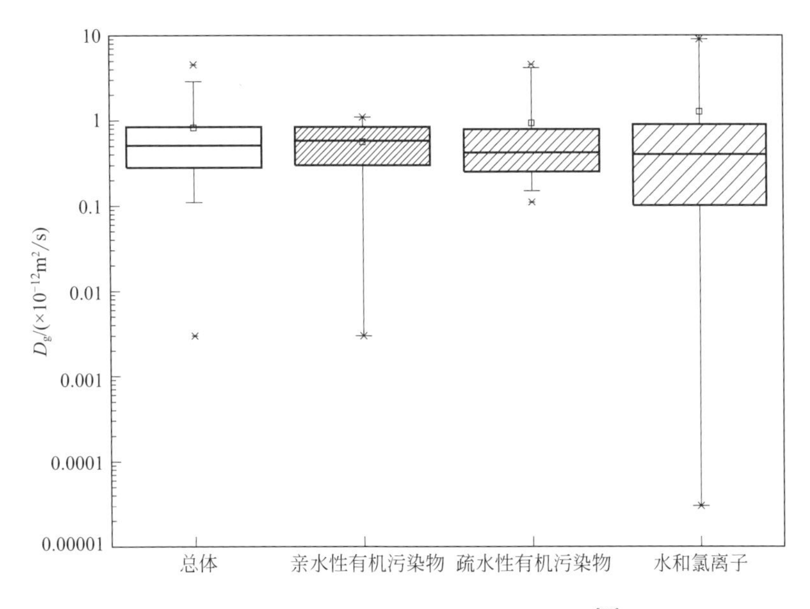

图14-3 溶质在土工膜中的扩散系数箱型图[20]

14.2 有机污染物在土中的扩散和吸附机理

扩散指的是由于离子或分子的热运动而引起的混合和分散作用，是一个不可逆过程。扩散作用的驱动力是浓度梯度，或者确切地说是化学势梯度。

自由溶液中的稳态扩散可用Fick第一定律进行描述：

$$J_D = -D_0 \frac{\partial^2 C}{\partial z} \quad (14\text{-}11)$$

式中 J_D——扩散通量；

D_0——自由溶液的扩散系数。

D_0 由式（14-12）确定[21]：

$$D_0 = \frac{RT\lambda_0}{F^2|z|} \quad (14\text{-}12)$$

或

$$D_0 = \frac{RT}{6\pi N\eta r} \quad (14\text{-}13)$$

式中　R——通用气体常数，J/（K·mol），取值8.314J/（K·mol）；

F——Faraday常数，C，取值96500C；

$|z|$——离子化合价的绝对值；

λ_0——极限的离子传导率，其值在无限稀溶液中达到最大且随着温度的升高而增大；

η——溶液的黏滞度绝对值；

r——分子或水化离子半径；

T——热力学温度；

N——Avogadro常数。

式（14-12）和式（14-13）分别为Nerst方程及Einstein-Stokes方程。式（14-12）和式（14-13）表明D_0主要受温度、溶液黏滞度、溶质化合价及分子半径的影响。

Fick第一扩散定律用来描述的是稳态的扩散问题，而瞬态的分子扩散问题则采用Fick第二定律进行描述：

$$\frac{\partial C}{\partial t}=\frac{\partial}{\partial z}\left(D_0\frac{\partial C}{\partial z}\right) \tag{14-14}$$

若自由溶液扩散系数和z无关时，式（14-14）进一步简化为：

$$\frac{\partial C}{\partial t}=D_0\frac{\partial^2 C}{\partial z^2} \tag{14-15}$$

常见的离子和有机污染物在无限稀释水中的扩散系数见表14-2，这些污染物也是填埋场渗滤液中可能会遇到的化学物质。

表14-2　常见的污染物在自由水中的扩散系数D_0（温度：25℃）[22]

阴离子	D_0/（$10^{-10}m^2/s$）	阳离子	D_0/（$10^{-10}m^2/s$）	有机物	D_0/（$10^{-10}m^2/s$）
F^-	14.7	H^+	93.1	苯酚	9.68
Cl^-	20.3	Na^+	13.3	二氯甲烷	12.6
Br^-	20.8	K^+	19.6	苯	11.6
OH^-	52.7	NH_4^+	19.8	三氯乙烯	9.93
SO_4^{2-}	10.7	Mg^{2+}	7.05	乙酸	11.9
CO_3^{2-}	9.5	Ca^{2+}	7.93	丙酮	12.8
PO_4^{2-}	6.12	Pb^{2+}	9.45	甲苯	9.68

相对于自由溶液中的扩散，污染物在土中的扩散更为复杂，速度也相对较慢，尤其是当土颗粒中存在具有吸附能力的黏土颗粒时。其原因主要有以下几方面[23]：a. 固体的存在减小了水流的横截面积；b. 土颗粒周围的曲折渗流路径的影响；c. 双电层引起的电场力的影响；d. 吸附作用导致的某些化学物的阻滞作用；e. 扩散有机物的生物降解作用；f. 反渗透作用。

为了表示土对污染物扩散系数的这些影响，往往需要引入一些参数对式（14-13）和式（14-14）进行修正，而这个参数就是有效扩散系数D^*。关于有效扩散系数的定义有好几个，且他们用不同的方式考虑了土层对扩散的影响[24-26]。在这些研究的基础上，Shackelford等提出了一个关于有效扩散系数的实用定义[21]：

$$D^*=D_0\tau_a \tag{14-16}$$

式中，τ_a为表观曲折率。表观曲折率包括了几何曲折率和土颗粒形成的电场对扩散路径的影响。

土颗粒对污染物的阻滞作用则未在式（14-15）中予以考虑。为了考虑土颗粒阻滞作用对污染物扩散的影响，往往将式（14-15）修改为：

$$\frac{\partial C}{\partial t}=\frac{D^*}{R_d}\frac{\partial^2 C}{\partial z^2}=D_A\frac{\partial^2 C}{\partial z^2} \tag{14-17}$$

式中，$D_A = D^*/R_d$为表观扩散系数[27]。但在分析成层扩散问题或是通量控制的边界问题时，使用D_A则可能会带来非保守的结果[28,29]；阻滞因子R_d采用式（14-18）计算：

$$R_d=1+\frac{\rho_b K_p}{n_t} \tag{14-18}$$

式中　ρ_b ——土的干密度；

K_p ——有机污染物的土水分配系数；

n_t ——总孔隙率。

K_p表示吸附在土颗粒中的污染物的质量与溶液中这种污染物的浓度的关系，即吸附等温线的斜率（图14-4）。当吸附等温线为线性时，K_p被称为分布系数K_d。而关于土颗粒对污染物的吸附问题将在接下来的章节进行详细的讨论。阻滞污染物在土中运移的因素可能包括吸附、解吸、沉淀、溶解、氧化-还原及配位络合反应等[21]。在这些因素中，往往只有吸附、解吸和降解作用在模型中会予以考虑。

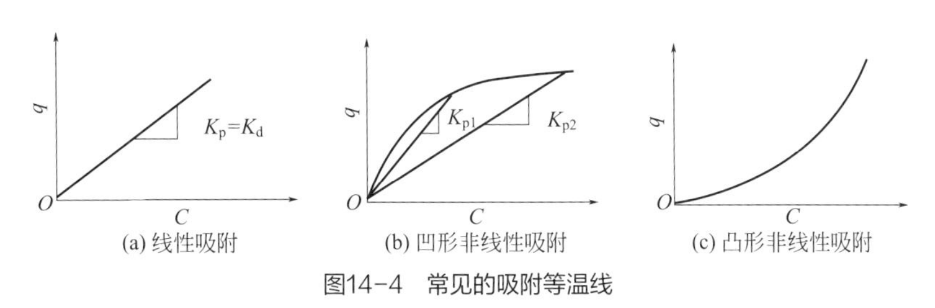

(a) 线性吸附　(b) 凹形非线性吸附　(c) 凸形非线性吸附

图14-4　常见的吸附等温线

有机污染物的土水分配系数可由正辛醇/水分配系数和土体的有机碳含量来确定。这提供了一个确定有机污染物土水分配系数的简便方法。这是因为有机污染物的正辛醇/水分配系数往往是已知的。对于有机碳含量为f_{oc}的土体来说，有机污染物的土水分配系数由式（14-19）确定：

$$K_p = f_{oc} \times K_{oc} \tag{14-19}$$

式中，K_{oc}为有机化合物/有机碳分配系数（水相单位质量有机碳吸附的有机化合物的量）。

对于很多土体来说（$f_{oc} < 6\%$），K_{oc}是一个常数[30]。对于正辛醇/水分配系数在1.25～3.25之间的有机污染物，K_{oc}可由式（14-20）确定[30]：

$$\lg K_{oc} = 0.920 + 0.360 \lg K_{ow} \tag{14-20}$$

对于不同的有机污染物和不同的土体，上述经验公式可能是不同的。

14.3 有机污染物在土中的生物降解作用

进入多孔介质中的有机物在微生物的作用下将发生生物降解，部分形成微生物组织，部分被矿化，只有不能被微生物利用的部分残留下来。有机物的生物降解有好氧降解和厌氧降解之分。在需氧条件下进行的降解，为好氧降解；在厌氧条件下的降解，为厌氧降解。有机物降解的半衰期是指有机物的浓度减少到其原有浓度的一半经历的时间。

已有不少学者发明了详细的污染物降解的数学公式[31,32]。但在现场应用时则往往采用较为简单的数学模型。这是由于在现场条件下获取大批的数据是不太现实的。正是由于这个原因，生物降解往往采用数学上简单的一阶方程来描述[32, 33]。

对于经历一阶生物降解的有机物，有机污染物浓度的减少率与现今的浓度成以下比例关系：

$$\frac{\partial C}{\partial t} = -\lambda c \tag{14-21}$$

式中　λ——有机污染物的一阶降解常数。

生物降解往往取决于很多因素，包括适当的细菌的存在、土层的特性及温度等。因此特定的环境，生物降解系数往往不同。

已有不少学者开展了有机物在黏土中的生物降解的试验研究[34-39]。本书对这些文献中报道的有机污染物在土中的一阶降解常数进行了汇总，见表14-3。Bright对渗滤液中的有机污染物进行了为期15个月的试验[35]，结果发现有机污染物在黏土衬垫中的降解半衰期在4～112d之间。Sangam和Rowe的试验研究表明[15, 34]，对于压实黏土，在试验的开始阶段（对于DCM为95 ～ 135d；对于VFAs为140 ～ 180d），有机污染物在黏土中并无明显的降解。在这之后，降解较为迅速，如DCM在24℃时为55d，27℃时为20d。对于有机脂肪酸VFAs，则其半衰期仅仅为0.75 ～ 5d。

表14-3　有机污染物在土中的降解半衰期汇总表

有机污染物种类	土性	降解半衰期/d	参考文献
氯仿（CF）	黏土	28.5	[36]
乙苯（EB）	黏土	22.5	[36]
二氯甲烷（DCM）	黏土	45.6	[36]
甲苯（TOL）	黏土	43.2	[36]
1,1,1-三氯乙烷（1,1,1-TCA）	黏土	5.2	[36]
三氯乙烯（TCE）	黏土	21.9	[36]
间二甲苯（*m*-XYL）	黏土	17.7	[36]
苯（BN）	含水层	125	[40]
甲苯（TOL）	含水层	52.6	[40]
乙苯（EB）	含水层	250	[40]
间，对二甲苯（*m*, *p*-xylene）	含水层	71.4	[40]
邻二甲苯（*o*-xylene）	含水层	66.7	[40]
异丙苯（isopropylbenzene）	含水层	500	[40]
碘甲烷（methyl iodide）	砂质粉土	30 ～ 60	[41]
酮洛芬（Ketoprofen）	砂质壤土	4.58	[42]
酮洛芬（Ketoprofen）	壤质砂土	8.04	[42]
酮洛芬（Ketoprofen）	粉质黏土	15.37	[42]
酮洛芬（Ketoprofen）	粉质壤土	27.61	[42]
苯（BN）	含水层	3466	[43]
甲苯（TOL）	含水层	330	[43]
二甲苯（XYL）	含水层	533 ～ 630	[43]
氯化物	黏性土	131±32	[44]
芳香性物质	黏性土	389±72	[44]

Davis 等[45]研究了土壤的物理、化学和生物环境对有机污染物在土壤中生物降解的影响。有机污染物在土壤中的降解并不是其内在分子的本质决定的，而是与土壤环境密切相关。降解由土壤的物理、化学和生物环境特征共同决定。

其研究表明，甲苯的降解速率与污染物的浓度呈正比（图14-5）。但是当浓度增大到某一较大值时（如对于甲苯达到200μg/g），则不会发生降解作用。含水量对生物降解的影响并不是十分显著，但当含水量非常低的时候（如2%时），污染物的降解基本上不会发生（图14-6）。土体的类型对降解有很大的影响，总的来说，黏性土的降解速率大于砂性土(图14-7)，这与土体中有机物的含量有关。甲苯在土体中的降解速率还与土体中微生物初始含量及其活性有关，降解速率随微生物含量的增大而增大。

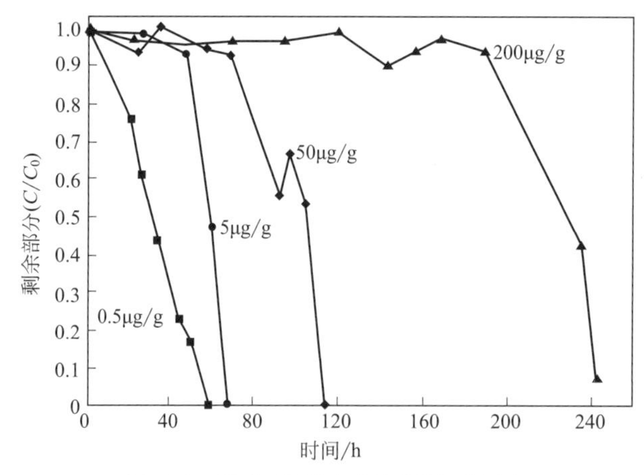

图14-5　浓度对甲苯在土体中降解的影响

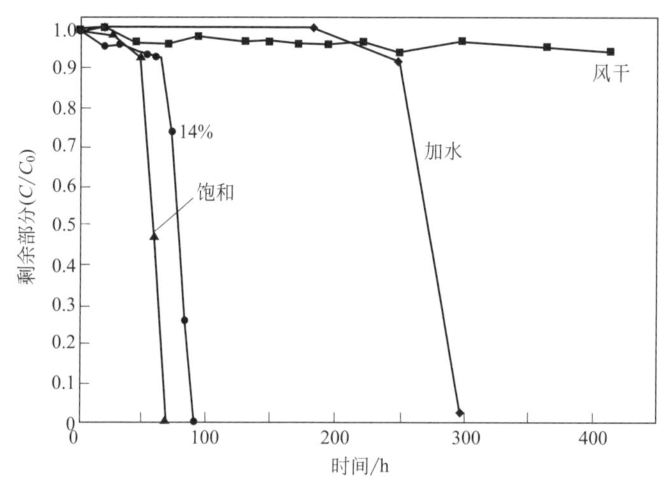

图14-6　含水量对降解的影响

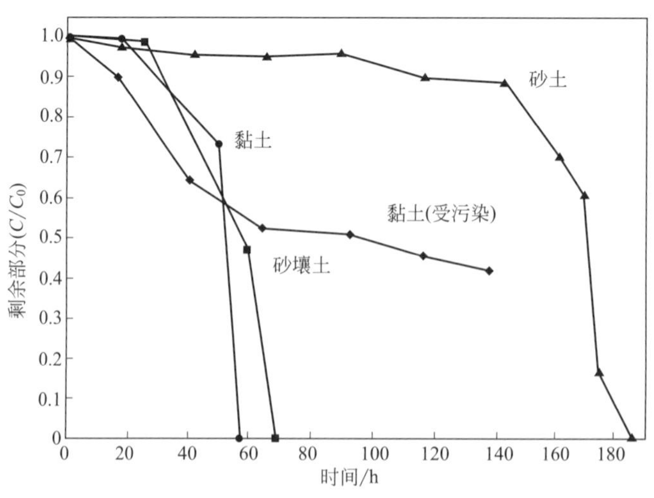

图14-7　土体类型对降解的影响

14.4 填埋场案例分析

在1982—1995年之间，很多学者在威斯康星州针对填埋场的衬垫系统的有效性开展了一系列实验，同时确定了威斯康星州垃圾填埋场渗滤液的特点[46-50]。这些研究均表明，挥发性有机化合物在城市生活垃圾渗滤液中较为常见，而在衬垫填埋场系统附近的地下水中经常检测到的污染物也含有挥发性有机化合物、无机和其他有机化合物。为了应对这些研究和以前的具体污染事件，早在1980年，威斯康星州自然资源部（WDNR）就开始逐个要求填埋场所有者在新的填埋场单元中安装密实的黏土衬垫，以降低对地下水污染的风险。此外，还需要在个别情况下在衬垫下方安装Pan浓度探测仪。

1988年对《威斯康星州条例》的修订正式规定了这些要求：所有新垃圾填埋场单元要求包括至少1.5m厚的压实黏土衬垫、渗滤液收集系统和一个对衬垫出流液的流量和成分进行监测的Pan浓度检测仪。1996年颁布的附加修订要求垃圾填埋场单元衬垫系统至少包括1.5mm厚的土工膜，覆盖至少1.2m厚的黏土衬里。1996年的修订还取消了对溶液计的要求。然而，1995～1997年间，威斯康星州批准和建造的一些垃圾填埋场也包括用复合衬垫和Pan浓度检测仪的结构。因此，本次研究主要针对衬垫下埋设的Pan浓度检测仪检测出的挥发性有机污染物（VOCs）。

总体而言，检测结果表明最常探测的VOCs的种类为芳香性物质（甲苯、乙苯、苯和二甲苯等）和卤代烃化合物（二氯甲烷、1,1-二氯乙烷、四氯乙烯和三氯乙烯），两种化合物的浓度范围都为0.1～10000μg/L。检测结果表明不同探测点所探测到的VOCs的浓度范围广，其中浓度范围最广的污染物为四氯乙烯（浓度范围为0.01～10000μg/L）。图14-8展示了11个填埋场地73个监测点二氯甲烷浓度检测结果，结果显示二氯甲烷的浓度范围为0～20μg/L，检测结果的16%超过了美国环境保护署（EPA）规定的最大允许污染水平（MCL），检测结果的69%超过了污染物的预防行动限制（PAL）。图中同时给出了二氯甲烷浓度监测结果的算数平均值和几何平均值，Parkhurst[51]提出，几何均值偏低，不能正确代表质量平衡的组成部分，而算术均值是无偏的，并且与质量平衡更一致。对于二氯甲烷，算术平均值比PAL大43倍，几何平均值比PAL大2.5倍。

针对浓度检测仪中的VOCs浓度是否根据衬里类型（黏土衬里与复合衬里）的不同而不同开展了实验分析。在压实黏土底部的渗滤液和浓度监测仪中检测出22种VOCs，在复合衬垫底部的渗滤液和浓度监测仪中检测出11种VOCs。在带有复合衬垫单元中的渗出液和浓度计单元中检测到的所有VOCs也在带有黏土衬垫的单元中被检测到。在渗滤液和溶渗仪中发现的5种最常检测到的VOCs的汇总数据如图14-9所示。以上结果说

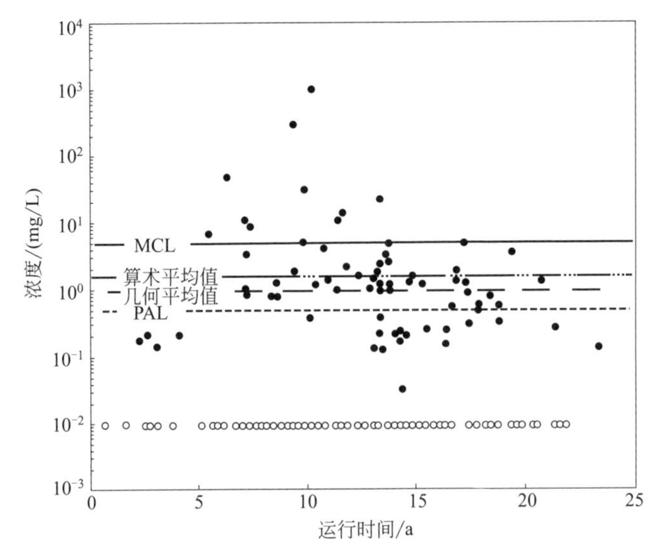

图14-8　威斯康星州填埋场底部浓度检测仪检测出的二氯甲烷的典型浓度

明VOCs可通过黏土衬垫和复合衬垫运移。Edil对威斯康星州的垃圾填埋场进行的调查表明[52]，VOCs迁移的潜力仍然是黏土和复合材料衬垫需要解决的问题，如图14-10所示。现场数据均表明，威斯康星州的现行填埋场底部衬垫不能有效阻止污染物运移，随着时间的流逝，从填埋场释放的VOCs会带来很多环境问题。

目前已有很多分析VOCs运移的数值和解析模型，用来描述污染物通过土壤和其他材料（例如土工膜和土工合成黏土衬里）通过填埋场衬里系统的迁移。更复杂的模型，例如Foose使用多层有限差分模型和三维流动与溶质运移模型来模拟各种衬里构造[5,53]

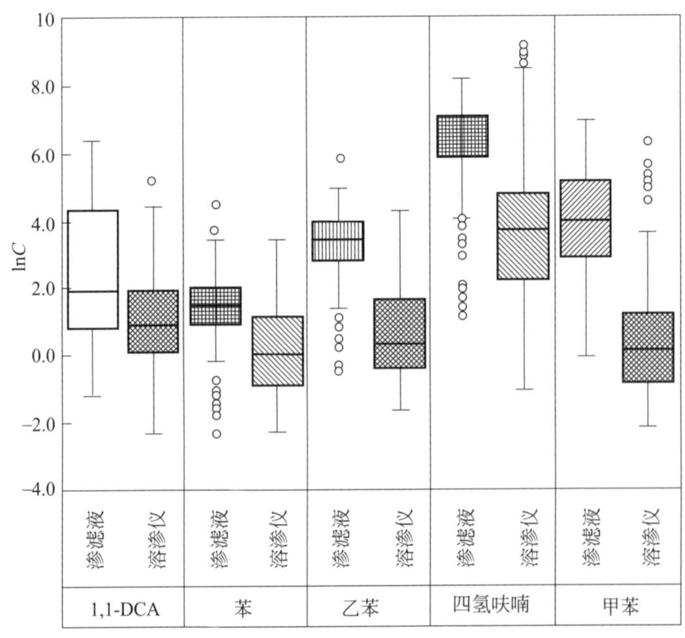

图14-9　在渗滤液和溶渗仪中发现的5种最常检测到的VOCs的汇总数据中的浓度箱型图

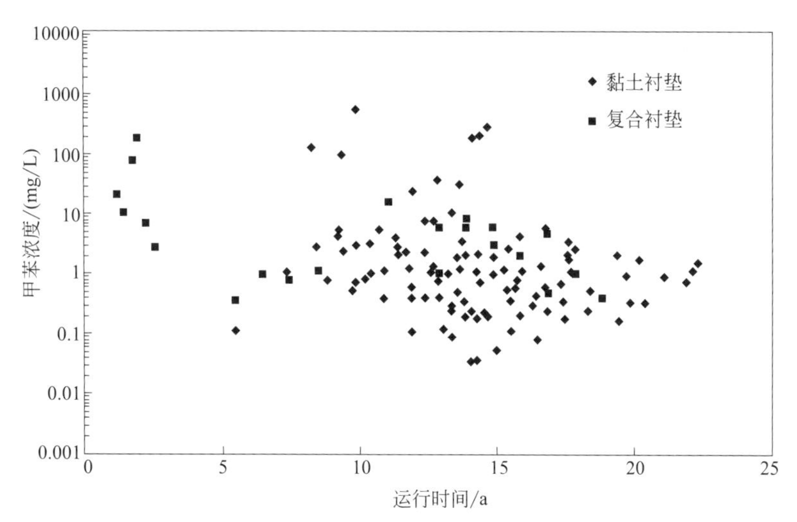

图14-10　黏土衬垫和复合衬垫底部浓度监测仪检测的甲苯浓度随时间的变化[52]

（黏土，使用黏土和土工膜的复合材料，使用土工合成黏土衬里的复合材料）的扩散和溶质运输。Foose还研究了可用于溶质运移的解析方程[54]，其数值强度小于上述模型，但显示出的结果类似于更复杂的模型。其研究结果表明，只要应用适当的边界条件，这些分析解决方案就可用于评估溶质在黏土和复合衬里中的传输。

Foose研究了三维溶质运移方程的一个特例[54]。在饱和、均质和半无限厚的多孔介质中进行一维溶质运移，它被用来描述污染物通过填埋场衬里的运移。式（14-22）给出了Van Genuchten提出的三维溶质运移方程的特殊情况[55]。并采用该方程对威斯康星州垃圾填埋场的有机污染物运移进行建模分析，以评估其通过衬垫系统运移的情况。这些比较包括检查威斯康星州垃圾填埋场的现场样品中的VOCs浓度数据，并将这些数据与式（14-22）中描述的解析解的结果进行比较。

$$C/C_0=\frac{v}{v+u}\exp\left[\frac{(v-u)x}{2D}\right]\mathrm{erfc}\left[\frac{Rx-ut}{2(DRt)^{1/2}}\right]+\frac{v}{v-u}\exp\left[\frac{(v+u)x}{2D}\right]\mathrm{erfc}\left[\frac{Rx+ut}{2(DRt)^{1/2}}\right]$$
$$+\frac{v^2}{2\mu D}\exp\left(\frac{vx}{D}-\frac{\mu t}{R}\right)\mathrm{erfc}\left[\frac{Rx+vt}{2(DRt)^{1/2}}\right] \tag{14-22}$$

式中　v ——渗流速率；

D——扩散系数；

R ——阻滞系数；

μ ——一般的一阶降解速率，$u=v\left[1+4uD/v^2\right]^{1/2}$。

式（14-22）考虑了污染物的对流、扩散和降解，可用来预测某种特定VOCs的浓度随时间和距离变化。

利用式（14-22）所得的计算结果与现场实验数据进行对比的结果如图14-11所示。随着降解速率的减小（保持恒定的水力传导率$K=1\times10^{-7}$cm/s），最大相对浓度随之减小。

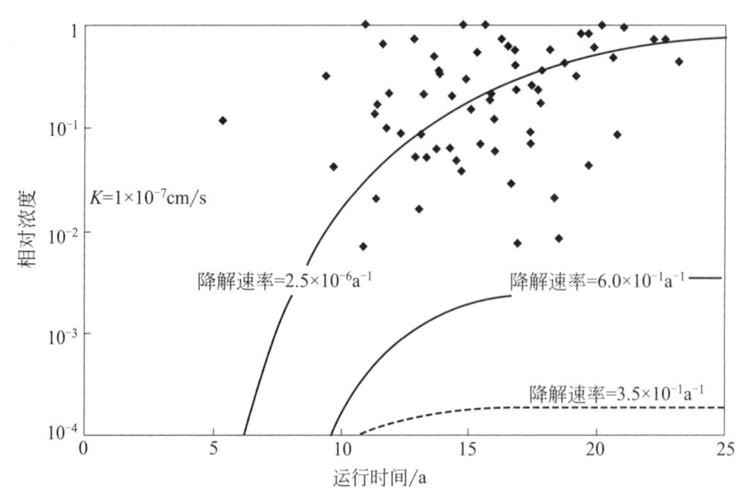

图14-11 相同水力传导系数条件下，用三种不同的降解速率模拟得到的解析解结果（图中线条）与现场实验结果（图中点）的对比

参考文献

［1］Giroud J P, Bonaparte R. Leakage through liners constructed with geomembrane[J]. Geotextiles and Geomembranes—Part I and Ⅱ, 1989, 8(1): 26-67, 71-111.

［2］Othman M A, Bonaparte R, Gross B A. Preliminary results of composite liner field performance study[J]. Geotextiles and Geomembranes, 1997, 15(4-6): 289-312.

［3］Foose G J.Transit-time design for diffusion through composite liners[J]. Journal of Geotechnical and Geoenvironmental Engineering, 2002, 128(1): 590-601.

［4］Park J K, Sakti J P, Hoopes J A. Transport of organic compounds in thermoplastic geomembranes I: mathematical model[J]. Journal of Environmental Engineering, 1996, 122(9): 800-806.

［5］Foose G J, Benson C H, Edil T B. Comparison of solute transport in three composite liners[J]. Journal of Geotechnical and Geoenvironmental Engineering, 2002, 128(5): 1-13.

［6］Rowe R K, Quigley R M, Brachman R W L, et al. Barrier systems for waste disposal falicities [M]. 2nd Edition London and New York, Spon Press, 2004.

［7］Park J K, Nibras M. Mass flux of organic chemicals through polyethylene geomembranes[J]. Water Environmental Research, 1993, 65(3): 227-237.

［8］Prasad T V, Brown K W, Thomas J C. Diffusion coefficients of organics in high density polyethylene (HDPE)[J]. Waste Management and Research, 1994, 12(1): 61-71.

［9］Rowe R K, Hrapovic L, Kosaric N. Diffusion of chloride and dichloromethane through an HDPE geomembrane[J]. Geosynthetics International, 1995, 2(3): 507-536.

［10］Haxo H E. Determining the transport through geomembranes of various permeants in different applications[J]. Geosynthetic Testing for Waste Containment Applications, 1990, 1081: 75-94.

［11］Rowe R K. Advances and remaining challenges for geosynthetics in geoenvironmental engineering applications[J]. Soils and Rocks, 2007, 30(1): 3-30.

[12] 柯斯乐. 扩散流体系统中的传质. 2版 [M]. 北京：化学工业出版社，2002.
[13] Rowe R K. Long-term performance of contaminant barrier systems[J]. Géotechnique, 2005, 55 (9): 631-678.
[14] Müller W, Jakob R, Tatzky-Gerth R, et al. Solubilities, diffusion and portioning coefficients of organic pollutants in HDPE geomembranes: experimental results and calculations[C]// Proceedings of 6th international Conference on Geosyntheics, 1998.
[15] Sangam H P, Rowe R K. Migration of dilute aqueous organic pollutants through HDPE geomembrane[J]. Geotextile and Geomembranes, 2001, 19(6): 329-357.
[16] Nibras M. Transport of organic chemicals through geomembarnes[R]. Preliminary Report, Dept. of Civil and Environmental Engineering, University of Wisconsin-Madison, 1994.
[17] Rogers C E. Permeation of gases and vapours in polymers[M]//Polymer Permeability.Berlin: Springer Netherlands, 1985.
[18] Naylor T de V. 20-Permeation properties[J]. Comprehensive Polymer Science & Supplements, 1989, 2: 643-668.
[19] Chao K P, Wang P, Wang Y T. Diffusion and solubility coefficients determined by permeation and immersion experiments for organic solvents in HDPE geomembrane[J]. Journal of Hazardous Materials, 2007, 142(1-2): 227-235.
[20] 谢海建. 成层介质污染物的运移机理及衬垫系统防污性能研究[D]. 杭州：浙江大学，2008.
[21] Shackelford C D, Daniel D E. Diffusion in saturated soil. I: Background[J]. Journal of Geotechnical Engineering, 1991, 117(3): 467-484.
[22] Yaws C L. Handbook of transport property data: viscosity, thermal conductivity and diffusion coefficients of liquids and gases [M]. Houston: Gulf Pub, Co., 1995.
[23] Mitchell J K, Santamarina J C. Biological consideration in geotechnical engineering[J]. Journal of Geotechnical and Geoenvironmental Engineering, 2005, 131(10): 1222-1233.
[24] Li Y H, Gregory S. Diffusion of ions in seawater and in deep-sea sediments[J]. Geochimica et Cosmochimica Acta, 1974, 38(5): 703-714.
[25] Drever J I. The geochemistry of natural waters[M]. Englewood Cliffs: Prentice-Hall, Inc., 1982.
[26] Gillham R W, Robin M J L, Dytynyshyn D J, et al. Diffusion of nonreactive and reactive solutes through fine-grained barrier materials[J]. Canadian Geotechnical Journal, 1984, 21(3): 541-550.
[27] Quigley R M, Yanful E K, Fernandez F. Ion transfer by diffusion through clayey barriers[C]// Geotechnical Practice for Waste Disposal’87, 1987.
[28] Rowe R K, Caers C J,Barone F. Laboratory determination of diffusion and distribution coefficients of contaminants using undisturbed clayey soil[J]. Canadian Geotechnical Journal, 1988, 25(1): 108-118.
[29] 杜延军，刘松玉. 关于“混合粉质粘土和疏浚土填埋场防渗垫层的环境土工特性研究”的讨论[J]. 岩土工程学报，2005，27(11): 1367-1367.
[30] Edil T B. A review of aqueous-phase VOC transport in modern landfill liners[J]. Waste Management, 2003, 23(7): 561-571.
[31] Rittmann B E, VanBriesen J M. Microbiological processes in reactive modeling[J]. Reviews in Mineralogy, 1996, 34: 311-334.
[32] Wiedemeier T H, Rifai H S, Wilson T J. Natural attenuation of fuels and chlorinated solvents in the subsurface[M]. New York: Wiley, 1999.
[33] Bayer C, Chen C, Gronewold J. Determination of first-order degradation rate constants from monitoring network[J]. Groundwater, 2007, 45(6): 774-785.
[34] Rowe R K, Hrapovic L, Kosaric N. Anaerobic degradation of DCM diffusion through clay[J]. Journal of Geotechnical and Geoenvironmental Engineering, 1997, 123(12): 1085-1095.
[35] Bright M I, Thornton S F, Lerner D N. Attenuation of landfills leachate by clay liner material in laboratory columns, 1. Experimental procedures and behavior of organic contaminants[J]. Waste Management and

Research, 2000, 18(3): 198-214.

[36] Kim J Y, Edil T B, Park J K. Volatile organic compound (VOC) transport through compacted clay[J]. Journal of Geotechnical and Geoenvironmental Engineering, 2001, 127(2): 126-134.

[37] Head I M, Jones D M Larter S R. Biological activity in the deep subsurface and the origin of heavy oil[J]. Nature, 2003, 426(6963): 344-352.

[38] Singh N, Hennecke D, Hoerner J. Mobility and degradation of trinitrotoluene/metabolties in soil columns: Effect of soil orgnaic carbon content[J]. Journal of Environmental Science and Health A, 2008, 43(7): 682-693.

[39] Davis G B, Patterson B M, Johnston C D. Aerobic bioremediation of 1,2-dichloroethane and vinyl chloride at field scale[J]. Journal of Contaminant hydrology, 2009, 107(1-2): 91-100.

[40] Cozzarelli I M, Berkins B A, Eganhouse R P, et al. In situ measurements of volatile aromatic hydrocarbon biodegradation rates in groundwater[J]. Journal of Contaminant Hydrolodry, 2010, 111(1-4): 48-64.

[41] Guo M X, Gao S D. Degradation of methy iodide in soil: effect of environmental factors[J]. Journal of Environmental Quality, 2009, 38(2): 513-519.

[42] Xu J, Wu L S, Chen W P, et al. Adsorption and degradation of ketoprofen in soils[J]. Journal of Environmental Quality, 2009, 38(3): 1177-1182.

[43] Border R C, Hunt M J, Shafer M B. Anaerobic biodegradation of BTEX in aquifer material[P]: EPA/600/S-97003, 1997.

[44] Lesage S, McBride R A, Cureton P M, et al. Fate of organic solvents in landfill leachates under simulated field condition and in anaerobic microcosms[J]. Waste Management and Research, 1993, 11(3): 215-226.

[45] Davis J W, Madsen S. Factors affects the biodegradation of toluene in soil[J]. Chemosphere, 1996, 33(1): 107-130.

[46] Sridharan L, Didier P. Leachate quality from containment landfills in Wisconsin[C]// 5th International Solid Waste Conference, International Solid Waste Management Association, 1988.

[47] Battista, Janet R, Connelly, Johnston P. VOC contamination at selected Wisconsin landfills: sampling results and policy implications[J]. Wisconsin Department of Natural Resources, 1989.

[48] Battista J R, Connelly J P. VOCs at Wisconsin landfills: Recent findings[C]//Proceeding of 17th International Madison Waste Conferece, Madison, Wisconsin, 1994: 67-86.

[49] Krug M N, Ham R K. Analysis of long-term leachate characteristics in Wisconsin Landfills [C]// 18. International Madison Waste conference, 1995: 168-177.

[50] Tilkens, Svavarsson. Evaluation of landfill lysimeter liquid chemical data[C]//18. International Madison Waste Conference, 1995.

[51] Parkhurst D F. Peer Reviewed: Arithmetic versus geometric means for environmental concentration data[J]. Environmental Science and Technology, 1998, 32(3): 92A-98A.

[52] Edil T B. Is aqueous-phase VOC transport from modern landfills a potential environmental problem [C]// Proceedings Sardinia, 11th International Waste Management and Landfill Symposium, 2007.

[53] Foose G J, Benson C H, Edil T B. Equivalency of composite geosynthetic clay liners as a barrier to volatile organic compounds[C]//Geosynthetics, Industrial Fabric Association International, 1999: 321-334.

[54] Foose G J, Benson C H, Edil T B. Analytical equations for predicting concentration and mass flux from composite liners[J]. Geosynthetics International, 2001, 8 (6): 551-575.

[55] Van Genuchten M. Analytical solutions for chemical transport with simultaneous adsorption, zero-order production and first order decay[J]. Journal of Hydrology, 1981, 49(3-4): 213-233.

第15章

填埋场有机质污染地下水特征及光谱识别

垃圾在填埋过程中由于有机物的分解和雨水的浸淋作用，将产生大量的渗滤液。垃圾渗滤液含有溶解性有机质（DOM）、无机盐、重金属及异质性有机物。当填埋场未铺设防渗膜或防渗膜破裂时，渗滤液经包气带土壤进入含水层，将造成地下水污染[1]。研究显示，我国的河南[2]、贵州[3]、上海[4]等省、市垃圾填埋场附近地下水均遭受不同程度的污染，在受垃圾渗滤液污染的地下水中时有检出多环芳烃、全氟化合物、多氯联苯等疏水性强、溶解度低的有机污染物。近年来研究认为[5]，广泛存在于地下水中的DOM含有多种疏水性和亲水性官能团，能够增强疏水性有机物的溶解度，促进有机污染物的迁移。此外，垃圾渗滤液或沉积物等多种来源的有机物进入地下环境后不仅能促进微生物代谢活动，还能作为电子穿梭体促进地下矿物金属的释放，并参与重金属元素的竞争吸附、络合和转化等过程[5,6]。因此,研究地下水中DOM的来源、分布、组成等特征，对阐明渗滤液在地下水中的分布和转化过程具有非常重要意义。

目前针对地下水DOM的来源及组成特征，国内外已有相关研究。Postma等[7]对重金属砷严重污染的孟加拉国地下水研究显示，该地区DOM主要来源于含水层中沉积物的释放，其生物可利用性与沉积物发育时间密切相关。郭卉等[8]对我国太湖流域浅层地下水的研究表明，陆源和生物内源为地下水DOM的主要来源，重金属Cu、Ni与小分子DOM络合紧密。Christensen等[9]对受污染地下水DOM组成的研究发现，类富里酸占总有机物的60%，而亲水性组分和胡敏酸含量较少。于静等[10]对华北种植区受污染地下水的研究发现，新近污染的地下水DOM主要为小分子类蛋白，其次为类富里酸物质。在研究渗滤液对地下水污染过程及受污染地下水组成特征上，近年来基于现代光谱技术的化学法，在地下水污染物源解析和预警上应用较为广泛。如Lapworth等[11]采用荧光技术分析了含水层中有机物来源和地下水流向。鲁宗杰等[5]通过三维荧光技术揭示了江汉平原地下水中DOM在砷迁移转化过程中的作用。

然而，上述研究均未阐明不同填埋年限的填埋垃圾场地下水DOM的组成差异，并基于这种差异分析不同填埋年限下渗滤液污染地下水的特征和规律。基于此，本章采集了5个不同填埋年限垃圾场附近的地下水样品，在分析填埋场地下水常规理化指标及有机物来源、组成特征的基础上，阐明不同填埋年限垃圾场对地下水的污染规律，以期为填埋场地下水污染防控和预警提供依据。

15.1 填埋场附近地下水基本理化特征及光学性质

填埋场地下水pH值在7.22～8.64之间，整体偏碱性（表15-1），其与不同填埋年限垃圾所处发酵阶段及防渗措施存在较大关系[12]。地下水高锰酸盐指数（COD_{Mn}）在0.72～7.75mg/L，其中两个点位超出地下水质量标准Ⅲ类（GB 14848—2017）（1.1倍和2.6倍）。Cl^-、SO_4^{2-}及NO_3^--N含量分别在1.87～126mg/L、13.3～69.1mg/L和0～13.4mg/L，均未超出地下水质量标准Ⅲ类。所有样品重金属铅、镉、铬、汞、砷均未检出（数据未呈现）。相对其他填埋场地下水，TL地下水pH值较高，其COD_{Mn}、Cl^-及SO_4^{2-}含量也呈现类似特征，显示该填埋场地下水受渗滤液污染程度较深。在天然条件下地下水中Cl^-含量较低，通过对比不同填埋年限填埋场地下水可发现，随着填埋年限延长Cl^-呈增高趋势，而SO_4^{2-}含量并未呈现以上规律。上述结果可能与不同填埋场垃圾差异性大，且生活垃圾中氯化钠含量较硫酸盐含量高有关。

地下水中DOM组成受人为活动、水文地质条件及微生物活性影响最为显著[13]。垃圾填埋过程中有机物经过腐殖化过程形成了大量的有色DOM，采用光学手段示踪此类有机质变化可有效监测填埋场地下水水质状况。由表15-1可知，本次研究填埋场地下水DOC含量除BS均值相对较高（5.35mg/L±2.49mg/L）外，其他填埋场含量差异并不显著（$p>0.05$），而代表有色溶解性有机质相对浓度的指标a（355）值呈现显著差异（$p<0.05$），不同填埋场含量大小为YC > TL > HSZ > BS > QJ，因此，需进一步分析填埋场地下水中DOM的组成和分子结构差异。

根据单位浓度DOM在254nm下吸光度值$SUVA$可知[14]，YC和QJ地下水中DOM的芳香性物质含量高，其$SUVA$值分别位于2.08～4.19L/(mg・m）和1.22～6.01L/(mg・m)，而TL、HSZ及BS地下水中DOM芳香性物质相对较低。通过有机物分子量指标S_R可知[15]，QJ和TL地下水DOM的分子量最大，两者S_R值位于0.17～0.58、0.28～0.74，中位数为0.32、0.38，平均值依次为0.34、0.42。根据指示水体DOM亲疏水特性的吸光度比值E_{253}/E_{203}可知[16]，YC和QJ地下水中DOM中羰基、羧基等极性基团含量较高，两者E_{253}/E_{203}比值分别位于0.275～0.420、0.023～0.071之间，中位数为0.408、0.029，平均值依次为0.398、0.036。综上可知，该地区填埋场地下水虽然DOC含量差异不明显，但各填埋场地下水DOM组成存在显著特征。填埋场TL、HSZ及BS地下水中DOM分子量和极性官能团含量相对较低，易被土壤吸附和阻截；而填埋场YC和QJ地下水中DOM分子量和亲水性官能团含量高，有利于污染物迁移和下沉，易导致地下水质恶化。

表15-1　地下水物化性质及光学参数

采样点	类型	pH值	COD_{Mn} /（mg/L）	NO_3^--N /（mg/L）	Cl^- /（mg/L）	SO_4^{2-} /（mg/L）	DOC /（mg/L）	$a(355)$ /m^{-1}	$SUVA$ /[L/（mg·m）]	S_R	E_{253}/E_{203}
BS	最低～最高	7.79～8.05	0.88～1.14	1.89～2.22	6.03～6.23	28.6～51.6	2.87～9.14	1.19～6.58	0.03～0.37	0.14～0.98	0.0015～0.022
	平均值	7.94±0.12	1.05±0.15	1.98±0.14	6.14±0.09	36.2±10.8	5.35±2.49	3.94±2.09	0.17±0.13	0.55±0.33	0.008±0.008
YC	最低～最高	7.79～8.04	0.72～0.92	0～0.17	14.7～25.8	13.3～28.9	1.18～2.70	9.24～9.49	2.08～4.19	0.75～1.33	0.275～0.420
	平均值	7.91±0.13	0.80±0.09	0.09±0.06	21.4±4.73	22.2±6.65	1.84±0.65	9.38±0.10	3.13±0.92	0.99±0.27	0.398±0.093
TL	最低～最高	7.68～8.64	1.31～7.75	0.88～13.4	1.87～126	30.8～45.8	2.36～4.19	6.27～9.42	0.19～1.24	0.28～0.74	0.005～0.027
	平均值	8.27±0.33	2.90±2.41	4.67±4.61	40.1±56.1	38.9±4.50	2.53±0.75	7.23±1.13	0.59±0.41	0.42±0.29	0.015±0.007
QJ	最低～最高	7.22～7.46	0.74±4.4	0.92～1.57	1.87～10.3	15.7～29.3	1.81～3.24	0.55～5.38	1.22～6.01	0.17～0.58	0.023～0.071
	平均值	7.37±0.10	2.12±1.56	1.16±0.29	7.09±3.43	25.4±5.60	2.24±0.57	1.93±1.96	2.45±2.01	0.34±0.15	0.036±0.020
HSZ	最低～最高	7.58～7.71	1.15～2.45	0.34～7.92	18.9～30.4	22.9～69.1	1.20～2.57	5.86～6.93	0.02～0.74	0.34～1.83	0.0007～0.02
	平均值	7.67±0.06	1.80±0.53	2.79±2.96	26.1±4.95	46.2±16.4	2.08±0.61	6.20±0.43	0.36±0.28	1.04±0.64	0.011±0.008

15.2 地下水有机物来源、组成及分布特征

荧光强度值（FI）被广泛应用于评估陆源与微生物源对DOM的相对贡献。已有研究指出，FI值越高代表DOM结构越简单（主要为微生物源的类富里酸、类蛋白），而FI值越低说明DOM含有越多大分子芳香组分。此外，自身源指标（BIX值）常用于评估水体DOM自生源指标，其值在0.6以下表明自生源贡献较小，大于0.8代表为新生成的微生物来源有机质[17]。图15-1显示，填埋场地下水中DOM的FI值绝大部分均高于1.8（均值2.10），BIX值均高于0.6。表明填埋场地下水有机物除自生陆源产生以外，由微生物活动所贡献比重较大。进入地下水中的有机物会在地层中发生腐殖化过程，HIX值与有机物的腐殖化程度密切相关。腐殖化指数（HIX值）越大，有机物腐殖化程度越高。图15-1显示，地下水中DOM新生度（β ： α值）较高的样品，其DOM腐殖化程度低。而填埋年限较长的垃圾场（HSZ、QJ）附近地下水DOM腐殖化程度较高，不同采样点间地下水DOM性质较稳定差异小。填埋年限相对低的填埋场（YC、BS）地下水DOM主要为一些新生成腐殖化程度较低的组分，不同点位差异性大。以上结果表明，填埋场地下水中新生成的微生物来源有机物结构简单，腐殖化程度低，填埋年限较短的垃圾场微生物活性高，易造成填埋场附近地下水污染。

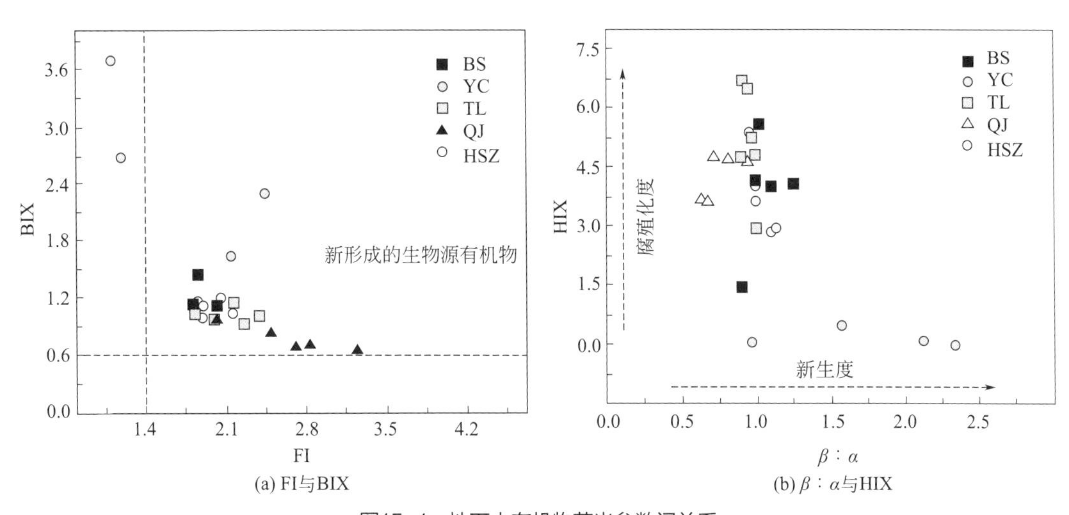

(a) FI与BIX　　(b) β ： α与HIX

图15-1　地下水有机物荧光参数间关系

对填埋场地下水样品三维荧光光谱进行平行因子分析，可鉴定出6个荧光组分（图15-2）。根据已有研究显示，组分C1 ～ C4为类腐殖酸组分，其中C1、C2和C4为陆源有机物，而C3为生物源有机物。组分C5、C6为类蛋白物质，由类酪氨酸、类色氨酸及

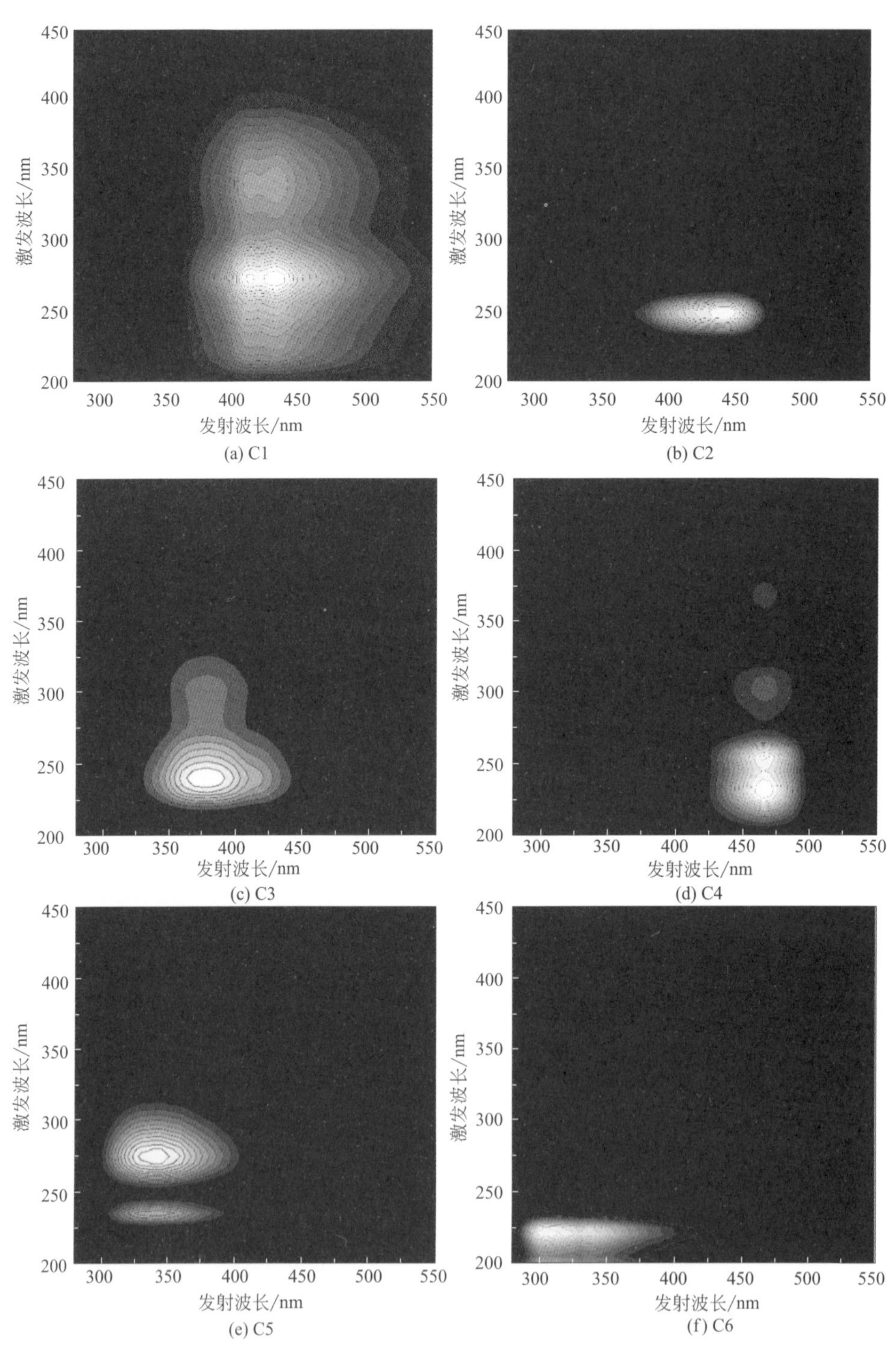

图15-2　地下水DOM经平行因子分析法鉴定出的6个组分

与蛋白结合的氨基酸构成（表15-2）。Hur等[18]研究指出，分子结构存在聚合、缩合及大分子量的类胡敏酸物质荧光发射波长在长波段处。因此，在鉴定出来的6个组分中，陆源组分C2和C4定义为难降解高度聚合的大分子类胡敏酸，而类蛋白组分C5和C6为聚合程度小、易降解的荧光发色团。

表15-2　本研究平行因子鉴定组分及前人类似研究描述

组分	E_x/E_m/nm	前人研究	本次研究
C1	275(340)/415 ～ 435	275/370 ～ 430nm：紫外区类胡敏酸[18] 340/433nm：陆源类胡敏酸[19]	陆源类腐殖酸
C2	250/445	250/448nm：陆源类胡敏酸[20] 250/440nm：陆源类胡敏酸[21]	陆源或自生源类腐殖酸
C3	240(300)/386	240(280)/388nm：生物源类富里酸[18] 250(280)/386nm：生物源类富里酸[19]	生物/微生物源类腐殖酸
C4	235、253(303)/465	250/460nm：陆源类胡敏酸[22] 240/470nm：陆源类胡敏酸[23]	陆源类胡敏酸
C5	275(235)/340	275/340nm：类色氨酸[24] 280(240)/344nm：类色氨酸、类酪氨酸[19]	类色氨酸、游离态或结合态蛋白质
C6	225/305 ～ 335	225(277)/334nm：生物源类色氨酸[25] 225(280)/305nm：生物源类酪氨酸[26]	生物源类蛋白

由表15-3可知，大分子胡敏酸组分C4和C2的相对含量在填埋年限较长（TL、HSZ）的地下水DOM中最高，而在填埋时间相对较短的填埋场（YC、BS）地下水中易降解的类蛋白组分C5和C6为主要有机物质，中等分子量的C1和C3组分在TL和QJ中最高。通过分析不同荧光组分比例可发现，中等分子量的C1和C3组分在不同填埋年限的地下水DOM中其占总荧光有机质比例变化不大。以上现象与以往研究结果类似，He等[27]发现同一填埋场附近不同时期地下水中类富里酸和类胡敏酸含量（对应本章研究中的组分C3和C1）变化不大。由表15-3可知，填埋场地下水中陆源和微生物源有机质比（terr ∶ micro）随着填埋年限的增加，呈先增大后减小的规律，同时类腐殖质和类蛋白比（hum ∶ pro）也呈现同样趋势。已有研究指出[28]，类色氨酸等类蛋白物质在被生物利用降解后产生其他类腐殖酸组分（对应本章研究中的组分C3）。综上可知，垃圾填埋初期形成大量的易分解的类蛋白物质进入地下水后，极易被微生物利用，增强了微生物的活性，增加了地下水中生物来源的有机质。随着填埋时间的延长，有机质腐殖化率增高，微生物可利用物质减少，难降解的大分子物质逐渐累积，微生物活性减弱，填埋场趋向稳定，对地下水影响减弱。

表15-3　地下水中不同组分含量及比例

因子	类型	BS	YC	TL	QJ	HSZ
F_{Max}/R.U.						
C1	最低～最高	0.87～4.34	0～0.59	1.51～6.03	6.83～12.7	1.08～2.46
	平均值	1.94±1.43	0.15±0.29	3.07±1.85	8.92±1.85	1.87±0.57
C2	最低～最高	0.16～0.37	0～0.36	0.12～25.4	0～1.54	0～0.85
	平均值	0.24±0.08	0.09±0.18	6.39±10.4	0.63±0.69	0.34±0.32
C3	最低～最高	0.79～3.73	0～0.79	1.47～6.03	2.18～17.7	1.06～2.48
	平均值	1.70±1.22	0.20±0.39	3.04±1.80	6.15±6.49	1.90±0.65
C4	最低～最高	0.41～0.88	0～0.29	0.87～20.2	0.02～5.78	0.59～1.07
	平均值	0.60±0.23	0.07±0.13	5.50±7.81	1.93±2.28	0.98±0.28
C5	最低～最高	0.25～3.09	0.62～4.14	0.04～12.0	1.52～3.98	0.17～1.40
	平均值	0.95±1.20	2.05±1.69	3.46±5.0	2.30±0.99	0.83±0.53
C6	最低～最高	0.11～4.24	2.72～12.8	0～1.69	0.89～2.52	0～2.27
	平均值	1.12±1.75	6.42±4.56	0.62±0.69	1.70±0.60	0.81±0.86
因子所占比例						
C1/%	最低～最高	26.0～37.7	0～5.29	7.03～40.9	27.1～58.6	22.1～32.8
	平均值	31.2±4.26	1.32±2.64	23.9±12.9	46.3±12.0	28.3±3.97
C2/%	最低～最高	2.24～6.20	0～3.19	1.34～38.1	0～5.86	0～4.92
	平均值	4.79±1.70	0.82±1.58	14.3±15.7	2.47±2.50	4.40±3.97
C3/%	最低～最高	22.4～33.7	0～7.13	6.36～34.5	16.3～40.9	20.0～32.6
	平均值	27.6±4.33	1.78±3.57	23.9±12.6	24.3±10.0	28.6±5.19
C4/%	最低～最高	5.31～14.5	0～2.30	14.2～30.4	0.14～13.4	12.7～17.8
	平均值	12.5±3.70	0.68±1.10	19.6±5.9	7.17±5.52	14.9±2.10
C5/%	最低～最高	8.29～18.5	20.7～24.4	0.90～18.1	9.23～12.5	5.06～17.1
	平均值	12.0±4.26	20.9±4.68	9.77±7.13	12.1±1.48	12.1±5.05
C6/%	最低～最高	1.97～25.5	57.8～85.6	0～24.9	5.83～12.4	0～33.2
	平均值	12.9±8.87	74.4±12.9	8.39±10.1	8.66±3.19	12.6±12.4
hum：pro	最低～最高	1.27～4.33	0～0.22	1.82～109	3.01～5.64	1.37～4.93
	平均值	3.77±2.82	0.06±0.11	21.6±43.2	4.28±1.24	3.98±1.55
terr：micro	最低～最高	0.51～1.28	0～0.12	0.75～3.10	0.78～1.63	0.61～1.11
	平均值	0.94±0.28	0.03±0.05	1.61±0.92	1.31±0.32	0.93±0.20

注：1. hum:pro = ∑（C1+C2+C3+C4）/∑（C5+C6）；
2. terr:micro = ∑（C1+C2+C4）/∑（C3+C5+C6）。

15.3 地下水有机物分子结构及动力学特征

为进一步揭示地下水DOM种类、分子结构及其动力学特征，将已鉴定出的6种荧光组分和4种光谱参数进行主成分分析，基于变量载荷的聚类分析及不同样品因子得分，可提取全部变量的潜在解释因子[29]。经Kaiser-Meryer-Oklin（KMO值为0.8）和Bartlett的球形度检验（$p < 0.001$）后，基于特征值大于1可提取3个主成分，可解释全部变量的81.4%，其中前两个变量（PC1、PC2）能解释全部变量的71.1%的信息。

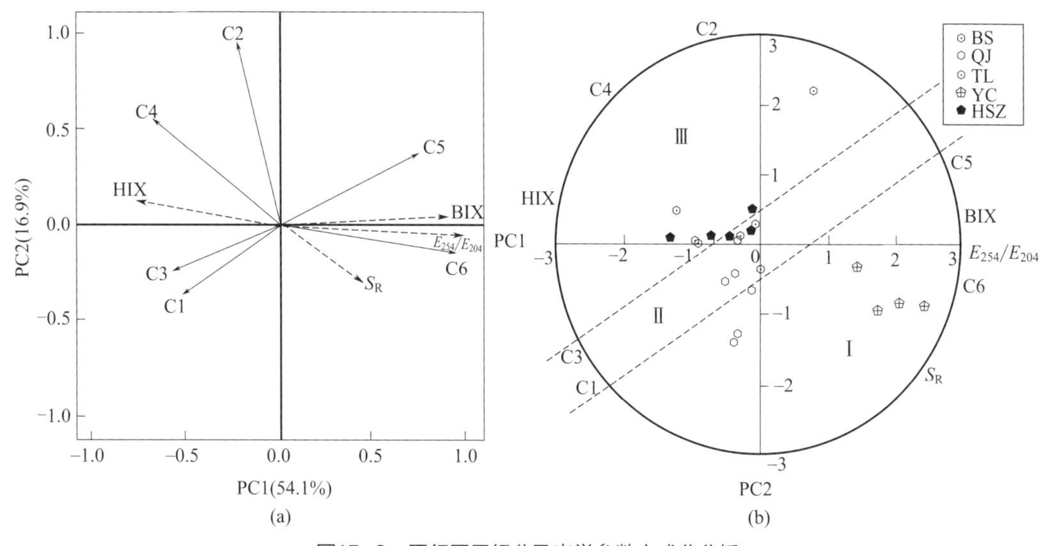

图15-3　平行因子组分及光学参数主成分分析

如图15-3所示，与PC1呈显著正载荷的有小分子类蛋白组分C5和C6、生物源指标BIX、S_R及亲疏水性指标E_{253}/E_{203}，而与PC2呈显著正载荷的有大分子类胡敏酸C2、C4及腐殖化率指标HIX。相比而言，类胡敏酸/类富里酸组分C1、C3对PC2贡献较小的载荷，而对PC1贡献中等载荷。因此，可以将以上参数分为三类，基于对角平行线可分为“BIX、S_R、C5和C6”与“HIX、C2和C4”，其分别指示为低分子量生物源类蛋白（Ⅰ区）和大分子类胡敏酸物质（Ⅲ区）。在中间包括组分C1和C3的区域（Ⅱ区），代表相对稳定的过渡性类胡敏酸物质/类富里酸物质。根据不同填埋场地下水样品在主成分因子得分图中的分布位置［图15-3(b)］，可体现不同地下水DOM来源、矿化及成岩等性质[28]。沿着图15-3(b)中平行线垂直方向可看出，随着填埋年限的延长地下水采样点逐渐从

Ⅰ区转化为Ⅱ、Ⅲ区。在中间的Ⅱ区的地下水样品DOM的腐殖化率及其苯环上的极性官能团比Ⅲ区少，显著强于Ⅰ区［图15-3(a)]，处于Ⅱ区的地下水DOM可能为低分子量生物源有机物与大分子类胡敏酸有机物的混合物或中间产物。在实际地下水环境中，小分子类蛋白因其具有较高的亲水性，易随水迁移并被微生物利用[30]。大分子类腐殖酸因其具备较高的腐殖化率、芳香性及疏水性，易被土壤吸附、包裹或发生一定的成岩作用进而较稳定[31]。因此，填埋时间相对较长的填埋场地下水DOM样品绝大部分分布在Ⅱ区，并逐渐向Ⅲ区过渡。

地下水是个复杂的体系，其有机物的组成和转化特征可能对无机盐组成和地下水其他理化性质具有重要影响。本章地下水样品三氮中硝态氮含量最高，氨氮和亚硝态氮只有部分点位有检出，且浓度较低（数据未呈现）。在自然条件下氨氮易被土壤黏土团粒吸附、固化，在土壤厌氧条件下通过微生物的硝化作用转化为稳定的硝态氮进入地下水[8]，因此硝态氮在地下水中通常累积过多。对地下水中不同理化指标进行相关性分析显示（表15-4），地下水中硝态氮、硫酸根离子及氯离子浓度两两间呈显著相关（$p < 0.05$）或极显著相关（$p < 0.01$），显示这三种阴离子具有类似的迁移特性。当填埋场渗滤液中的有机物进入地下环境后，在厌氧微生物作用下被转化为类蛋白、小分子酸及离子。表15-4显示，terr ：micro比值均与COD、硝态氮、氯离子呈现极显著相关，同时这些理化指标均与大分子C4、C2组分呈显著或极显著正相关，而与小分子类蛋白C6均呈不同程度负相关。以上结果显示，进入地下水中的有机物存在强烈的微生物转化过程，其中易降解的类蛋白物质被逐渐消耗，大分子相对稳定的陆源胡敏酸发生累积，该过程与异养微生物的硝化反应密切相关。

表15-4　地下水理化性质与荧光组分间相关性分析（$n = 25$）

项目	COD	SO_4^{2-}	Cl^-	NO_3^-	C1	C2	C3	C4	C5	C6
COD	1.00									
SO_4^{2-}	0.06	1.00								
Cl^-	0.64②	0.22	1.00							
NO_3^-	0.33	0.57②	0.61②	1.00						
C1	0.16	0.02	−0.43①	−0.09	1.00					
C2	0.56②	0.37	0.84②	0.87②	−0.24	1.00				
C3	−0.04	0.36	−0.35	−0.02	0.61②	−0.16	1.00			
C4	0.32	0.58②	0.48①	0.68②	0.06	0.69②	0.48①	1.00		
C5	0.05	−0.22	0.35	0.07	−0.60②	0.22	−0.74②	−0.44①	1.00	
C6	−0.38	−0.43①	−0.09	−0.40①	−0.70②	−0.38	−0.76②	−0.70②	0.54②	1.00
terr:micro	0.53②	0.30	0.51②	0.75②	0.41①	0.74②	0.22	0.72②	−0.29	−0.76②

① 相关显著（$p < 0.05$）。
② 相关极显著（$p < 0.01$）。

参考文献

[1] 何小松，余红，席北斗，等. 填埋垃圾浸提液与地下水污染物组成差异及成因 [J]. 环境科学，2014，35 (4): 1399-1406.

[2] Tong X X, Ning L B, Dong S G. GMS model for assessment and prediction of groundwater pollution of a garbage dumpling site in Luoyang [J]. Environmental Science and Technology, 2012, 35 (7): 197-201.

[3] Yang Y L, Yang T Y, Yu X H, et al. Research on Groundwater Pollution caused by Landfills in Karst Region in Guizhou [J]. Ground Water, 2013, 35: 77-80.

[4] Tian Y J, Huang R H, Yang H, et al. Pollution on Groundwater Systems by the Leachate from a Seashore Waste Landfill Site [J]. Environmental Sanitation Engineering, 2005, 13: 1-5.

[5] 鲁宗杰，邓娅敏，杜尧，等. 江汉平原高砷地下水中DOM三维荧光特征及其指示意义 [J]. 地球科学，2017，42 (5): 771-782.

[6] Wang S, Mulligan C N. Effect of natural organic matter on arsenic release from soil and sediments into groundwater [J]. Environmental Geochemistry and Health, 2006, 28 (3): 197-214.

[7] Postma D, Larsen F, Thai N T, et al. Groundwater arsenic concentrations in Vietnam controlled by sediment age [J]. Nature Geoscience, 2012, 5 (9): 656-661.

[8] 郭卉，虞敏达，何小松，等. 南方典型农田区浅层地下水污染特征 [J]. 环境科学，2016，37 (12): 4680-4689.

[9] Christensen J B, Jensen D L, Geon C, et al. Characterization of the dissolved organic carbon in landfill leachate-polluted groundwater [J]. Water Research, 1998, 32 (1): 125-135.

[10] 于静，虞敏达，蓝艳，等. 北方典型设施蔬菜种植区地下水水质特征 [J]. 环境科学，2017，38 (9): 3696-3704.

[11] Lapworth D J, Gooddy D C, Butcher A S, et al. Tracing groundwater flow and sources of organic carbon in sandstone aquifers using fluorescence properties of dissolved organic matter (DOM) [J]. Applied Geochemistry, 2008, 23 (12): 3384-3390.

[12] Luo Z Y, Zhao Y C, Yuan T, et al. Natural attenuation and characterization of contaminants composition in landfill leachate under different disposing ages [J]. Science of the Total Environment, 2009, 407 (10): 3385-3391.

[13] Rochelle-Newall E J, Fisher T R. Chromophoric dissolved organic matter and dissolved organic carbon in Chesapeake Bay [J]. Marine Chemistry, 2002, 77 (1): 23-41.

[14] 邵田田，赵莹，宋开山，等. 辽河下游CDOM吸收与荧光特性的季节变化研究 [J]. 环境科学，2014，35 (10): 3755-3763.

[15] Helms J R, Stubbins A, Ritchie J D, et al. Absorption spectral slopes and slope ratio as indicators of molecular weight, source, and photobleaching of chromophoric dissolved organic matter [J]. Limnology and Oceanography, 2008, 53 (3): 955-969.

[16] Fellman J B, Hood E, Spencer R G M. Fluorescence spectroscopy opens new windows into dissolved organic matter dynamics in freshwater ecosystems: A review [J]. Limnology and Oceanography, 2010, 55 (6): 2452-2462.

[17] Huguet A, Vacher L, Relexans S, et al. Properties of fluorescent dissolved organic matter in the Gironde Estuary [J]. Organic Geochemistry, 2009, 40 (6): 706-719.

[18] Hur J, Kim G. Comparison of the heterogeneity within bulk sediment humic substances from a stream and reservoir via selected operational descriptors[J]. Chemosphere, 2009, 75 (4): 483-459.

[19] Yamashitar Y, Jaffe R, Maie N , et al. Assessing the dynamics of dissolved organic matter (DOM) in coastal environments by excitation emission matrix fluorescence and parallel factor analysis (EEM-PARAFAC) [J]. Limnology and Oceanography, 2008, 53 (5): 1900-1908.

[20] Stedmon C A, Markager S. Resolving the variability in dissolved organic matter fluorescence in a temperate estuary and its catchment using PARAFAC analysis [J]. Limnology and Oceanography, 2005, 50 (2): 686-697.

[21] Dolan F. Water-source characterization and classification with fluorescence EEM spectroscopy: PARAFAC analysis [J]. International Journal of Environmental Analytical Chemistry, 2007, 87 (2): 135-147.

[22] Kulkarni H V, Mladenov N, Johannesson K H, et al. Contrasting dissolved organic matter quality in groundwater in Holocene and Pleistocene aquifers and implications for influencing arsenic mobility [J]. Applied Geochemistry, 2016, 77: 194-205.

[23] Lu F, Chang C H, Lee D J, et al. Dissolved organic matter with multi-peak fluorophores in landfill leachate [J]. Chemosphere, 2009, 74 (4): 575-582

[24] Zhang Y L, Yin Y, Feng L Q, et al. Characterizing chromophoric dissolved organic matter in Lake Tianmuhu and its catchment basin using excitation-emission matrix fluorescence and parallel factor analysis [J]. Water Research, 2011, 45 (16): 5110-5122.

[25] Coble P G. Characterization of marine and terrestrial DOM in seawater using excitation-emission matrix spectroscopy [J]. Marine Chemistry, 1996, 51 (4): 325-346.

[26] He X S, Xi B D, Cui D Y, et al. Influence of chemical and structural evolution of dissolved organic matter on electron transfer capacity during composting [J]. Journal of Hazardous Materials, 2014, 268 (3): 256-263.

[27] He X S, Xi B D, Gao R T, et al. Using fluorescence spectroscopy coupled with chemometric analysis to investigate the origin, composition, and dynamics of dissolved organic matter in leachate-polluted groundwater [J]. Environment Science and Pollution Research, 2015, 22 (11): 8499-8506.

[28] Chen M, Price R M, Yamashita Y, et al. Comparative study of dissolved organic matter from groundwater and surface water in the Florida coastal Everglades using multi-dimensional spectrofluorometry combined with multivariate statistics [J]. Applied Geochemistry, 2010, 25 (6): 872-880.

[29] Santos L M D, Simões M L, Melo W J D, et al. Application of chemometric methods in the evaluation of chemical and spectroscopic data on organic matter from Oxisols in sewage sludge applications [J]. Geoderma, 2010, 155 (1-2): 121-127.

[30] Reemtsma T, Bredow A, Gehring M. The nature and kinetics of organic matter release from soil by salt solutions [J]. European Journal of Soil Science, 1999, 50 (1): 53-64.

[31] Huang S B, Wang Y X, Ma T, et al. Linking groundwater dissolved organic matter to sedimentary organic matter from a fluvio-lacustrine aquifer at Jianghan Plain, China by EEM-PARAFAC and hydrochemical analyses[J]. Science of the Total Environment, 2015, 529: 131-139.

第16章

东部平原区非正规垃圾填埋场风险控制案例

16.1 填埋场及地下水、周边地表水污染特征

16.1.1 填埋场污染特征

本章所述垃圾填埋场位于华东地区，为非正规填埋场，填埋的主要为渣土、生活垃圾及建筑垃圾等，填埋面积约26825m^2。在填埋场及周边环境共设置垃圾样品采样点42个，每隔2m深度采集一个样品，共送检填埋样品207个，检测项目为挥发性有机污染物、半挥发性有机污染物及8种重金属。

填埋场形状及采样点分布如图16-1所示。

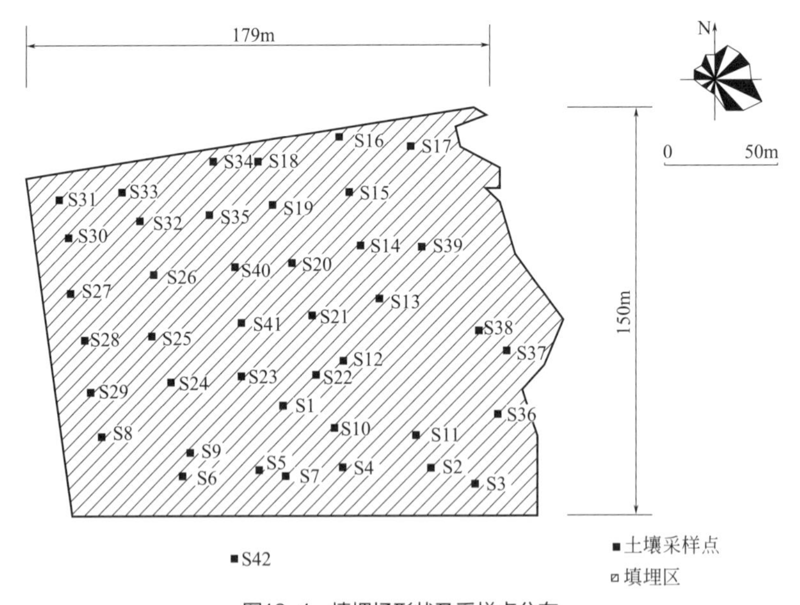

图16-1 填埋场形状及采样点分布

检测结果显示，垃圾填埋堆体检出有乙苯、间-二甲苯、对-二甲苯、邻-二甲苯、1,3,5-三甲基苯、对-异丙基甲苯、四氯化碳、苯酚、3-甲基苯酚、4-甲基苯酚、2-甲基萘、苊、芴、菲、蒽、荧蒽、芘、苯并[*a*]蒽、䓛、7,12-二甲基苯并[*a*]蒽、苯并[*b*]荧蒽、苯并[*k*]荧蒽、苯并[*a*]芘、茚并[1,2,3-*cd*]芘、二苯并[*a,h*]蒽、苯并[*g,h,i*]苝、邻苯二甲酸二甲酯、邻苯二甲酸二丁酯、邻苯二甲酸二(2-乙基己)酯、苯

乙酮、二苯并呋喃、1-萘胺、咔唑。经与《土壤环境质量　建设用地土壤污染风险管控标准（试行）》（GB 36600—2018）（第二类用地筛选值）进行比对，个别土壤样本的邻苯二甲酸二(2-乙基己)酯检出值为567mg/kg，超过第二类用地筛选值标准限值即121mg/kg，但未超过第二类用地管制值标准限值1210mg/kg。土壤样品中重金属镉、汞、砷、铜、铅、锌、镍均有检出，与《土壤环境质量　建设用地土壤污染风险管控标准（试行）》进行比对，均未超过标准限值。垃圾填埋场邻苯二甲酸二(2-乙基己）酯分布特征如图16-2所示。

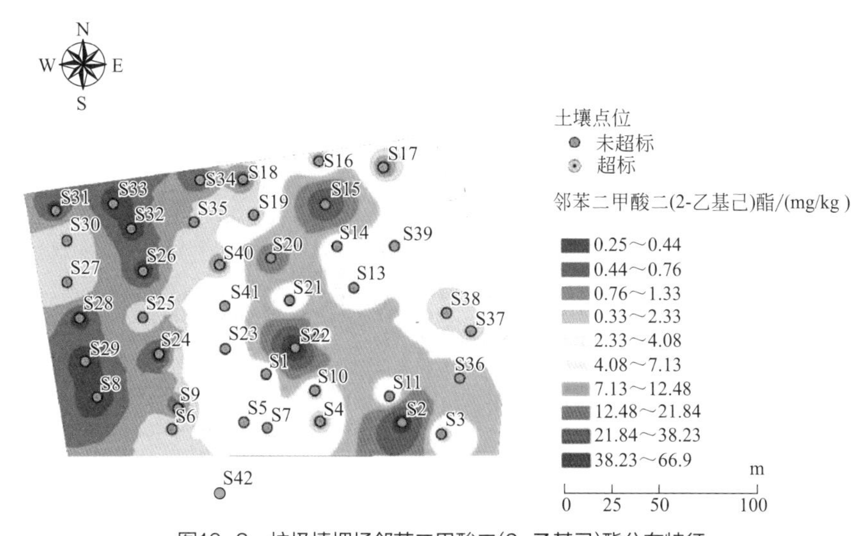

图16-2　垃圾填埋场邻苯二甲酸二(2-乙基己)酯分布特征

16.1.2　填埋场地下水污染特征

在填埋场及其周边共设置地下水监测井7口，采集地下水进行检测，检测指标为挥发性有机污染物、半挥发性有机污染物及8种重金属及水质常规指标。填埋场地下水采样点布设如图16-3所示。

检测结果显示，填埋场地下水检出有苯、甲苯、乙苯、间-二甲苯、对-二甲苯、邻-二甲苯、对-异丙基甲苯、1,2-二氯丙烷、1,1-二氯乙烷、顺-1,2-二氯乙烯、1,2-二氯乙烷、萘、苯酚、2-甲基苯酚、3-甲基苯酚、4-甲基苯酚、2-甲基萘、苊、芴、菲、苯乙酮、二苯并呋喃、咔唑。经与《地下水质量标准》（GB/T 14848—2017）（Ⅳ类水标准值）进行比对，均未超过相应标准限值。地下水样品中重金属类指标砷、铜、镍有检出，经与《地下水质量标准》（Ⅳ类水标准值）进行比对，地下水样本W2的砷检出值为99μg/L，是标准限值（50μg/L）的1.98倍，其余点位样品均未超过标准限值。填埋场地下水砷浓度分布如图16-4所示。

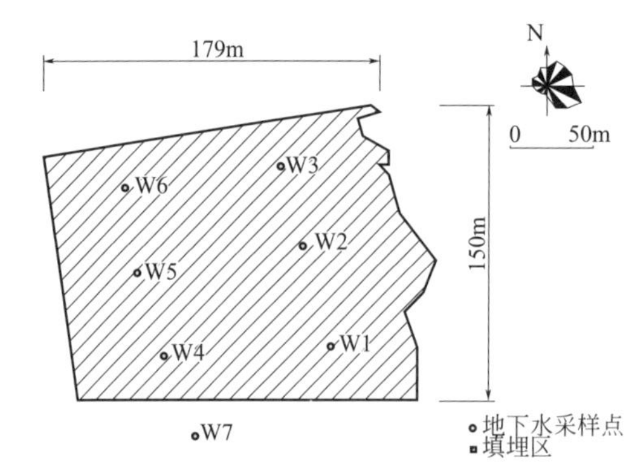

图16-3　填埋场地下水采样点布设

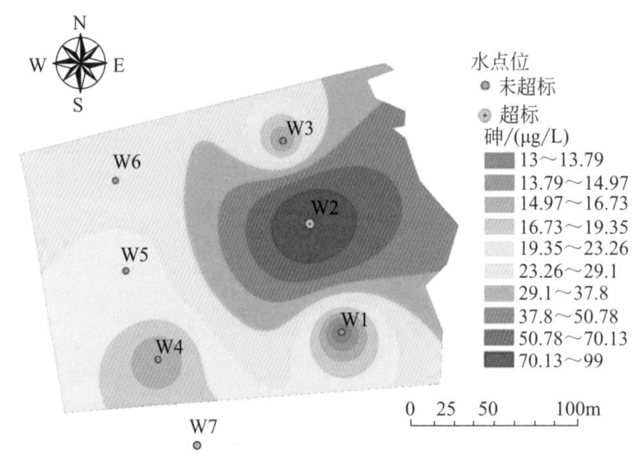

图16-4　填埋场地下水砷浓度分布图

检测的常规地下水指标中，W1、W2、W3和W7的色度超过标准限值；W2、W3和W7的浑浊度超过标准限值；W1、W2、W3、W4、W5、W6、W7的氨氮含量超过标准限值；W1、W3、W4、W5的溶解性固体含量超过标准限值；W1、W4、W5的总硬度含量超过标准限值，W2、W3、W4、W5、W6高锰酸盐指数即化学需氧量超过标准限值。填埋场地下水不同污染物分布特征如图16-5所示。

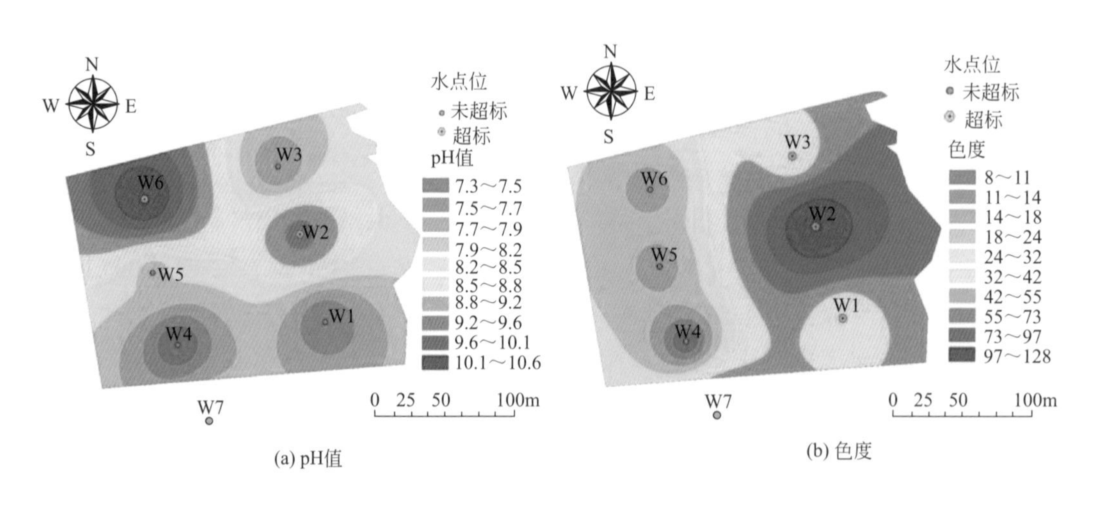

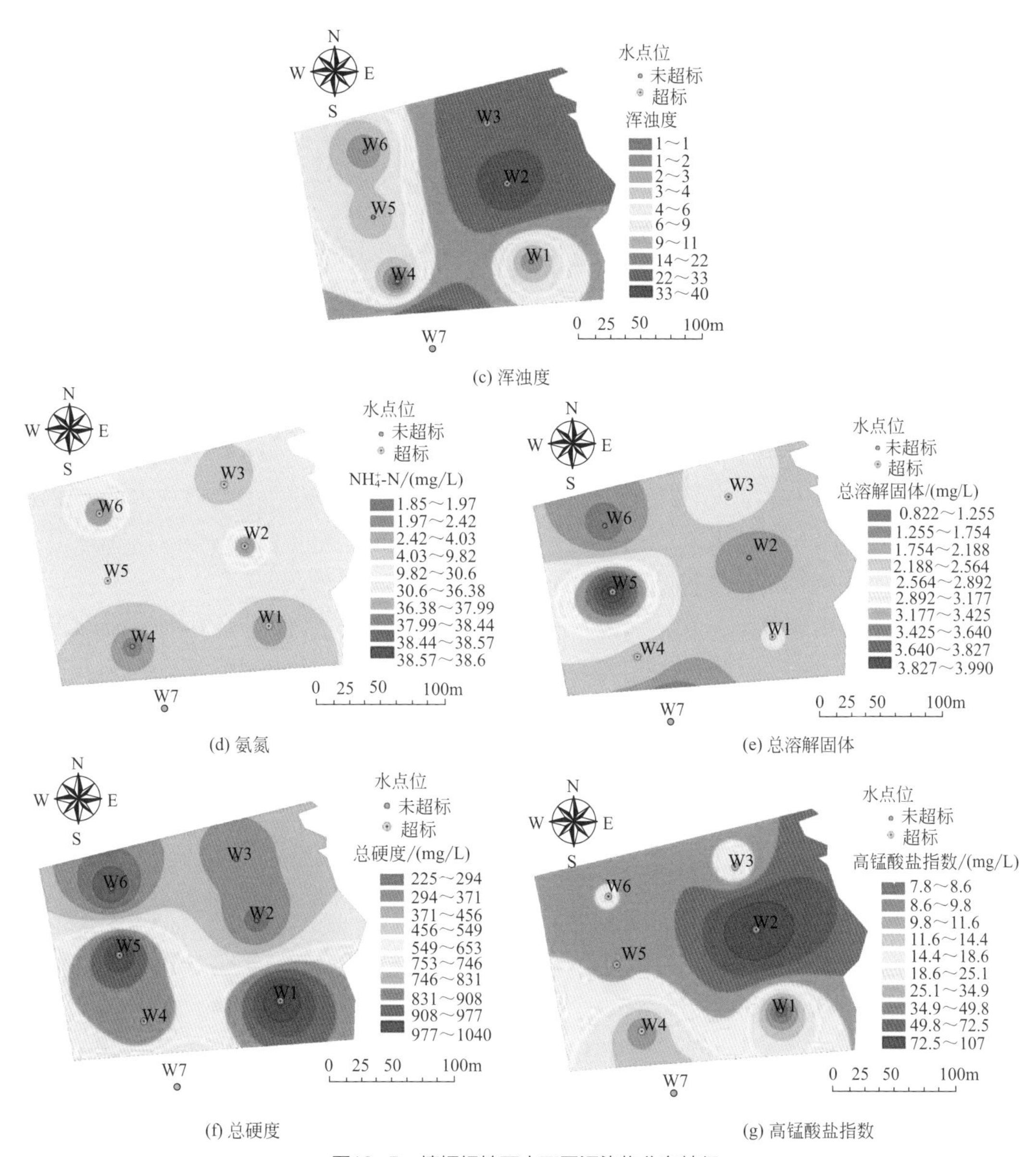

(c) 浑浊度

(d) 氨氮

(e) 总溶解固体

(f) 总硬度

(g) 高锰酸盐指数

图16-5　填埋场地下水不同污染物分布特征

16.1.3　填埋场周边地表水污染特征

填埋场沟渠较多，设置地表水采样点3个，送检的地表水样品检测项目为挥发性有机污染物、半挥发性有机污染物及8种重金属及部分常规水质指标。地表水样品中重金属检出指标砷、铜、镍有检出，与《地表水环境质量标准》(GB 3838—2002)(Ⅳ类水标准值）进行比对，检出指标均未超过标准限值。地表水样品中常规指标：SW3检出的COD含量超出标准限值，检出的氨氮、总磷均未超过标准限值。

16.2 填埋场整治必要性与原则

16.2.1 填埋场整治必要性

该垃圾填埋场填埋垃圾中含有有机废物，有机物降解产生的甲烷存在火灾和爆炸安全隐患；同时，填埋产生的硫化氢、甲硫醇等物质，污染了大气，导致周围居民健康受到影响；填埋垃圾中的有机物在雨水淋溶下产生渗滤液，会对周围土壤和水体产生污染。开展填埋场环境综合治理，不仅可以消除填埋垃圾产生的甲烷爆炸风险和恶臭污染，还可以防止填埋场中垃圾渗滤液进一步污染周围土壤和水体。

填埋场所在的地区地下水埋深浅，防污性能差，区域水网密布，存在池塘和河流，地下水与地表水水利交换密切，极易发生污染扩散和转移。填埋场地下水已经受到了渗滤液污染，如果不采取有效措施，会导致受污染的范围进一步扩大和后续修复成本的提高。开展填埋场环境综合治理，将受污染的地下水进行处理或原位封存，可以防止地下水污染进一步扩散，确保周围居民用水安全。

16.2.2 填埋场整治原则

填埋场整治是通过采取各种措施和方法，防止场地污染扩散或进一步增加。主要的措施或方法包括污染源移除或清理、阻隔或阻断及环境监测等，垃圾填埋场治理与修复应与其后续利用相结合，对于垃圾堆体而言，《生活垃圾填埋场稳定化场地利用技术要求》（GB/T 25179—2010）将填埋场分为低度、中度和高度三种利用方式（表16-1）。填埋场周围是水塘和农田，土地为中、低度利用，修复需要达到中、低度利用的要求。

表16-1 填埋土地利用方式及目标限值（GB/T 25179—2010）

项目	低度利用	中度利用	高度利用
利用范围	草地、农地、森林	公园	一般仓储或工业用房
封场年限	较短，≥3年	稍长，≥5年	长，≥10年
填埋场有机质含量	稍高，＜20%	稍低，＜16%	低，＜9%
地表水水质	满足GB 3838—2002相关要求		
堆体中填埋气	不影响植物生长，甲烷浓度≤5%	甲烷浓度5%～1%	甲烷浓度＜1%，二氧化碳浓度＜1.5%

续表

项目	低度利用	中度利用	高度利用
场地区域大气质量	—	达到GB 3095—2012三级标准	—
恶臭指标	—	达到GB 14554—1993三级标准	—
堆体沉降	大，＞35cm/a	不均匀，10～30cm/a	小，1～5cm/a
植被恢复	恢复初期	恢复中期	恢复后期

16.2.3 地下水污染阻隔原则

填埋场地下水治理难度大，成本高，目前常用帷幕灌浆，将地下水进行原位阻隔。原位阻隔技术的关键技术参数包括阻隔材料的性能、阻隔系统深度、堆体覆盖等，要求如下所述。

① 阻隔材料：阻隔材料渗透系数要小于10^{-7}cm/s，阻隔材料要具有极高的抗腐蚀性、抗老化性，具有强抵抗紫外线能力，使用寿命50a以上，无毒无害。阻隔材料应确保阻隔系统连续、均匀、无渗漏。

② 阻隔系统深度：通常阻隔系统要阻隔到不透水层或弱透水层，否则会削弱阻隔效果，结合场地水文地质条件，建议阻隔到15m。

③ 堆体覆盖：利用现存于填埋区表层的厚约1m的覆土作为覆盖。

④ 定期对污染阻隔区域进行监测，防止渗漏污染：对阻隔系统的监测主要是沿着阻隔区域地下水水流方向设置地下水监测点，监测点分别设置在阻隔区域的上游、下游和阻隔区域内部。通过比较分析流经该阻隔区域内的地下水中目标污染物含量变化，及时了解阻隔区域对周围环境的影响，并适时做出响应，防止二次污染。

16.3 填埋场修复与地下水污染控制

16.3.1 填埋场地下水污染阻隔

填埋场的整治包括首先进行地下水污染阻隔，随后是好氧稳定化和规范封场，最后是渗滤液处理以及长期监控。其中规范封场工程由堆体整形、终场覆盖系统、填埋气体收集系统、雨水导排系统、渗滤液导排及收集系统、生态恢复系统、场区辅助工程7部分组成，工程的具体内容实施如下。

16.3.1.1 阻隔原则

帷幕在平面布置上易沿垃圾填埋场区域闭合，在设计深度范围内应连续。建设全封闭式帷幕，将填埋场隔绝于帷幕内，防止污染扩散。帷幕应满足自防渗要求，渗透系数不宜大于1.0×10^{-6}cm/s，确保将无污染雨水拦截在帷幕外，同时保证周边区域内的无污染地下水不致受到次生污染，造成污染地下水量增加。

当基础底部以下存在连续分布、埋深较浅的隔水层时，应采用落底式竖向帷幕；当基础底部以下含水层厚度较大，隔水层不连续或埋深较深时，可采用悬挂式竖向帷幕。帷幕施工方法应根据工程地质条件、水文地质条件、场地条件等进行选择。

16.3.1.2 地下阻隔墙建设

场地填埋区四周建设地下阻隔墙，形成一组闭合的防渗墙。防渗墙建设距离填埋污染场地外围约5m，阻隔墙长度约为700m，桩长15m，阻隔墙施工工艺为双轴搅拌桩，阻隔墙的防渗系数要求达到10^{-7}cm/s。

16.3.2 填埋场规范封场

16.3.2.1 堆体整形

堆体整形施工可确保堆体稳定，满足封场操作及封场排水等要求，消除填埋作业中不规范运行所带来的安全隐患，尽量减少不均匀沉降，同时为封场覆盖系统提供稳定的工作面和支撑面。本填埋场堆体做如下整形处理：首先是对堆体进行整形，使其形成顶部坡脊高，平均坡度为5%，坡向周边截洪沟，该场地堆体整形面积约2.4×10^4m^2；其次，场地周边设置环场截洪沟，截洪沟尺寸为1.1m×1.2m，雨水经截洪沟汇集后由两侧排向周边的水塘内。

堆体整形区域及环场截洪沟示意如图16-6所示。

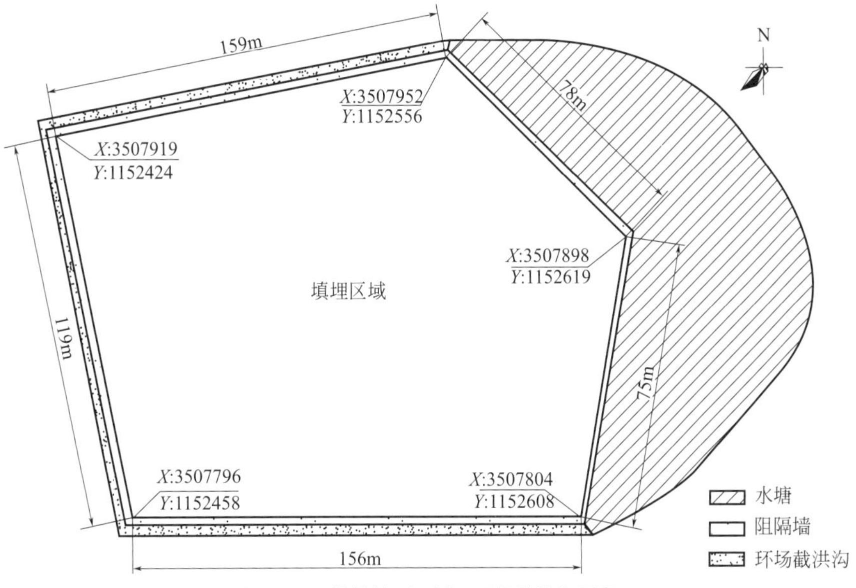

图16-6　堆体整形区域及环场截洪沟示意

16.3.2.2　封场覆盖

填埋场终封场覆盖系统实施从上到下依次为300mm厚营养植被层、5mm土工复合排水网、1mm高密度聚乙烯（HDPE）防渗膜、100cm砂石土排气层、平整压实垃圾层。

（1）排气层实施

按要求，排气层一般要求采用多孔的、高透水性的土层或土工合成材料，厚度不应小于30cm，通常采用含有土壤或土工布滤层的砂石或砂砾，同时排气层给防渗层的铺设和安装提供了稳定的工作面和支撑面。本场地排气导渗系统利用原表层覆盖的砂石土作为排气层，厚度约为100cm。

（2）防渗层实施

按要求，防渗层的渗透系数不应大于1.0×10^{-5}cm/s，一般防渗材料以HDPE膜、膨润土垫、黏土为主。本次防渗层采用铺设1.0mm的HDPE防渗膜，渗透系数为0.85×10^{-13}，全场铺设至场地周边截洪沟，铺设面积约为$2.4\times10^{4}\text{m}^{2}$。场地防渗膜铺设示意如图16-7所示；防渗膜铺设施工如图16-8所示。

（3）排水层实施

按要求，排水层选择渗透系数较大（一般大于10^{-4}cm/s）的材料，排水层可收集通过植被层下渗的雨水，避免了防渗层同植被层直接接触，阻止植物根系侵入破坏防渗层，对防渗层起到了一定的保护作用。排水层采用铺设5.0mm厚的复合土工排水网格，导水率为3.0×10^{-4}，全场铺设至场地周边截洪沟，铺设面积约为$2.4\times10^{4}\text{m}^{2}$。排水网铺设如图16-9所示。

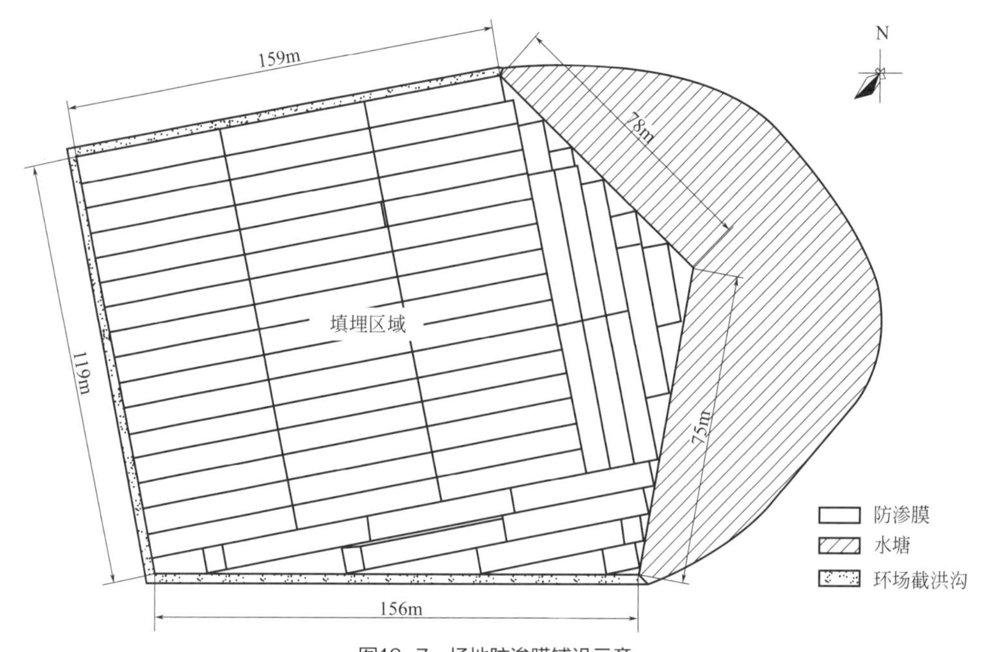

图16-7　场地防渗膜铺设示意

图16-8　防渗膜铺设施工

图16-9　排水网铺设

（4）植被层施工

按要求，植被层由不小于30cm厚的土料组成，它能维持天然植被和保护封场覆盖系统不受风、霜、雨、雪和动物的侵害。本次植被层由压实土层构成，厚度约30cm，场地覆土面积为$2.4\times10^4m^2$。覆土压实工程如图16-10所示。

图16-10　覆土压实工程

16.3.2.3　抽气井布系统

因封场工程与好氧稳定化工程同时进行，好氧稳定化的抽气井同时变成了原位封场里的排气井，本次施工针对填埋气体设置了导排系统。填埋气体主动导排水平集气沟及回收系统由集气井、滤管、集气管网、抽气设备组成；抽气井布设26个，深度为8m，抽气管支管共铺设约700m，主管铺设约150m。收集的废气经废气处理系统处理，并参照《大气污染物综合排放标准》（GB 16297—1996）。

抽气井布设示意如图16-11所示。

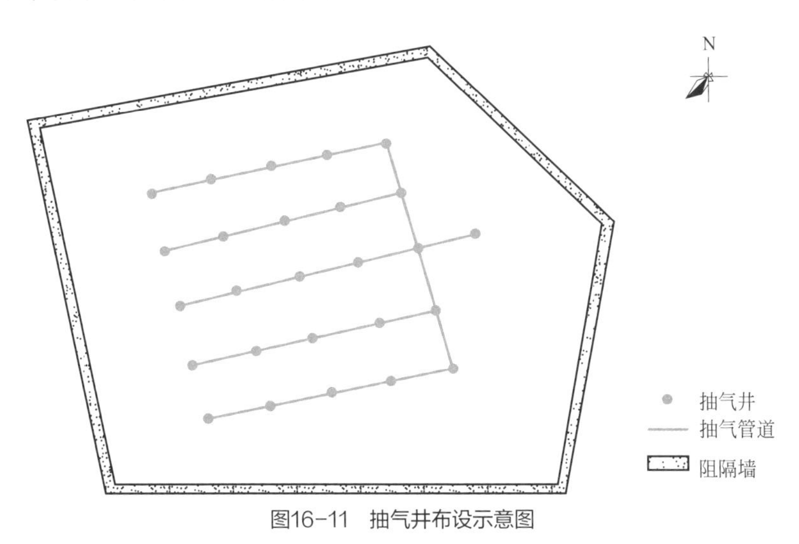

图16-11　抽气井布设示意图

16.3.2.4 排洪沟建设

填埋场周边雨水沟施工达到《防洪标准》（GB 50201—2014）和《城市防洪工程设计规范》（CJJ 50—92）的相关要求，按五十年一遇洪水的要求设计，并满足百年一遇洪水校核。填埋场四周的环场截洪沟，截面1.1m×1.2m。

16.3.2.5 生态恢复系统

本填埋场终场后，在表面进行植草，改善景观和生态环境，消除填埋场的不利影响。垃圾堆体表层将覆盖防渗层，以防止填埋气体逸出而危害植物根部。好氧稳定化封场后，填埋场全部种植草坪，逐渐恢复填埋场的植被，改善填埋场区的外观景致。

16.3.2.6 渗滤液处理工程

根据方案设计，地下水抽提井布设5个点，深度为8m。渗滤液抽出后收集送至污水处理厂处置。渗滤液抽提井布设示意如图16-12所示。

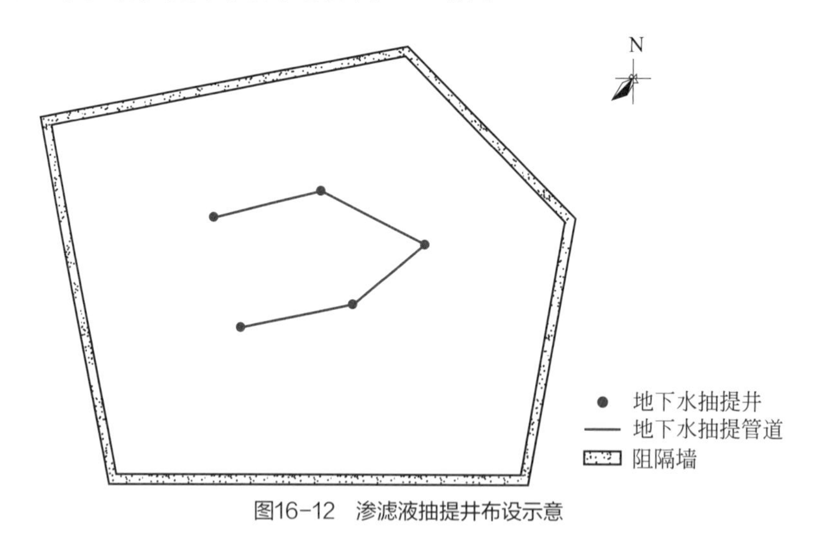

图16-12 渗滤液抽提井布设示意

16.3.3 好氧稳定化工程

好氧稳定化工程主要包括注气系统、抽气系统、监测系统、动力系统、渗滤液收集系统等。

16.3.3.1 注气系统

根据设计要求，现场放线确定注气井位置，井间距为20m，共布设38个注气井，深度8m，注气管支管共铺设约800m，主管铺设约150m。使用专业的钻孔机械进行施工做井。注气井布设点位示意如图16-13所示。

施工建成的注气井，在不同填埋深度开设花管，设置通风曝气孔，实现不同填埋深度输氧曝气。曝气管上的孔洞由移动空气压缩机产生的高压空气进行曝气，移动空气压缩机和注气管之间通过软管相连。注气管、抽气管和风机的连接管道由聚丙烯（PP）材质制成，并配有快速连接接头。注气管采用HDPE管，并在距离地面1.5m处开设花管直至底部。HDPE管网的安装施工按照图纸设计要求进行，管基础做好后开始管网安装，施工顺序由低到高，全部安装完毕经检查并且合格后，接着撤下管腹下所有托管小车、木砖，使整个管网落实在管基础上。

HDPE管安装完成并检查合格后，在井底至地下1.5m处使用粒径为10 ～ 50mm的碎石进行回填，按照要求在地下1.5m处至地面采用低渗透性材料进行密封。注气井安装形式如图16-14所示。

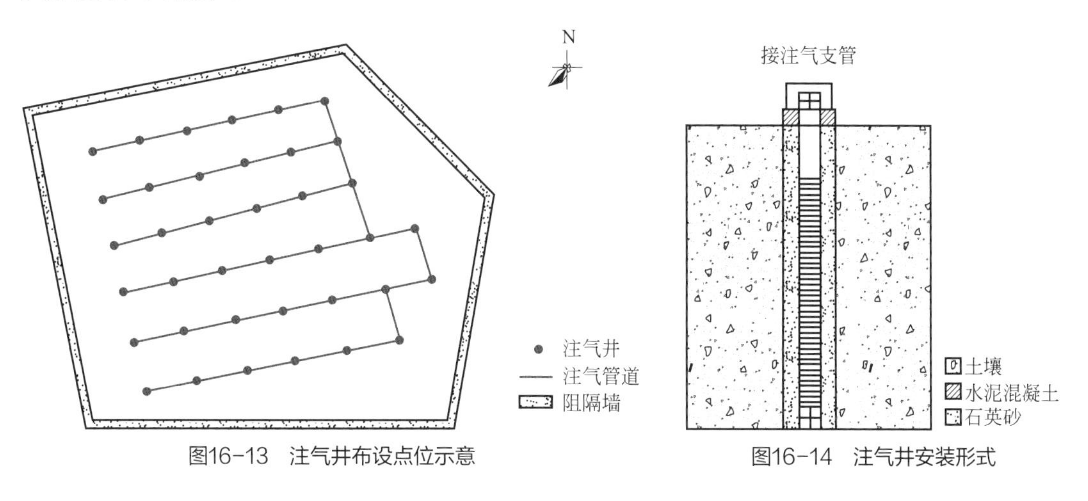

图16-13　注气井布设点位示意　　图16-14　注气井安装形式

16.3.3.2 抽气系统

抽气井布设26个，深度为8m，抽气管支管共铺设约700m，主管铺设约150m。抽气井布设点位示意如图16-15所示。

施工建成的抽气井，由高压离心风机通过气管上的孔洞对填埋区的气体进行抽出，经抽气管进入废气处理装置进行处理。

根据设计要求，抽气管采用HDPE管，并在距离地面1.5m处开设花管直至底部。HDPE管网的安装施工按照图纸设计要求进行，管基础做好后开始管网安装，施工顺序由低到高，全部安装完毕经检查并且合格后，接着撤下管腹下所有托管小车、木砖，使整个管网落实在管基础上。

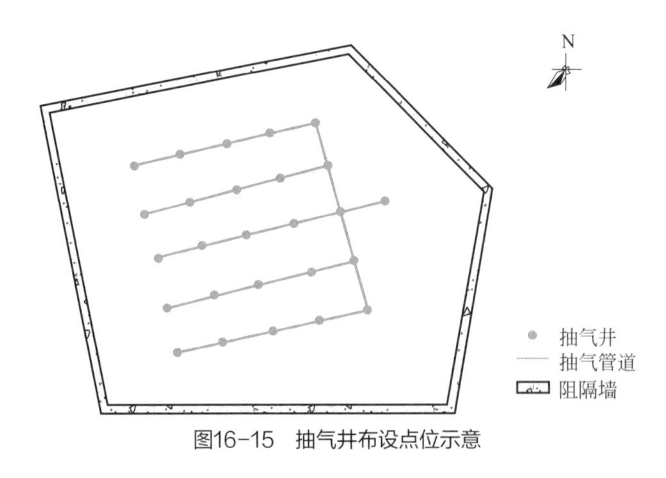

图16-15 抽气井布设点位示意

HDPE管安装完成并检查合格后，在井底至地下1.5m处使用粒径为10～50mm的碎石进行回填，按照要求在地下1.5m处至地面采用低渗透性材料进行密封。抽气井安装形式如图16-16所示。

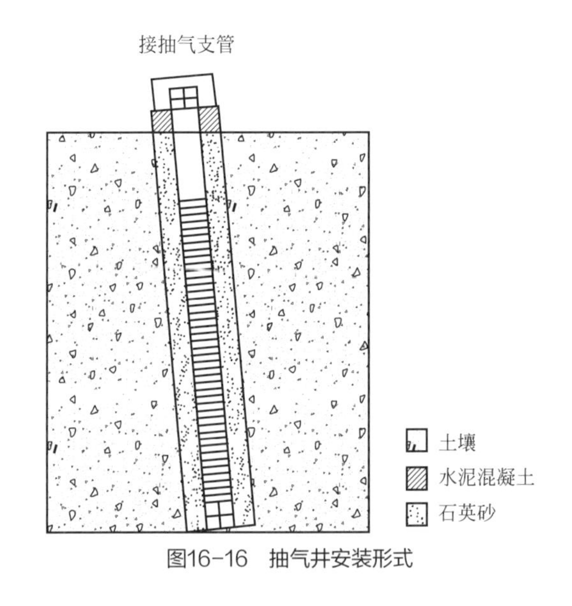

图16-16 抽气井安装形式

16.3.3.3 监测系统

监测系统包括监测井、线路系统、集中控制系统等。主要的监测项目有垃圾填埋场各个部位的温度、湿度、垃圾填埋气产量及主要气体成分（CO_2、CH_4、O_2、N_2、CO、SO_2等）、渗滤液成分、渗滤液的pH值等。监测井采取均布原则，监测井的间距为40m。

温度由设置在监测井中的温度传感器进行测量。温度传感器布设在相应的监测井中（每个监测井设置3个监测点）。温度传感器的信号通过线路或无线方式传输到监测系统的记录器中。

湿度由设置在监测井中的湿度传感器进行测量。在一个监测井中，可以根据井深设置3个监测点。湿度传感器的信号通过线路传输到监测系统的记录器中。

在监测井不同深度预埋采样气管。通过现场安装的气体分析仪或便携式气体分析仪进行气体成分监测。现场气体分析仪通过采样气管进行采样，经过分析后，将监测结果直接传输到监测记录器中。便携式气体分析仪样品的采集和分析是根据设定的时间间隔，在采气样口进行采样，仪器同时测量出样品的气体成分和浓度。此外，配备采样泵及气体样品专用袋，以便实验室监测其他气体成分。

渗滤液的成分和pH值的监测，在渗滤液收集井和渗滤液存储装置中进行采样，然后送专业分析监测机构进行监测。监测仪器连接所需电线电缆设护线套管。

监测井布设点位示意如图16-17所示；监测井传感器布设示意如图16-18所示；好氧稳定化设备鸟瞰图如图16-19所示。

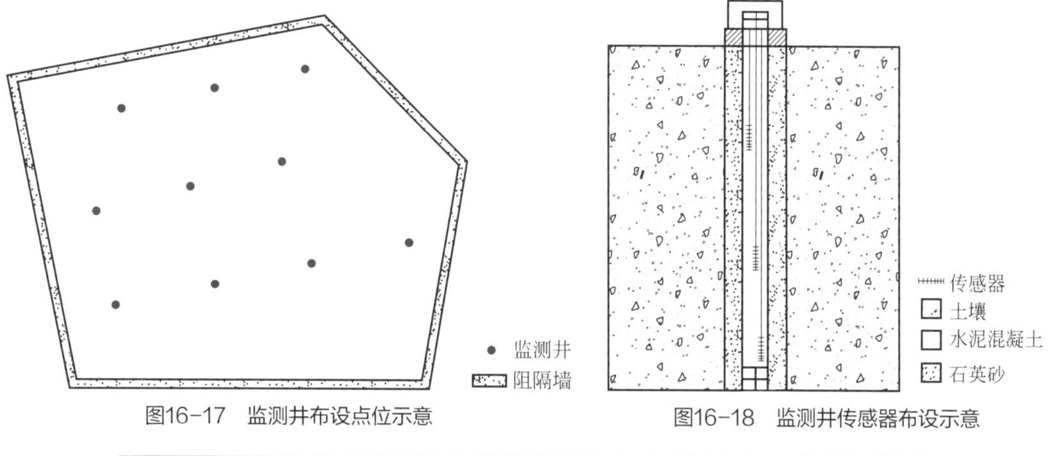

图16-17　监测井布设点位示意　　图16-18　监测井传感器布设示意

图16-19　好氧稳定化设备鸟瞰图

16.3.3.4 动力系统

填埋场动力系统采用两台风机，一台抽气，一台鼓气。抽出的气体，经碱洗涤和活性炭吸附后，通过尾气排放系统15m高空排放。由于渗滤液未做收集，本填埋场最终未做渗滤液收集系统。

16.3.4 长期监测

填埋场封场后，为监控填埋场环境污染，加速污染物的降解和稳定化，还需对填埋场地的特征污染物衰减进行长期监测，并根据监测结果提出相应的措施，如果监测发现周边地表水、地下水污染骤增，应进行检修。本填埋场地下水有机物、氨氮浓度较高，填埋场封场后，还需长期监测其长期衰减过程，如果监测到没有发生衰减或者衰减速率极低，还需采用曝气、提供电子受体和营养盐等方式，加速地下水中有机物的降解和氮的去除。

按照相关规范要求，将对该场地周边地表水、地下水特征污染物进行长期监测，监测频率为第一年每3月一次，第二、第三年为每年一次。

同时，选取环境调查中土壤中检出邻苯二甲酸二(2-乙基己)酯的点位作为污染特征物土壤长期监测点，并分别命名为土壤长期监测点1、土壤长期监测点2、土壤长期监测点3。选取环境调查中地下水污染检出较明显的W2、W5、W6作为污染特征物地下水长期监测点，并分别命名为地下水长期监测点1、地下水长期监测点2、地下水长期监测点3。选取环境调查中场地直接排水的水塘地表水采样点SW1、SW2、SW3作为污染特征物地表水长期监测点，并增加表层覆盖后截洪沟内2处及周边水塘2处作为地表水长期监测点，并分别命名为地表水长期监测点1～7。

16.4 填埋场及地下水整治效果

填埋场综合治理工程施工完成后，为监控填埋场环境污染状况，评估填埋场改造效果，还需进行效果评估监测。由于综合治理前填埋场地下水中氨氮和有机物浓度较高，重点评估综合治理工程对地下水和地表水中有机污染物的治理效果。同时，因重金属（砷）对地下水和地表水具有长期、较高的污染风险，应当评估综合治理工程对重金属的治理效果。因此，地下水和地表水重点监测内容选择：填埋场地下水和地表水中砷含量、氨氮和耗氧量。同时，应当对场区周边土壤质量进行监测，评估综合治理工程对土壤环境质量的改善效果。如监测发现超出地下水、地表水和土壤质量标准，应当采取后续措施进行治理。按照相关采样与监测规范，对场区地下水和土壤进行采样和测试。共采集地表水样品7个、地下水样品3个。

16.4.1 地下水治理效果

监测结果表明：采取综合治理后的地下水样品中的砷未超出《地下水质量标准》（GB/T 14848—2017）中Ⅳ类水的标准限值。氨氮和化学需氧量均超出相关限值。对照综合治理前2018年6月的监测数据表明：治理工程使得点位W2的砷含量由超标降至标准限值以下。W2的氨氮、化学需氧量分别下降了55.9%和66.0%；W5的氨氮、化学需氧量分别下降了30.9%和23.1%；W6的氨氮、化学需氧量分别下降了68.4%和5.2%，具体监测数据如表16-2所列。

表16-2 地下水砷、氨氮、化学需氧量指标对比情况

采样日期	样品编号	砷/（μg/L）	氨氮/（mg/L）	化学需氧量/（mg/L）
《地下水质量标准》GB/T 14848—2017（Ⅳ类水）		50	1.5	10
整治	W2	99（超标）	38.1（超标）	107（超标）
	W5	21（未超标）	9.91（超标）	26（超标）
	W6	24（未超标）	38.6（超标）	24.8（超标）
处理后	FW2	12.7（未超标）	16.8（超标）	36.4（超标）
FW2下降幅度/%		87.2	55.9	66.0
	FW5	2.8（未超标）	6.85（超标）	20.0（超标）
FW5下降幅度/%		86.7	30.9	23.1
	FW6	5.4（未超标）	12.2（超标）	23.5（超标）
FW6下降幅度/%		77.5	68.4	5.2

16.4.2 土壤治理效果

监测结果表明：采取综合治理后的土壤样品中的邻苯二甲酸二(2-乙基己基)酯未超出《土壤环境质量 建设用地土壤污染风险管控标准（试行）》（GB 36600—2018）中第二类用地的筛选值。具体监测数据如表16-3所列。

表16-3　垃圾堆体中邻苯二甲酸二(2-乙基己基)酯治理效果

采样日期	样品编号	邻苯二甲酸二(2-乙基己基)酯/(mg/kg)
《土壤环境质量　建设用地土壤污染风险管控标准》第二类用地筛选值		121
处理前	S1-3.0	47.7（未超标）
	S20-1.5	567（超标）
	S21-4.5	66.9（未超标）
处理后	FS1-3.0	< 0.1（未超标）
	FS20-1.5	< 0.1（未超标）
	FS21-4.5	0.3（未超标）

第17章 西部丘陵区非正规垃圾填埋场风险管控案例

17.1 垃圾填埋场现状与风险识别

17.1.1 垃圾填埋场现状

该垃圾填埋场始建于2000年，垃圾填埋库容约8×10^{5}m^{3}垃圾，采用简易填埋的处理方式，整体上无任何环境保护措施且无建设与使用标准。填埋场填埋垃圾以生活垃圾为主，局部垃圾堆顶部堆存有煤矸石或原煤，该填埋场于2016年11月停用并简易封场。垃圾填埋区西东分布呈椭圆形，填埋区下游为1号拦渣坝，在1号拦渣坝与2号拦渣坝之间堆存10m厚的原煤，2号拦渣坝下游有垃圾渗滤液池及工业企业。

17.1.2 区域水文地质

填埋场位于丘陵U形谷内，地面高程为390～420m，相对高差为30～50m，谷坡为5°～10°，谷宽为20～50m。填埋区地层属于侏罗系上沙溪庙组（J_2S^2），岩性主要为紫红色砂质泥岩与泥质细砂岩、砂岩不等厚互层，地下水类型主要为红层风化带裂隙水和第四系松散岩类孔隙水，主要受地貌控制，以垃圾填埋场周边分水岭为地下水系统边界。地下水补给来源主要为大气降雨，流向沿垃圾填埋场所在沟域从山坡向沟道径流。

垃圾填埋场区域水文地质图如图17-1所示；填埋场沿沟纵向水文地质剖面如图17-2所示。

17.1.3 环境风险识别

填埋场垃圾分布于两大区域：一处位于截洪沟、拦渣坝内垃圾堆体；另一处位于垃圾堆体西南侧的分散垃圾堆。分散垃圾堆坡度较大，顶部局部有农作物种植，底部及周边未做拦渣坝、截洪沟等工程；堆积堆体为垃圾填埋场垃圾主要堆放区，周边设置拦渣坝、截洪沟并在堆体表面设置防尘网与导气管，将渗滤液收集并输送至邻近生活垃圾填

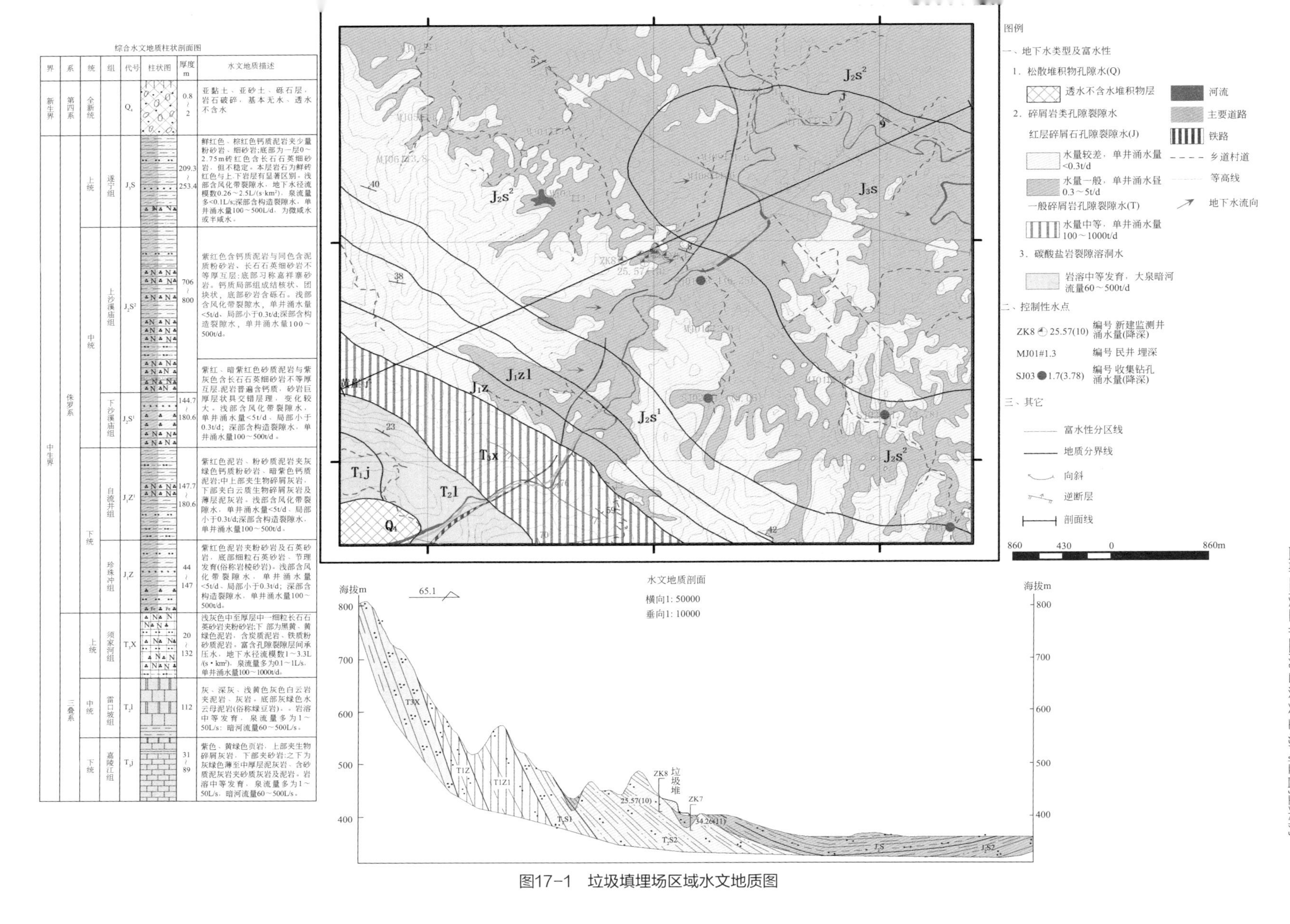

界	系	统	组	代号	柱状图	厚度 m	水文地质描述
新生界	第四系	全新统		Q_4		0.8~2	亚黏土、亚砂土、砾石层，岩石破碎，基本无水，透水不含水
中生界	侏罗系	上统	遂宁组	J_3S		209.3~253.4	鲜红色、棕红色钙质泥岩夹少量粉砂岩、细砂岩;底部为一层0~2.75m砖红色含长石石英细砂岩，但不稳定。本层岩石为鲜砖红色与上、下岩层有显著区别。浅部含风化带裂隙水，地下水径流模数0.26~2.5L/(s·km²)，泉流量多<0.1L/s;深部含构造裂隙水，单井涌水量100~500L/d，为微咸水或半咸水。
		中统	上沙溪庙组	J_2S^2		706~800	紫红色含钙质泥岩与同色含泥质粉砂岩、长石石英细砂岩不等厚互层;底部习称嘉祥寨砂岩。钙质局部组成结核状、团块状，底部砂岩含砾石。浅部含风化带裂隙水，单井涌水量<5t/d，局部小于0.3t/d;深部含构造裂隙水，单井涌水量100~500t/d。
			下沙溪庙组	J_2S^1		144.7~180.6	紫红、暗紫红色砂质泥岩与紫灰色含长石石英细砂岩不等厚互层，泥岩普遍含钙质，砂岩巨厚层状具交错层理，变化较大。浅部含风化带裂隙水，单井涌水量<5t/d，局部小于0.3t/d；深部含构造裂隙水，单井涌水量100~500t/d。
		下统	自流井组	J_1Z^1		147.7~180.6	紫红色泥岩、粉砂质泥岩夹灰绿色钙质粉砂岩、暗紫色钙质泥岩;中上部夹生物碎屑灰岩，下部夹白云质生物碎屑灰岩及薄层泥灰岩。浅部含风化带裂隙水，单井涌水量<5t/d，局部小于0.3t/d;深部含构造裂隙水，单井涌水量100~500t/d。
			珍珠冲组	J_1Z		44~147	紫红色泥岩夹粉砂岩及石英砂岩，底部细粒石英砂岩，节理发育(俗称岩棱砂岩)。浅部含风化带裂隙水，单井涌水量<5t/d，局部小于0.3t/d；深部含构造裂隙水，单井涌水量100~500t/d。
	三叠系	上统	须家河组	T_3X		20~132	浅灰色中至厚层中一细粒长石石英砂岩夹粉砂岩;下部为黑黄、黄绿色泥岩，含炭质泥岩、铁质粉砂质泥岩。富含孔隙裂隙层间承压水，地下水径流模数1~3.3L/(s·km²)，泉流量多为0.1~1L/s，单井涌水量100~1000t/d。
		中统	雷口坡组	T_2l		112	灰、深灰、浅黄色灰色白云岩夹泥岩、灰岩，底部灰绿色水云母泥岩(俗称绿豆岩)。岩溶中等发育，泉流量多为1~50L/s；暗河流量60~500L/s。
		下统	嘉陵江组	T_1j		31~89	紫色、黄绿色页岩，上部夹生物碎屑灰岩，下部夹砂岩;之下为灰绿色薄至中厚层泥灰岩、含砂质泥灰岩夹砂质灰岩及泥岩。岩溶中等发育，泉流量多为1~50L/s，暗河流量60~500L/s。

图17-1　垃圾填埋场区域水文地质图

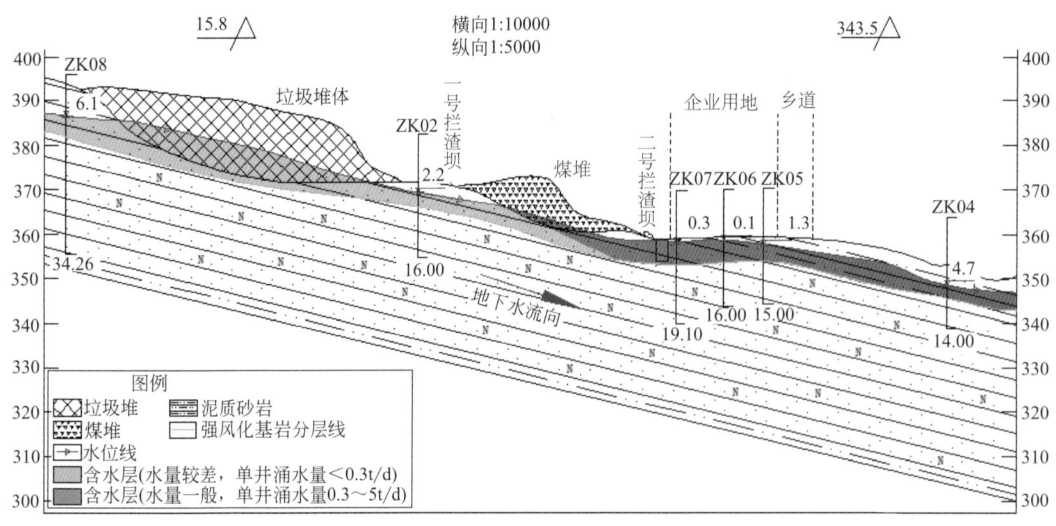

图17-2　填埋场沿沟纵向水文地质剖面图

埋场渗滤液处理系统处置。由于历史等多方面因素的影响，现有措施同规范相比存在一定程度的问题或不足，是周边土壤与地下水的潜在污染源。据此，基于现场调查垃圾填埋场现状同生活垃圾填埋场污染控制标准列表逐条对照，如表17-1所列，分析其存在的问题与不足。

表17-1　生活垃圾填埋场存在的问题

序号	生活垃圾填埋场污染控制标准	生活垃圾填埋场现状	生活垃圾填埋场存在的问题及改进
1	防渗衬层系统	填埋区内所挖0.7m深坑已见渗滤液，未见防渗衬层系统	无防渗系统，需针对无防渗系统造成的影响建设有针对性的工程措施
2	渗滤液导排系统	渗滤液通过管道自然流至渗滤液暂存池，经泵房输送至新垃圾填埋场渗滤液处理系统；渗滤液收集效率低下，存在跑冒滴漏现象	渗滤液导排系统不完善、收集效率低，会对环境造成一定影响。结合填埋场及水文地质特征参照规范完善渗滤液的导排系统
3	渗滤液经处理达标排放	建有2个渗滤液暂存池，渗滤液输送至邻近生活垃圾填埋场渗滤液处理系统处置	复核新垃圾填埋场是否有接纳本垃圾填埋场渗滤液的能力，进而确定新建处理设施规模
4	雨污分流系统	设置有排洪沟，但局部排洪沟槽略高于地面5～20cm或底部存在破损，收集效果差	局部防洪与雨水导排工程效果差，应依据技术规范对防洪与雨水导排系统进行改造、修缮乃至重建
5	地下水导排系统	未见地下水导排系统	由于填埋区未设置防渗层，导致渗滤液和地下水相互混合，建设填埋区地下水导排及填埋区内地下水污染控制工程
6	地下水监测设施	未开展环境例行监测	设置例行地下水监测点开展常态检测
7	填埋气体导排系统	设置有10余个竖向导气口	导气口偏少，设置不符合规范，要求且导出的气体是自然排放。按规范对导气系统进行完善，并增加填埋气体的收集、处理、利用工程

17.2 垃圾填埋场周边地下水及土壤污染特征

17.2.1 垃圾渗滤液特征

采集垃圾渗滤液并对pH值、铜、铅、锌、铬、镉、镍、砷、汞、硒、四氯化碳、氯仿、氯甲烷、1,1-二氯乙烷、1,2-二氯乙烷、1,1-二氯乙烯、1,2-二氯乙烯、顺-1,2-二氯乙烯、反-1,2-二氯乙烯、二氯甲烷、1,2-二氯丙烷、1,1,1,2-四氯乙烷、1,1,2,2-四氯乙烷、四氯乙烯、1,1,1-三氯乙烷、1,1,2-三氯乙烷、三氯乙烯、1,2,3-三氯丙烷、氯乙烯、苯、氯苯、1,2-二氯苯、1,4-二氯苯、乙苯、苯乙烯、甲苯、间二甲苯、对二甲苯、邻二甲苯、硝基苯、苯胺、2-氯酚、苯并[*a*]蒽、苯并[*a*]芘、苯并[*b*]荧蒽、苯并[*k*]荧蒽、䓛、二苯并[*a,h*]蒽、茚并[1,2,3-*cd*]芘、萘、COD_{Cr}、BOD_5、总磷、总氮、铍、邻苯二甲酸二（2-乙基己）酯等56项指标进行检测。其中氯甲烷、二氯甲烷、甲苯、氯苯、萘、苯并[*a*]蒽、䓛、苯并[*b*]荧蒽、苯并[*k*]荧蒽、苯并[*a*]芘、茚并[1,2,3-*cd*]芘、二苯并[*a,h*]蒽、邻苯二甲酸二（2-乙基己）酯等有机物检出，无机指标检测也有不同程度检出，结果详见表17-2。

表17-2 垃圾渗滤液主要成分一览表

序号	项目	浓度/(mg/L)	序号	项目	浓度/(mg/L)
1	pH值（无量纲）	8.29	13	甲苯	1.0×10^{-4}
2	铜	0.21	14	氯苯	1.0×10^{-4}
3	锌	0.29	15	萘	7.7×10^{-4}
4	镍	0.12	16	苯并[*a*]蒽	3.76×10^{-5}
5	汞	3.52×10^{-3}	17	䓛	5.89×10^{-5}
6	砷	59×10^{-3}	18	苯并[*b*]荧蒽	4.19×10^{-5}
7	化学需氧量（COD_{Cr}）	2.64×10^{3}	19	苯并[*k*]荧蒽	1.94×10^{-5}
8	五日生化需氧量（BOD_5）	872	20	苯并[*a*]芘	1.83×10^{-5}
9	总磷	8.00	21	茚并[1,2,3-*cd*]芘	1.68×10^{-5}
10	总氮	1.30×10^{3}	22	二苯并[*a,h*]蒽	4.1×10^{-6}
11	氯甲烷	7.5×10^{-3}	23	邻苯二甲酸二（2-乙基己）酯	2.23×10^{-3}
12	二氯甲烷	1.4×10^{-3}			

17.2.2 地下水污染特征

（1）物探检测

在填埋场区域内布设2条物探剖面（L1、L2），以查明垃圾填埋场地下空间结构、地下污水迁移路径及污染范围。L1测线位于1号拦渣坝内侧5m、自东南走向西北，L2测线位于1号拦渣坝外侧3m原煤堆区，自东南走向西北。

通过物探解译，L1测线中表层垃圾厚度为2～3m，下层为含有黏土和淤泥的包气带A区，B区为连续的含水层。含水层中有一段电阻率小且连续的区域，结合钻探结果分析该区域为受渗滤液泄漏至含水层的污染区域C区，渗滤液先从西北侧垂向入渗进入地下水，随之向东南方向扩散，L1物探剖面如图17-3所示。

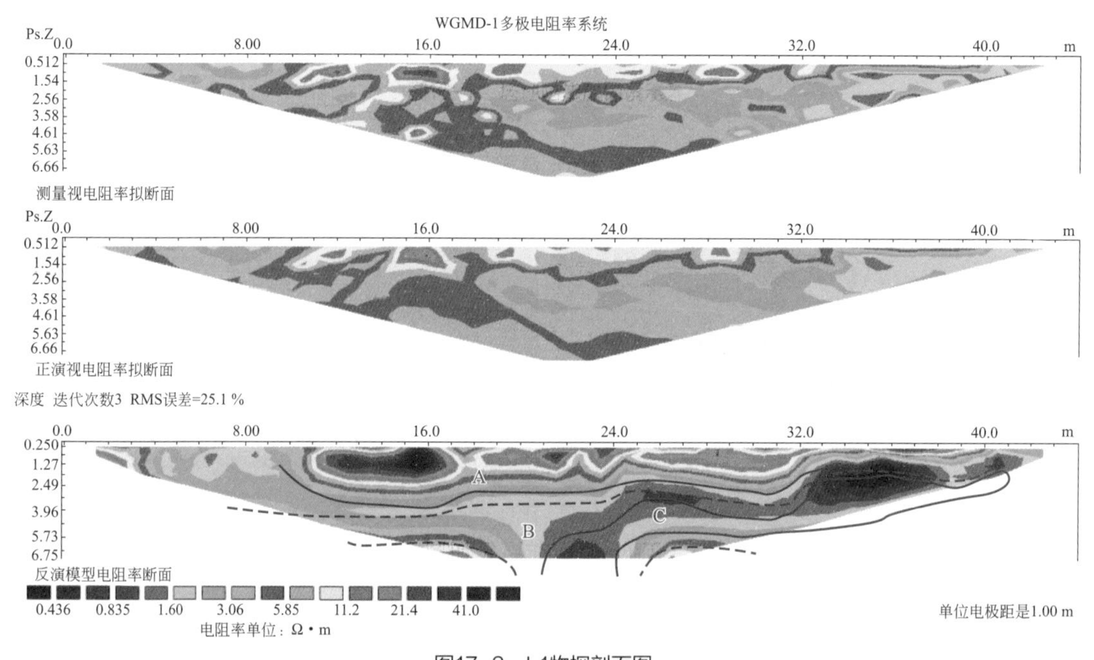

图17-3 L1物探剖面图

A—包气带；B—地下水；C—受污染地下水

L2测线中A区为含有原煤的包气带，B区为地下水含水层，C区为受渗滤液污染地下水，L2物探剖面如图17-4所示。L1位于L2上游，对比L1和L2剖面发现，L2污染范围明显大于L1，L2污染深度较L1深且连续，L2剖面并未见到污染物从地表下渗迹象。上述几点说明，污染物从垃圾堆体底部L1剖面附近的西北侧下渗通过包气带进入含水层中，通过扩散逐渐污染东南侧地下水并向下游L2剖面处迁移扩散。由于垃圾渗滤液密度大于地下水，在向下游迁移过程中不断下沉导致L2剖面含水层表层电阻率大于深层，呈现深层污染的现象。

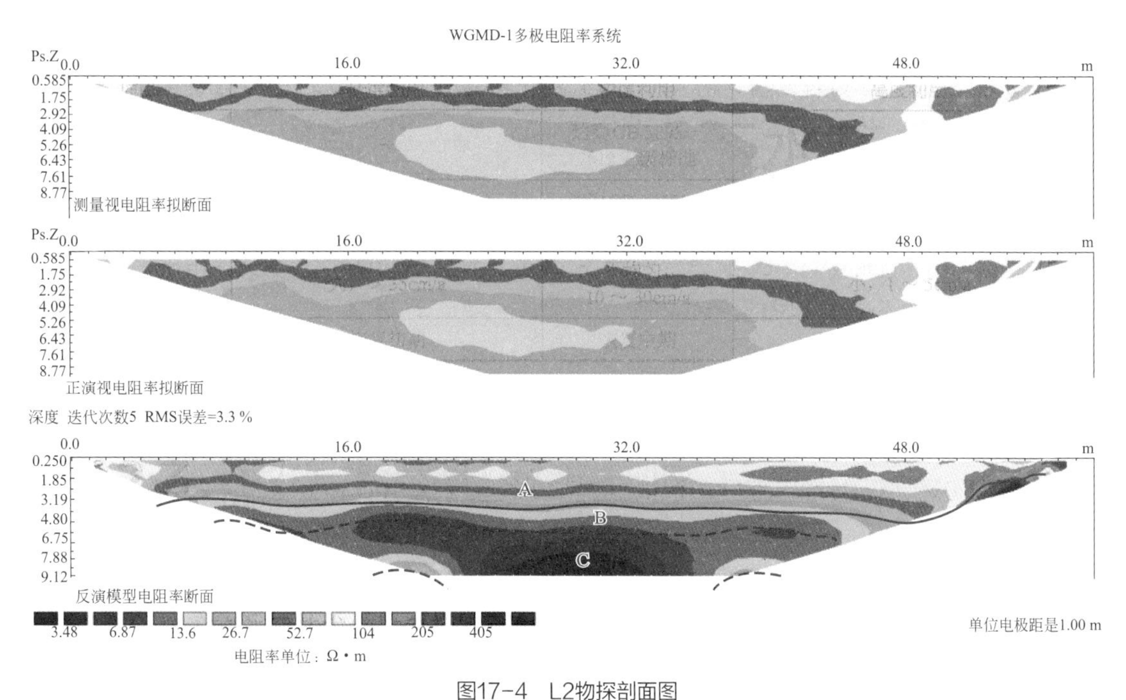

图17-4　L2物探剖面图

A—包气带；B—地下水；C—受污染地下水

（2）地下水监测

在垃圾填埋场地下水流场的上游、下游及两侧共布设监测点位13处，其中新建监测井8处，利用民井5处。检测指标为色度、嗅和味、浊度、肉眼可见物、pH值、总硬度、总溶解固体、硫酸盐、氯化物、铁、锰、铜、锌、铝、挥发性酚类、阴离子表面活性剂、耗氧量、氨氮、硫化物、钠、亚硝酸盐、硝酸盐、氰化物、氟化物、碘化物、汞、砷、硒、镉、六价铬、铅、硼、锑、钡、镍、钾、钠、钙、镁、碳酸根、碳酸氢根、二甲苯、对二氯苯、邻二氯苯、邻苯二甲酸二（2-乙基己）酯45项。

垃圾填埋场地下水监测点分布见图17-5。

根据检测结果，填埋场周边地下水中无机类指标中总溶解固体、总硬度、色度、浊度、耗氧量、铝、氯化物、钠、锰、钡超过《地下水质量标准》（GB/T 14848—2017）Ⅲ类限值，详见图17-6。ZK1处总溶解固体、总硬度、色度、浊度、耗氧量、铝、氯化物、钠、锰超标，其中以锰超标倍数最大为20.1倍；ZK2处总溶解固体、总硬度、色度、浊度、耗氧量、铝、氯化物、锰、镍超标，其中以锰超标倍数最大为79倍；ZK3处总硬度、色度、浊度、耗氧量、铝、锰、钡、镍超标，其中锰超标10.1倍（最大）、钡略超标0.007倍（最小）；ZK6处总硬度、铝、锰超标，其中锰超标5.5倍；ZK05处总硬度、色度、浊度、铝、铁、锰超标，其中锰超标倍数最大为55.6倍，总硬度略超标为0.22倍；ZK4处总硬度、色度、耗氧量、铝、硫酸盐、锰超标，其中锰超标倍数最大为86.8倍，总硬度略超标为0.09倍。有机指标中二甲苯、对二氯苯、邻二氯苯、邻苯二甲酸二（2-乙基己）酯均有检出，但未超过《地下水质量标准》（GB/T 14848—2017）Ⅲ类限值。

垃圾填埋场地下水超标指标示意如图17-6所示。

图17-5　垃圾填埋场地下水监测点分布图

17.2.3　土壤污染特征

以掌握垃圾填埋场土壤污染潜在迁移途径、污染程度等为目的，依据布点原则并充分考虑现场实际情况，采用分区布点法对填埋区内、2号拦渣坝上游建设用地进行布点，其中1号拦渣坝周边等采用20m×20m布点、其他区域参照20m×20m间距布点。同时，依据合同与实施方案要求，本次布设56处表层土壤采样点，采样深度0～0.2m；布设3处柱状采样点，采样深度0～16m。土壤监测点位分布详见图17-7。

（1）pH值

建设用地土壤pH以中性与碱性为主，局部呈现强碱性或强酸性。结合当地土壤整体偏酸性的特征，填埋场处土壤已受到污染或酸碱性发生改变。建设用地表层土壤酸碱统计分析一览表如表17-3所列。

表17-3　建设用地表层土壤酸碱统计分析一览表

序号	pH值	反应强度	样品总量	样品数量	所占比例/%
1	pH≤4.5	酸性极强	56	0	0
2	4.5＜pH≤5.5	强酸性	56	5	8.93
3	5.5＜pH≤6.5	酸性	56	1	1.79
4	6.5＜pH≤7.5	中性	56	29	51.79
5	7.5＜pH≤8.5	碱性	56	16	28.57
6	8.5＜pH≤9.5	强碱性	56	5	8.93
7	pH＞9.5	碱性极强	56	0	0

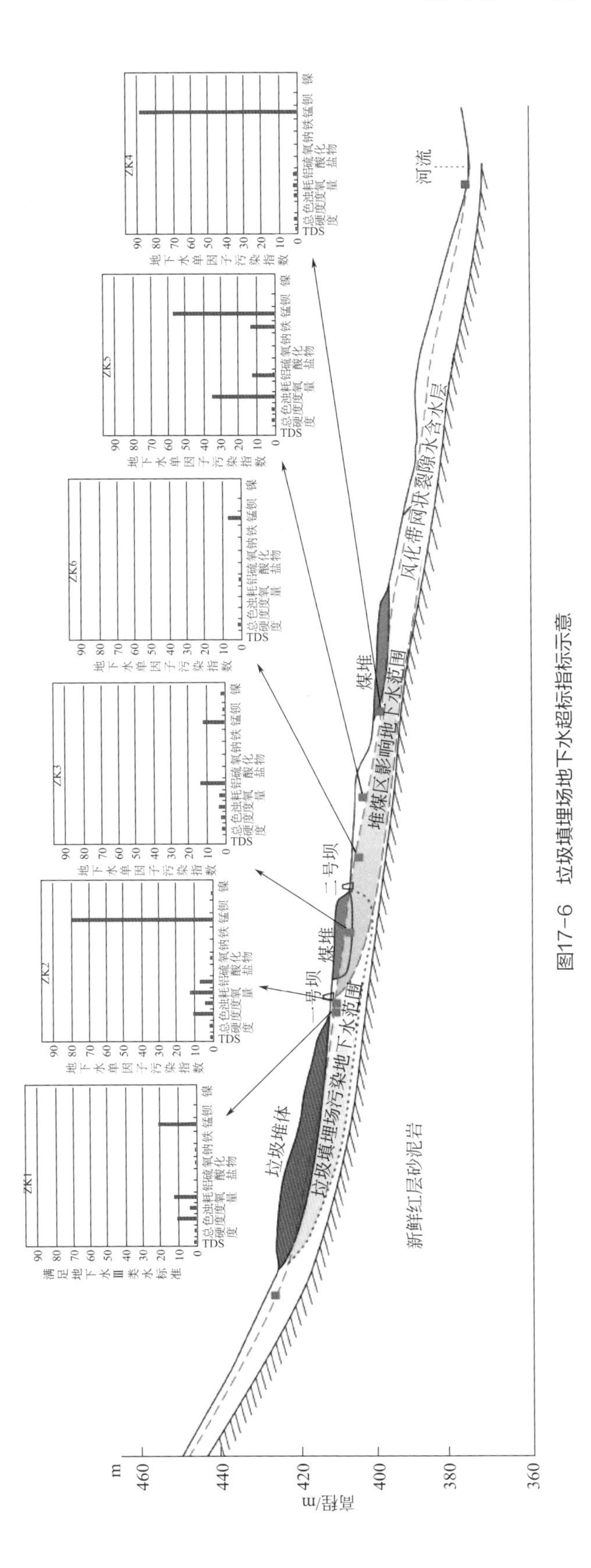

图17-6 垃圾填埋场地下水超标指标示意

图17-7　垃圾填埋场土壤监测布点

（2）建设用地土壤环境质量评价

以建设用地二类用地筛选值与控制值为基础，对建设用地45项指标及邻苯二甲酸二（2-乙基己）酯检测结果显示：有机指标中仅氯甲烷、1,2,3-三氯丙烷、苯胺、2-氯酚、䓛、邻苯二甲酸二（2-乙基己）酯有检出但均未超过筛选值；重金属指标中仅六价铬未检出，但其他重金属指标均未超过筛选值。

综上所述，土壤中部分有机指标有检出但未超标筛选值（表17-4），氯甲烷含量0.0005～0.0412mg/kg、1,2,3-三氯丙烷含量0.00045～0.0214mg/kg、苯胺含量0.005～0.07mg/kg、2-氯酚含量0.02～0.05mg/kg、䓛含量0.07～0.18mg/kg、邻苯二甲酸二（2-乙基己）酯含量0.05～55.9mg/kg、萘含量0.045～0.1mg/kg；pH值为4.79～8.82，重金属砷含量0.36～36.4mg/kg、镉含量0.03～1.36mg/kg、铜含量11.4～129mg/kg、铅含量13.6～51.2mg/kg、汞含量0.011～2.53mg/kg、镍含量12～69mg/kg、总铬含量32～105mg/kg、锌含量23.4～288mg/kg。

表17-4　基于建设用地土壤环境现状统计分析结果一览表

污染物项目	筛选值/（mg/kg）	极小值/（mg/kg）	极大值/（mg/kg）	样品数量
pH值	—	4.79	8.82	56
砷	60	0.36	36.4	67
镉	65	0.03	1.36	67
六价铬	5.7	0.08	0.08	12
铜	18000	11.4	129	67
铅	800	13.6	51.2	67
汞	38	0.011	2.53	67
镍	900	12	69	67
氯甲烷	37	0.0005	0.0412	12

续表

污染物项目	筛选值/（mg/kg）	极小值/（mg/kg）	极大值/（mg/kg）	样品数量
氯乙烯	0.43	0.0005	0.0005	12
1,1- 二氯乙烯	66	0.0005	0.0005	12
二氯甲烷	616	0.00055	0.00055	12
反 -1,2- 二氯乙烯	54	0.00035	0.00035	12
1,1- 二氯乙烷	9	0.00035	0.00035	12
顺 -1,2- 二氯乙烯	596	0.00055	0.00055	12
三氯甲烷	0.9	0.00065	0.00065	12
1,1,1- 三氯乙烷	840	0.00035	0.00035	12
四氯化碳	2.8	0.00025	0.00025	12
1,2- 二氯乙烷	5	0.00035	0.00035	12
苯	4	0.00045	0.00045	12
三氯乙烯	2.8	0.0004	0.0004	12
1,2- 二氯丙烷	5	0.0004	0.0004	12
甲苯	1200	0.00045	0.00045	12
1,1,2- 三氯乙烷	2.8	0.00045	0.00045	12
四氯乙烯	53	0.0004	0.0009	12
氯苯	270	0.0005	0.0005	12
1,1,1,2- 四氯乙烷	10	0.0004	0.0004	12
乙苯	28	0.00045	0.00045	12
对（间）二甲苯	570	0.0004	0.0004	67
邻二甲苯	640	0.0004	0.0004	67
苯乙烯	1290	0.00035	0.00035	12
1,1,2,2- 四氯乙烷	6.8	0.0005	0.0005	12
1,2,3- 三氯丙烷	0.5	0.00045	0.0214	12
1,4- 二氯苯	20	0.0004	0.0004	67
1,2- 二氯苯	560	0.00045	0.00045	67
硝基苯	76	0.045	0.045	12
苯胺	260	0.005	0.07	12
2- 氯酚	2256	0.02	0.05	12
苯并[*a*]蒽	15	0.06	0.06	12
苯并[*a*]芘	1.5	0.085	0.085	12
苯并[*b*]荧蒽	15	0.085	0.085	12
苯并[*k*]荧蒽	151	0.055	0.055	12
䓛	1293	0.07	0.18	12
二苯并[*a,h*]蒽	1.5	0.065	0.065	12
茚并[1,2,3-*c d*]芘	15	0.065	0.065	12
萘	70	0.045	0.1	12
邻苯二甲酸二（2-乙基己）酯	121	0.05	55.9	67
总铬	150①	32	105	56
锌	200②	23.4	288	56
硒	—	0.005	11.7	56

① 表示无标准要求或无标准。
②《土壤环境质量　农用地土壤污染风险管控标准（试行）》（GB 15618—2018）标准限值。

（3）对照点位土壤环境质量评价

对照点位土壤参照建设用地一类用地筛选值与控制值，对建设用地基本项目45项和邻苯二甲酸二（2-乙基己）酯检测结果显示：有机指标中仅氯甲烷、1,2,3-三氯丙烷、邻苯二甲酸二（2-乙基己）酯检出但未超过筛选值；重金属指标中仅六价铬未检出，但其他重金属指标检出但未超过筛选值。

综上所述，土壤中部分有机指标检出但未超标筛选值，氯甲烷含量0.01～0.0198mg/kg、1,2,3-三氯丙烷含量0～0.014mg/kg、邻苯二甲酸二（2-乙基己）酯含量0.1～0.2mg/kg；重金属砷含量6.48～10.2mg/kg、镉含量0.13～0.3mg/kg、铜含量21～34mg/kg、铅含量28.2～30.9mg/kg、汞含量0.0322～0.061mg/kg、镍含量34～41mg/kg。

表层土壤特征指标分布如图17-8所示。

(a) pH值分布

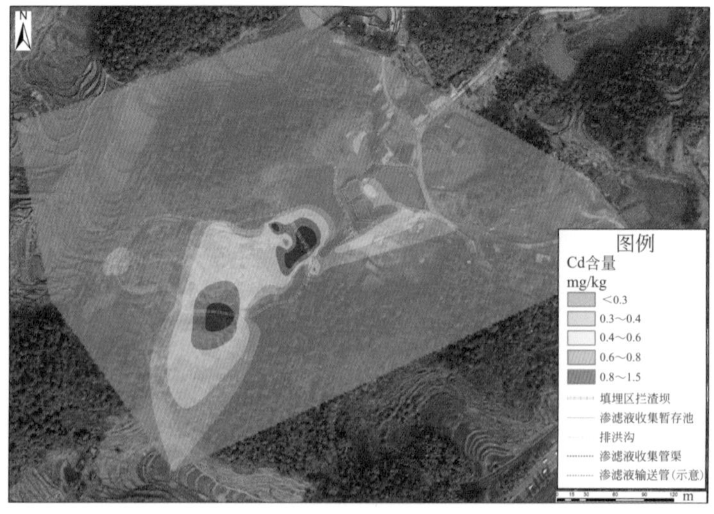

(b) Cd含量分布

(c) Cu含量分布

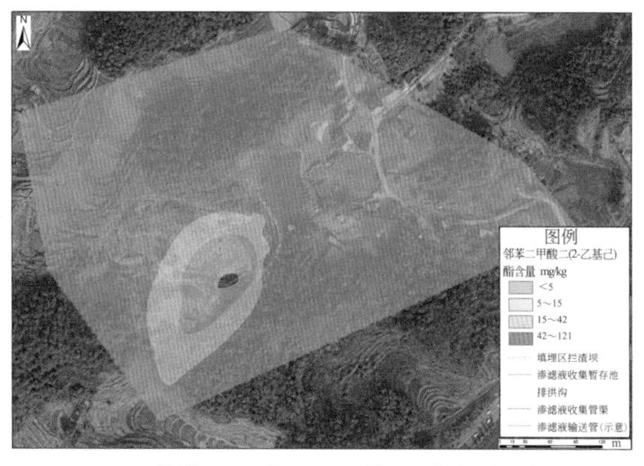

(d) 邻苯二甲酸二(2-乙基己)酯含量分布

图17-8　表层土壤特征指标分布图

17.2.4　农作物污染特征

在填埋场周边沟谷内采集14处农作物样品，按照农作物安全限值采用《食品安全国家标准　食品中污染物限量》（GB 2762—2017）和《粮食（含谷物、豆类、薯类）及制品中铅、铬、镉、汞、硒、砷、铜、锌等八种元素限量》（NY 861—2004）两个标准。所采集的14处农产品样品中汞、铅、锌、镍、铜、砷、铬、镉均未超过《食品安全国家标准　食品中污染物限量》（GB 2762—2017）中所对应限值。

17.2.5　地表水污染特征

在垃圾填埋区潜在影响区的溪沟与河流布设地表水断面4处，其中溪沟布设1处（DB02）、溪沟汇入的河流布设3处（DB01、DB03、DB04）。检测项目为pH值、化学需氧量、高锰酸盐指数、总硬度、总磷、石油类、阴离子表面活性剂、挥发酚、硫化物、六价铬、氨氮、氰化物、五日生化需氧量、硫酸盐、氯化物、硝酸盐氮、亚硝酸盐氮、氟化物、铜、铁、锰、锌、镉、铅、汞、砷、硒27项指标。按照《地表水环境质量标准》（GB 3838—2002）中Ⅲ类标准限值评价，DB02处化学需氧量、高锰酸盐指数、总磷、挥发酚、氨氮、五日生化需氧量超标，最大超标倍数为5.9倍（氨氮）；DB01处总磷、硫酸盐、五日生化需氧量超标，最大超标倍数为0.596倍（硫酸盐）；DB03处总磷、五日生化需氧量、硫酸盐超标，最大超标倍数为0.616倍（硫酸盐）；DB04处总磷、氨氮、五日生化需氧量、硫酸盐超标，其中氨氮超标1.73倍，为该点位最大超标倍数。

17.3 风险评估及修复目标确认

根据《建设用地土壤污染风险评估技术导则》（HJ 25.3—2019）要求，利用垃圾填埋场及周边土壤、地下水环境详查数据，从危害识别、暴露评估、毒性评估、风险表征四个方面评估该区域环境风险不可接受。通过计算垃圾填埋场土壤、地下水控制计算值确定修复目标。

17.3.1 土壤目标确认

填埋区及周边以农用地属优先保护类 I_2（土壤为安全利用类但农作物未超标）为对象，主要目标为pH值小于8.5且重金属镉、铜、镍符合农用地筛选限值要求。调整土地使用地类型为建设用地、农艺调控或替代种植。

17.3.2 地下水风险管控目标确认

结合垃圾填埋场的特征污染物、原生地质问题及污染物毒性，充分考虑区域地下水以农业灌溉或不开发利用为主，重点对地下水进行管控，管控范围为2号拦渣坝之上区域，地下水控制指标拟定为氯化物、镍、钡，并以《地下水质量标准》（GB/T 14848—2017）Ⅲ类限值为管控目标，镍≤0.02mg/L、钡≤0.7mg/L、氯化物≤250mg/L。

17.3.3 垃圾堆目标确认

垃圾堆是整个项目的污染源，是整个工程的重要目标之一。同时，区内垃圾分为两大部分，大部分位于截洪沟环绕的垃圾堆体内，其他位于垃圾堆东南角山坡上且坡度较大。结合垃圾堆分布特征，将其分为垃圾堆体及分散垃圾堆两个区域。垃圾堆体，以相关标准规范为依据，对垃圾堆体采取封场+导气；对于分散垃圾堆，充分考虑安全性及位于林地内的特征、地下水补给径流排泄特征，以减少渗滤液产生等为主要目标，拟对其采取基于安全性的封场或直接清挖至垃圾堆中。

17.3.4 风险管控模式确认

针对项目区土壤和地下水污染范围有限、污染程度较轻且污染源为填埋区渗滤液及淋滤液并以渗滤液或淋滤液径流入渗为主要迁移扩散方式，充分考虑土壤污染指标为pH值、重金属及以管控措施为主（改变用地性质、替换种植结构等）的现状，结合项目区地下水以农业灌溉或不开放利用为主且周边居民均已集中供水的现状，按照生活垃圾填埋场相关规范规定，对已停止运营的垃圾填埋场需采取封场措施，其渗滤液产生量会进一步减少进而减小对地下水等的影响。

综上所述，在采取的修复工程措施可行性与必要性较差的现状下，本次土壤、地下水及垃圾堆治理以风险管控为主要手段，采用风险管控模式对填埋区进行遮盖封场（截源）、截污导流（阻断迁移）与监管（制度控制），以阻断土壤与地下水进一步受污染及迁移扩散，从而实现地下水治理。

17.4 治理方案与技术比选

17.4.1 治理方案筛选

（1）就地封场

就地封场技术成熟，建设工期短，其实质就是采用一定的技术措施，把原有垃圾场封闭起来，使其污染不再扩散或尽量减缓扩散。根据国家相关技术规范，采用垂直防渗和封场覆盖措施，把垃圾分解过程中产生的沼气和渗滤液与外界阻断，降低对周围环境的影响。

就地封场技术具有实施快、效果好、施工安全性高、不额外占用土地等优点，并且也避免了运输、征地等困难，但如果地质条件不好，其防渗部分投资较高，并且封场后的土地恢复利用时间周期较长，一般需要10年以上方可利用。

（2）综合利用

综合利用主要是对垃圾场中矿化的垃圾进行开采并综合利用，可将填埋场的使用年限大大延长，开采后的填埋单元可将大部分原有填埋容量恢复，除了回填一部分无法利用的陈旧垃圾之外，还可提供相当可观的填埋容量用来填埋新鲜垃圾，避免寻找新填埋场而付出更多的投资。另外，开采出来的垃圾包括可作燃料焚烧的垃圾、可循环使用的材料和土壤等，通常出售或使用这些垃圾就可以抵消部分开采的费用。

综合利用技术具有投入低、收益高、开采的物料还可以利用或出售的优点，适用于原有场址扩容，延长填埋场的服务时间，可避免重新选址带来的投入。但综合利用设施周期较长，工艺较复杂，后期运行还需要持续的投入；垃圾堆体内存在沼气，在开挖施工过程中存在爆炸、中毒等安全隐患，安全要求较高；对垃圾成分要求较高，如成分比较复杂，则利用需满足的条件较多。

（3）整体搬迁

整体搬迁就是把垃圾场内的垃圾全部挖出移至另外场地进行处理处置。对于矿化程度较低的垃圾送至焚烧厂、卫生填埋场进行处置，也可建造一个暂存场进行暂存，而矿化程度高的垃圾经过筛分、消毒等预处理后可进行利用。

整体搬迁技术由于部分未矿化垃圾还需进行最终处置，存在寻找合适的处理场、新建暂存场、运输的问题，在施工过程中对安全要求较高，需采取防爆防尘措施。但整体搬迁技术具有污染修复彻底、建设周期较短等优点，并且对土地利用基本没有局限性，修复后的土地价值较高。

根据工程的实际情况，对就地封场、综合利用、整体搬迁三种修复技术方案从技术可靠性、建设工期、环境污染、投资费用等方面进行综合分析比较，具体比较见表17-5。

表17-5 修复技术综合比较一览表

治理体系	就地封场	综合利用	整体搬迁
技术可靠性	技术成熟可靠，应用实例较多，有技术规程可参考	可靠，有应用实例	可靠，有应用实例
实施条件	地质要符合一定的要求	填埋场不另作他用	需配备额外的处理场所
建设周期	周期短，12个月	周期长	周期短，6个月
施工要求	施工较容易	施工安全要求高	施工安全要求高
运输	无运输问题	存在运输问题	存在运输问题
环境影响	施工期间有少量的尘土，对周围环境影响较小	施工期间有沼气、臭气等，存在安全隐患	施工期间有沼气、臭气等，存在安全隐患
土地利用周期	周期长，10年以上	周期长，需等全部垃圾矿化后结束	周期短，6个月

续表

治理体系	就地封场	综合利用	整体搬迁
土地利用价值	利用价值低，一般用于绿化	利用价值高	利用价值高，土地用途基本不受限制
投资	投资高，需建设垂直防渗和封场覆盖系统	投资高	投资高，需建设额外处理场所或缴纳处置费
经济效益	低	高	低
规划符合性	符合当地功能区总体规划	不符合当地功能区总体规划	不符合当地功能区总体规划

垃圾填埋场内主要为生活垃圾，以上治理体系中，综合处理的工艺流程较为复杂，需满足的边界条件和考虑的因素比较多，同时该技术主要适用于原有场址扩容方面，该垃圾填埋场场地受限，该措施不可行。整体搬迁虽然建设周期短，土地修复彻底，土地利用基本不受限制，但是存在寻找合适的处理场、新建暂存场和运输等问题，且施工安全要求较高，综合考虑该垃圾填埋场现状该方案基本不可行。

综上所述，根据垃圾填埋场的实际情况和详查报告，结合当地功能区总体规划和建设周期，选择对垃圾填埋场就地封场进行治理。

17.4.2 风险管控技术筛选

依据《污染地块地下水修复和风险管控技术导则》(HJ 25.6—2019)，风险管控主要有阻隔技术、制度控制、可渗透反应墙技术，详见表17-6。

表17-6 现行主要风险管控技术一览表

技术名称	优点	缺点	适用的目标污染物	地块适用性	技术成熟度	效率	成本	时间	环境风险
阻隔技术	施工方便，使用的材料较为普遍，可有效将污染物阻隔在特定区域	阻隔技术效果受地下水的pH值，污染物类型、活性、分布，墙体的深度、长度、宽度，地块水文地质条件等影响	适用于“三氮”、重金属和持久性有机污染物	适用于地下水埋深较浅的孔隙、岩溶和裂隙含水层	国外已广泛应用，国内已有工程应用	高	低	周期较长，需要数年或更长时间	低
制度控制	费用低，环境影响小	存在地下水污染扩散风险，时间较长	适用于多种污染物	适用于需减少或阻止人群对地下水中污染物暴露的地块、孔隙、裂隙和岩溶含水层的接触	国外已广泛应用，国内已有应用	低	低	周期较长，需要数年或更长时间	低
可渗透反应墙技术	反应介质消耗较慢，具备几年甚至几十年的处理能力	可渗透反应墙，填料需要适时更换，需要对地下水的pH值等进行控制，可能存在二次污染	适用于石油烃、氯代烃和重金属等	适用于渗透性较好的孔隙、裂隙和岩溶含水层	国外广泛应用，国内已有工程应用	中	中	周期较长，需要数年到数十年	中

垃圾填埋场的地下水类型为红层浅层风化带裂隙水和第四系松散岩类孔隙水两个大类。项目地下水主要由大气降水补给，局部有地表水入渗与渗滤液入渗补给。垃圾填埋场周边属浅切宽谷丘陵区，地下水交替径流一般，地下水主要从高处向低处运移，排泄特征整体同地表径流一致。调查结果表明，目前垃圾堆体产生的渗滤液渗漏对地下水的污染未扩散至下游的2号坝，可以利用新建的2号坝对受污染的地下水进行重力自流收集。

结合垃圾填埋场水文地质条件、垃圾填埋场现状和现有风险管控技术，选取阻隔技术+制度控制对地下水进行治理。其阻隔技术是在垃圾堆体下游原2号坝下方空地修建阻隔工程（重力式坝+帷幕灌浆工程）。在垃圾堆体周边新建排水截洪沟对地表水进行收集并统一引流到余家村村道排水沟进行排放，以减少降雨对地下水的补给，对西南侧分散垃圾堆体还需对其垃圾堆体渗滤液进行收集。

17.5 修复施工

17.5.1 修复内容

修复工程建设内容主要为垃圾堆封场工程、地下水污染封闭阻隔工程、渗滤液处理工程，详见图17-9。

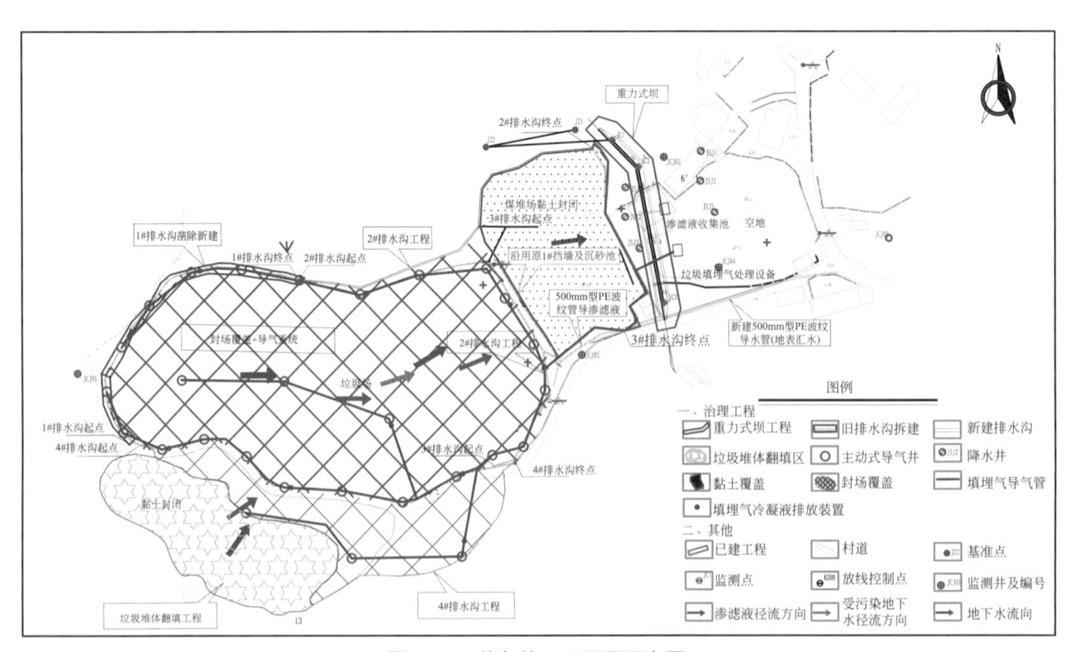

图17-9 修复施工工程平面布置

（1）垃圾堆封场工程

垃圾填埋场封场工程主要包括分散垃圾堆翻填、垃圾堆体整形、封场覆盖、新建导气系统、黏土封闭等，详见图17-10。

(a) 垃圾堆体整形

(b) 分散垃圾堆翻填

(c) 新建导气系统及填埋体封场

图17-10　垃圾堆封场工程照片

1）分散垃圾堆翻填

将南侧分散垃圾堆体与主垃圾堆体进行整合，分散垃圾堆体进行翻填，翻填量为$3.88\times10^4m^3$。

2）垃圾堆体整形

本项目依据《生活垃圾卫生填埋场封场技术规范》（GB 51220—2017）等相关规定对垃圾堆体进行修整，整形面积为$2.2112\times10^4m^2$。

3）封场覆盖

本项目封场可分为排气层、防渗层、排水层、绿化土层封场，封场覆盖的各层总厚度为900mm，封场针对整个垃圾堆体。

4）新建导气系统

整个填埋场共设导气井28口，导气井深度10～30m，用于排出垃圾堆体内的沼气。

5）黏土封闭

在3900m^{2}原煤堆场和3849m^{2}分散垃圾堆体翻填后的区域采用防水复合土工布+黏土+覆土进行封闭。

（2）地下水污染封闭阻隔工程

新建排水沟工程838m，沿地势走向于东侧与南侧汇水波纹管相接导出场区至村道排水沟为止，最终排入村道排水沟。新建重力坝位于2#挡墙下游位置，用于阻隔垃圾坝内地下水向下游扩散，详见图17-11。

(a) 重力坝

(b) 排水沟

图17-11　地下水污染封闭阻隔工程照片

（3）渗滤液处理工程

在新建重力坝下游位置新建渗滤液收集池，整体为钢筋混凝土结构，用于收集和暂存垃圾渗滤液。

17.5.2 垃圾堆封场工程

17.5.2.1 垃圾堆体封场工程

对垃圾填埋场的封场包括分散垃圾堆翻填、垃圾堆体整形、封场覆盖、新建导气系统、黏土封闭，详细如下。

（1）分散垃圾堆翻填

将南侧分散垃圾堆体与主垃圾堆体进行整合，分散垃圾堆体以高程832m为基准面进行翻填，翻填方量为$3.88\times10^4m^3$。

（2）垃圾堆体整形

根据《生活垃圾卫生填埋场封场技术规范》（GB 51220—2017）等相关规定对垃圾堆体进行修整，修整后的垃圾堆体边坡坡度不宜大于1 ∶ 3，垃圾堆体的顶部坡度应为5%～10%，坡度的设置需考虑堆体沉降因素，防止因沉降形成倒坡。

在进行垃圾堆体整形前，勘查分析场内可能存在安全隐患的位置，并制定防范措施。对垃圾堆体进行整形时采用浅层挖作业法，不得快速深挖。同时，在进行整形施工过程中，挖出的垃圾必须及时回填，回填的垃圾进行分层压实，堆体垃圾压实密度不小于$0.8t/m^3$。

（3）封场覆盖

根据《生活垃圾卫生填埋场封场技术规范》（GB 51220—2017）等相关规定进行封场设计，本项目封场可分为排气层、防渗层、排水层、绿化土层封场，封场覆盖层总厚度为900mm，详见图17-12。

① 排气层：本项目结合排气层采用砂性土+非织造土工布+土工网垫+非织造土工

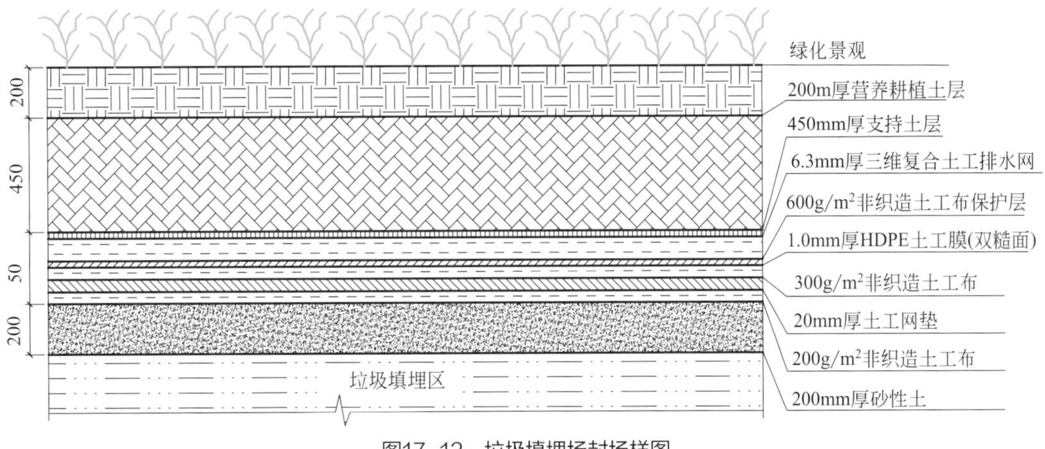

图17-12　垃圾填埋场封场样图

布，先在垃圾堆体上覆盖200mm厚砂性土，在砂性土之上人工铺设200g/m^{2}非织造土工布，再在上层铺设20mm厚的土工网垫，最后在排气层最上层铺设300g/m^{2}非织造土工布。在铺设土工网垫及非织造土工布时搭接处重叠宽度为300mm。

② 防渗层及排水层：本项目采用厚HDPE土工膜+非织造土工布+三维复合土工排水网这种防渗层与排水层综合设置。防渗层及排水层的施工顺序为：先将1mm厚的HDPE土工膜人工铺设于排气层之上，再在土工膜之上铺设600g/m^{2}的非织造土工布保护层，最后在最上层铺设6.3mm厚的三维复合土工排水网，作为上保护层，同时兼做排水层。在铺设土工膜、非织造土工布以及三维复合土工排水网时搭接重叠宽度不宜小于300mm，其中三维复合土工排水网之间采用塑料绳拴接，且沿搭接缝的拴接点距不大于500mm。

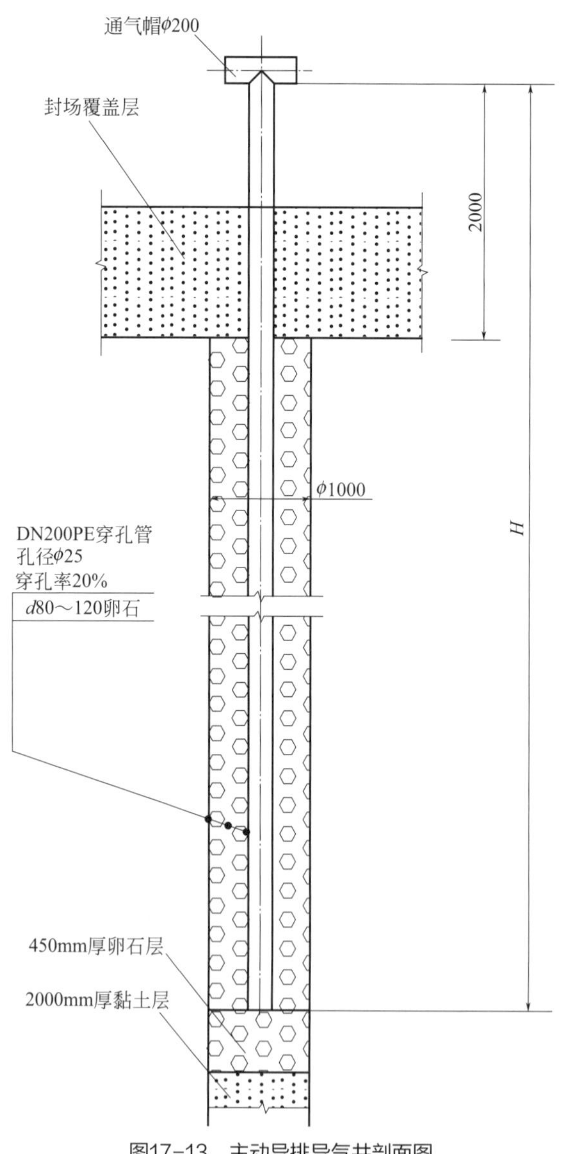

图17-13　主动导排导气井剖面图

③ 绿化土层：本项目采用支持土层+营养土耕植土层，施工顺序为：先于三维复合土工排水网上覆盖450mm厚的支持土层，之上覆盖200mm厚的营养耕植土层。在施工期间需要对土层进行分层压实，压实度不小于80%。

垃圾填埋场的全部覆盖区域均种植抗逆性强、适应填埋场环境条件、生长稳定的植物以及护坡、防冲刷能力强的浅根草籽植物。

（4）填埋气收集及处理系统

现垃圾堆体中部沿线全长约191m，因此填埋场堆体中部沿线上需要新建主动导排设施4口；现垃圾堆体外沿周长为517m，因此沿堆体边缘布置的导气井设施21口，翻填后的分散垃圾堆体沿南侧边缘布设导气井3口。

本工程采用在填埋库区内设置竖向主动式导气井的方式来进行填埋气导排。导气井直径为1000mm，导气井底部先铺设2m厚的黏土层，之上为450mm厚粒径为15～40mm的砾石层，中间为一根直径为200mm的PE穿孔管，孔径为25mm，导气管周围是粒径为80～120mm的砾石。导气井间相互位置呈等边三角形。在200mm的PE穿孔管管口设置两个阀门，1个为气体监测取样口，另一个为输气管接口，使用200mm HDPE管对垃圾填埋气进行收集，最后集中处理，详见图17-13。

（5）黏土封闭

在3900m^{2}原煤堆场和3849m^{2}分散垃圾堆体翻填后的区域采用防水复合土工布+黏土+覆土进行封闭。先铺设5mm厚的防水复合土工布；之上为压实黏土，厚0.2m；上覆0.2m土壤。在铺设防水复合土工布时搭接重叠部分为300mm。

17.5.2.2 分散垃圾堆挂网植草封闭工程

采用特定的配方并混合植物种子对边坡进行防护，主要由一定比例的砂质壤土、腐殖质、保水剂、长效肥、混凝土绿化添加剂、植物种子及水等组成，具有一定的强度并能抵御强暴雨和流水冲刷，但无法阻止雨水进入内部。同时，植被种子成长后对周边景观起到一定的美化作用，详见图17-14。

实际施工中，先清理坡面，去除杂物，在边坡上用相关钻孔工具钻取一定孔径与深度的钻孔，孔距800mm×800mm，插入达到防腐等效果的锚杆（如不锈钢或特制锚杆），用注浆机注入一定比例膨胀水泥浆固定锚杆。在锚杆上固定100mm×100mm间距的土工网，将水泥、生植土、腐殖质、长效肥、保水剂等按一定比例进行充分搅拌，形成喷

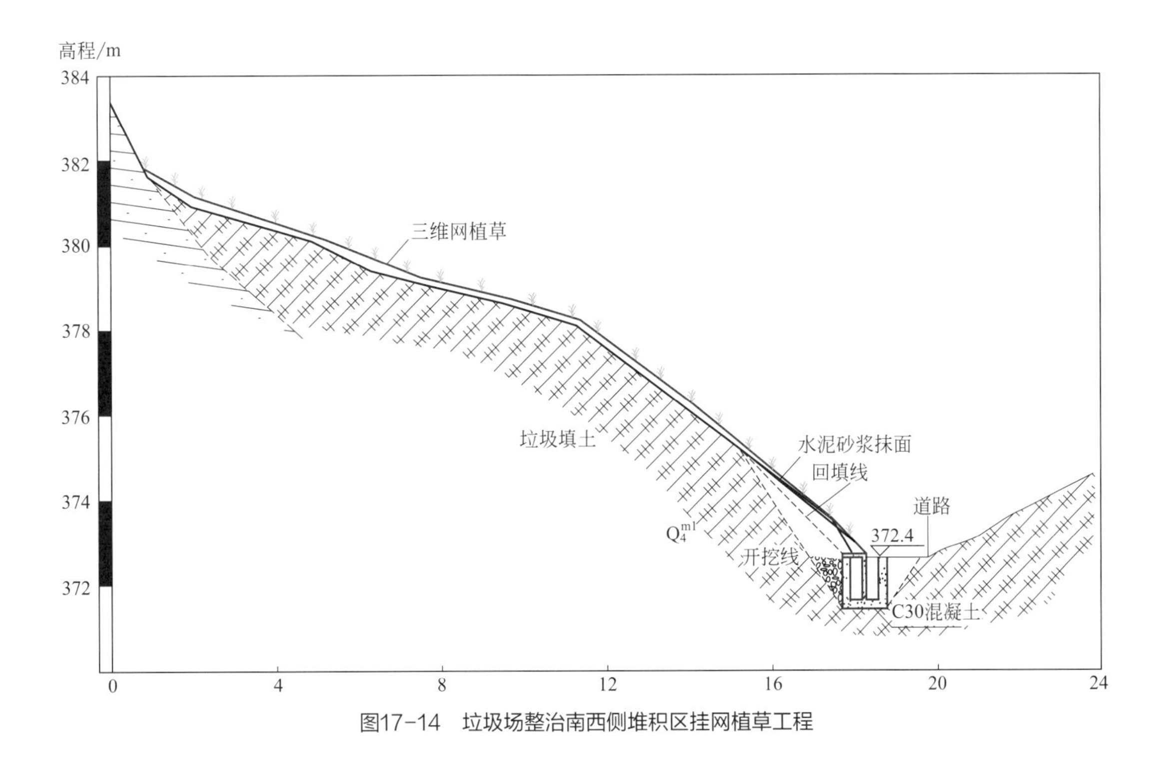

图17-14　垃圾场整治南西侧堆积区挂网植草工程

播干料，草种为狗芽根、节水草、羊胡子草等按一定比例混合。有机质和腐殖质为酒糟、锯末、稻壳及其制品，生植土为干砂质壤土，用混凝土喷射设备喷射植被混凝土，分两层喷射。面层喷射时加入草种，喷射完毕后，用无纺布覆盖，洒水养护1个月，待草覆盖坡面后揭开无纺布即可。

17.5.3 地下水污染封闭阻隔工程

（1）新建排水沟工程

对1#、2#、3#、4#排水沟进行新建，对1#排水沟先进行凿除再新建，1#排水沟144m，2#排水沟160m、3#排水沟277m、4#排水沟257m，结构断面厚0.2m，沟底宽度30cm，沟深30cm，C20混凝土结构，边墙低于地面线，末端与500mm PE相接，沿地势走向于东侧与南侧汇水波纹管相接导出场区至村道排水沟为止，最终排入村道排水沟。垃圾填埋场排水沟布局详见图17-15。

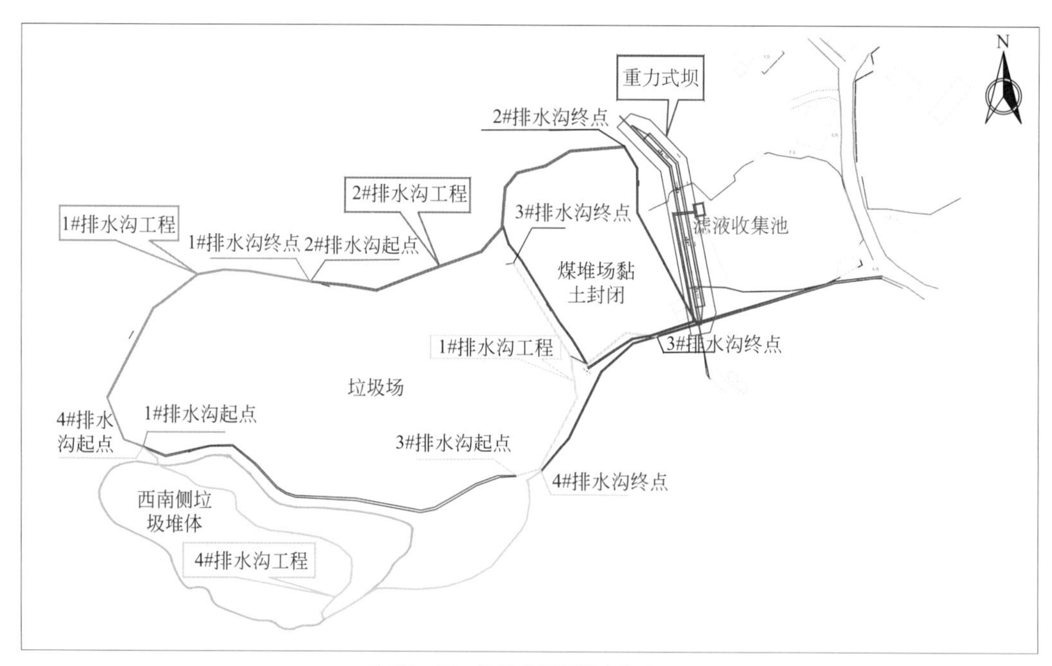

图17-15 垃圾填埋场排水沟布局

其中1#、2#、3#排水沟为矩形排水沟，结构详见图17-16；4#排水沟为E字形可渗透雨污分流沟，结构详见图17-17。雨污分流沟靠近分散垃圾堆体一侧有泄漏口的封闭沟渠，将堆体一侧产生的垃圾渗滤液通过4#沟渠导入垃圾渗滤液池，另一侧沟渠为敞开式，可接受地表径流的水并排入村道排水沟。

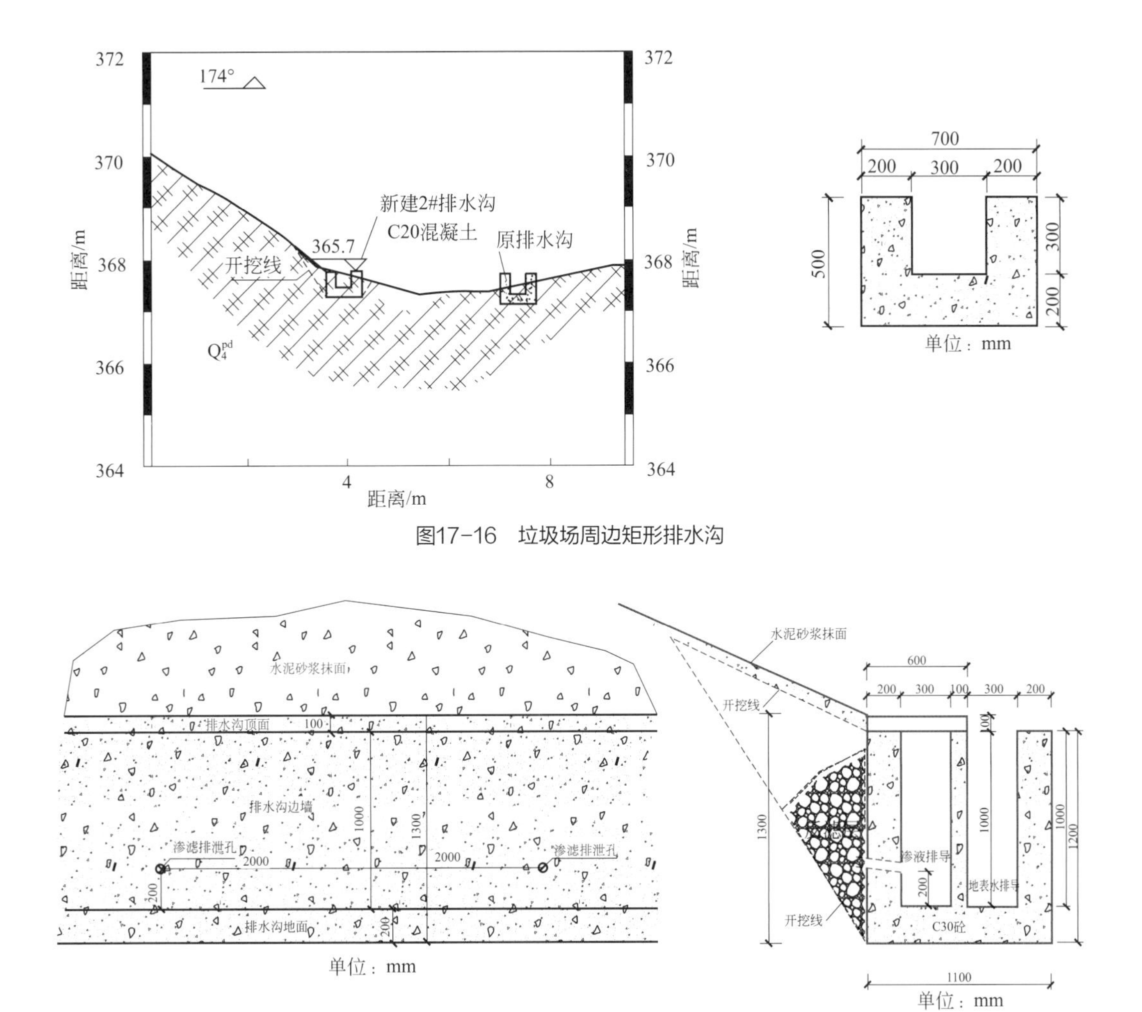

图17-16　垃圾场周边矩形排水沟

图17-17　垃圾场整治南西侧可渗透E字形排水沟

（2）重力坝

重力坝位于2#挡墙下游位置，坝体总长90.9m，坝顶宽1m，底宽3m，堤体总高10m，基础埋深3m，有效高度7m，迎坡面按1∶0.2放坡，背坡面直立，结构图详见图17-18。挡墙采用C30防渗混凝土浇筑，坝体内置钢筋，纵向采用ϕ25螺纹钢筋，横向采用ϕ32螺纹钢筋。趾部布设滤水池，矩形断面，厚0.4m，截面0.5m^2。同时在基覆界面及地面以上每隔1.5m布设泄水孔，泄水孔孔径100mm，泄水孔间距4m，坝左、坝右肩嵌入堆积体1.0～2.0m。

（3）帷幕灌浆

在新建坝体位置基础埋深以下采用42.5R普通硅酸盐水泥，为提高帷幕防渗性能，在浆液中掺入适量黏土，粒径<0.005mm的含量不宜低于25%，含砂量不宜大于5%，有机物不宜大于3%。帷幕灌浆按分序加密原则进行，布置双排孔，孔深7m，排距1.0m，孔距1.5m，结构详见图17-19。

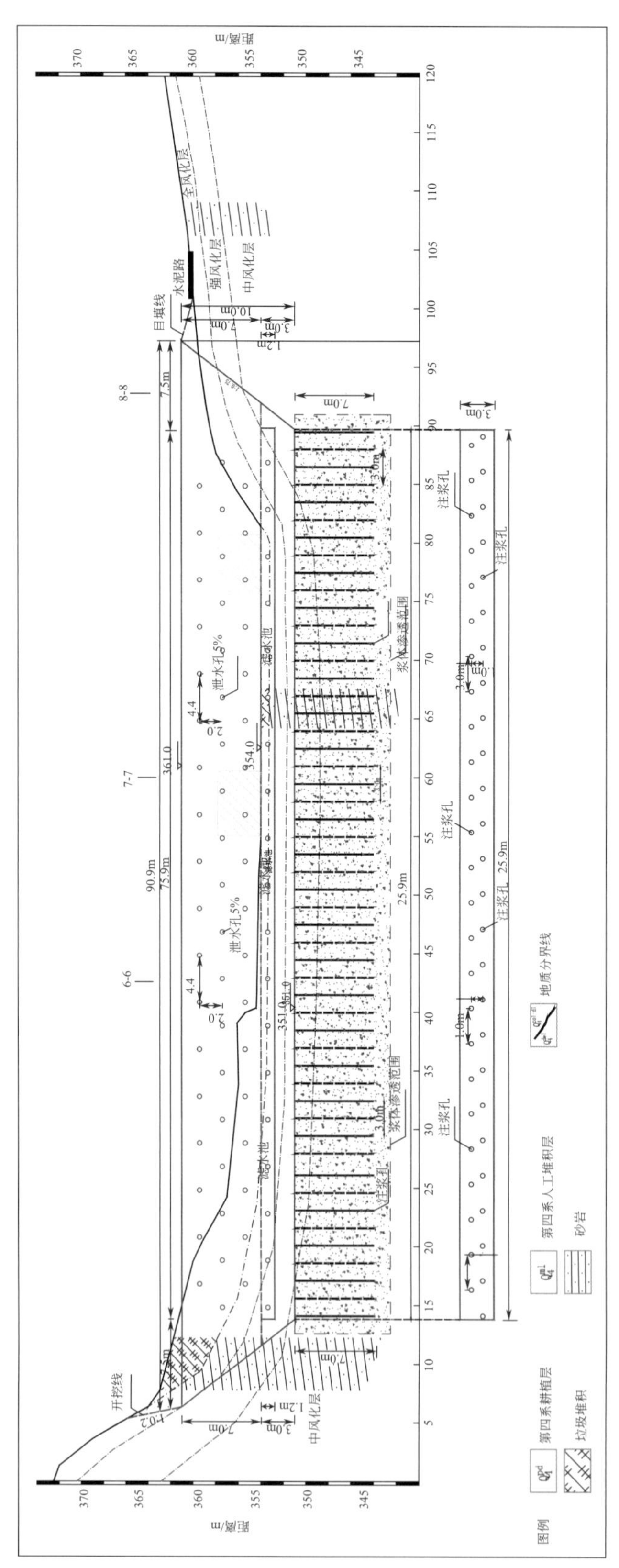

图17-18 垃圾填埋场重力坝结构图（一）

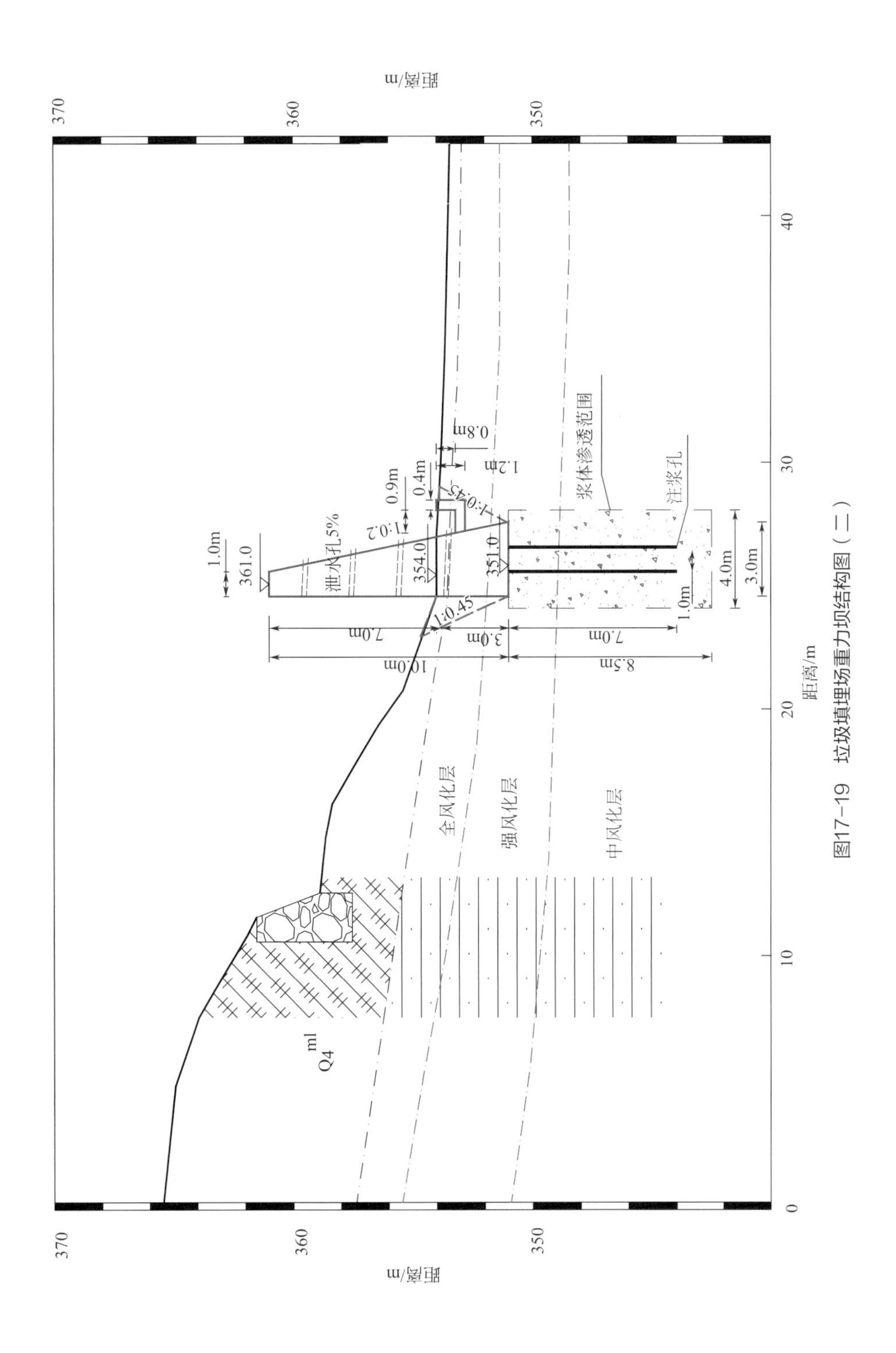

图17-19 垃圾填埋场重力坝结构图（二）

17.5.4 渗滤液处理工程

（1）新建渗滤液收集池

于紧靠重力坝下游位置新建渗滤液收集池，整体为钢筋混凝土结构，其中纵向采用ϕ25钢筋，钢筋间距500mm，横向采用ϕ32钢筋，钢筋间距500mm，渗滤液收集池顶部与地面持平，池长5.8m，池宽4.8m，池深4.6m，池壁厚度为0.4m，底板厚0.4m，顶板厚0.2m，整体采用C30（P8）防渗混凝土浇筑，结构详见图17-20。

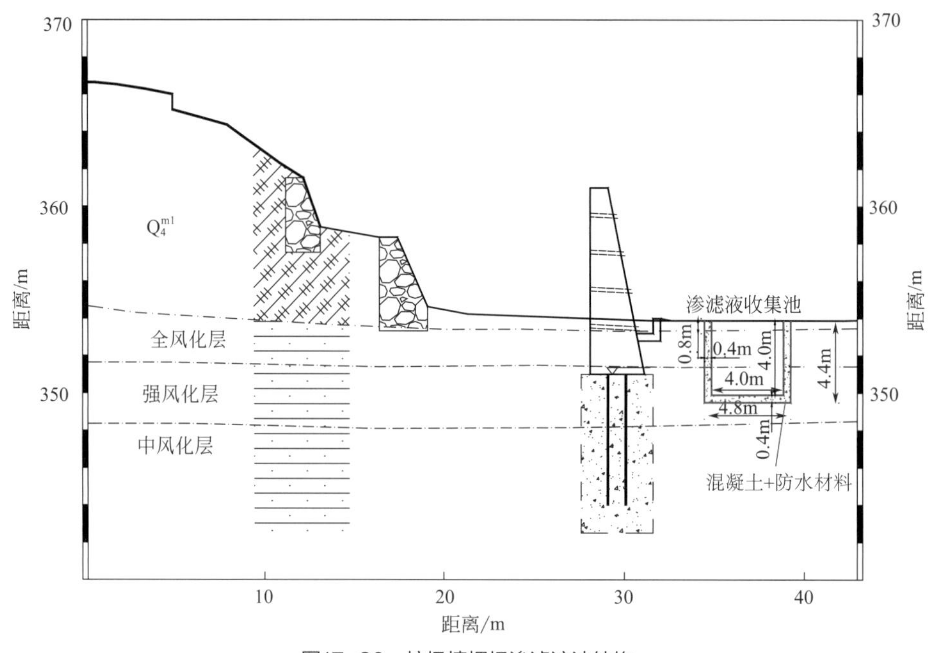

图17-20　垃圾填埋场渗滤液池结构

（2）渗滤液处理

对新建好的渗滤液收集池沿用原有的渗滤液输送管道进行输送，将收集的垃圾渗滤液导入新建的垃圾填埋场进行处理。

17.6 监管工程

垃圾填埋区域范围内地下水及垃圾渗滤液等与降雨密切相关，在雨季存在渗滤液或受污染地下水水头较高进而越流或侧向径流至北侧构体的可能。

鉴于此，在垃圾填埋区及周边设置了5口长期地下水监测井（图17-21），监测井深度为14～45m，进行地下水水力封闭和长效监测工程，同时设临时泵房或利用水泵直接抽水，以在雨季进一步保障渗滤液或受污染地下水不扩散。

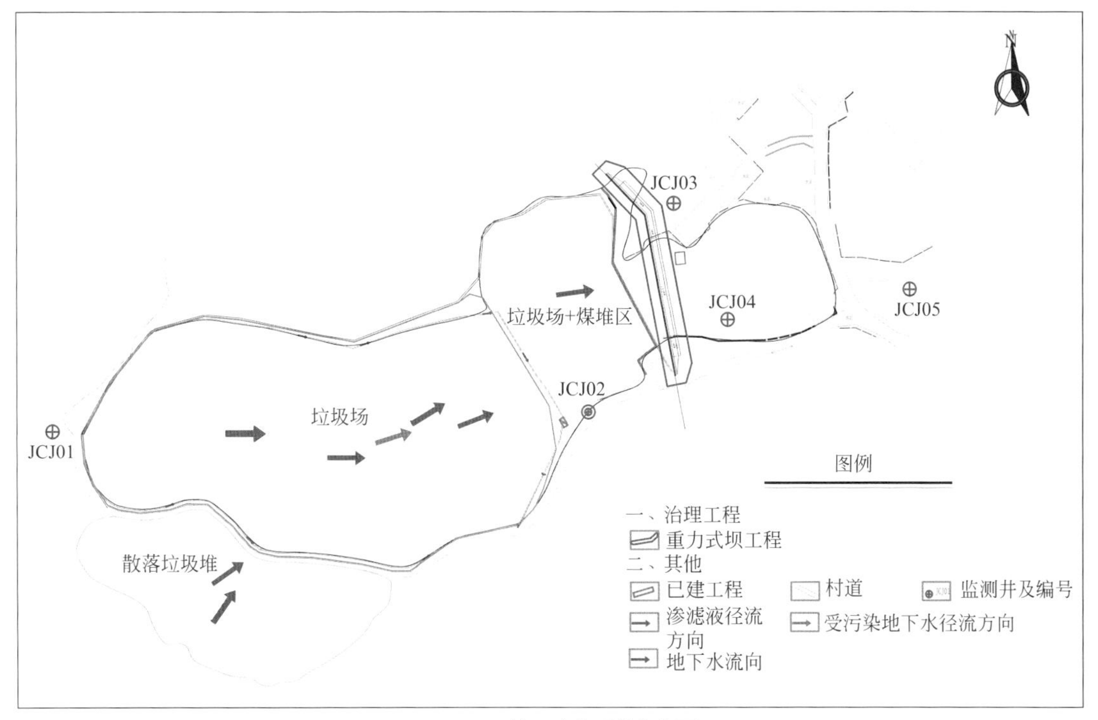

图17-21 地下水监测井分布图

17.7 后期监测维护

项目完成后应对地下水、土壤、大气进行定期监测，监测频次不宜小于1次/季度，监测指标应满足判断监测对象是否受填埋场污染的需要。封场后对渗滤液中主要污染物浓度进行定期监测，监测频次宜为1～3次/月，水质变化大的季节监测频次取最大值，并对渗滤液排放水量进行监测。封场后宜定期监测填埋气体的甲烷浓度和垃圾堆体内渗滤液水位，监测频次宜为1～2次/月。对地下水的监测截止到产生的渗滤液中总汞、总镉、总铬、六价铬、总砷、总铅等污染物浓度达到可以直接排放的标准。

（1）地下水

对JCJ01、JCJ02、JCJ03、JCJ04、JCJ05共5处地下水监测点进行水质监测。

监测项目：pH值、总溶解固体、色度、氯化物、钡、镍、铝、耗氧量、邻苯二甲酸二（2-乙基己）酯。

监测时间及频率：每季度监测1期，每期监测2d，每天1次。

（2）土壤污染管控效果监测

主要监测土壤污染管控工程的效果，2＃拦渣坝下游平坝土壤设一个监测单元，监测土壤的pH值及铜、镍、镉、邻苯二甲酸二（2-乙基己）酯含量。

监测时间及频率：每季度监测1次，坝内采样点不少于6处。

（3）大气质量监测

大气质量监测包括硫化氢、甲烷、氨氮等气体的监测，每个季度监测1次。

第18章

中部平原区非正规垃圾填埋场风险管控案例

18.1 垃圾填埋场现状与风险识别

18.1.1 垃圾填埋场现状

中部垃圾场填埋场为20世纪末砖瓦厂取土烧砖后遗留取土坑，于1998年开始填埋县城产生的建筑垃圾、生活垃圾，至2016年对垃圾体进行封土覆膜处理，已使用近20年，现已停止使用。垃圾体现状为两个黑色薄膜封闭覆盖并设置排气管的圆丘，圆丘四周设置有环形截排水沟。

该场地垃圾填埋占地约60亩（1亩 = $666.67m^2$），垃圾最大填埋厚度16m，存量约1×10^6t。垃圾场为简易的垃圾堆置场地，虽然有一定的环保和防护措施，但仍存在一定的问题。主要问题有：对臭气防控管理不到位，未能及时监测和防控场界臭气浓度；填埋堆体存在不规范问题，临时封场区边坡凹凸不平，堆体稳定性存在隐患；存在覆盖措施不完善问题，临时封场区膜材料的搭接和固定不稳妥，造成大量垃圾裸露，而场内除臭手段不足，逸散出的恶臭气体难以控制；雨洪导排措施不规范，可能加重雨季期间的水污染等。

18.1.2 区域水文地质

填埋场位于暖温带南缘，属暖温带半湿润季风气候。季风明显，四季分明，气候温和，雨量适中，具有从暖温带向北亚热带渐变的过渡带气候特征。既兼有南北方气候之长——水资源优于北方，光资源优于南方；同时又兼有南北方气候之短——有的年份少雨干旱，有的年份多雨成涝，旱涝灾害频繁，表现出气候明显的变异性。年平均气温15.2℃，月均气温以8月份最高，极端最高气温达到41.4℃，1月最低为5.0℃，年极端最低气温−21.3℃，年平均日照时间2138.4h。

场地东侧河流源于黄河南岸平原，属原雨坡型河道，水源补给主要靠平原地区自然降水并承受一定面积的山区来水，属山水型河道。雨量充沛，年最大日降水量301.6mm。

区域地下水资源丰富。浅层含水岩组有两个含水层，一层约在5～20m，另一层约在30～50m，均受古河道带发育控制。浅层地下水运动以垂直交替为主，侧向径流极其微弱，属“入渗蒸发型”。地下水水质较好，属碳酸盐淡水，矿化度＜1g/L，含盐度在5mg/L左右，含碱度＜4mg/L，尚未受到人为污染，适宜饮用和工农业生产用水。

18.1.3 地下水和不良地质作用

该地区属冲积平原，地层较稳定，地下水的补给面很宽，场地内地下水水量丰富。勘查期间所测得的静止水位，原始土体内地下水位一般埋深为0.75～4.95m，相应黄海高程为27.65～33.45m；垃圾堆体范围入渗地表水与垃圾渗滤液混合体液面埋深为1.5～10m，相应黄海高程为29～32m。

根据地下水、渗滤液腐蚀性室内测试，结合周围环境的水文地质条件分析，以及查阅区域地质资料，判定拟建场地地下水和土壤对混凝土及混凝土中钢筋具有弱腐蚀性，对钢结构也具有弱腐蚀性。

经地质调查和钻孔揭露，建设场地内未见土洞、溶洞、断层、滑坡、危岩、崩塌、泥石流、采空区等不良地质作用。陈腐垃圾及素填土以下无河道、沟浜、墓穴、防空洞等对工程不利的埋藏物，场地稳定。

18.1.4 垃圾土体量特征

土体量计算采用工程测绘专业软件南方CASS9.1的DTM法和方格网法联合计算垃圾体量，由实测堆填范围边界、垃圾堆填范围现状地面5m×5m方格网数据，再根据钻探揭露的垃圾体底平面、高程数据，生成相应的5m方格网来计算每一个方格内的挖方量，最后累计得到指定范围内的挖方量。系统首先在每个方格交点处拟合高程，即通过方格交点周围的实地高程点进行算术平均插值得出拟合高程。然后将方格四个角上的拟合高程值相加，并取算术平均值作为某一方格的高程，使用该方格的高程与坑底高程相减获得高差。使用这个高差和每个方格的面积，即可获得长方体的体积，最终通过计算公式统计得到挖方量。当两者计算的差值在0.5%～1%以内时证明计算方法是可靠的，可以取两者的平均值作为计算结果。

根据计算，该项目垃圾填埋区总面积为$4.7\times10^4m^2$，计算垃圾体量为$6.965\times10^5m^3$。

由于垃圾填埋场垃圾的堆积为无组织堆积，分布规律差，受人为影响因素大，可实施勘探孔数量有限。综合以上因素，建议填埋土体量按上述计算量增加10%不可预见量计，考虑不可预见量后的垃圾填埋区体量为$7.662\times10^5m^3$。

根据场地垃圾组分、堆积年限、密实程度及经验值，场地陈腐垃圾重度13.5～16.5kN/m³，建议平均重度取15.0kN/m³，则场地陈腐垃圾计算总量为1044.76kN，即106.61t，校核垃圾总量为114.92t。

在场地垃圾分布范围内，选取代表性地段，现场采取陈腐垃圾样品9组，样品质量7.5～90.92kg，对其垃圾组分进行检测，检测结果如表18-1所列。

表18-1 垃圾组分统计表

样品编号	样品总重/kg	垃圾组分									
		轻质可燃物		织物		砖瓦陶、玻璃		金属		渣土	
		质量/kg	占总质量比例/%	质量/kg	占总质量比例/%	质量/kg	占总质量比例/%	质量/kg	占总质量比例/%	质量/kg	占总质量比例/%
ZY19	8.30	1.85	22.29	0	0	0.19	2.29	0	0	6.26	75.42
ZY18	7.95	0.55	6.92	0	0	0.36	4.53	0	0	7.04	88.55
ZY31	8.30	0.90	10.84	0	0	2.68	32.29	0	0	4.72	56.87
ZY58	7.50	1.30	17.33	0	0	1.75	23.33	0.10	1.33	4.35	58.00
ZY46	9.00	0.78	8.67	0	0	3.40	37.78	0	0	4.82	53.56
裸露垃圾	19.80	1.35	6.82	0	0	3.50	17.68	0	0	14.95	75.51
大堆体A	85.30	10.24	12.00	1.40	1.64	4.35	5.10	0.19	0.22	69.12	81.03
大堆体B	90.92	9.87	10.86	0.25	0.27	7.70	8.47	0.50	0.55	72.60	79.85
小堆体C	39.10	7.50	19.18	1.00	2.56	5.60	14.32	0	0	25.00	63.94

由表18-1可知，场地陈腐垃圾属混合垃圾，其中轻质可燃物含量6.82%～22.29%，平均值12.77%；织物含量0.27%～2.56%，平均值1.49%；砖瓦陶、玻璃含量2.29%～37.78%，平均值16.20%；渣土含量53.56%～88.55%，平均值70.30%。

采取4组渗滤液面以下原状垃圾样品送专业实验室检测，检测结果见表18-2。

表18-2 原状垃圾检测结果

检测项目	检测方法	计量单位	检测结果			
			W9（ZY10）	W10（ZY12）	W11（ZY84）	W12（ZY85）
含水率	CJ/T 221—2005	%	27.6	39.1	28.3	35.9
有机物	CJ/T 221—2005	%	9.96	17.92	16.65	13.72
低位热值	GB/T 213—2008	kJ/kg	5218	5871	5710	5597
高位热值	GB/T 213—2008	kJ/kg	18955	19549	19247	19182

由检测结果可知，渗滤液以下垃圾含水率27.6%～39.1%，平均值32.73%；根据现场调查、目测及经验值，渗滤液以上垃圾含水率可取20%；垃圾有机物含量

9.96%～17.92%，平均14.56%；低位热值5218～5871kJ/kg，平均值5599kJ/kg；高位热值18955～19549kJ/kg，平均值19233kJ/kg。另现场采取3组垃圾样品及3组从垃圾中分离的渣土样品送实验室检测有机质、全硫、全磷、全氯、BDM，试验结果详见表18-3。

表18-3 垃圾有机质、全硫、全磷等检测结果

样品编号	检测结果				
	有机质/%	全硫/%	全磷/%	全氯/%	BDM/%
A（渣土）	9.17	—	—	—	—
B（渣土）	7.11	—	—	—	—
C（渣土）	8.30	—	—	—	—
A（垃圾）	9.16	0.33	0.127	0.098	2.85
B（垃圾）	8.91	0.32	0.131	0.045	0.57
C（垃圾）	9.81	0.45	0.220	0.037	5.31

渣土有机质含量7.11%～9.17%，平均值8.19%；垃圾有机质含量8.91%～9.81%，平均值9.29%；垃圾全硫含量0.32%～0.45%，平均值0.37%；垃圾全磷含量0.127%～0.220%，平均值0.159%；垃圾全氯含量0.037%～0.098%，平均值0.06%；生物可降解物（BDM）含量0.57%～5.31%，平均值2.91%。

18.1.5 环境风险识别

环境风险是通过环境介质传播的，由自发的原因或人类活动引起的具有不确定性的环境严重污染事件。环境风险评价就是分析环境风险事件隐患、事故发生概率、事件后果并确定采取相应的安全对策。

不考虑人为破坏和自然灾害如地震、洪水、台风等所引起的风险。工程采用分选综合处理法对垃圾填埋场陈腐垃圾的开挖筛分转运治理，根据拟建工程特点、拟建工程风险类型及评价，重点对填埋场渗滤液风险、垃圾运输过程风险和雨季开挖风险进行分析。

根据判定，本项目环境风险评价工作等级为二级。根据导则要求，本次评价参照标准进行风险识别和对事故风险进行简要分析，重点提出防范、减缓和应急措施，对事故影响范围和影响程度进行分析。

根据《建设项目环境风险评价技术导则》（HJ/T 169—2018）附录A.1和《危险化学品重大危险源辨识》（GB 18218—2018），本项目不涉及重要的危险化学品。

（1）源项分析

根据分析，本项目环境风险主要是以下几种事故源项：

① 填埋场渗滤液处理设施故障，不达标排放对当地污水处理厂的冲击；

② 运输过程不规范导致垃圾、渗滤液等泄漏出来；

③ 雨季开挖导致雨水进入垃圾里面而产生大量渗滤液；

④ 施工现场为多年填埋的垃圾，垃圾开挖中可能有少量有毒有害气体散出。

（2）最大可信事故

通过加强工程设计和运营管理，上述事故发生概率极低；渗滤液处理设施受项目设备技术水平及管理水平的限制，虽然可控制在较低的发生概率，但不能完全杜绝。

本项目污染物“三本账”见表18-4。

表18-4　本项目污染物“三本账”　　单位：t/工期

种类	污染物名称	产生量	消减量	排放量	外排环境量
废水	废水量	90872	18047.8	72824.2	—
	COD	516.86	512.59	7.50	7.28
	BOD_5	207.33	207.96	2.35	2.18
	固体悬浮物(SS)	87.42	87.88	2.37	2.18
	NH_4^+-N	171.71	170.01	1.82	1.82
	总磷	1.75	1.59	0.22	0.22
	总镉	0.0050	0.00494	0.00004	0.00004
	总铬	0.038	0.03753	0.00036	0.00036
	六价铬	0.033	0.03263	0.00029	0.00029
	汞	0.00033	0.00024	0.00007	0.00007
	砷	0.0025	0.00222	0.00022	0.00022
	铅	0.0067	0.01	0.00058	0.00058
废气	粉尘	3.78	3.7422	0.0378	
	氨	1.26	1.008	0.252	
	硫化氢	0.104	0.083	0.021	
固废	危险废物	192	192	0	
	一般固废	1050003.7422	1050003.7422		
	生活垃圾	11.7	11.7		

18.2 垃圾填埋场周边地下水、土壤及气体污染特征

18.2.1 垃圾渗滤液特征

场地渗滤液主要分布在垃圾堆体下的砖厂取土弃坑内，坑壁、坑底主要地层为弱透水的粉质黏土、粉土，渗滤液周边土体地下水水位与渗滤液液面高程一致，在临近坑壁范围的钻孔采取的地下水水质与周边河水相近，与渗滤液样品水质相差巨大，表明渗滤液与周边地下水侧向补给、径流差、物质交换微弱，因此，渗滤液可作为一个独立水体计算体量。

该项目垃圾填埋区渗滤液液面以下计算垃圾体量为$2.726\times10^5m^3$，根据垃圾填埋时间、物质组成，陈腐垃圾属松散至稍密，孔隙比取经验值0.70，渗滤液位于垃圾空隙中，则经计算渗滤液总量为$1.122\times10^5m^3$。

在场地垃圾分布范围，选取代表性地段，现场采取渗滤液样品5组、近旁钻孔地下水2组、周边河水1组，样品体积2～3L，送专业实验室检测，检测项目：pH值、溶解氧（DO）、氧化-还原电位、电导率、浊度、气味、NH_4^+-N、亚硝酸盐氮、硝酸盐氮、氯化物、As、Cd、Cr、Cu、Fe、Mn、Mo、Zn、TOC等。检测结果详见表18-5。

表18-5　渗滤液水质检测结果

检测项目	计量单位	检测结果				
		S2（ZY6）	S3（ZY10）	S4（ZY12）	S5（ZY85）	S8（地表）
pH值	—	7.77	7.99	7.08	7.81	7.54
DO	mg/L	1.14	0.39	5.44	0.34	0.23
氧化-还原电位	mV	32	−215	153	−61	−202
电导率	μS/cm	8.38×10^3	9.5×10^3	3.90×10^3	8.24×10^3	4.95×10^3
浊度	度	248	1.044×10^3	5.744×10^3	1.048×10^3	201
气味	等级	3	5	3	4	5
NH_4^+-N	mg/L	1.03×10^3	1.35×10^3	0.884	—	—
亚硝酸盐氮	mg/L	0.002	0.007	2.02	0.006	2.44

续表

检测项目	计量单位	检测结果				
		S2（ZY6）	S3（ZY10）	S4（ZY12）	S5（ZY85）	S8（地表）
硝酸盐氮	mg/L	3.72	12.8	1.22	3.82	2.44
氯化物	mg/L	2.64×10^3	3.29×10^3	1.42×10^3	2.59×10^3	1.09×10^3
As	mg/L	30.5	23.4	1.11	24.2	36.6
Cd	mg/L	0.024	0.033	0.014	0.029	0.030
Cr	mg/L	0.081	0.190	0.074	ND	0.124
Cu	mg/L	ND	0.052	ND	ND	ND
Fe	mg/L	0.712	5.58	1.50	2.44	1.10
Mn	mg/L	0.045	0.402	1.67	0.067	0.595
Zn	mg/L	ND	0.451	ND	ND	ND
TOC	mg/L	713.73	787.98	409.64	2101.67	459.45

注：ND表示未检出。

18.2.2 地下水污染特征

本次监测在项目拟建厂区内和厂区周围共布设7个监测井，均监测水质和水位。

① 监测时间：2018年3月27日，1d。

② 监测因子：8大离子，分别为K^+、Na^+、Ca^{2+}、Mg^{2+}、CO_3^{2-}、HCO_3^-、Cl^-、SO_4^{2-}。

③ 常规因子：水位、pH值、氨氮、硝酸盐、亚硝酸盐、高锰酸盐指数、总硬度、总溶解固体、六价铬、挥发酚、总大肠菌群、铜、锌、铅、镉、砷、汞（取样点深度在井水位以下1.0m之内）。地下水水质监测结果见表18-6。

表18-6　地下水水质监测结果　　单位：mg/L，pH值无量纲

编号	监测项目						
	pH值	氨氮	挥发酚	六价铬	硝酸盐氮	亚硝酸盐氮	总硬度
D1	7.46	0.122	ND	ND	0.38	0.012	56
D2	7.51	0.098	ND	ND	0.34	0.014	50
D3	7.41	0.112	ND	ND	0.42	0.018	47
D4	7.48	0.071	ND	ND	0.46	0.015	41
D5	7.75	0.139	ND	ND	0.32	0.014	43

续表

编号	监测项目						
	pH值	氨氮	挥发酚	六价铬	硝酸盐氮	亚硝酸盐氮	总硬度
D6	7.56	0.082	ND	ND	0.34	0.016	41
D7	7.52	0.091	ND	ND	0.24	0.012	47
Ⅲ类标准	6.5 ～ 8.5	≤ 0.5	≤ 0.002	≤ 0.05	≤ 20	≤ 1.00	≤ 450

编号	氯化物	硫酸盐	总溶解固体	高锰酸盐指数	总大肠菌群 /（个/L）	铜	锌
D1	37	20	516	0.79	90	ND	ND
D2	29	17	456	0.96	80	ND	ND
D3	34	12	401	1.04	60	ND	ND
D4	11	19	364	0.88	50	ND	ND
D5	23	8	412	1.42	60	ND	ND
D6	26	16	385	1.16	80	ND	ND
D7	31	12	349	0.96	70	ND	ND
Ⅲ类标准	≤ 250	≤ 250	≤ 1000	≤ 3	≤ 100（Ⅳ类标准）	≤ 1.0	≤ 1.0

编号	汞	砷	铅	镉	K^{+}	Na^{+}	Ca^{2+}
D1	ND	ND	ND	ND	0.419	17.6	20
D2	ND	ND	ND	ND	0.482	16.9	17.8
D3	ND	ND	ND	ND	0.512	17.3	16.5
D4	ND	ND	ND	ND	0.473	17.9	14.1
D5	ND	ND	ND	ND	0.347	18	15
D6	ND	ND	ND	ND	0.391	18.5	14.5
D7	ND	ND	ND	ND	0.376	17.1	16.9
Ⅲ类标准	≤ 0.001	≤ 0.01	≤ 0.01	≤ 0.005	—	—	—

编号	Mg^{2+}	CO_3^{2-}	HCO_3^{-}
D1	1.34	ND	8.3
D2	1.25	ND	6.8
D3	1.38	ND	7.1
D4	1.3	ND	6.9
D5	1.31	ND	7.8
D6	1.17	ND	7.1
D7	1.24	ND	7
Ⅲ类标准	—	—	—

注：ND表示未检出。

根据表18-6监测结果可以看出，D1 ～ D7的监测因子除总大肠菌群不能满足《地下水质量标准》（GB/T 14848—2017）Ⅲ类标准外，其他因子均满足《地下水质量标准》（GB/T 14848—2017）Ⅲ类标准。主要超标原因可能监测点位已受到垃圾填埋场污染。

18.2.3 气体污染特征

垃圾填埋区两个主要的垃圾体已被简易覆盖，表面设置排气管，勘查期间场地内存在浓烈的填埋气味。用手持便携式气体检测仪对钻孔内、排气管内1m深度填埋气成分及浓度进行检测53点次，检测结果见表18-7。

表18-7　场地垃圾填埋气成分与含量检测表

序号	测试位置	填埋气成分及含量				检测时间
		LEL（体积分数）/%	CO/（μg/mL）	O_2（体积分数）/%	H_2S/（μg/mL）	
1	大垃圾堆体排气管	70	0	13.5	0	2017.6.3
2		报警	0	11	0	2017.6.3
3		报警	0	15.2	0	2017.6.3
4		报警	0	9.8	0	2017.6.3
5		报警	0	11.3	0	2017.6.3
6	ZY29	55	2.0	19.8	0	2017.5.30
7	ZY25	35	0	20.3	0	2017.5.30
8	ZY31	18	7.0	20.9	0	2017.5.30
9	ZY81	71	0	20.2	0	2017.5.30
10	大垃圾堆体排气管	95	0	15	0	2017.5.30
11		80	0	16.5	0	2017.5.30
12		50	0	18	0	2017.6.2
13		50	0	14	0	2017.6.2
14		30	0	18	0	2017.6.2
15		30	0	17	0	2017.6.2
16		20	0	19	0	2017.6.2
17		18	0	18	0	2017.6.2
18		14	0	17.5	0	2017.6.2
19		22	0	16	0	2017.6.2

续表

序号	测试位置	填埋气成分及含量				检测时间
		LEL（体积分数）/%	CO/（μg/mL）	O_2（体积分数）/%	H_2S/（μg/mL）	
20	大垃圾堆体排气管	20	0	16	0	2017.6.2
21		50	0	16	0	2017.6.2
22		35	0	17	0	2017.6.2
23		80	0	15	0	2017.6.2
24		60	0	18	0	2017.6.2
25		报警	0	16.3	0	2017.6.2
26		85	0	17.1	0	2017.6.2
27		50	0	18.7	0	2017.6.2
28		98	0	17	0	2017.6.2
29		54	0	16.7	0	2017.6.2
30		报警	0	12.6	0	2017.6.2
31		报警	0	12.8	0	2017.6.2
32		报警	0	15.6	0	2017.6.2
33	ZY10	95	5	17.1	0	2017.6.3
34	ZY6	85	5	8.1	3	2017.6.3
35	ZY33	20	0	20.8	0	2017.6.3
36	ZY40	70	0	19	0	2017.6.3
37	ZY46	0	0	20.9	0	2017.6.3
38	ZY59	0	0	20.9	0	2017.6.3
39	ZY51	0	0	20.9	0	2017.6.3
40	ZY45	0	0	20.9	0	2017.6.3
41	ZY24	0	0	20.9	0	2017.6.3
42	ZY20	11	3	19	0	2017.6.3
43	ZY12	95	4	19.5	0	2017.6.7
44	ZY12	91	3	18.5	0	2017.6.8
45	ZY59	95	11	10.5	8	2017.6.8
46	大垃圾堆体排气管	99	0	14.4	0	2017.8.12
47		25	0	17.7	0	2017.8.12
48		18	0	17.3	0	2017.8.12
49		报警	0	11.8	0	2017.8.12
50		62	0	15.9	0	2017.8.12
51	小垃圾堆体排气管	报警	0	18.3	0	2017.8.12
52		报警	0	15.4	0	2017.8.12
53		5.0	0	13.2	0	2017.8.12

根据现场垃圾填埋气检测结果，除因部分钻孔垮塌未测得填埋气外，大部分测点测得垃圾填埋气主要成分，爆炸下限（LEL，可燃气，以甲烷为主）一般含量20% ～ 80%，部分超过100%，氧气含量8.1% ～ 20.9%，零星测得，最大浓度7.0μg/mL，基本未测到H_2S气体。

气体检测结果表明场地可燃气体浓度多处超标报警，对施工安全影响大，建议对场地垃圾体开挖处理前，应先对垃圾填埋体作排气处理。

18.2.4　土壤污染特征

本次监测在厂区内布设3个土壤常规监测点，布点情况如表18-8所列。

表18-8　土壤监测布点情况

编号	监测点位名称	监测因子
TD1	厂区东侧	pH值、铜、锌、铅、镉、砷、汞、铬、镍
TD2	厂区北侧	
TD3	厂区西南角	

监测时间为2017年9月11日（TD1）和2018年3月21日（TD2和TD3），采样一次。监测因子：pH值、镉、铅、铜、锌、铬、镍、砷、汞。

土壤环境质量现状监测结果详见表18-9。

表18-9　土壤环境质量现状监测结果

序号	监测项目	单位	TD1	TD2	TD3	《土壤环境质量　农用地土壤污染风险管控标准（试行）》(GB 15618—2018)
1	pH值	—	8.09	8.38	8.35	pH > 7.5
2	镉	mg/kg	0.336	0.171	0.212	≤ 0.60
3	铅	mg/kg	33.2	23.3	29.7	≤ 170
4	铜	mg/kg	35.6	21.8	27.9	≤ 100
5	锌	mg/kg	91.7	55.7	68.9	≤ 300
6	铬	mg/kg	80.2	57.8	46.7	≤ 250
7	镍	mg/kg	12.3	24.4	17.7	≤ 190
8	砷	mg/kg	13.6	10.9	12.1	≤ 25
9	汞	mg/kg	0.038	0.101	0.092	≤ 3.4

根据上表监测结果，本项目土壤各监测因子均满足《土壤环境质量　农用地土壤污染风险管控标准（试行）》(GB 15618—2018)的要求。

18.3 风险评估及修复目标确认

根据《建设用地土壤污染风险评估技术导则》（HJ 25.3—2019）要求，利用垃圾填埋场及周边土壤、地下水环境详查数据，从危害识别、暴露评估、毒性评估、风险表征四个方面评估该区域环境风险为不可接受。因此，通过计算垃圾填埋场土壤、地下水控制计算值确定修复目标。

18.3.1 土壤目标确认

工程实施目的是为了释放被填埋场占用的相关规划中的用地，使填埋场场区具备后期再开发利用的基础条件，土地规划为绿化景观用地，但限于项目施工周期及修复特点，在场地内垃圾清运完毕前尚不能对开挖清运后场地土壤污染程度做出全面评价。施工过程中仍然对厂区内布设3个土壤常规监测点进行监测，保证本项目土壤各监测因子均满足《土壤环境质量　农用地土壤污染风险管控标准（试行）》（GB 15618—2018）二级标准要求。

18.3.2 地下水风险管控目标确认

结合垃圾填埋场的特征污染物、原生地质问题及污染物毒性，充分考虑垃圾渗滤液、区域周边地表水和地下水状况，重点对地下水进行长期持续管控，管控范围有7个监测井，地下水控制指标拟定为八大因子和以总大肠菌群为主的常规监测因子，并以《地下水质量标准》（GB/T 14848—2017）Ⅲ类限值为管控目标。

18.3.3 垃圾堆目标确认

为实现填埋场区域土地规划功能，确保规划周边地区免受垃圾填埋场填埋气和渗滤液的污染，保障周边河水水质，必须将填埋库区内堆填垃圾全量转移，实现填埋场填埋垃圾的根治。在进行垃圾转移之前，要进行分类筛分，筛分后的筛上物及筛下物按照各自不同的性质及用途，进行就地或异地处理。

筛上无机物（大型水泥块、砖瓦石块、玻璃、陶瓷等）物料用于制砖，砖块浸出毒性必须符合《危险废物鉴别标准　浸出毒性鉴别》(GB 5085.3—2007)；筛上可燃物送到资源化工厂焚烧发电或其他资源化处置；筛下腐殖土经检测达到《绿化种植土壤》(CJ/T 340—2016）等标准后作为园林绿化苗圃营养土；筛上无机物和筛下腐殖土经检测不能达到以上标准时，送周边生活垃圾卫生填埋场填埋；废旧金属回收利用。

该项目施工过程中产生的渗滤液及其他污水预处理后用槽罐车送至当地污水处理厂处理。

18.3.4　风险管控模式确认

本项目为填埋场垃圾治理工程，主要对填埋场的垃圾和渗滤液进行生态治理，从源头上减少填埋场渗滤液对地下水的污染。且修复过程中各类修复设施严格按照国家相关规范要求，对各类污水管道、设备、各类污水储存池、渗滤液处理车间筛分厂房采取防渗等相应措施，以防止和降低污染物的跑冒滴漏，将污染物泄漏的环境风险事故降到最低程度。填埋场西侧设置止水、降水工程，减少渗滤液对地下水以及周边河水水质的影响。

生产过程中应遵循清洁生产理念，所采用的各项污染防治措施技术可行、经济合理，能保证各类污染物长期稳定达标排放；通过采取有针对性的风险防范措施并落实应急预案，项目治理的环境风险可接受。

18.4　治理方案比选和确定

18.4.1　治理方案筛选原则

根据场地调查与评估阶段成果，明确治理目标和治理要求，分析确定需治理目标范围、类型和体量；根据土地利用规划、当地经济状况、末端处理评估结果、整治后场地用途等确定对垃圾治理的要求，如治理时间、治理成本、治理后效果等。在此基础上，依据技术原理、适用条件、技术和经济指标、优缺点等提出一种或多种备选技术，可开展实验室小试、现场中试进行辅助。技术选择应坚持以下原则：

① 经济性：对采用的技术方案进行技术经济比选，确保技术的可行性和合理性。

② 综合性：综合全面考虑治理目标、治理效果、投资、治理期限，以及垃圾类别、污染状况、所处区域末端处理能力、区域垃圾堆放点分布、当地经济状况、土地利用规划等因素合理选择治理技术或技术组合，在技术和施工层面切实可行。

③ 安全性：制订治理方案要确保工程实施安全，防止对人员和周边构筑物造成危害。

④ 环保性：治理的实施应考虑对生态环境的影响，防止造成二次污染。

⑤ 长效性：垃圾堆放点的治理，尤其采用原位治理技术时，既要满足近期治理目标，也要兼顾远期场地环境状况。

18.4.2 方案流程确定

非正规垃圾填埋场治理方案确定的工作流程如图18-1所示。

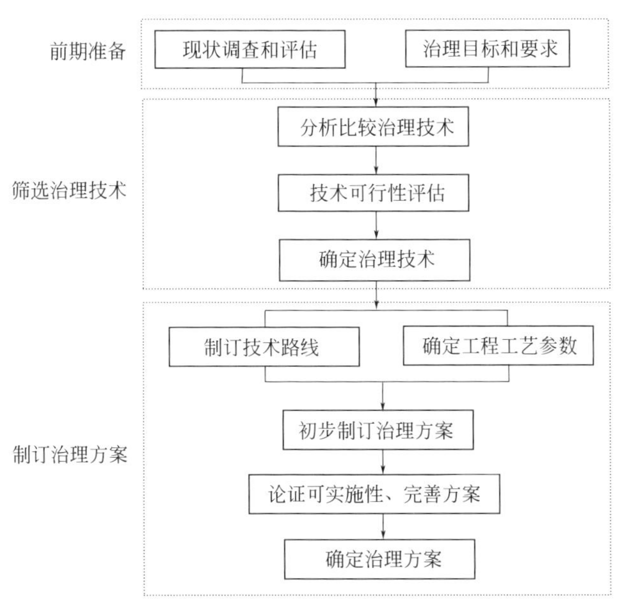

图18-1　非正规垃圾填埋场治理方案确定的工作流程

（1）前期准备

获取和分析前期场地现状调查和场地评估，明确项目治理目标和治理要求。

（2）筛选治理技术

根据治理对象（单元）特征，按照常用治理技术特点进行筛选；可依据技术原理、适用条件、技术和经济指标、优缺点等方面比较分析，也可采用专家打分法等提出一种或多种备选技术；可开展实验室小试、现场中试，或参考治理技术应用案例进行分析，主要从适用性、治理效果、成本和环保安全性等方面评估。

（3）制订治理方案

根据确定的治理技术，制订技术路线，路线的制订可采用一种技术，也可采用多种技术组合集成的方式。确定工程工艺参数，如根据施工平面总体布设、设备处理规模、人员安排和设备配置等编制初步治理方案。经专家论证其可实施性和完善方案后，确定治理方案。

18.4.3 治理技术比选和确定

非正规垃圾堆放点中生活垃圾治理技术包括原位技术和异位技术两类。原位技术主要有封场法和原位好氧稳定处理法；异位技术主要有整体搬迁法和分选综合处理法。非正规垃圾填埋场治理技术比选表见表18-10。

表18-10 非正规垃圾填埋场治理技术比选表

对比内容	原位技术		异位技术	
	封场法	原位好氧稳定处理法	整体搬迁法	分选综合利用法
原理和作用	控制垃圾堆体中渗滤液和填埋气体的污染，并起生态恢复的作用	通过人工作用缩短堆体内有机物降解时间，快速消除污染达到稳定	将垃圾整体挖除，转运至末端处理，以消除污染和占地问题	将垃圾挖出分选，分类处理，可实现垃圾减量、无害和资源化效果
一般适用性	堆填时间≥10a，体量≥50000m³，周期紧，末端处理不足，符合土地利用规划	已封场或简易封场填埋龄≤8a，有机质含量≥20%，体量≥50000m³，符合土地利用规划周期，无特殊要求，末端处理不足	特定条件下的堆放点必须整体搬迁，具备末端接收条件，周期紧	特定条件下的堆放点末端接收条件有限，或卫生填埋场、焚烧厂处理能力不足，治理对象体量≥30000m³，具备施工条件
按场地风险等级适用性	B、C类	C类	A、B类	A、B类
施工工期	短，可控	居中→长，不可控	短，可控	居中，可控
施工成本	小→居中	小→居中	居中→高	居中
监测成本	居中	居中	小	小
土地再利用适宜性	差	差	好	好
污染治理效果	不可控	不可控	好	好
施工安全风险	低	低	居中	居中
技术可靠性	可靠，国内有相当经验	较可靠，国外属成熟技术	可靠，国内有相当经验	可靠，在我国有实践经验

续表

对比内容	原位技术		异位技术	
	封场法	原位好氧稳定处理法	整体搬迁法	分选综合利用法
后期维护监管	较高	较高	无	无
工程规模	取决于作业场地和使用年限，一般均较大	取决于作业场地和堆填年限，一般较大	工程规模有较大的适应性，一般为500～5000t/d	工程规模有较大的适应性，一般为500～5000t/d
主要环境风险	后期的二次污染	后期的二次污染	施工中的二次污染	施工中的二次污染

特殊情况下，因垃圾填埋场或区域设施条件限制，采用单一技术无法实现，可采用多种治理技术组合的方式以达到项目治理目标。不同技术的组合见表18-11。

表18-11　不同技术的组合

序号	技术组合形式	适用情况
1	分选综合处理+止水帷幕	地下水或地表水与垃圾堆体存在接触和补给情况，且堆放点不满足相关土地性质及建设规划时，以帷幕注浆技术作为阻隔措施
2	分选综合处理+封场法	垃圾堆放场地为不同时期堆放，总量大，末端处置能力有限，且不完全满足相关土地性质及建设规划时，可分区进行封场处理和挖除分选、分类处置
3	分选综合处理+兼氧填埋	区域垃圾处理能力不足时，以兼氧填埋技术作为无害化处理措施
4	分选综合处理+好氧预处理	堆放点不满足相关土地性质及建设规划，需要采用异位方式处理，且垃圾填埋状态不满足直接开挖及筛分条件时，以输氧抽气作为预处理技术
5	原位好氧稳定+止水帷幕	地下水或地表水与垃圾堆体存在接触和补给情况，且堆放点满足相关土地性质及建设规划、可采取原位治理技术时，以帷幕注浆技术作为阻隔措施

综上所述，根据当地功能区总体规划和建设周期，垃圾填埋场的实际情况和详查报告，选择对该垃圾填埋场进行分选综合处理。

18.4.4　分选综合处理法介绍

（1）技术原理

不宜采用封场法、原位好氧稳定，同时不具备整体搬迁条件的，宜采用垃圾分选综合处理法整治技术。根据填埋场特征、处理能力，以及末端处置方式和要求，通过机械化分选系统，将开采的垃圾按照粒径、重力、密度及磁性等物理特征分选为多种物料，并分别做无害化处置。该方法在消除垃圾堆放点污染的同时，释放土地资源，做到垃圾的无害化、减量化和资源化。分选综合处理法整治技术一般流程见图18-2。

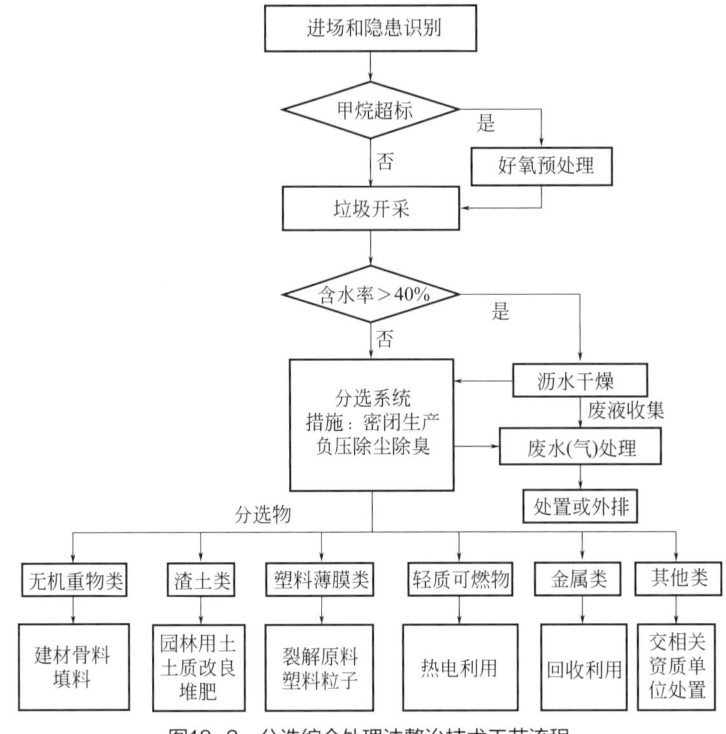

图18-2　分选综合处理法整治技术工艺流程

（2）技术要求

将垃圾堆体安全开挖，垃圾经沥水干燥至含水率40%以下后进入分选系统，一般可将垃圾分为无机重物类、渣土类、塑料薄膜类、轻质可燃杂物类、金属5类，再分别进行处理处置。设置密闭生产车间（大棚）和废气（液）处理设施，保证废气（液）不外逸（溢）扩散。场内临时堆放垃圾区域地面需做硬化防渗处理。生产区域下风向重点设置降尘除臭设施。设置雨污分流系统，最大限度减少雨水、地表水渗入垃圾堆体。分选综合处理法整治技术工艺复杂，需配套好氧预处理、止水帷幕阻隔、兼氧填埋、渗滤液导排和处理等其一种或多种辅助性技术。

分选物资源化处理参考。无机重物类：可配制再生轻骨料、地面砖材料、水泥混合材料，可在道路路基工程中使用，也可简易处理后就地回填或外运填埋。渣土类：一般可用于园林绿化用土、土壤改良或堆肥，严禁进入食物链。塑料薄膜类：可作为裂解或塑料粒子原料。轻质可燃类：经二次精馏分出混合废塑料再做资源化利用。金属类：直接回收利用。废电池等危废类：交有资质的企业处置。

（3）适用条件

垃圾末端处理条件有限，属于必须采用异位处理的场地，且末端处理条件中无接纳的卫生填埋场地、垃圾焚烧厂，或运距较远，成本较高。具备一定规模的施工场地和施工条件。

（4）限制因素

工程的实施需要占用较大施工生产场地，投入大量机械设备和人工，一次性投资大；治理工艺复杂，需考虑一种或多种配套技术及多无害化处置技术；垃圾特征复杂，分选设备性能要求高。

18.5 治理工程

18.5.1 工程内容

修复工程建设内容主要为垃圾堆体安全开采、机械分选、地下水污染阻隔、渗滤液和生产废水处理、分选物处置以及二次污染防控等。

（1）垃圾堆体安全开采

开挖工程范围包括整个垃圾填埋区域，总开挖量暂按$7.662\times10^5m^3$计算，开挖面积$48268m^2$。每批次开挖作业单元面积不超过$667m^2$，挖掘深度为3m。四个阶段开挖顺序为先大堆体，后小堆体，大堆体和小堆体均由北向南开挖，第一、第二、第三（1）阶段首先开挖渗滤液面以上的垃圾，第三（2）、第四阶段开挖渗滤液面以下垃圾。

开挖前先进行勘测，确定开挖深度，了解陈腐垃圾成分，确定地下水位。由于填埋场面积大，垃圾量大，采用局部开挖，开挖后立即覆盖的方式。根据情况制订降水、排水措施；开挖深度过大的，要制订边坡加固方案；确定地下管线的走向位置，做好防护准备。陈腐垃圾开挖时，项目施工员先对作业班组按照相关规定进行技术质量安全交底，讲清楚开挖方法、开挖顺序，确定位置和挖掘时必须注意的安全要求、质量要求和出现异常情况的应急方法，做好交底签字记录。

（2）机械分选

按13个月时间将全场存量垃圾（$7.662\times10^5m^3$，1.05×10^5t）治理完成的前提下，在连续开挖情况下（适当考虑雨季的影响），每年有效工作日按330d计算，一次（一天）最大开挖面积为$666.67m^2$、深度3m，开挖量为$2000m^3$（3000t）。本方案为就地开挖原位筛分，分四阶段进行。第一阶段每天陈腐垃圾开挖量约$667m^3$（约为1000t/d），配套1条筛分线；第二、第四阶段每天陈腐垃圾开挖量约$1333.3m^3$（约为2000t/d），配套2条筛分线；第三阶段每天陈腐垃圾开挖量约$2000m^3$，（约为3000t/d），配套3条筛分线，单条筛分线处理规模为1000t/d。

（3）地下水污染阻隔

通过对周围环境的水文地质条件进行分析，以及查阅区域地质资料，保证工程期间填埋场与周边水系隔绝，阻隔场地垃圾渗滤液对周边水体造成的污染。根据场地周边水体分布情况，在场地南侧、北侧、西侧设置垂直防渗系统。垂直防渗系统采用高压旋喷桩形成防渗帷幕。

（4）渗滤液和生产废水处理

本项目第一、第二阶段渗滤液不外排，存留在填埋场内。车间地面冲洗废水、车辆冲洗废水、道路冲洗废水以及生活污水满足污水厂接管标准后用槽车送至污水厂。第三、第四阶段生产的废水与生活污水经收集后通过渗滤液处理设备处理达标。

（5）二次污染防控

主要针对废气的防控，本工程实施阶段产生的废气主要为开挖作业时恶臭废气、晾晒以及上料过程废气、筛分车间筛分废气、制砖车间废气。

18.5.2 堆体开挖工程

本项目垃圾开挖是控制工期的关键工序之一，应科学地安排施工顺序，进行信息化、动态管理。本项目垃圾开挖较为复杂，边坡开挖线、开挖坡度、高程、长度等应按要求严格控制，因此必须选择经验丰富的施工单位，配置综合素质高的指挥人员和施工人员。

现场存量垃圾开挖主要包括以下工作内容。

① 渗滤液水位以上垃圾（干垃圾）开挖：该部分垃圾较干燥，含水率通常小于40%，满足筛分处理生产线接纳要求，直接从填埋区开挖运至厂区中间筛分处理场地。但是开挖过程中也应实时监测，若发现开挖的物料含水率较高，达不到直接筛分处理的要求，则需先送至晾晒区进行晾晒脱水。

② 开挖前通风预处理和开挖中的持续监测：对于填埋气体甲烷浓度超标的堆体需进行开挖前通风抽气处理，以消除危险因素；同时在开挖过程中主要对开挖作业面进行甲烷实时监测，发现超标及时停止作业，消除后方可继续施工作业。

③ 填埋区内渗滤液抽排：填埋区存量垃圾在开挖过程中，部分积存的渗滤液无法随垃圾堆体开挖出来，除了采用原填埋场的渗滤液收集导排系统排出填埋区外，还可以根据开挖实际情况在库区内采用潜污泵抽排渗滤液至调节池。

与传统的土石方工程相比，垃圾填埋场挖方作业需要特别注意的安全和环境隐患有很多，如开挖前预处理、开挖中甲烷浓度监测、堆体为非规范填埋、地形复杂等。具体内容如下所列。

（1）垃圾堆体开挖、倒运和上料前工艺

垃圾堆体开挖、倒运和上料前工艺路线如图18-3所示；现场开采及晾晒照片如图18-4所示。

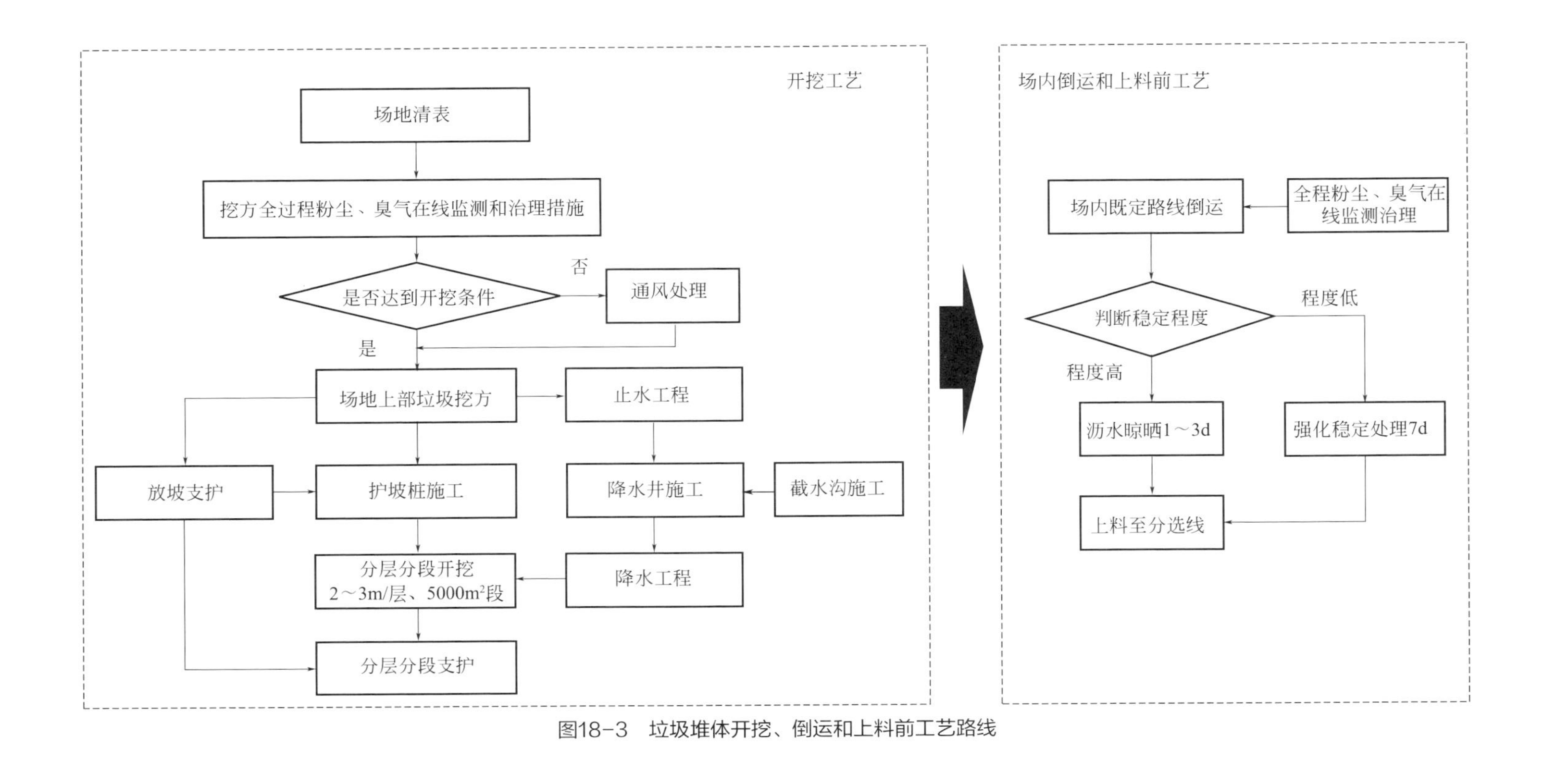

图18-3　垃圾堆体开挖、倒运和上料前工艺路线

(a) 垃圾开采

(b) 垃圾晾晒

图18-4 现场开采及晾，晒照片

（2）堆体开挖前的注气/抽气系统加速稳定措施

好氧生物反应器技术的主要控制手段是强制通风和抽气，使填埋场内部处于好氧状态，因此向垃圾填埋场内输氧抽气是该技术的关键。空气经注气风机加压以后，通过铺设的注气管网均匀地分布到注气管井，进而扩散至整个填埋场内部，创造良好的好氧环境，空气参与有机垃圾的好氧降解，氧气消耗后生产稳定的二氧化碳，在负压的作用下汇集到抽气管井，通过与真空泵相连接的抽气管网，将其抽出堆体，之后通过气体处理装置，向大气排放，其基本流程如图18-5所示。现场注气抽气/系统管道布设照片如图18-6所示。

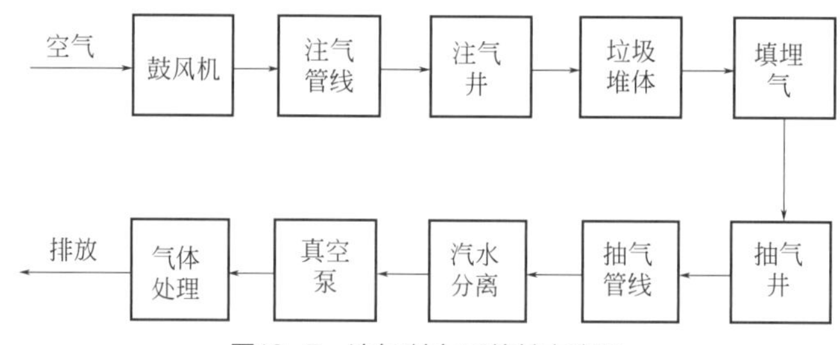

图18-5 注气/抽气系统基本流程

图18-6 现场注气/抽气系统管道布设照片

（3）开挖过程中实时监测

开挖过程中实时监测包括对垃圾堆体边坡形状和垃圾填埋气中甲烷气体的实时监控，发现隐患及时停止作业。

采用传统手段，技术安全人员徒步至垃圾堆体或开挖面手持设备完成监测，作业难度高、环境差、隐患多，可采用无人机技术完成。

1）无人机倾斜/正射技术辅助工程测量

无人机摄影并结合垃圾治理行业场地特征，保证大场景三维重建和测绘工作任务的准确性，完成垃圾场地中多种复杂堆体的三维模型，可快速测绘垃圾堆体。无人机测绘工作原理如图18-7所示。

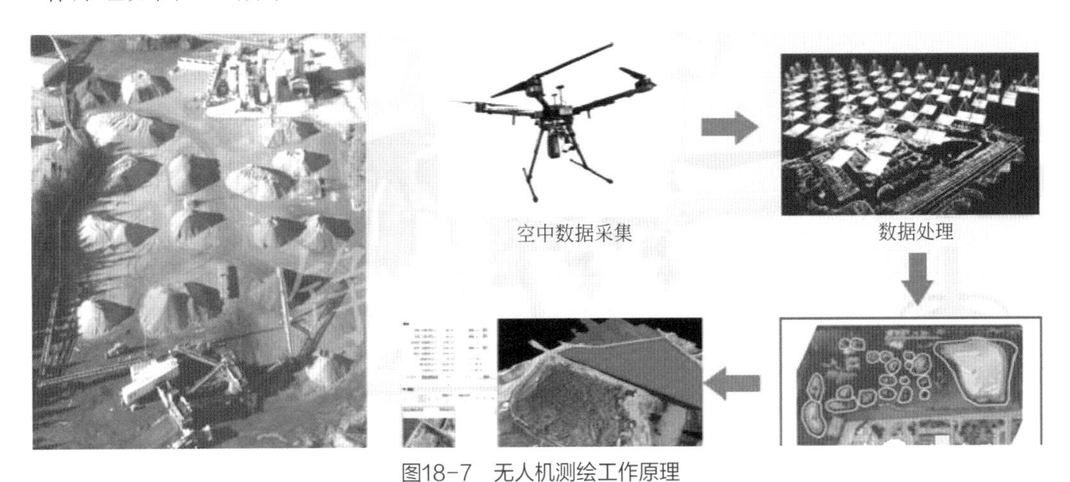

图18-7 无人机测绘工作原理

将无人机倾斜摄影+实时动态差分（RTK）+三维重建技术结合，应用于垃圾填埋场治理项目的填（挖）方量、填（挖）区域面积以及区域总面积的测量。相较于传统人工测量优势为：不受场地条件制约、精度较高、效率极高、成本低。无人机测绘技术具有很大发展潜力，也逐步成为小范围、高精度、实时测量的重要平台。无人机倾斜摄影三维建模垃圾填埋场应用如图18-8所示。

(a) 垃圾填埋场正射拟合效果

(b) 临时垃圾堆存场三维重建拟合

图18-8 无人机倾斜摄影三维建模垃圾填埋场应用

2）无人机搭载激光甲烷遥测技术实时监测甲烷气体浓度分布

无人机搭载激光遥测传感器，以及实时通信功能，便可对垃圾场地表面甲烷气体浓度实时监测，预防安全事故发生并为垃圾堆体是否可以直接开采提供实时数据支持。地面工作站实时在线数据接收显示如图18-9所示；无人机30m高空实时甲烷监测如图18-10所示。

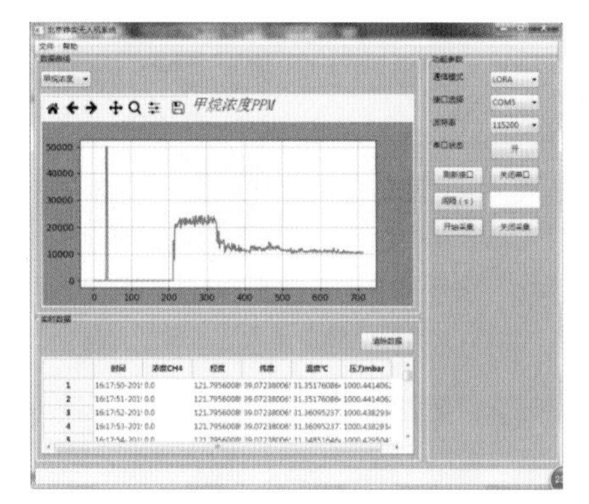

(a)实时显示上位机软件

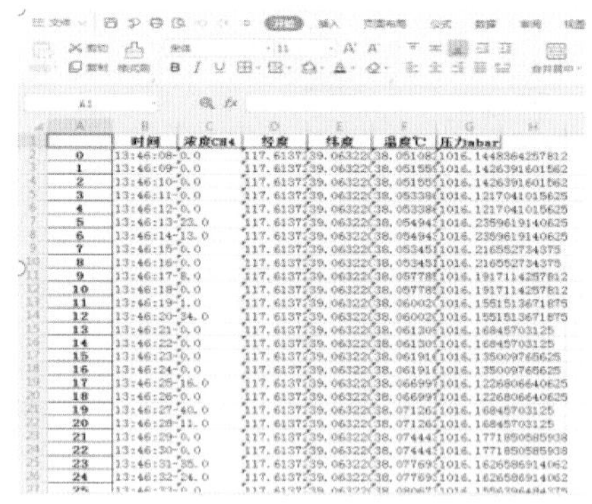

	时间	浓度CH4	经度	纬度	温度℃	压力mbar
0	13:46:08-	0.0	117.6137	39.06322	38.05108	1016.1448364257812
1	13:46:09-	0.0	117.6137	39.06322	38.05155	1016.1426391601562
2	13:46:10-	0.0	117.6137	39.06322	38.05155	1016.1426391601562
3	13:46:11-	0.0	117.6137	39.06322	38.05338	1016.1217041015625
4	13:46:12-	0.0	117.6137	39.06322	38.05338	1016.1217041015625
5	13:46:13-	23.0	117.6137	39.06322	38.05494	1016.2359619140625
6	13:46:14-	13.0	117.6137	39.06322	38.05494	1016.2359619140625
7	13:46:15-	0.0	117.6137	39.06322	38.05345	1016.216552734375
8	13:46:16-	0.0	117.6137	39.06322	38.05345	1016.216552734375
9	13:46:17-	8.0	117.6137	39.06322	38.05778	1016.1917114257812
10	13:46:18-	0.0	117.6137	39.06322	38.05778	1016.1917114257812
11	13:46:19-	1.0	117.6137	39.06322	38.06002	1016.1551513671875
12	13:46:20-	34.0	117.6137	39.06322	38.06002	1016.1551513671875
13	13:46:21-	0.0	117.6137	39.06322	38.06130	1016.168457103125
14	13:46:22-	0.0	117.6137	39.06322	38.06130	1016.168457103125
15	13:46:23-	0.0	117.6137	39.06322	38.06191	1016.135009765625
16	13:46:24-	0.0	117.6137	39.06322	38.06191	1016.135009765625
17	13:46:25-	16.0	117.6137	39.06322	38.06699	1016.1226806640625
18	13:46:26-	0.0	117.6137	39.06322	38.06699	1016.1226806640625
19	13:46:27-	40.0	117.6137	39.06322	38.07126	1016.168457103125
20	13:46:28-	11.0	117.6137	39.06322	38.07126	1016.168457103125
21	13:46:29-	0.0	117.6137	39.06322	38.07444	1016.1771850585938
22	13:46:30-	0.0	117.6137	39.06322	38.07444	1016.1771850585938
23	13:46:31-	35.0	117.6137	39.06322	38.07769	1016.1626586914062
24	13:46:32-	24.0	117.6137	39.06322	38.07769	1016.1626586914062

(b) 后台数据导出

图18-9　地面工作站实时在线数据接收显示

图18-10　无人机30m高空实时甲烷监测

18.5.3　分选工程

分选工艺一般包括沥水平台、上料系统、分选系统、防尘除臭设施、电控系统等。

非正规生活垃圾堆放点的垃圾可以分为腐殖土、轻质物（含塑料、橡胶、纸类、织物、木竹等）和无机物（含砖瓦、陶瓷、砂浆、混凝土、玻璃等）三类，以及少量的铁磁物、废电池。

分选工艺一般工作流程应结合项目设计要求和物料特征对工艺和参数进行调整，以满足筛分质量和施工进度。垃圾分选线布置参考图如图18-11所示；分选车间实景图如图18-12所示。

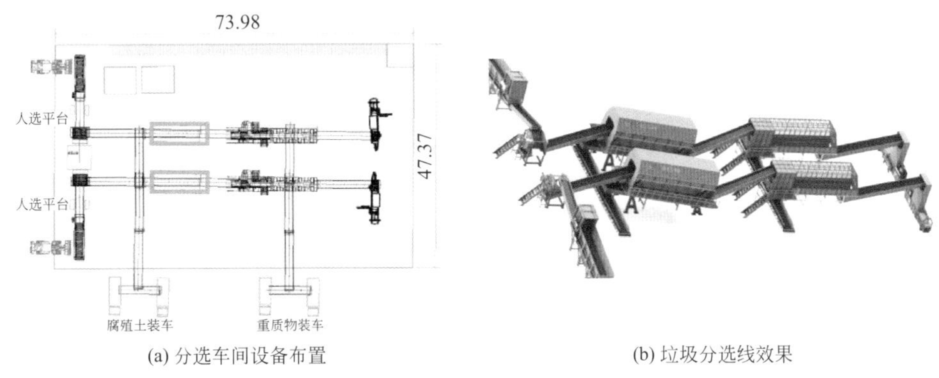

(a) 分选车间设备布置　　(b) 垃圾分选线效果

图18-11　垃圾分选线布置参考图

图18-12　分选车间实景

筛分过程可分为如下几个环节。

① 给料和预筛分：将挖掘的垃圾运送到筛分设备处，倒入进料斗，将大体积建筑垃圾及其他不能直接筛分处理的垃圾通过预筛分机进行预筛分，大骨料直接通过预筛分机出料，大尺寸轻质可燃物通过皮带传送至出料口，大块无机骨料物经破碎后外运至堆场暂存。

② 磁选：预筛分机的筛下物通过皮带传送至分料器，再由分料器分出送至两个滚筒筛，物料进分料器前增加磁选设备，选出垃圾中含有的铁器。

③ 筛分：通过滚筒式筛分进行陈腐垃圾的筛分。通过输送机筛出筛下物，并将筛上物输送入单机比重分选机。

④ 筛上物的进一步分选：筛上物通过单机比重分选机分出大量轻质可燃物以及骨料，骨料再通过移动式比重分选机分出中骨料和少量轻质物。

⑤ 筛下物出料：筛下物通过精密星盘筛后，二次筛下物腐殖土直接通过传送带送至指定地点，二次筛上物通过移动式比重分选机分出小骨料和小片轻质物。

⑥ 轻质物打包：轻质可燃物利用打包机打包，外运至堆场暂存，并定期进行温度、稳定性等安全指标检测。

分选线工艺应根据项目特征和垃圾组分选配各个功能单体设备，本项目采取的垃圾分选线工艺路线如图18-13所示。

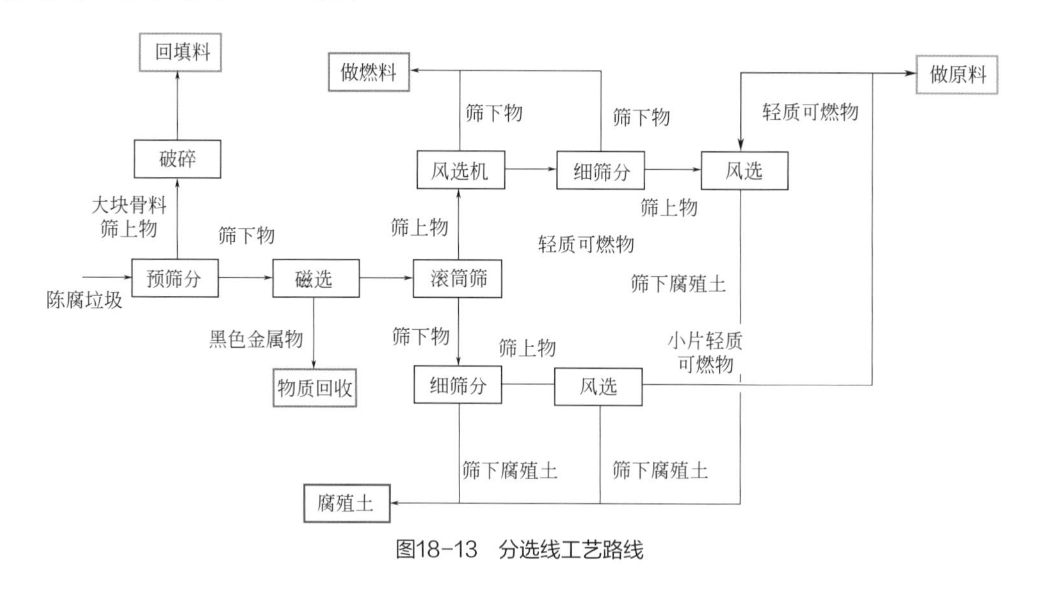

图18-13　分选线工艺路线

筛分设备和质量要求如下。

（1）筛分设备要求

日筛分量应根据治理垃圾体量和施工工期确定，筛分设备处理能力不足可配置多条线，合理配置，设备不得超出设备出厂规定的连续日工作处理时间，即不得超过20h；筛分设备应保证连续、稳定运行；分选系统宜采用密闭措施，防止臭气外逸和扬尘外溢；风选装置前可设置一级或两级磁选机，将垃圾中的废金属筛选出；为提高筛分后轻质物的纯净度，可安装两级风选装置。

（2）筛分质量要求

筛分物一般分为轻质筛上物、无机骨料、腐殖土、金属等；无机骨料不应有明显的轻质物，如出现明显轻质物应进行二次分选；筛上轻质物的土、砂石含量的质量比一般不得高于20%，通过检测，超过20%的应进行回筛处理；腐殖土应根据用途，必要时采取精筛分去除杂质；施工单位应对日筛分量、去向进行记录，留存影像资料。

18.5.4　地下水污染阻隔工程

根据场地周边环境条件以及场地施工要求，并结合地质工程条件，从经济及技术等各方面综合考虑，将西侧止水帷幕划分为2个剖面。

本工程止水帷幕采用双排三轴水泥土搅拌桩。项目止水帷幕平面布置如图18-14所示。

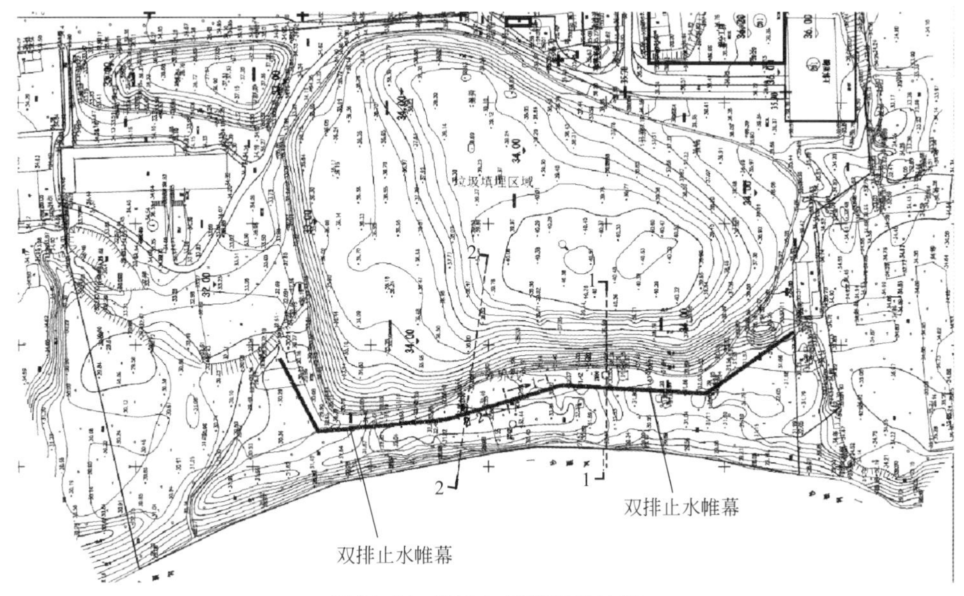

图18-14 项目止水帷幕平面布置

止水帷幕设计具体参数详见各设计“剖面图”（图18-15和图18-16）。

施工之前需根据结构图（图18-17）与结构设计单位提供的蓝图（纸质版）进行核对，如遇结构图纸、地层等条件变化时，需通知止水帷幕设计单位进行相应的设计变更。

① 止水帷幕平行采用双排三轴水泥土搅拌桩，桩径850mm，排间距及桩中心间距均为600mm，搭接250mm，有效长度约25.0m。

② 搅拌桩水泥建议采用P.O42.5普通硅酸盐水泥，水泥浆液水灰比宜取（0.6～0.8)∶1。搅拌桩的水泥掺量宜取土的天然质量的15%～20%。

③ 施工前进行成桩试验，由设计、业主、监理、施工单位共同确定搅拌桩施工参数，保证成桩直径不小于设计桩径。

④ 三轴搅拌桩桩顶标高以现场地面地貌标高为准。

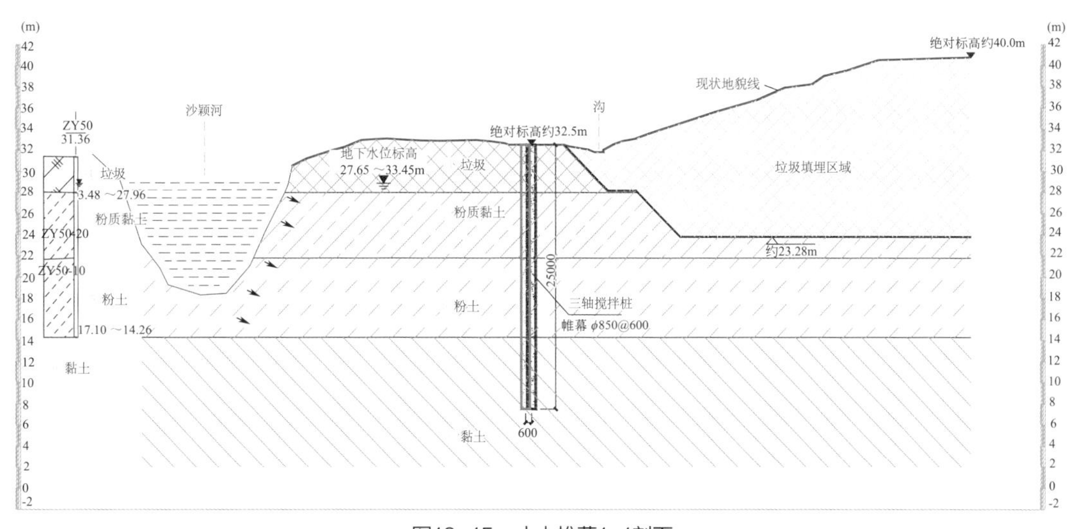

图18-15 止水帷幕1-1剖面

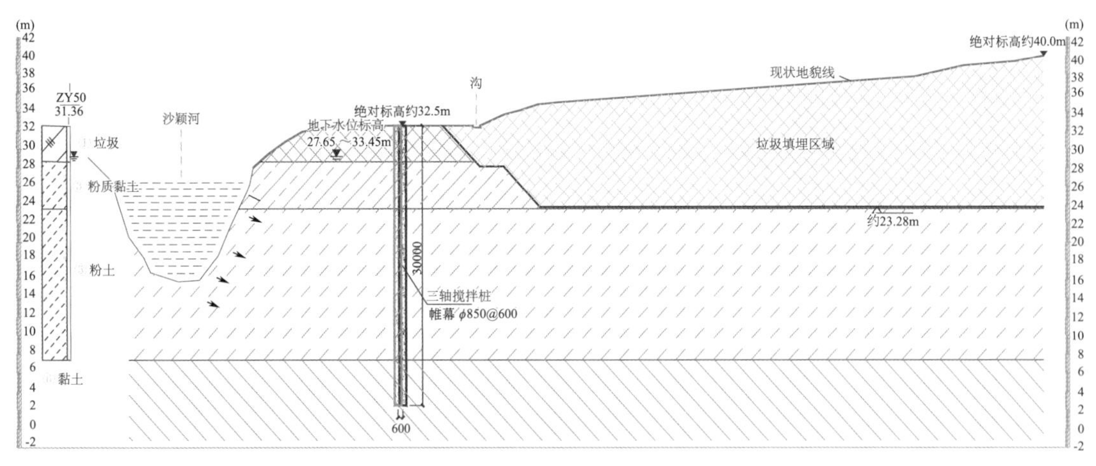

图18-16　止水帷幕2-2剖面

止水帷幕结构图如图18-17所示。

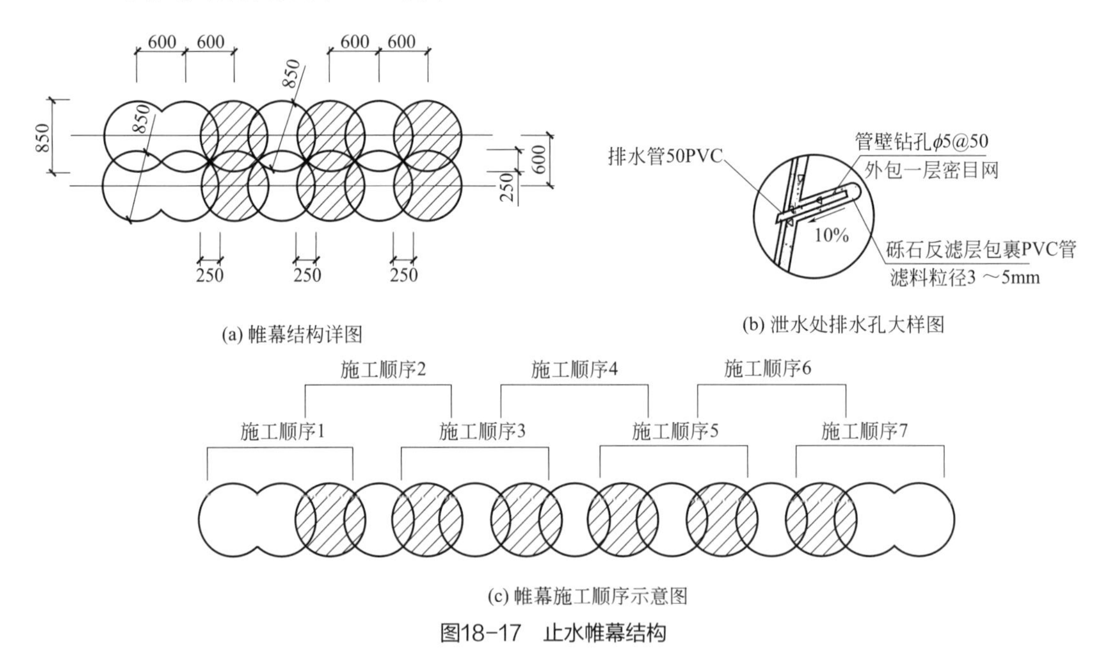

图18-17　止水帷幕结构

18.5.5　分选物资源化处置

（1）筛分后各类物质处置去向

筛上可燃物送当地相关部门指定点进行焚烧处置；筛上无机物（砖石、瓦块等）用于制砖和回填，砖块浸出毒性须符合《危险废物鉴别标准　浸出毒性鉴别》(GB 5085.3—2007)，可用于铺设公园或人行道道路等；筛下腐殖土，用于万亩森林公园绿化；废旧金属回收利用。

（2）分选物资源化处置建议

① 分选线产生的筛下物，是含有一定数量有机物的腐殖土，可以作为营养土出售，近年来对此类物质又拓宽了两种新的用途，既可以作为处理渗滤液的吸附介质，也可以作为垃圾堆场的覆土。由于其中含有一定的有害物质，因此只能作为园林的营养土，不可用来为农田施肥。此类物质在矿化垃圾中占绝大部分，根据原始垃圾构成的不同，其比例可占到总量的60% ～ 80%。

② 筛上重质物，多是一些大尺寸的无机物，如砖瓦、石块等，通常可作为建筑基础的填料，或者填埋。

③ 可回收的物质，主要是通过磁选得到的金属和人工选拣的玻璃等可再生利用的物料。

④ 筛上轻质物，主要是废旧塑料薄膜类物料，具有热值，可作为燃料发电，或塑料造粒等回收利用。

18.6 分选综合处理法处理垃圾填埋场的发展趋势

由于历史和人为等因素，全国存在着数量巨大的简易填埋场或非正规填埋场，这些垃圾填埋场存在垃圾裸露堆放、产生大量蚊虫、垃圾渗滤液污染严重和污染气体随意排放等问题，对土壤、地下水等造成严重污染威胁，以及填埋气体不规律聚集导致爆炸隐患等，因此简易或非正规的存量填埋场治理迫在眉睫。

陈腐垃圾开采采用的主要工艺是筛分。垃圾经过筛分后，即可根据各层筛选物的物理、化学、生物学特性以及其数量进行分类研究，以便为其寻找可靠、恰当的途径，从而为填埋场的再利用提供可能性。筛上物中的轻质物，基本上是固相可燃物，且热值很高。其低位热值可达到10000kJ/kg以上，远超出垃圾热值焚烧的低位热值（3360kJ/kg）的要求。如何开发利用填埋场的矿化垃圾，如何解决开采后矿化垃圾的出路问题，是实现垃圾填埋场动态运行和管理的关键。通过经济效益分析，通常认为在实现垃圾填埋场的动态运行和矿化垃圾的综合利用后，不仅能够最大限度地解决城市垃圾问题，而且还能最大限度地节约投资，从而真正达到以废治废、变废为宝的目的。

在土地资源非常紧张、地价很高的情况下，存在不得不对填埋场进行整体搬迁的情况，而且随着城市的扩张，这种情况也越来越多，人们也逐渐开始对垃圾填埋场进行重新开采和再填埋的深入研究与实践。但对填埋场进行开挖、再填埋时，不但会产生大量已填埋陈腐垃圾资源，还将面临为这些陈腐垃圾寻找出路的问题。如何解决填埋场清场过程中产生的陈腐垃圾二次污染问题，如何为开采的陈腐垃圾寻找合理的消纳途径，对其中可利用物质进行回收利用需要加以研究和探讨。

18.7 垃圾渗滤液处理处置

18.7.1 垃圾填埋场渗滤液处理技术

城市垃圾渗滤液常规处理技术有数十种，比较常用的处理技术有生物处理法、物化处理法、土地处理技术及回灌法等[1-3]。

18.7.1.1 生物处理法

生物处理法是指微生物利用渗滤液当中的有机物与氨氮等，通过自身生长繁殖的代谢作用，去除水中污染物的过程。根据微生物对氧气的需求程度，可以分为好氧生物处理工艺与厌氧生物处理工艺。基于此，有厌氧处理、硝化/反硝化处理等。生物处理法因为其工程造价低，运维成本低、处理效果好的优点被广泛用于渗滤液处理领域。

（1）厌氧处理

厌氧微生物的作用，使有机污染物完成水解、酸化、产气等厌氧过程。此工艺可以有效降低进水的COD，COD的去除率一般为55%～70%，同时可以将难降解的有机物分解成小分子物质，给后端生化系统提供物质基础。厌氧系统耐冲击负荷较高，并能产生沼气。

近几十年来，新的厌氧处理工艺不断被开发，使得厌氧处理技术在渗滤液处理领域得到了快速的发展与广泛的运用。常用的厌氧处理反应器有上流式厌氧污泥反应器（UASB）（图18-18）、上流式污泥床过滤器（UBF）（图18-19）、厌氧接触法、两相厌氧法等。

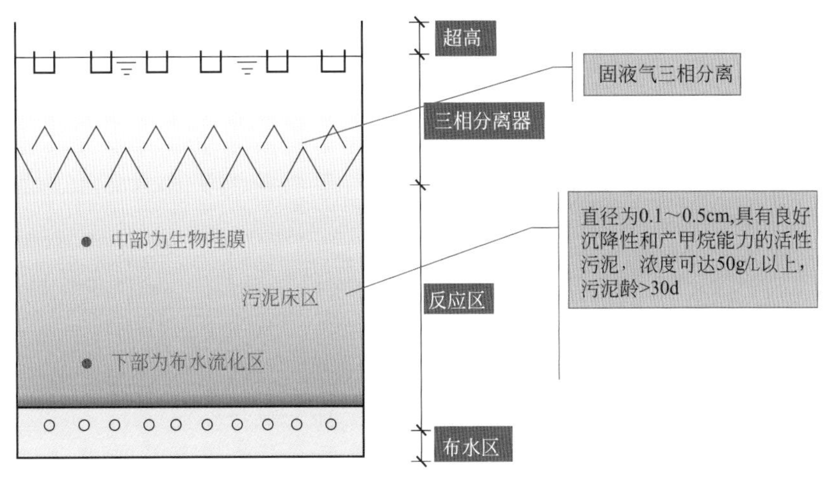

图18-18　UASB厌氧处理构筑物结构示意

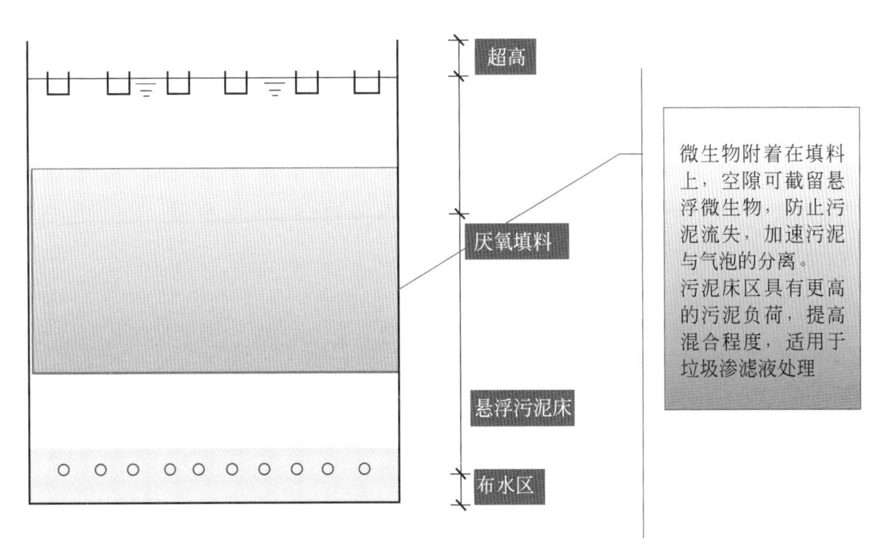

图18-19　UBF厌氧处理构筑物结构示意

（2）硝化/反硝化处理

硝化/反硝化处理工艺是将好氧处理与缺氧处理工艺结合在一起的污水处理工艺，工艺原理如图18-20所示。该工艺可通过系统中微生物的同化与异化作用去除渗滤液当中的有机污染物与氨氮，特别是对于氨氮的去除，在系统运行正常的情况下，对氨氮的去除率可达到98%以上，这主要得益于硝化/反硝化系统中硝化细菌与反硝化细菌的氨化、硝化、反硝化作用，原理如图18-21所示。通过控制系统运行过程中营养比例、温度、pH值及溶解氧等工艺参数，可在较少成本与人力的投入下完成渗滤液的处理任务。用该工艺处理垃圾渗滤液，一般出水COD可控制在1500mg/L以下，氨氮可控制在20mg/L以下。但该工艺对渗滤液指标中C/N值要求较高，处理老龄渗滤液难度较大，一般需要外加碳源来提高渗滤液的可生化性。

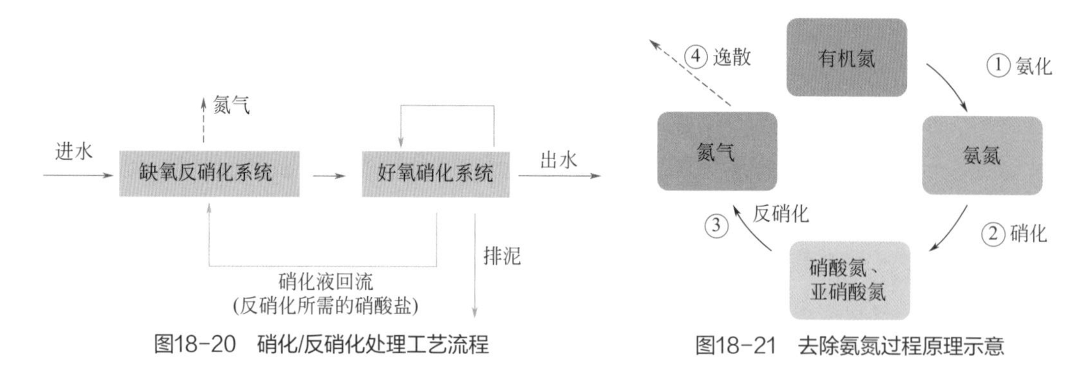

图18-20　硝化/反硝化处理工艺流程　　图18-21　去除氨氮过程原理示意

18.7.1.2　物化处理法

物化处理法主要包括活性炭吸附、化学沉淀、吹脱、化学氧化、化学还原、膜渗析等多种方法。和生物处理法相比，物化法受水质、水量变化影响小，出水水质稳定，尤其对生化性较差而难以生物处理的垃圾渗滤液有较好的处理效果。由于物化法处理费用较高，一般多用于渗滤液预处理或后处理系统。

（1）高级氧化处理技术

高级氧化处理技术是利用氧化性极强的氢基自由基等物质作为氧化剂的污水处理工艺。一般有臭氧氧化、Fenton反应、电解氧化、光催化工艺等。这类工艺可将污水中大部分难降解的污染物氧化分解为小分子，甚至以气体形式去除。其特点是不受污水生化性的限制，一般可用于处理C/N值严重失调的渗滤液，并且这类工艺一般无浓缩液产生，对于目前倡导的“零排放”有极为重要的意义。但是这类工艺的缺点是能耗成本较高，特别是相关化学药剂的使用，会极大增加运行成本。当前，以臭氧和过氧化氢作为氧化剂的高级氧化处理工艺已较为成熟与普遍，同时该工艺的不断革新，也为浓缩液的处理提供了新的思路。

（2）纳滤和反渗透等膜深度处理技术

随着材料领域的不断发展，纳滤和反渗透等膜深度处理技术也被应用于生活垃圾渗滤液的处理中。反渗透法是指在压力作用下，水分子进行逆向的跨膜运输过程。反渗透技术可有效截留污水中的大部分金属离子，同时也可对残余有机物进行进一步去除。由于污水处理排放限值逐渐严苛，反渗透工艺对于系统的达标排放起到了至关重要的作用。根据反渗透作用机理衍生出来的处理能力与效果更为优异的高压反渗透技术也越来越多地应用于渗滤液处理行业，特别是基于碟管式反渗透（DTRO）和反渗透（RO）耦合SP核心工艺的移动渗滤液处理装备，针对不同地区、不同垃圾成分、不同季节的复杂渗滤液进行快速减量化、模块化原位处理的创新型处理工艺已被广泛应用。

（3）机械蒸汽再压缩技术

另外，机械蒸汽再压缩技术(MVR)在渗滤液处理行业的表现也越来越备受关注。工

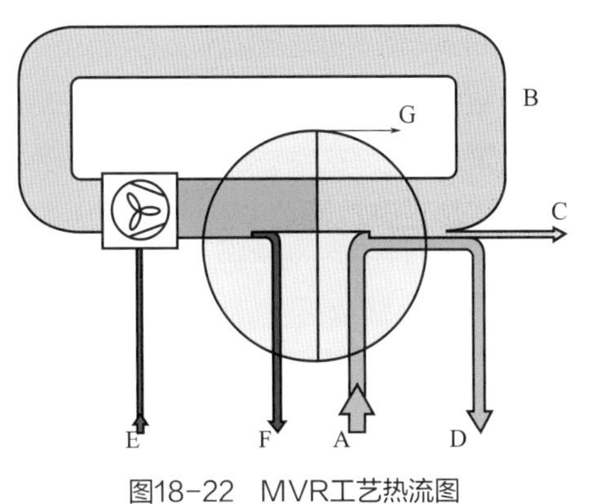

图18-22 MVR工艺热流图

A—产品；B—二次蒸汽；C—残余蒸汽；D—浓缩液；
E—电能；F—动力蒸汽冷凝水；G—热损失

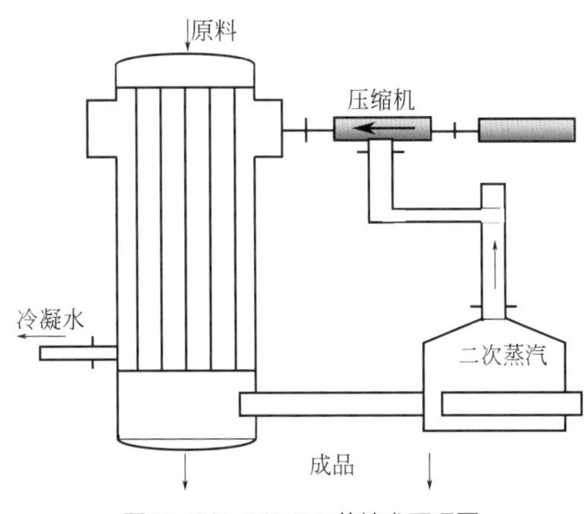

图18-23 MVR工艺技术原理图

艺热流及工艺技术原理如图18-22和图18-23所示，该工艺通过用高能效蒸汽压缩机压缩蒸发系统产生二次蒸汽，提高热焓的二次蒸汽进入蒸发系统作为热源循环使用，在热源的蒸腾作用下，将渗滤液中的污染物进行浓缩与分离，冷凝水作为系统产水进行收集。但该工艺在设备的使用年限、系统的清水回收率等方面仍有进一步提升的空间。

18.7.2 垃圾渗滤液的出水排放标准

我国垃圾渗滤液的出水排放标准的变化体现了我国对环境治理工作越来越重视，对污水排放要求越来越严格。20世纪80年代初，我国的生活垃圾处理缺少具体的规范，全国几乎没有正规的垃圾填埋场，此时的垃圾渗滤液处理更缺乏相应的处理标准和排放要求。随后，规范的垃圾填埋场开始在我国建设落地，政府先后颁布了行业标准《城市生活垃圾卫生填埋技术规范》（CJJ 17—2004）、《生活垃圾填埋场污染控制标准》（GB 16889—2008），并在后者中明确规定了垃圾填埋场渗滤液的排放标准。随着我国对环境保护越来越重视，作为首都的北京对渗滤液的排放标准更为严格，自2015年12月30日起，北京的渗滤液处理设施出水执行《水污染物综合排放标准》（DB 11/307—2013），新标准中对出水COD、NH_4^+-N的排放限值要求更加严格。

18.7.3 垃圾填埋场渗滤液处理工程

18.7.3.1 处理规模与进出水标准

渗滤液处理工艺为“预处理+两级硝化/反硝化-膜生物反应器（MBR）+纳滤（NF）+反渗透（RO）”，处理规模为600t/d。考虑对渗滤液水质、水量波动的适应性，设计波动适应性范围为20%。根据现场水质检测情况，设计进水水质指标如表18-12所列：

表18-12　设计进水水质指标　　单位：mg/L（pH值除外）

水质指标	COD_{Cr}	BOD_5	NH_4^+-N	TN	固体悬浮物（SS）	pH值
数值范围	≤8000	≤3000	≤4000	≤4500	≤2000	6～9

项目出水执行北京市《水污染物综合排放标准》（DB 11/ 307—2013）表1中B排放限值的要求，具体排放限值如表18-13所列。

表18-13　出水水质指标　　单位：mg/L（pH值除外）

水质指标	COD_{Cr}	BOD_5	固体悬浮物（SS）	NH_4^+-N	TN	pH值	总溶解固体
数值范围	≤30	≤6	≤10	≤1.5	≤15	6～9	≤1600

渗滤液处理站处理后的水排入清水池中，经回用水泵加压输送至站区中的水管网，作为杂用水使用。生化系统脱水污泥含水率低于80%，脱水后的污泥装车并运至园区内填埋场处理。系统产生浓缩液进入浓缩液处理系统处理。浓缩液处理后满足排放至污水管网要求，满足《生活垃圾填埋场污染控制标准》（GB 16889—2008）表2标准。项目工艺流程如图18-24所示。

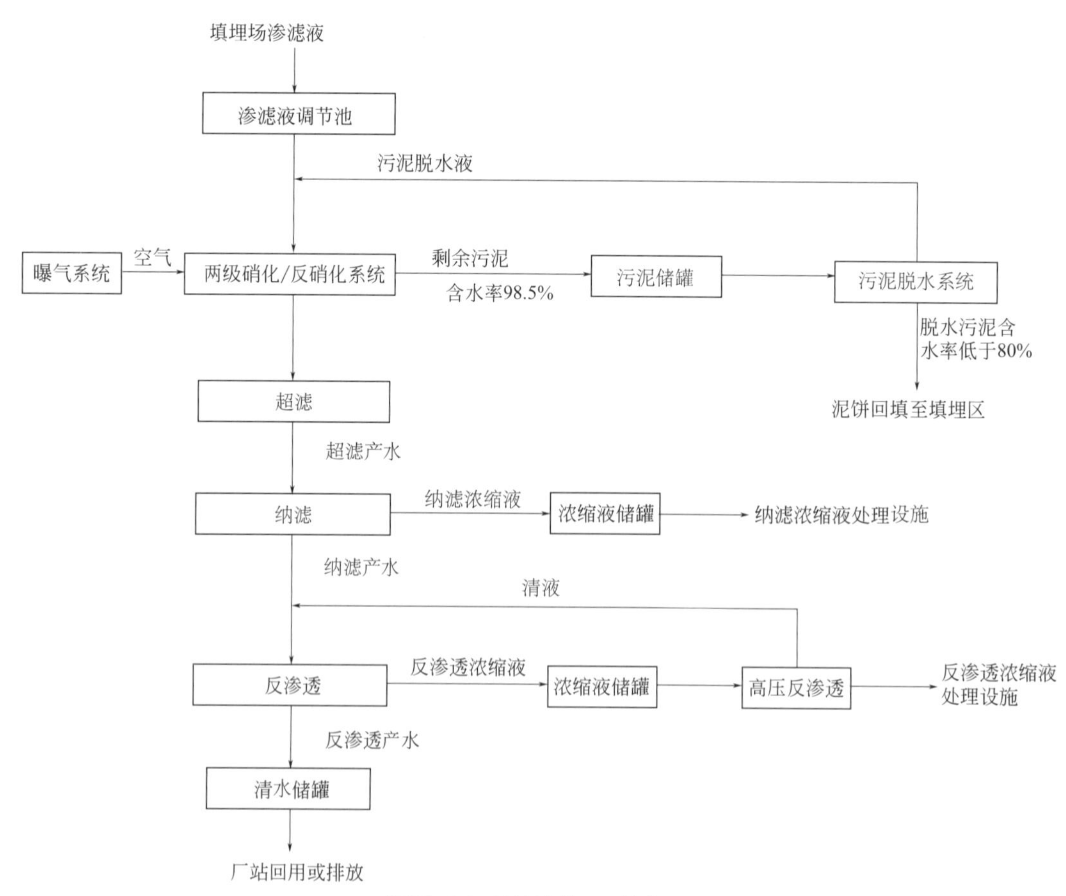

图18-24　渗滤液处理工艺流程

项目渗滤液为填埋场老龄渗滤液，进水COD浓度低，NH_4^+-N浓度高，C/N值失调，对生化系统影响较大。为保证良好的生化处理效果，在调节池出水端设置一座中间水罐，并配有相应的碳源投加与碳酸钠投加装置。在调节池渗滤液进入生化系统前，通过投加药剂来调整其可生化性，使其达到生化系统所需的反应条件。

膜生物反应器设有两级生物脱氮功能，即由一级硝化/反硝化（初级生物脱氮）、二级硝化/反硝化（深度生物脱氮）和超滤单元组成，通过微生物的新陈代谢作用去除渗滤液中大部分的COD和NH_4^+-N，带有两级生物脱氮功能的膜生物反应器生物脱氮率在98%以上。

经过超滤系统处理的膜生物反应器出水、硝化液当中的活性污泥和胶体等被截留，膜生物反应器出水进入纳滤、反渗透系统被进一步深化处理，反渗透出水为整个系统产水。为提高本项目的清水回收率，其反渗透浓缩液进入到高压反渗透系统处理。纳滤及高压反渗透产生的浓缩液通过高级氧化单元进行处理，处理出水满足排放至污水管网的要求。

18.7.3.2 处理工段

（1）预处理系统

项目处理的为老龄渗滤液，C/N值失调严重，为了使其达到生化系统所需的反应条件，因此在调节池出水端设置一座中间水罐，并配有相应的碳源投加与碳酸钠投加装置，在调节池渗滤液进入生化系统前，对进水水质进行调节，预处理系统主要起到水质均衡作用。

（2）两级硝化/反硝化系统

本工程采用两级硝化/反硝化处理工艺，一级系统可有效去除渗滤液中的COD和NH_4^+-N等污染物，二级系统强化脱氮处理作用。硝化罐中，高活性的好氧微生物降解污水中的大部分有机物污染物，同时氨氮在硝化微生物作用下氧化为硝酸盐；经过经超滤系统处理后的硝酸盐回流至反硝化罐，在反硝化罐的缺氧环境中还原成氮气排出，达到生物脱氮的目的。为了增强渗滤液处理系统的总氮脱除率，增加二级硝化/反硝化系统，在二级反硝化池中投加碳源，以保证反硝化所需碳源。

硝化罐消泡采用化学消泡和物理消泡共同处理，冷却污泥回流入硝化罐进行物理消泡，同时在生化组合池有效液位以上设计方孔，若硝化罐产生泡沫较多可以流向反硝化罐，反硝化罐配有可升降的搅拌装置，可起到消泡作用。化学消泡采用不含硅的消泡剂，避免对后续深度处理系统造成污染。

（3）超滤机组

膜生物反应器技术采用超滤（UF）取代传统的二沉池，通过超滤膜的截留作用将微生物完全截留在生化系统中，实现水力停留时间和污泥龄的完全分离，使生物反应器内的污泥浓度从3～5g/L提高到10～30g/L，从而提高了系统的处理作用。

超滤进水泵将生化池的混合液分配到超滤环路，超滤膜直径为8mm，内表面为高分子有机聚合物的管式错流式超滤膜，膜分离粒径为20nm。超滤环路设一台循环泵，该泵在沿膜管内壁提供一个需要的流速，从而形成紊流，产生较大的过滤通量，避免堵塞。

膜管由储存有清水或清液的清洗槽通过清洗泵来完成，如需要，清洗后期可向清洗槽内投加少量膜清洗药剂，超滤的化学清洗周期约为1月1次。

（4）纳滤系统

超滤产水经纳滤进水泵、保安过滤器及纳滤增压泵进入纳滤（NF）系统，运行时供水泵和增压泵同时启动，并根据中间水箱的液位进行自动运行。

纳滤膜的操作区间介于超滤和反渗透之间，分离孔径在一般在1～10nm，对二价或多价离子及分子量在500以上的有机物有较高的截留率。为了提高纳滤系统的回收率，保证系统的稳定性，膜组件采用一级两段的排列方式，即第一段的浓水为第二段的供水。纳滤产水进入纳滤清液罐。

纳滤系统运行中，不可避免会产生膜污染，为保证整个处理系统的处理效果，减小膜污染的速度，恢复膜通量，保证膜系统的正常运行以及出水量达到排放标准，所以为纳滤处理系统配备清洗系统和加药系统。

膜的清洗分为清水冲洗、化学清洗。清水冲洗是利用高流速的清水冲洗膜表面，这种方法具有不引入新污染物、清洗步骤简单等特点，但该法仅对污染初期的膜有效，清洗效果不能持久。化学清洗是在水流中加入化学清洗剂，连续循环清洗，该法能清除复合污垢，迅速恢复膜通量，具有效果好、效率高等优点。

本系统采用清水冲洗和化学清洗相结合的方法，在膜系统停机后自动进行清水冲洗，运行人员也可依据实际运行需要，手动启动清水清洗。在膜系统运行一定周期后，需要对膜进行化学清洗。清洗用水为系统自产水，清洗液排至厂区污水管网。

（5）反渗透（RO）及碟管式反渗透（DTRO）系统

纳滤清液罐出水经反渗透进水泵、保安过滤器及反渗透增压泵进入反渗透系统，运行时供水泵和增压泵同时启动，然后根据纳滤清液罐的液位进行自动运行。反渗透产水达标后进入清水池，浓水进入浓缩液池进行再处理。

反渗透是目前最精密的液体过滤技术，对有机污染物、一价盐、二价盐等截留率达到99%以上，但所需渗透压较大，且产率相对纳滤较低。

为进一步提高系统清水回收率，本项目设计采用高压反渗透对RO系统浓缩液进行浓缩处理，清液回流至RO系统前端，浓缩液排入RO浓液池进行后续处理。高压反渗透膜采用DTRO膜组件，系统设计运行压力为9MPa。

DT膜即碟管式膜，分为碟管式反渗透（DTRO）和碟管式纳滤（DTNF）两大类，是一种专利型膜分离设备。它颠覆了原有卷式膜等膜组件中膜材料的排列方式，料液通过入口进入压力容器，从导流盘与外壳之间的通道流到组件的另一端，在另一端法兰处，料液通过8个通道进入导流盘，被处理的液体以最短的距离快速流经过滤膜，然后180° 逆转到另一膜面，再从导流盘中心的槽口流到下一个导流盘，从而在膜表面形成由导流盘圆周到圆中心，再到圆周，再到圆中心的双“S”形路线，浓缩液最后从进料端法兰处流出。DT组件两导流盘之间的距离为4mm，导流盘表面有一系列的突起。这种特殊的水力学设计使处理液在压力作用下流经滤膜表面，遇凸点碰撞时形成湍流，增加透过速率和自清洗功能，从而有效地避免了膜堵塞和浓度极化现象。碟管式膜柱流道示意如图18-25所示；碟管式膜片和导流盘示意如图18-26所示。

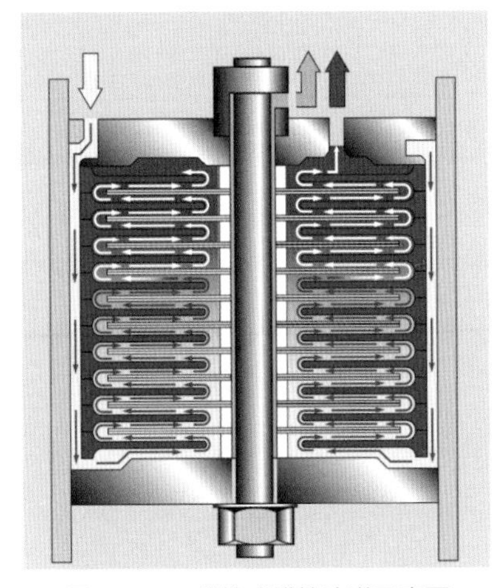
图18-25 碟管式膜柱流道示意图

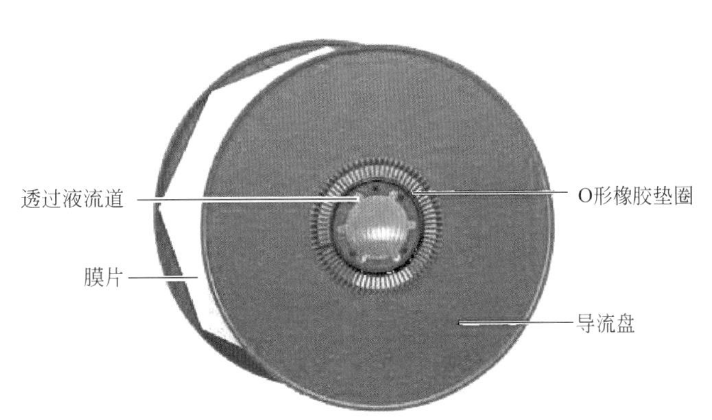

图18-26 碟管式膜片和导流盘

高压反渗透系统产生的上清液回流至卷式反渗透系统进一步处理后达标排放，浓缩液进入浓缩液处理系统做进一步处理。

（6）浓缩液处理系统

渗滤液中含有大量的难降解有机污染物，主要为腐殖酸类物质，经生化系统处理后难降解的腐殖酸类物质仍留在水中，后经纳滤膜组件的分离后，腐殖酸被截留在膜处理单元的浓缩相，而无机盐、重金属离子及水形成了膜单元的透过液，高压DTRO浓缩液中，重金属离子和盐含量相对较高。不经处理的浓缩液直接回流到渗滤液处理系统，将造成系统内部盐分大量积累，会降低微生物的活性，影响生化出水，并导致膜结垢严重，影响膜通量，加速膜清洗频率，从而降低膜的寿命；同时盐分的积累容易导致管道结垢，因此，必须对膜系统产生的浓缩液进行处理。

本项目膜浓缩液处理采用高级氧化方式，即由双催化与双氧化组成的联合工艺技术，具有氧化还原-催化氧化-催化缩合多功能作用。该工艺利用投加的多维催化剂电极，组成多维电源催化系统，液相传质效率高，可提高电流效率、单位时空效率、污水处理效率和有机物降解效果，同时对高、低浓度的废水都具有良好的适应性。浓缩液进入双催化反应系统，经催化材料磁化预处理后，水分子按照磁力线的方向重新排列，降低有机物活性点与药剂分子的反应屏障；出水进入双氧化反应系统，进行催化氧化反应、催化缩合反应。磁化、超声显著提高催化反应速率和降解效率，能将大部分有机物分解为二氧化碳、水或简单有机物。氧化出水进入稳定池进行催化缩合反应，提高废水的混凝性、沉降性，有利于后续固液分离（高效沉淀池），出水清澈透明。

18.8 总结

该项目采用的“预处理+两级硝化/反硝化+膜深度处理”工艺，是当前渗滤液处理行业较为典型的工艺。该项目改造完成后，系统运行稳定，产水指标远低于北京市《水污染物综合排放标准》（DB 11/307—2013）的各项限值。

总体上，垃圾渗滤液处理方式纷繁复杂、多种多样，在百花齐放的背景下却少有对垃圾渗滤液的处理完整而合理的成套标准。近年来，垃圾渗滤液的产生量逐渐增加，急需探索更为高效、经济、副产物少的规模化处理工艺，仍需广大环保人士继续努力，以求渗滤液处理行业欣欣向荣。

参考文献

[1] Baig S, Coulomb I, Courant P, et al. Treatment of landfill leachates: lapeyrouse and satrod case studies [J]. Ozone: Science and Engineering, 1999, 21(1): 1-22.
[2] 王凯，武道吉，彭永臻，等. 垃圾渗滤液处理工艺研究及应用现状浅析[J]. 北京工业大学学报，2018，44(1): 7-18.
[3] 肖雪峰，李娟英，张雁秋. 垃圾填埋场渗滤液的产生、控制处理[J]. 环境科技，2001，14(1): 38-39.

索引

G

H

J

K

L

M

N

O

P

Q

R

S

T

W

X

Y

Z

其他